ZHINENGBIANDIANZHAN
JIDIANBAOHU JISHU YU YINGYONG

智能变电站
继电保护技术与应用

曹团结　黄国方　编著

中国电力出版社
CHINA ELECTRIC POWER PRESS

内容提要

本书主要介绍智能变电站继电保护技术发展现状、关键实现技术、保护配置原则、设备测试技术及工程应用实例等，期望能够为继电保护及相关二次专业技术人员提供帮助。

全书共包括8章正文和1个附录，第1章主要介绍了继电保护及变电站自动化技术的发展与现状，影响智能变电站继电保护的关键因素，智能变电站继电保护技术特点；第2章介绍过程层设备，包括电子式互感器、合并单元和智能终端；第3~5章介绍了智能变电站继电保护配置原则及技术要求、实现技术和相关设备与系统；第6章介绍保护装置就地化技术；第7章介绍继电保护及相关设备的检验测试；第8章给出了智能变电站继电保护工程应用实例；附录介绍了网络通信技术基础。

本书可供从事变电站继电保护及相关二次专业的调度、运行、基建、设计、维护、检修、调试、检测工程技术人员使用，也可供科研、制造单位借鉴，还可供高等院校相关专业的师生参考。

图书在版编目（CIP）数据

智能变电站继电保护技术与应用/曹团结，黄国方编著．—北京：中国电力出版社，2013.6（2020.8重印）

ISBN 978-7-5123-4206-4

Ⅰ.①智…　Ⅱ.①曹…②黄…　Ⅲ.①智能技术-应用-变电所-继电保护　Ⅳ.①TM63-39②TM77-39

中国版本图书馆CIP数据核字（2013）第055003号

中国电力出版社出版、发行
（北京市东城区北京站西街19号　100005　http://www.cepp.sgcc.com.cn）
三河市万龙印装有限公司印刷
各地新华书店经售

*

2013年6月第一版　2020年8月北京第六次印刷
787毫米×1092毫米　16开本　17.25印张　388千字
印数11001—12000册　定价**67.00**元

序

传统电网正在向智能电网发展，传统变电站也正向数字化、智能化变电站的方向发展。

任何一项新的电力技术的使用一定要看它到底给生产运行带来了什么好处。当年微机保护使用初期，正是因为给调试检测工作带来极大方便，大大提高了工作效率，赢得了广大继电保护工作者的喜爱，得以广泛应用。智能变电站技术的研究一定要贴近生产运行实际，为生产运行带来切实的好处。

继电保护由于担负电网安全稳定运行第一道防线的重任，尤其强调可靠性。继电保护无论采用何种实现方式，都要将可靠性考量放在第一位。这也是衡量智能变电站继电保护技术是否先进、是否适用的主要标准。

智能变电站技术的应用对继电保护工作者提出了更高要求。除了继电保护专业知识外，还需要掌握变电站自动化、网络通信等相关专业技术，只有具备多专业综合素质才可能把继电保护工作做好。本书较为全面地反映了智能变电站继电保护技术近年来取得的成果，对智能变电站继电保护及相关技术的基本概念、基础理论介绍较为清晰，以较多的篇幅介绍了变电站自动化、网络通信、对时、电子式互感器等相关技术，满足了新形势下继电保护专业技术人员拓宽知识面，掌握新技术的需要。

前 言

2009年以来，在智能电网、智能变电站建设的大背景下，继电保护技术领域经历了一场深刻而广泛的变革。上一次类似变革发生于20世纪90年代初期，以微机保护的兴起为主要标志；本次变革以数字化保护为主要标志，并且涉及范围更广，除了保护设备本身，还包括互感器乃至二次回路。本书旨在介绍智能变电站继电保护技术近期发展现状、关键实现技术、保护配置原则、设备测试技术及工程应用实例等，期望能够为继电保护及相关二次专业技术人员提供帮助。

智能变电站继电保护技术领域的变革目前还在继续。2012年初，国家电网公司提出建设新一代智能变电站，继电保护技术在此背景下还将有进一步的发展变化。要全面介绍正在迅速发展变化的一门专业技术是一件很困难的事，为尽量全面正确反映继电保护近年来取得的成果，本书在撰写中注重讲述被广泛采用的、经实践验证的或已被采用为国标、行标或国网企标的技术。

在参加智能变电站继电保护研发、工程、管理等工作中以及在本书的撰写过程中，作者深切感受到继电保护专业人员迫切需要掌握变电站自动化、网络通信等相关专业技术，提高多专业综合素质，才能把继电保护工作做好。为此，本书除介绍继电保护专业核心内容外，还大量增加了关于变电站自动化、计算机网络通信等方面的内容，并且注重讲解基本概念、基础理论，期望能够对继电保护及相关专业技术人员拓宽知识面有所裨益。限于书稿篇幅，本书没有对IEC 61850标准展开叙述，读者需要深入了解时可参考标准文本和本书列出的参考文献。

数字化保护在实现方式上有很大变化，但在核心保护原理上的变化却不大，与原理算法相关的难点在于采样数据同步和由软件实现的频率跟踪等问题。对于采样数据同步技术，本书用了较多篇幅进行分析和介绍，期望能解答读者的困惑。对于软件频率跟踪问题，由于已有比较成熟的算法，并且主要涉及数字信号处理，相关文献很多，本书没有再详述。

当前，智能变电站继电保护“新技术”、“新方案”不断推出，如何应用新技术值得认真思考。作者认为，首先要有辨别良莠的意识，不被所谓的“新技术”牵着鼻子走；

其次要有判断优劣的标准，这就是继电保护的可靠性、选择性、灵敏性、速动性（简称“四性”），只有满足“四性”要求或提升“四性”的新技术才是好技术；再次是要研究学习新事物，将其了解透彻，将优缺点分析清楚，才能在工作中扬长避短、物尽其用；最后要有合理的工作思路。继电保护的专业特点，要求对待新技术、新设备应“积极探索、严格论证、全面试验、稳妥应用”。

本书由国网电科院曹团结、黄国方编著。第 1 章由北京四方公司任雁铭审核；第 2 章由国电南瑞周华良、夏雨审核，江苏电力设计院苏麟提供部分资料；第 3 章由国电南瑞潘书燕、姚成，北京四方公司彭世宽审核，江苏电力设计院苏麟提供部分资料；第 4 章由北京四方公司任雁铭，国电南瑞周华良、余洪、沈健、吴海审核，中国电科院窦仁晖提供部分资料；第 5 章由国电南瑞王海峰、张海滨、代攀审核；第 6 章由国电南瑞夏雨审核；第 7 章由国电南瑞潘书燕、侯喆、许捷，山西电科院景敏慧审核，国网电科院试验验证中心胥岱遐提供部分资料；第 8 章由国电南瑞李娟、许广婷审核，李蔚提供部分资料；附录 A 由北京四方公司任雁铭，国电南瑞吴海审核。书中引用了国电南瑞、南瑞继保、中元华电、国电南思等单位的产品技术资料。作者对各位参加审核和提供宝贵资料的同志、专家表示衷心的感谢。

特别要感谢国家电力调度控制中心王德林、马锁明、吕鹏飞、刘宇对本书的关心和支持；感谢国电南瑞杨志宏大力支持编写本书并提供工作便利；感谢国网电科院陈建玉、南京磐能公司程利军博士对本书提供指导和建议；特别鸣谢国家电力调度控制中心舒治淮的指导、支持和帮助。感谢各位同事、同行、专家、领导和相关部门，他们对作者提升技术水平、积累撰书素材提供了无形帮助。

国网继电保护专家组专家郑玉平教授级高工担任全书主审，在审阅过程中提出很多非常有价值的指导意见和建议，在此深表谢意。

由于作者水平所限，加之时间仓促，书中肯定会有疏漏和不足之处，敬请读者谅解并批评指正。

作者

2012 年 12 月

目 录

1

概　　论

1.1　继电保护及变电站自动化技术发展与现状

继电保护是一门应用技术，其发展建立在机械、电子、通信、计算机等相关基础技术之上，并与远动、监控、变电站自动化等相关专业技术有密切的关联和相互影响。近年来，继电保护技术发展受变电站自动化技术的影响越来越大。

变电站自动化技术发展历程大体可分为三个阶段，即早期的远动技术，中期的监控技术和近期的变电站自动化技术。近期的变电站自动化又包括传统变电站自动化、数字化变电站自动化以及当前的智能变电站自动化。

早期的远动技术可追溯到20世纪40～70年代，当时的远动设备大部分只完成遥测、遥信“二遥”功能，少部分同时具备遥测、遥信、遥控、遥调“四遥”功能。

中期的监控技术可追溯至20世纪80～90年代中期，这一时期出现了所谓数据采集与监控系统，即SCADA（Supervisory Control and Data Acquisition）系统，远动一词也逐渐为监控所取代，远动功能由“二遥”发展为“四遥”，且增添了若干附加功能。

在前两个时期，继电保护与远动、监控技术分别独立发展，继电保护一般仅通过硬触点和电缆导线将告警信号、动作信号接入远动设备。

20世纪末到21世纪初，由于半导体芯片技术、通信技术以及计算机技术飞速发展，远动技术发展到变电站自动化阶段。其主要特点表现为：以分层分布式结构取代传统的集中式结构，在设计理念上不是将整个厂站作为设备面对的目标，而是以间隔设备对象作为设计的依据；在中低压系统采用物理结构和电气特性完全独立，功能上既考虑测控又涉及继电保护的保护测控综合装置，对应一次系统中的线路、变压器、电容器、电抗器等间隔设备；在高压与超高压系统，以独立的测控单元对应相应的一次间隔。这一时期，变电站二次系统中智能电子装置（IED）大量运用，诸如继电保护与安全自动装置、站内直流电源控制器、数字式电能表等均可视为IED而纳入一个统一的变电站自动化系统之中。保护装置与自动化系统的集成主要通过通信接口，包括早期的RS485总线串行接口以及后来广泛应用的以太网接口，通信协议一般采用 DL/T 667—1999（idt IEC 60870 - 5 - 103）《远动设备及系统 第5部分 传输规约 第103篇 继电保护设备信息接口配套标准》。

由于采用了分层分布式结构，并且传统上相当独立的远动、监控与继电保护联系更为紧密，远动技术由此上升到了一个崭新的高度，其概念与内涵也有了质的不同。这样的技术因此被称为变电站自动化技术，由此而诞生的系统，而不是一个装置，称为变电站自动化系统。

随着变电站自动化技术的发展，"数字化变电站"的概念于21世纪初逐渐兴起，但由于种种原因，数字化变电站的确切定义一直未能明确。业内普遍认为，数字化贯穿变电站自动化的始终，目前所研究讨论的数字化变电站应该是数字化的变电站自动化发展过程中的一个阶段。2007年，国家电网公司科技部和南京自动化研究院提出，"数字化变电站是以变电站一、二次设备为数字化对象，以高速网络通信平台为基础，通过对数字化信息进行标准化，实现信息共享和互操作，并以网络数据为基础，实现继电保护、数据管理等功能，满足安全稳定、建设经济等现代化建设要求的变电站"。这一定义基本反映了当时的技术共识，但未产生太大影响。在这个阶段，符合 IEC 61850 变电站通信网络和系统标准，采用电子式互感器、智能化的一次设备、网络化的二次设备，是其最主要的技术特征。数字化变电站技术逐步发展起来并开始得到一定数量应用，但时间不长，智能变电站的概念迅速兴起，成为工程研究的热点。

2009年5月，国家电网公司发布了建设坚强智能电网战略，在这一战略思想指导下，同年12月发布了 Q/GDW 383—2009《智能变电站技术导则》。该导则提出，"智能变电站是采用先进、可靠、集成、低碳、环保的智能设备，以全站信息数字化、通信平台网络化、信息共享标准化为基本要求，自动完成信息采集、测量、控制、保护、计量和监测等基本功能，并可根据需要支持电网实时自动控制、智能调节、在线分析决策、协同互动等高级功能的变电站"。此处提出的智能变电站概念，本质上是对智能变电站自动化技术和系统的定义。

智能变电站采用 IEC 61850 标准，将变电站一、二次系统设备按功能分为三层，即过程层、间隔层和站控层。过程层设备包括一次设备及其所属的智能组件、独立智能电子装置。间隔层设备一般指保护装置、测控装置、状态监测 IED 等二次设备，实现使用一个间隔的数据并且作用于该间隔一次设备的功能。站控层设备包括监控主机、远动工作站、操作员工作站、对时系统等，实现面向全站设备的监视、控制、告警及信息交互功能。

数字化变电站技术尚未成熟时，受政策影响，变电站自动化技术迅速向智能变电站方向发展。由技术特征来看，两者颇具共同性，由此不少专业人员产生了相当的困惑：智能变电站与数字化变电站的区别是什么？依作者浅见，数字化是手段，智能化是目标，两者是从不同角度阐述变电站自动化技术发展的新特征。同时不可否认的是，在智能变电站技术研究和应用热潮的推动下，变电站数字化的范围和深度较以往大大地提升了。

无论数字化变电站、智能变电站，都按 IEC 61850 标准将变电站划分为三层，比传统变电站多出过程层设备，传统间隔层二次设备如保护装置的功能被拆分为间隔层和过程层两部分实现，再加上 IEC 61850 标准统一建模的通信方式和电子式互感器的应用，这些因素对继电保护产生了深刻的影响。

继电保护技术发展经历了机电型、整流型、晶体管型、集成电路型和微机型五个阶段。目前，国内电力系统中应用的继电保护装置绝大部分是微机型。微机保护产生于20世纪60年代，成熟和开始大规模应用于20世纪90年代。我国从20世纪70年代末即开始了微机保护技术的研究，并已历经多代：第一代微机保护装置是单CPU结构，几个印制电路板由总线相连组成一个完整的计算机系统，总线暴露在印制电路板之外；第二代微机保护是多CPU结构，每块印制电路板上以CPU为中心组成一个计算机系统，由此实现了“总线不出插件”；第三代保护技术的特点是利用一种特殊单片机，将总线系统与CPU一起封装在一个集成电路块中，因此具有极强的抗干扰能力，即所谓“总线不出芯片”。近年来，数字信号处理器（DSP）在微机保护硬件系统中得到广泛应用。DSP具有先进的内核结构、高速的运算能力以及与实时信号处理相适应的寻址方式等许多优良特性。以往由通用CPU难以实现的继电保护算法可以通过DSP轻松完成。以DSP为核心的微机保护装置已经是当今主流产品。

按IEC 61850标准构建的数字化变电站自动化系统，其中的保护装置功能被拆分成间隔层和过程层实现。仅包含间隔层保护逻辑功能，不含过程层数据采集和命令输出功能的保护装置称为数字化保护。数字化保护与传统微机保护相比，在保护原理、软件算法、核心硬件方面基本相同，但在模拟量采集、开关量输入/输出、对外通信接口方面有了全新的实现方式。数字化保护是微机保护的最新发展阶段。也有人将数字化保护看做继微机保护之后的第六代继电保护。

智能变电站继电保护的电压、电流量可通过传统互感器或电子式互感器采集，跳合闸命令和联闭锁信息可通过直接电缆连接或IEC 61850标准中的GOOSE机制以光纤传输，但两者与变电站自动化系统站控层交互信息都采用IEC 61850站控层接口标准，因此智能变电站继电保护既包括数字化保护，也包括采用了IEC 61850站控层接口标准的传统微机保护。

1.2 影响智能变电站继电保护的关键因素

影响智能变电站继电保护的关键因素可概括为五个方面，即IEC 61850标准和电子式互感器的应用、智能一次设备的出现、网络通信技术应用以及智能变电站自动化系统总体架构。这几个因素实际上互相关联，不能割裂开来。

1.2.1 IEC 61850标准

IEC 61850实际上是一系列标准，全称为《变电站通信网络与系统》，由国际电工委员会（IEC）第57技术委员会（TC 57）于2004年颁布，共包含14个标准。该系列标准是基于通用网络通信平台的变电站自动化系统唯一的国际标准。我国于2004~2006年间将该系列标准等同采用为电力行业标准，编号为DL/T 860。自2009年开始，TC 57开始发布IEC 61850标准第二版，目前尚未全部完成。本书以第一版内容为基础进行介绍。

在IEC 61850系列标准出现之前，不同制造厂的智能电子设备互联时需要付出大量复杂且花费昂贵的协议转换工作。从实际利益出发，必须在智能电子设备制造厂和用户之间就设备之间能够自由地交换信息达成一致。制定 IEC 61850 系列标准的目的就是要实现不同厂商设备之间的互操作性。所谓“互操作”，IEC 61850 系列标准给出的定义是：“两个或多个来自同一或不同厂家的设备能够交换信息，并利用交换的信息正确执行特定的功能”。为此，IEC 61850 系列标准采用自顶向下的方式对变电站自动化系统进行系统分层、功能定义和对象建模，并对一致性检测进行了详细的定义。

IEC 61850 系列标准各个部分的名称和内容如下。

IEC 61850－1 介绍和概述：介绍了 IEC 61850 的概貌，定义了变电站内智能电子设备（Intelligent electronic devices，IED）之间的通信和相关系统要求等。

IEC 61850－2 术语：收集了系列标准中涉及的特定术语及其定义。

IEC 61850－3 总体要求：详细说明系统通信网络的总体要求，包括质量要求（可靠性、可维护性、系统可用性、轻便性、安全性）、环境条件、供电要求等，并根据其他标准和规范对相关的特定要求提出建议。

IEC 61850－4 系统和项目管理：描述了对系统和项目管理过程的要求以及对工程和试验所用的支持工具的要求，具体包括工程要求（参数分类、工程工具、文件）、系统寿命周期（产品版本、停产、停产后的支持）、质量保证（责任、测试设备、型式试验、系统测试、工厂验收、现场验收）等。

IEC 61850－5 功能的通信要求和设备模型：规范了自动化系统功能的通信要求和装置模型，具体包括基本要求、逻辑节点的探讨、逻辑通信链路、通信信息片的概念、逻辑节点和相关的通信信息片、性能、功能等。

IEC 61850－6 与变电站有关的 IED 的通信配置描述语言：包括系统工程过程概述、基于 XML 的系统和配置参数交换的文件格式的定义、一次系统构成（单线图）描述、通信连接描述、IED 能力、IED 逻辑节点对一次系统的分配等。

IEC 61850－7－1 变电站和馈线设备的基本通信结构——原理和模型：描述标准的建模方法、通信原理和信息模型。

IEC 61850－7－2 变电站和馈线设备的基本通信结构——抽象通信服务接口 ACSI（Abstract Communication Service Interface）：包括抽象通信服务接口的描述，抽象通信服务的规范，设备数据库结构的模型等。

IEC 61850－7－3 变电站和馈线设备的基本通信结构——公共数据类：包括公共数据类和相关属性。

IEC 61850－7－4 变电站和馈线设备的基本通信结构——兼容的逻辑节点类和数据类：包括逻辑节点类和数据类的定义等。

IEC 61850－8－1 特定通信服务映射 SCSM（Special Communication Service Mapping）——映射到 MMS 和 ISO/IEC 8802－3：将 ACSI 映射到 MMS 的服务和协议，主要用于间隔层到站控层的通信。

IEC 61850－9－1 特定通信服务映射 SCSM——通过串行单方向多点共线点对点链路传输采样测量值：已被废止，不再介绍。

IEC 61850－9－2 特定通信服务映射 SCSM——通过 ISO/IEC8802.3 传输采样测量值：详

细说明了依照标准的第 7 - 2 部分中的抽象规范而定义的传输采样值的特定通信服务映射。

IEC 61850 - 10 一致性测试：包括一致性测试规则、质量保证、测试所要求的文件、有关设备的一致性测试、测试手段、测试设备的要求和有效性的证明等。

IEC 61850 系列标准卷帙浩繁，内容艰深。IEC 61850 标准本身并非继电保护专业的技术标准，标准制定机构 TC 57 技术委员会主要负责电力系统远动、变电站自动化、配电网自动化、数据通信和安全等方面的国际标准工作。但由于该标准对变电站功能架构、通信体系和变电站自动化系统带来的巨大变化及其广泛影响力，继电保护不可避免受到其深刻影响。以下仅介绍 IEC 61850 标准中与继电保护密切相关的技术要点，若要深入全面了解 IEC 61850 标准，请参考标准文本及相关文献。

1.2.1.1 变电站功能的分层结构

IEC 61850 标准提出了变电站自动化系统功能分层的概念，功能分为三个层次，即变电站层（习惯上也称站控层）、间隔层和过程层，并且定义了层与层之间的逻辑通信接口，如图 1 - 1 所示。物理上，变电站自动化系统设备可安装在不同的功能层。

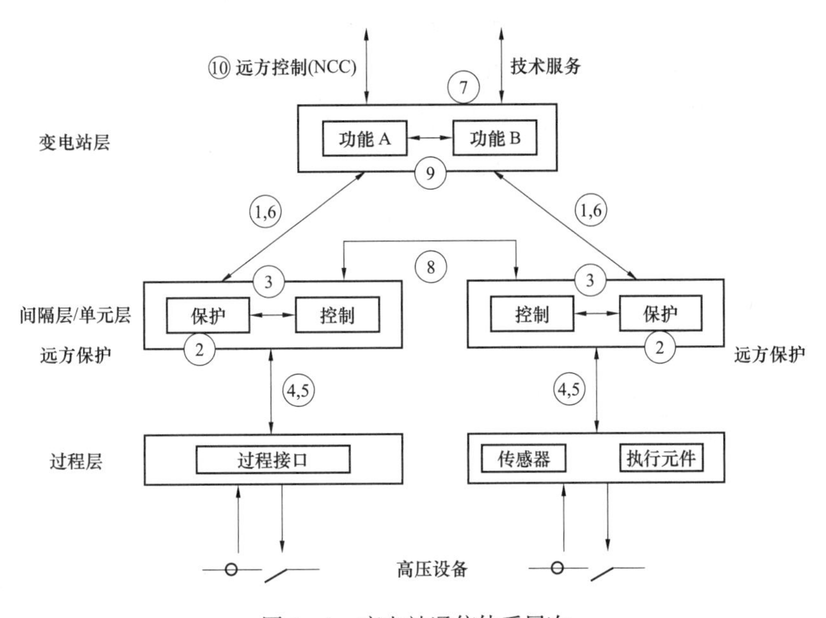

图 1 - 1 变电站通信体系层次

过程层实现所有与一次设备接口相关的功能，是一次设备的数字化接口。典型的过程层设备，如过程接口装置、传感器和执行元件等，它们将交流模拟量、直流模拟量、直流状态量等就地转化为数字信号提供给上层，并接收和执行上层下发的控制命令。

间隔层的主要功能是采集本间隔一次设备的信号，操作控制一次设备，并将相关信息上送给站控层设备和接收站控层设备的命令。间隔层设备由每个间隔的控制、保护或监视单元组成。

站控层的功能是利用全站信息对全站一次、二次设备进行监视、控制以及与远方控制中心通信。站控层设备由带数据库的计算机、操作员工作台、远方通信接口等组成。

IEC 61850 标准中对变电站过程层功能的单独划分，有别于传统变电站自动化系统，这也是智能（数字化）变电站与传统变电站的主要区别。

图 1－1 中的数字表示各功能之间的逻辑接口，各接口代表的意义如下：

接口 1—在间隔层和变电站层之间交换保护数据；

接口 2—在间隔层和远方保护之间交换保护数据（超出 IEC 61850 系列标准范围）；

接口 3—在间隔层内交换数据；

接口 4—在过程层和间隔层之间 TA 和 TV 瞬时数据交换（如采样值）；

接口 5—在过程层和间隔层之间交换控制数据；

接口 6—在间隔层和变电站层之间交换控制数据；

接口 7—在变电站层和远方工程师工作站之间交换数据；

接口 8—在间隔层之间直接交换数据，特别是快速功能，如联闭锁功能；

接口 9—在变电站层之间交换数据；

接口 10—在变电站层和远方工程师工作站之间交换控制数据（超出 IEC 61850 系列标准范围）。

逻辑接口可以采用几种不同的方法映射到物理接口，一般可采用站级总线覆盖逻辑接口 1、3、6、9，采用过程总线覆盖逻辑接口 4、5。逻辑接口 8（间隔间通信）可以被映射到任何一种或者同时映射到两种总线。这种映射将对所选通信系统所要求性能有很大的影响（见图 1－2 和图 1－3）。如果通信总线性能满足要求，则将所有逻辑接口映射到一根单一通信总线是可能的。

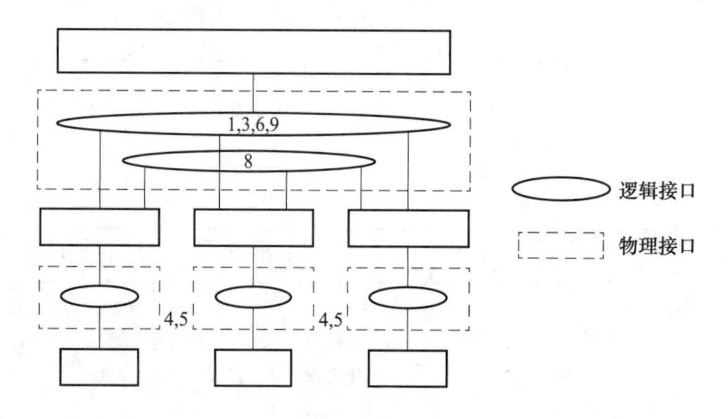

图 1－2　逻辑接口到物理接口的映射：逻辑接口 8 映射到站级总线

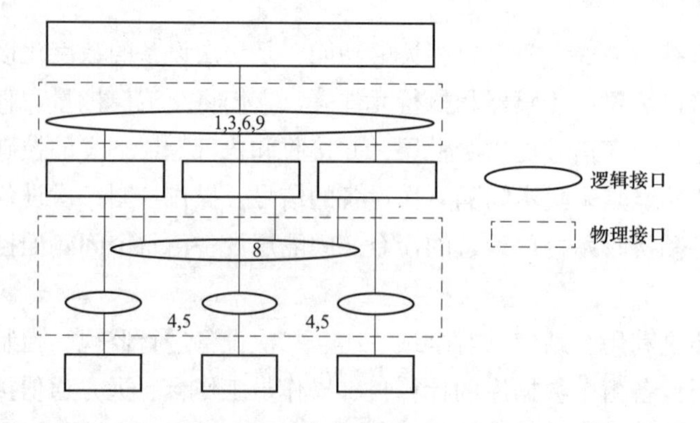

图 1－3　逻辑接口到物理接口的映射：逻辑接口 8 映射到过程总线

后面1.2.5将介绍基于上述逻辑接口划分和物理通信系统要求提出的智能变电站通信体系架构。

1.2.1.2 MMS协议

IEC 61850标准的一个重要目的就是使变电站自动化系统中来自不同厂家的设备实现“互操作”。要达到这个目的，就需要在这些设备之间建立网络连接，并通过规范设备间的通信内容使得接收请求的设备知道发送请求的设备的目的和要求，接收请求的设备在本地进行相应的操作后返回其结果，从而实现一个特定的功能。由于抽象信息模型不依赖于具体的通信协议栈，为了实现具体的应用进程之间的通信，IEC 61850标准采用了特定通信服务映射（SCSM）的方法，即采用当前已经成熟的、流行的国际通信标准作为IEC 61850标准的通信协议栈。

IEC 61850标准在电力系统中的应用需要具有实时的强壮的底层通信协议的支持，并且能够传输复杂的自描述的可扩展的数据信息，在IEC61850标准第一版制定之时，ISO/IEC 9506制造报文规范（MMS）是唯一有能力支持IEC 61850的国际标准。

MMS协议标准（Manufacturing Message Specification，ISO/IEC 9506制造报文规范、GB/T16720）由服务规范、协议规范、机器人伴同规范、数字控制器伴同规范、可编程逻辑控制器伴同规范、过程控制系统伴同规范六部分组成。其中服务规范和协议规范是基础规范，是整个协议体系的核心，其他部分则是用于不同领域的配套规范。IEC 61850标准只使用了基础规范，IEC 61850标准映射的MMS对象和服务是MMS标准的一部分，即MMS的一个协议子集。

智能（数字化）变电站中统一采用MMS协议作为间隔层设备与站控层之间以及站控层设备之间的通信协议标准，代替私有的或传统的通信协议（如IEC 60870-5-103），使得来自不同厂家的设备可以实现互操作。

1.2.1.3 GOOSE（通用面向对象变电站事件）机制

通用面向对象的变电站事件GOOSE（Generic Object Oriented Substation Event）是IEC61850标准定义的一种快速报文传输机制。GOOSE以高速网络通信为基础，为变电站装置间的通信提供了快速且高效可靠的方法，广泛应用到间隔闭锁和保护功能间的信号传递。GOOSE用网络信号代替了智能电子装置之间硬接线通信方式，简化了变电站二次系统接线。

变电站自动化系统中，IED间协同工作完成保护闭锁、失灵启动、防误闭锁等功能的重要前提是IED之间数据通信的可靠性和实时性。基于此，IEC 61850标准定义了通用变电站事件GSE（Generic Substation Event）模型，该技术提供了在全系统范围内快速可靠地输入、输出数据值的功能。GSE分为两种不同的控制类和报文结构：一种是通用面向对象的变电站事件GOOSE，支持由数据集（DATA-SET）组织的公共数据交换；另一种是通用变电站状态事件GSSE（Generic Substation State Event），用于传输状态变位信息（双比特）。下面主要介绍应用最多的GOOSE的传输机制及其特点。

GOOSE报文的发送按图1-4所示的规律执行。其中T_0又称心跳时间，装置平时每隔T_0时间发送一次当前状态，即心跳报文。当装置中有事件发生（如保护动作）时，

GOOSE 数据集中的数据就发生变化，装置立刻发送该数据集的所有数据，然后间隔 T_1 发送第 2 帧及第 3 帧，间隔 T_2、T_3 发送第 4、5 帧，T_2 为 $2 \times T_1$，T_3 为 $2 \times T_2$，后续报文以此类推，发送间隔以 2 倍的规律逐渐增加，直到增加到 T_0，报文再次成为心跳报文。

工程中，T_1 一般设置为 2ms，心跳报文间隔时间 T_0 一般设置为 5s。对传输过程进行了精简，一般共发 5 帧数据，即以 0ms—2ms—2ms—4ms—8ms 的时间间隔重发 GOOSE 报文，连续发 5 帧后便以 5000ms 的时间间隔变成心跳报文。

报文允许存活时间为 $2 \times T_0$，接收方若超过 $2 \times T_0$ 没有收到 GOOSE 报文即判断为中断，发 GOOSE 断链报警信号。由此，通过 GOOSE 通信机制也实现了装置间二次回路状态在线监测。

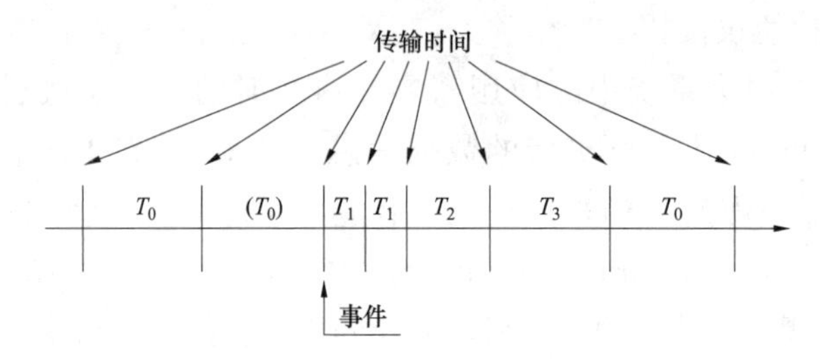

图 1 -4　GOOSE 报文传输时间

T_0—稳定状态下（长时间内无事件发生）报文重发时间间隔；（T_0）—由于事件发生导致 T_0 变短的时间间隔；T_1—事件发生后最短的重发时间间隔；T_2、T_3—重发直到再次回到稳定状态时间间隔

GOOSE 报文的传输过程与普通网络报文不同，它是从应用层经表示层 ASN. 1 编码后，直接映射到底层的数据链路层和物理层，而不经 TCP/IP 协议，即不经网络层和传输层。这种映射方式避免了通信堆栈造成传输延时，从而保证了报文传输的快速性。

GOOSE 还采用了较先进的交换式以太网技术，如报文分优先级传输等，保证快速报文传输的实时性。按 IEC 61850 标准的要求，GOOSE 报文传输时间延迟不应大于 4ms。

GOOSE 采用发布者/订阅者通信结构，此通信结构支持多个通信节点之间的对等直接通信。与点对点通信结构和客户/服务器通信结构相比，发布者/订阅者通信结构是一个或多个数据源（即发布者）向多个接收者（即订阅者）发送数据的最佳解决方案，尤其适合于数据流量大且实时性要求高的数据通信。发布者/订阅者通信结构符合 GOOSE 报文传输本质，是事件驱动的。GOOSE 报文的核心内容可由用户灵活、自由定义，不仅可传输状态信息，而且可传输模拟量信息，甚至可传输时间同步信息等。

作为对比，GSSE 报文传输服务均映射于 OSI 的 7 层协议堆栈中，一方面存在协议堆栈传输延时，另一方面，此报文仍基于传统的以太网实现，不支持报文优先级和虚拟局域网、无特定的多播地址等。这使得当网络负荷较重时，难以保证报文传输的实时性。GSSE 目前基本不用。

在智能变电站中，GOOSE 主要用于 IED 设备传送开关量状态信号、保护跳合闸信号及联、闭锁信号。

1.2.1.4　过程总线

电子式电流、电压互感器的逐步实用化和智能开关设备的改进，使得连接变电站自动化系统过程层与间隔层的并行电缆将由基于交换式以太网的串行通信网络所代替，这种通信方式又称作过程总线通信。过程总线上数据通信最为重要的两类信息是采样测量值和跳闸命令。IEC 61850 标准定义了两种抽象模型，即采样值传输模型和通用的以对象为中心的 GOOSE 模型。其中采样值传输模型应用于采样值传输及相关服务，而 GOOSE 模型则提供了变电站事件（如命令、告警等）快速传输的机制，可用于跳闸和故障录波启动等。为简化叙述，将采样值报文称为 SV（SAV、SMV）报文，跳闸命令报文称为 GOOSE 报文。

SV 报文和 GOOSE 报文的传输均采用发布者/订阅者通信结构。采样值传输是一种相对时间驱动的数据通信方式，执行时间间隔一定，对其最主要的传输要求是实时、快速性。当由于通信网络原因导致报文传输丢失时，发布者并不重发，因为此时采集最新的电流、电压信息更为必要，但是一旦发生漏包情况，订阅者（如保护设备）必须能够检测出来。这可通过引入采样计数器参数 SmpCnt 来解决，即发布者输出的 SV 报文中包含采样计数信息。

关于过程层采样值传输的具体细节将在第 2 章第 2.2.1“合并单元的接口标准”中介绍。

1.2.2 电子式互感器

电子式互感器是国际电工委员会对各种新型的非常规或半常规、光电转换原理或电磁感应原理的电流互感器或电压互感器的统称。根据高压传感部分是否需要电源供电，电子式互感器可分为无源式和有源式两种。有源式包括采用罗戈夫斯基（Rogowski）线圈或低功率线圈（LPCT）检测一次电流的电子式电流互感器（ECT）和采用电容分压器、电阻—电容分压器或串联感应分压器检测一次高电压的电子式电压互感器（EVT）等；无源式包括根据法拉第（Fraday）磁光效应测量电流的电子式电流互感器、根据普克尔斯（Pockels）电光效应测量电压的电子式电压互感器等。

与常规互感器相比，电子式互感器具有以下优点：

（1）不含铁芯的电子式互感器，消除了磁饱和、铁磁谐振等问题。

（2）动态范围大，测量精度高，频率响应范围宽，响应速度快。

（3）绝缘性能优良，绝缘结构简单，造价低。电压等级越高，造价优势越明显。

（4）电子式电流互感器的高压侧与低压侧之间只存在光纤联系，抗电磁干扰性能好。

（5）安全性好。采用光纤实现高电压与二次回路在电气上的隔离；电子式电流互感器不存在低压侧开路时产生高电压的危险。

（6）电子式互感器输出数字接口，可以和智能电子设备直接连接，满足智能化要求。并可实现数据源的一致性，即相关的保护、测量、计量环节可以合一化处理。

（7）体积小、重量轻。因无铁芯、绝缘油等，一般电子式互感器的重量远远低于电磁式互感器重量，便于运输和安装。

（8）没有因充油而产生的易燃、易爆等危险。电子式互感器一般不采用油绝缘解决绝缘问题，因此避免了易燃、易爆等危险。

IEC 于 1999、2002 年分别发布了 IEC 60044 - 7《电子式电压互感器》和 IEC 60044 - 8

《电子式电流互感器》技术标准。我国于2007年将其修改采用为国家标准，基本内容未作大的变化，编号与名称分别为GB 20840.7《互感器　第7部分：电子式电压互感器》和GB/T 20840.8《互感器　第8部分：电子式电流互感器》。

IEC 60044－8《电子式电流互感器》描述了单相电子式电流互感器的通用结构，如图1－5所示。图中各组件含义明确，不再一一解释。需要说明的是，图中各组件并不都是必须的，可以有删减。

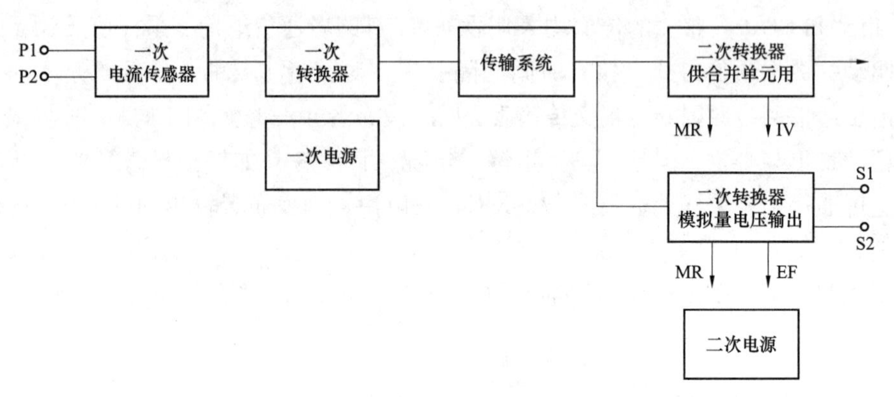

图1－5　单相电子式电流互感器通用结构框图

IV—输出无效；EF—设备故障；MR—维修申请

电子式电压互感器的通用结构与图1－5所示类似。

同一电气间隔内各相ECT、EVT输出的电流或电压，共同接入一个称为合并单元（merging unit，MU）的设备，以数字量形式送给保护、测控等二次设备，如图1－6所示。数字量输出接口可以是电缆，也可以是光纤。部分MU也提供模拟输出接口，以适应现有仪器设备，但数字输出是MU的主要形式，也是最终形式。

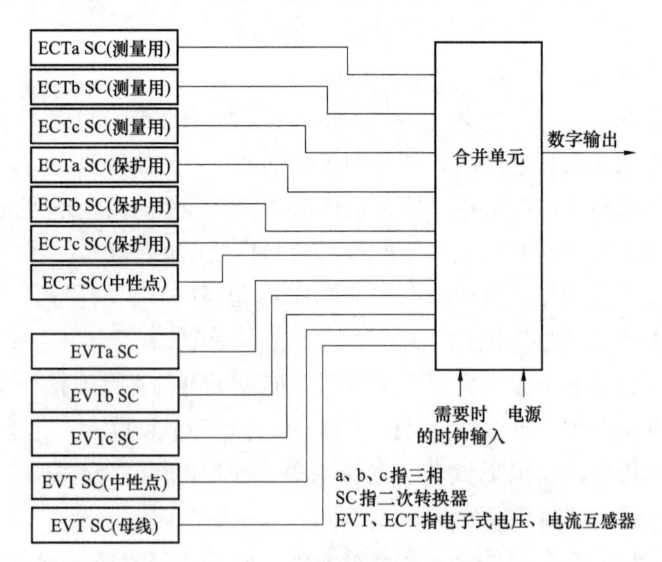

图1－6　合并单元的数字接口框图

MU本身是电子式互感器的一部分，或者说是一个附件，同时它与互感器本体又有相对独立性。另外，工程中有相当数量的常规互感器通过模拟式 MU 转换为数字量输出，在这种应用情况中，MU 是完全独立的设备。

MU 的作用除将多路电子式互感器输出的电流、电压信号合并，并输出同步采样数据外，还为互感器器提供统一的标准输出接口，以使不同类型的电子式互感器与不同类型的二次设备之间能够相互通信。目前智能变电站中 MU 采用的标准输出接口协议主要有两种：一是《支持通道可配置的扩展 IEC 60044 -8 协议帧格式》；二是《IEC 61850 变电站通信网络和系统　第 9 -2 部分：特定通信服务映射（SCSM）通过 GB/T 15629. 3 的采样值》。前者可简称为扩展 IEC 60044 -8 协议，是一种同步串行接口协议，由国家电网公司在 Q/GDW 441—2010《智能变电站继电保护技术规范》中作为附录发布；后者简称 IEC 61850 -9 -2 协议，是一个建立在以太网基础上的通信应用协议，它是 IEC 61850 标准体系的一部分。早期 IEC 还发布了 IEC 61850 -9 -1 协议，用于单向多路点对点串行通信链路输出采样值，但该标准已被废止。

合并单元的数字输出接口常被称为 SV、SAV 或 SMV 接口，三者都是 Sampled Value（采样值）的缩写。采用 IEC 61850 -9 -2 协议的 SV 接口，物理上是以太网接口。多个设备的 SV 接口可以通过交换机组成一个网络，该网络专用于传送互感器的采样值，称为 SV 网。SV 在 IEC 61850 标准中被定义为：“基于发布/订阅机制，交换采样数据集中的采样值的相关模型对象和服务，以及这些模型对象和服务到 ISO/IEC8802 -3 帧之间的映射。”

电子式互感器对继电保护的影响主要体现在以下三个方面：

（1）互感器的传变性能提升，主要是抗饱和能力提升，对继电保护的工作条件有较大的改善。

（2）互感器输出信号的数字化，引起保护装置采样方式的变化。采样方式的变化具体体现在两点：① 装置电压、电流输入接口由模拟式 TA、TV 传感器转变为同步串行通信接口或以太网通信接口，通信介质多为光纤；② 电子式互感器对电气量的采样与数据传送过程带来采样数据同步问题。

（3）采样环节的移出，使得保护装置的自身不能控制采样时刻，测量频率跟踪方法只能采用软件算法。

从智能变电站继电保护的实施情况来看，后两方面对继电保护的影响更为明显。

关于电子式互感器进一步的介绍将在第 2 章展开。

1.2.3　一次设备智能化

智能一次设备是智能变电站的基础，也是其重要技术特征。当前一次设备智能化主要通过“一次设备本体 + 传感器 + 智能组件”的方式实现。智能一次设备中，对继电保护影响最大的是智能断路器。断路器智能化的实现方式有两种：① 直接将智能组件内嵌在断路器中，断路器是一个不可分割的整体，可直接提供网络通信能力；② 将智能控制模块形成一个独立装置，即智能终端，安装在传统断路器附近，实现已有断路器的智能化。后者较为容易实现，也是目前的主要实现形式。

除断路器外，变压器、电抗器等设备也可通过配置相应智能终端并辅以其他智能电子设备实现智能化。

断路器智能终端具备以下功能：

（1）跳合闸自保持，控制回路断线监视，跳合闸压力监视与闭锁，防跳功能（可选，技术规范要求防跳功能由断路器本体实现）。

（2）跳闸出口触点和合闸出口触点。用于220kV及上电压等级的智能终端至少应提供两组分相跳闸触点和一组合闸触点；跳、合闸命令需可靠校验。

（3）接收保护装置跳合闸命令和测控装置的手合、手分断路器、隔离开关、接地开关等命令，输入断路器、隔离开关及接地开关位置、断路器本体信号（含压力低闭锁重合闸）等。

（4）具备三相跳闸硬触点输入接口，可灵活配置的与保护点对点连接GOOSE接口（最大考虑10个）和GOOSE组网接口。

（5）具备跳合闸命令输出的监测功能。当智能终端接收到跳闸命令后，应通过GOOSE网发出收到跳令的报文，供故障录波器录波使用。

（6）具备对时功能和事件报文记录功能。

（7）智能终端的告警信息可通过GOOSE接口上送。

断路器智能终端从收到跳合闸命令到出口继电器动作的时间不大于7ms。

变压器（电抗器）本体智能终端包含完整的本体信息交互功能。采集上送信息包括分接头位置、非电量保护动作信号、告警信号等；接收与执行命令信息包括调节分接头、闭锁调压、启动风冷、启动充氮灭火等。部分本体智能终端同时具备非电量保护功能，非电量保护采用就地直接电缆跳闸，不经过任何处理器转发。

智能终端一般靠近断路器或变压器、电抗器本体就地安装，工作环境较为恶劣。为减少设备故障率，一般不配置液晶显示屏，但配备足够的指示灯显示设备位置状态并告警。

智能终端，特别是断路器智能终端的出现，带来了以下变化：首先，改变了断路器操作方式。断路器的操作箱回路、操作继电器被数字化、智能化。除输入、输出触点外，操作回路功能通过软件逻辑实现，操作回路接线大为简化。其次，改变了保护装置的跳合闸出口方式。常规保护装置采用电路板上的出口继电器经电缆直接连接到断路器操作回路实现跳合闸，数字化保护装置则通过光纤接口接入到断路器智能终端实现跳合闸。保护装置之间的闭锁、启动信号也由常规的硬触点、电缆连接改变为通过光纤、以太网交换机连接。

在此指出，电子式互感器的应用也被看作一次设备智能化的范畴，其对继电保护的影响前文已述。

1.2.4 网络通信技术

网络通信技术是智能变电站自动化技术的基础，也深刻地影响了继电保护的实现方式。智能变电站大量采用以太网（Ethernet），以太网技术被广泛引入变电站自动化系统的站控层、间隔层和过程层，构成基于网络的分层式变电站自动化系统。因此，继电保护专业人员应深入了解以太网通信技术。

以太网技术应用于变电站具有以下优点：

（1）以太网是全开放网络，遵照网络协议，不同厂商的设备可以很容易实现互联；

设备组网简单方便，只需直接连接到以太网交换机。

(2) 以太网可以采用不同的传输介质，介质可以灵活组合，如光纤、双绞线、同轴电缆等。变电站环境中适合采用抗干扰能力强的光纤通信介质。

(3) 以太网通信速率高，当前主流的通信速率为100Mbit/s 和10Mbit/s，比目前的现场总线快很多，1000Mbit/s 以太网技术也逐渐成熟。

(4) 支持冗余连接配置，数据可达性强。具备冗余通道时，数据可有多条通路抵达目的地。

(5) 系统扩展性好，升级、更新方便。

(6) 软、硬件成本低廉。由于以太网技术已经非常成熟，支持以太网的软、硬件受到厂商的高度重视和广泛支持，有多种软件开发环境和硬件设备可供选择。

(7) 二次设备通过网络可实现数据共享、资源共享。

(8) 以太网结合采用 GOOSE 技术，具有实时性强、分优先级、通信效率高等特点，可满足实时控制要求。

以太网技术应用于变电站自动化系统由来已久，之前主要应用于站控层。智能变电站（包括数字化变电站）则将网络技术引入到过程层，出现了过程层网络，包括过程层 SV 网、过程层 GOOSE 网。

过程层与间隔层设备之间的网络称为过程层网络，其传送的信息是交流采样值、状态信号和控制信息。间隔层设备与站控层设备之间的网络称之为站控层网络，其通信内容是全站所有“四遥”数据、保护信息及其他需要监控的信息。相应的，保护装置对外通信接口也发生了较大的变化。如图 1 -7 所示，保护装置具有两类网络接口，对上的系统网络接口接入站控层 MMS 网，对下的过程层接口接入过程层 GOOSE 网和 SV 网。图1 -7 中示出了双套配置的站控层网络（MMS 网 1 和 MMS 网 2）。

图 1 -7 中，保护装置、智能终端同时接入过程层 GOOSE 网络（即交换机），合并单元接入过程层 SV 网络（即交换机），但过程层 SV 网络并非必要。保护装置到智能终端、合并单元之间还各有一条点对点直连通道，中间不经过网络交换机，这种连接方式称为直接采样、直接跳闸，后文将会进一步介绍。

1.2.5 智能变电站体系结构

1.2.1 介绍了 IEC 61850 标准提出的变电站的三层功能结构、功能间的逻辑接口以及逻辑接口到物理接口的映射。其中提到逻辑接口可以采用几种不同的方法映射到物理接口，一般可采用站级总线覆盖逻辑接口 1、3、6、9，采用过程总线覆盖逻辑接口 4、5，如图 1 -2 和图 1 -3 所示。间隔间通信逻辑接口 8 可以被映射到任何一种或者同时映射到两种。这种映射将对所选通信系统的性能要求有很大的影响。

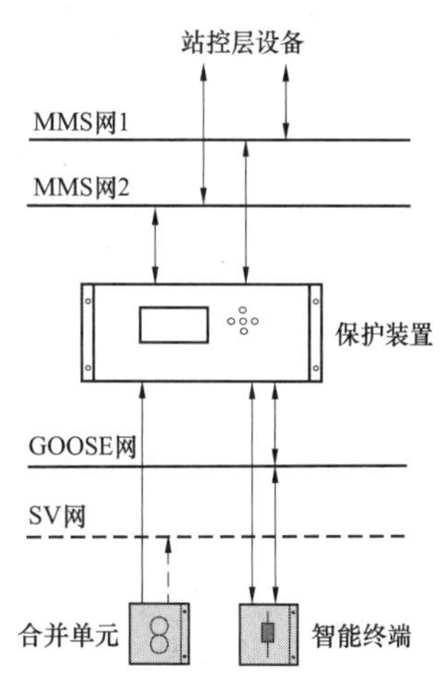

图 1 -7　保护装置对外通信接口框图

作为智能变电站自动化系统体系结构的一个组成

部分，继电保护受体系结构设计的影响较大。体系结构设计不仅影响保护装置的接口要求，更重要的是会从整体上影响保护设备配置、实现方式、维护方式及运行可靠性。

根据 IEC 61850 标准的上述指导思想，国内智能变电站实施过程中设计了多种不同的体系结构，如三层三网结构、三层两网结构及三层一网结构，其中应用较多的是三层两网结构。各种结构形式的共同点是都遵从三层结构，但在网络配置上差异较大。所谓“三网”和“两网”，其自身也没有明确的定义。本书不陷于三网、两网的争论之中，只介绍当前最典型的智能变电站系统结构，如图 1 - 8 所示。

智能变电站自动化系统站控层设备包括监控主机、数据通信网关机、数据服务器、综合应用服务器、操作员工作站、工程师工作站、PMU 数据集中器和计划管理终端等；间隔层设备包括继电保护装置、测控装置、故障录波装置、网络记录分析仪及稳控装置等；过程层设备包括合并单元、智能终端、智能组件等。

变电站网络在逻辑上由站控层网络、间隔层网络、过程层网络组成：站控层网络是间隔层设备和站控层设备之间的网络，实现站控层内部以及站控层与间隔层之间的数据传输；过程层网络是间隔层设备和过程层设备之间的网络，实现间隔层设备与过程层设备之间的数据传输。间隔层设备之间的通信，物理上可以映射到站控层网络，也可以映射到过程层网络。全站的通信网络采用高速工业以太网组成。

站控层网络采用星型结构的 100Mbit/s 或更高速度的工业以太网；网络设备包括站控层中心交换机和间隔交换机。站控层中心交换机连接数据通信网关机、监控主机、综合应用服务器、数据服务器等设备；间隔交换机连接间隔内的保护、测控和其他智能电子设备。间隔交换机与中心交换机通过光纤连成同一物理网络。站控层和间隔层之间的网络通信协议采用 MMS，故也称为 MMS 网。网络可通过划分虚拟局域网（VLAN）分隔成不同的逻辑网段。

过程层网络包括 GOOSE 网和 SV 网。GOOSE 网用于间隔层和过程层设备之间的状态与控制数据交换；GOOSE 网一般按电压等级配置，采用星形结构，220kV 以上电压等级采用双网；采用 100Mbit/s 或更高通信速率的工业以太网；保护装置与本间隔的智能终端设备之间采用 GOOSE 点对点通信方式。SV 网用于间隔层和过程层设备之间的采样值传输，一般按电压等级配置，同样采用星形结构、100Mbit/s 或更高通信速率的工业以太网。注意，保护装置以点对点方式接入 SV 数据。

对时系统是智能变电站自动化系统的重要组成部分，系统由主时钟、时钟扩展装置和对时网络组成。主时钟采用双重化配置，支持北斗导航系统（BD）、全球定位系统（GPS）和地面授时信号，优先采用北斗导航系统。时钟扩展装置数量按工程实际需求确定。时钟同步精度优于 1μs，守时精度优于 1μs/h（12h 以上）。站控层设备与时钟同步一般采用简单网络时间协议（SNTP）方式，经站控层网络对时报文接收对时信号。间隔层和过程层设备一般采用 IRIG - B（DC）码、秒脉冲（1PPS）对时方式，对时信号由主时钟或扩展装置时钟经单独的对时总线或串口发送至各设备的对时输入接口。智能变电站建设中有的采用一种 IEC 61588（IEEE 1588）对时方式，目前有一部分智能变电站在使用。关于对时方式，将在第 3 章进一步介绍。

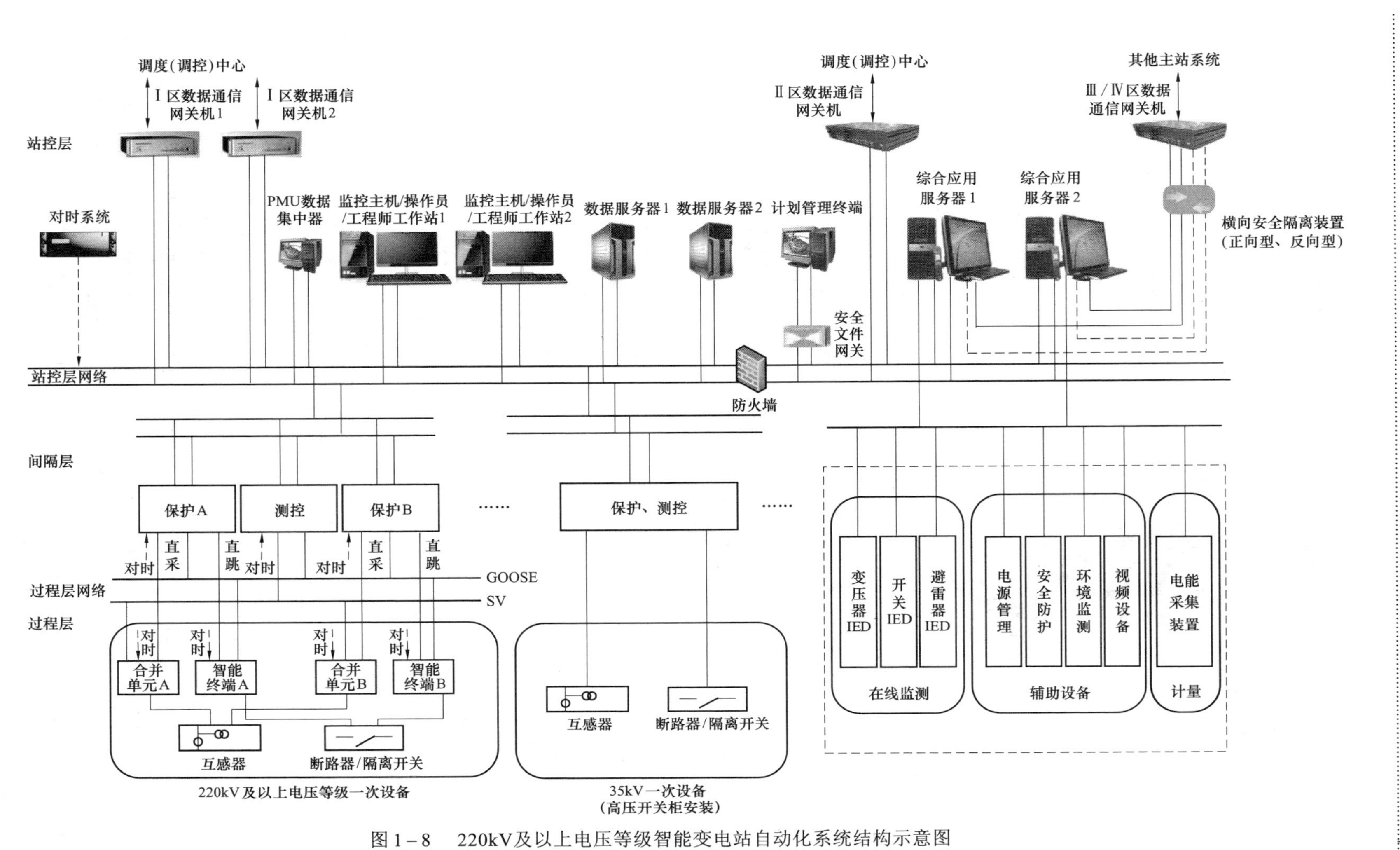

图1-8 220kV及以上电压等级智能变电站自动化系统结构示意图

1.3 智能变电站继电保护技术特点

前面已指出，智能变电站继电保护既包括数字化保护，也包括采用 IEC 61850 站控层接口标准的传统微机保护。后者与传统微机保护差别不大，特点在于保护装置与自动化系统接口采用了 MMS 通信协议。本节着重介绍智能变电站中数字化保护的特点，有些特点在 1.2 节中已经提到，此处作一些总结和扩展。

1.3.1 采样方式

常规保护装置采样方式是通过电缆直接接入常规互感器的二次侧电流和电压，保护装置自身完成对模拟量的采样和 A/D（模拟/数字）转换。数字化保护装置采样方式变为经过通信接口接收互感器的合并单元送来的采样值数字量，采样和 A/D 转换过程实际上在电子式互感器的二次转换器或合并单元中完成。也就是说，保护装置的采样过程变为通信过程，重点是采样数据的同步问题。

保护装置从合并单元接收采样值数据，可以直接点对点连接，也可以经过 SV 网络交换机。如图 1－9 所示，图 1－9（a）的方式称为直接采样（简称直采），图 1－9（b）的方式称为网络采样（简称网采）。考虑减少中间环节以提高采样过程的可靠性和快速性，Q/GDW 441—2010《智能变电站继电保护技术规范》要求，继电保护应直接采样，这是一项重要的技术原则。

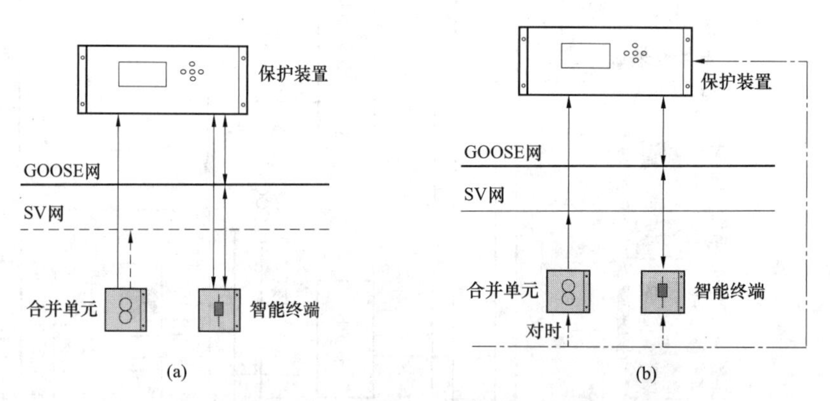

图 1－9　直采直跳与网采网跳

（a）直接采样、直接跳闸；（b）网络采样、网络跳闸

1.3.2 跳闸方式

断路器智能终端（也称智能操作箱）的出现，改变了断路器的操作方式。断路器的常规操作回路、操作继电器被数字化、智能化，除输入、输出触点外，操作回路功能全部通过软件逻辑实现，接线大为简化。常规保护装置采用电路板上的出口继电器经电缆直接连接到断路器操作回路实现跳合闸，数字化保护装置则通过光纤接口接入到断路器智能终端实现跳合闸。

保护装置向智能终端发送跳闸命令，可以经过 GOOSE 网络交换机，也可以直接点对点连接，如图 1－9 所示，图 1－9（a）的方式称为直接跳闸（简称直跳），图 1－9（b）的方式称为网络跳闸（简称网跳）。同样考虑减少中间环节以提高跳闸过程的可靠性和快速性，Q/GDW 441—2010《智能变电站继电保护技术规范》要求，对于单间隔的保护应直接跳闸，涉及多间隔的保护（母线保护）宜直接跳闸。对于涉及多间隔的保护（母线保护），如确有必要采用其他跳闸方式，相关设备应满足保护对可靠性和快速性的要求。这是又一项重要的技术原则。

1.3.3 二次回路

电子式互感器及合并单元、智能终端的应用实现了采样与跳闸的数字化，并从整体上促进了变电站二次回路的光纤化、数字化、网络化甚至智能化。保护装置之间的闭锁或启动信号也由常规的硬触点、电缆连接改变为通过光纤、以太网交换机连接。智能变电站二次回路的“四化”不仅克服了常规变电站电缆二次回路接线复杂、抗干扰能力差等缺点，还通过网络通信方式方便地实现了数据共享、硬件资源共享，并为实现二次回路状态在线监测提供了条件。

1.3.4 装置构成

数字化保护装置电流、电压量输入（采样）通过 SV 通信接口实现，开关量输出（跳合闸命令、闭锁信号输出、启动信号输出）和开关量输入（闭锁、启动）通过 GOOSE 接口实现，因此装置通信口数量比常规保护大大增加，并且多为光纤接口。开入光耦、输出继电器、输入模拟量互感器相应减少。

由于光纤通信接口多、发热量大，装置实现有一定的难度，特别是母线保护和大型变压器保护。为解决上述问题，出现了分布式母线保护和分布式变压器保护。分布式保护装置面向间隔，由主单元和若干个子单元组成，中央处理和输入、输出功能分散在多台装置中实现，一定程度上缓解了装置设计困难。

Q/GDW 441—2010《智能变电站继电保护技术规范》提出，保护装置宜独立分散、就地安装。保护装置就地化安装技术已成为智能变电站技术的一个重要分支。当前智能变电站继电保护室外就地化安装的不多，智能终端等其他二次设备就地安装的则较多。二次设备就地安装时，实际上是安装在就地智能控制柜内。智能控制柜具备环境调节功能，能够为保护装置及其他二次设备提供相对适宜的运行环境，因此二次设备为适应智能控制环境所作变化不太大。典型的变化是智能终端取消了液晶显示器。

1.3.5 设备配置

与常规变电站相比，智能变电站继电保护在设备配置上有了一些新变化，主要包括：

（1）220kV 及以上电压等级继电保护双重化配置的要求，扩展到与保护相关的设备和过程层网络。两套保护的电压（电流）采样值应分别取自相互独立的 MU；双重化配置的 MU 应与电子式互感器两套独立的二次采样系统一一对应。两套保护的跳闸回路应与两个智能终端分别一一对应；两个智能终端应与断路器的两个跳闸线圈分别一一对应。双重化配置的两个过程层网络应遵循完全独立的原则。

（2）为满足双重化配置的两个过程层网络应完全独立的要求，智能变电站220kV母联（分段）保护采用双重化配置，3/2断路器接线的断路器保护也采用双重化配置。这两种保护若按常规站要求单套配置，为与其他保护配合，可能不得不同时接入两个网络。

（3）500（330）kV及以上电压等级过电压及远跳就地判别功能集成在线路保护装置中。

（4）3/2断路器接线的短引线保护功能可由独立装置实现，也可包含在边断路器保护装置内。

（5）另外，智能变电站故障录波的配置原则与常规站有较大差别，设备配置数量明显增加，设备功能有较大扩展，并增加了网络报文记录分析装置。故障录波装置和网络报文记录分析装置应能记录所有MU、过程层SV、GOOSE网络的信息。对于220kV及以上电压等级变电站，一般按电压等级和网络配置故障录波装置和网络报文记录分析装置，主变压器单独配置主变压器故障录波装置。每台故障录波装置或网络报文记录分析装置不应跨接双重化的两个网络。

最后指出，数字化保护装置在保护原理上与常规微机保护差别不大，智能变电站继电保护较少涉及保护原理问题。在原理算法上，需要注意的主要是软件频率跟踪问题。软件频率跟踪已有较成熟的算法，主要涉及数字信号处理技术，相关文献很多，本书不再详细介绍。

2

智能变电站过程层设备

2.1 电子式互感器

第1章1.2.2已经介绍了电子式互感器的概念、分类、结构、接口、优点及对继电保护的影响，1.2.3则介绍了与电子式互感器配套使用的合并单元的作用、结构、分类及接口方式。本章2.1节详细介绍电子式互感器的额定参数与额定值、准确级、结构与工作原理，以及继电保护对电子式互感器的要求，2.2节则详细介绍电子式互感器的合并单元。

2.1.1 电子式互感器的额定参数与额定值

2.1.1.1 ECT、EVT数字输出接口的额定参数与额定值

1. 数字输出额定值

ECT一次额定电流、EVT一次额定电压的定义和标准序列与传统互感器基本一致。对经通信接口输出数字量的ECT、EVT，其数字输出额定值见表2-1，标准数字均为方均根值。例如一次额定电流为1000A的ECT，额定数字量输出为2D41 H（H代表十六进制数，对应十进制数11585），即表示某时刻一次侧通过电流瞬时值1000A时，电子式互感器的通信接口输出数字量2D41 H。

2. 数据速率（$1/T_s$）及其额定值

按IEC6004408的定义，T_s表示电子式互感器输出数据的传输间隔时间，其倒数即数据速率（$1/T_s$），是指电流电压数据集的每秒传输数量。实际电子式互感器每采样一次（均匀采样）即传输一次，传输间隔时间即采样间隔时间。

在额定频率f_r=50Hz或60Hz时，数据速率的额定值为$80\times f_r$、$48\times f_r$或$20\times f_r$。

3. 额定延时时间（t_{dr}）及其标准值

电子式互感器的数字量数据处理和传输需要一定的时间，该时间的额定值定义为额定延时（t_{dr}），其标准值为$2\times T_s$或$3\times T_s$。

表 2－1　电子式互感器数字输出额定值

量程范围标志	测量用 ECT 的额定值（比例因子 SCM）	保护用 ECT 的额定值（比例因子 SCP）	EVT 的额定值（比例因子 SV）
RangeFlag＝0	十六进制 2D41 H（十进制 11585）	十六进制 01CF H（十进制 463）	十六进制 2D41 H（十进制 11585）
RangeFlag＝1	十六进制 2D41 H（十进制 11585）	十六进制 00E7 H（十进制 231）	十六进制 2D41 H（十进制 11585）

注　1. 所列十六进制数值，在数字侧代表额定一次电流（皆为方均根值）。

2. 保护用 ECT 能测量的电流高达 50 倍额定一次电流（0% 偏移）或 25 倍额定一次电流（100% 偏移），而无任何溢出。测量用 ECT 和 EVT 能测量达 2 倍额定一次值的电量而无任何溢出。

3. 如果互感器的输出是一次电流导数，其动态范围与电流输出的动态范围不同。电流互感器的最大量程与暂态过程的直流分量有关。微分后，此低频分量的幅值减小。因而，例如 RangFlag＝0 时，电流导数输出的保护用 ECT 能测量无直流分量（0% 偏移）的 50 倍额定一次电流，或全直流分量（100% 偏移）的 25 倍额定一次电流。

4. 对保护用 ECT，不发生溢出的一次电流最大可测量值，是设置 RangFlag＝1 时的 2 倍。

如果数据帧仅包含测量用数据，允许更大的延时以获得最佳的滤波效果，但最大不超过 3.3ms。如果合并单元采用同步脉冲，对所有数据速率下的额定延时皆限定在 0.3ms～3ms，因为这种情况下额定延时与互感器的相位误差无关。

2.1.1.2　ECT、EVT 模拟输出接口的额定参数与标准值

1. ECT 模拟电压输出接口的额定参数与标准值

部分电子式电流互感器保留二次侧模拟输出，一般为电压小信号输出，如图 1－5 “单相电子式电流互感器结构框图” 所示。其额定二次电压（U_{sr}）定义为额定频率时在额定一次电流下的输出二次电压的方均根值，标准值为 22.5mV、150mV、200mV、225mV、4V。互感器二次额定负荷的标准值以欧姆表示为 2kΩ、20kΩ、2MΩ，实际总负荷必须大于或等于额定负荷。

2. EVT 模拟电压输出接口的额定参数与标准值

部分电子式电压互感器保留二次侧模拟输出，其二次电压额定值可采用传统电压互感器的二次额定电压的标准值。

此外，对单相系统或三相系统线间的单相互感器及三相互感器，可采用下列值作为标准值：1.625（6.5/4）V、2V、3.25（6.5/2）V、4V、6.5V。

用于三相系统线对地的单相电压互感器，可采用下列值作为标准值：$1.625/\sqrt{3}$V、2V、$3.25/\sqrt{3}$V、$4/\sqrt{3}$V、$6.5/\sqrt{3}$V。

要求连接成开口三角以产生零序电压的端子，其端子间的额定二次电压如下：

（1）对三相有效接地系统电网，为 1.625V、2V、3.5V、4V、6.5V；

（2）对三相非有效接地系统电网，为 1.625/3V、2/3V、3.25/3V、4/3V、6.5/3V。

2.1.1.3　唤醒时间与唤醒电流

有些有源电子式电流互感器是由一次电流提供电源的，这种互感器常称为自励源式互感器，其电源的建立需要在一次电流接通后延迟一定时间，此延时称为唤醒时间。在此延

时期间，电子式电流互感器的输出为零。激发电子式电流互感器所需的最小一次电流的方均根值，称为唤醒电流。显然，唤醒电流和唤醒时间越小越好。

在额定一次电流下，唤醒时间的标准最大值为0ms、1ms、2ms、5ms。在激发时间内，电子式互感器的数字输出为无效，若有模拟输出，应为0。必须注意，在此延时期间保护继电器不得误动作。唤醒电流的额定值由制造厂规定。

Q/GDW 441—2010《智能变电站继电保护技术规范》要求智能变电站使用的电子式互感器的唤醒时间为0。

2.1.2 保护用电子式电流互感器的准确级

保护用电子式电流互感器的准确级，是以该准确级在额定准确限值一次电流下最大允许复合误差的百分数来标称，其后标以字母P（表示保护）或字母TPE（表示暂态保护电子式互感器准确级）。保护用电子式电流互感器的标准准确级为5P、10P和5TPE。

电子式电流互感器在额定频率下的电流误差、相位差和复合误差，以及规定暂态特性时在规定工作循环下的最大峰值瞬时误差，应不超过表2－2所列误差限值。注意表中所列相位差是对额定延时补偿后余下的数值。

表2－2　误差限值

准确级	在额定一次电流下的电流误差（%）	在额定一次电流下的相位差		在额定准确限值一次电流下的复合误差（%）	在准确限值条件下的最大峰值瞬时误差（%）
		（′）	crad		
5 TPE	±1	±60	± 1.8	5	10
5 P	±1	±60	± 1.8	5	—
10P	±3	—	—	10	—

2.1.3 电子式互感器的结构与工作原理

2.1.3.1 有源电子式互感器

各种有源电子式互感器的工作原理不同，主要体现在高压侧传感头的传感原理不同，下面分别介绍几种在智能变电站中应用较多的互感器的结构和传感原理。

一、Rogowski线圈电流互感器

Rogowski线圈（又称罗戈夫斯基线圈、罗氏线圈）电流互感器的结构如图2－1所示，线圈均匀缠绕在一圆环形非磁性骨架上，被测电流穿过如图所示的圆环。设该圆环半径为r，骨架截面也为圆形，且其半径为R，则截面积$S=\pi R^2$。可以证明，测量线圈所交链的磁链与环形骨架内的被测电流i_x存在线性关系。当$r \gg R$时，环形骨架单位长度$\mathrm{d}L$上的小线圈所交链的磁链$\mathrm{d}\Phi$为

$$\mathrm{d}\Phi = \frac{N}{2r\pi} S B_1 \mathrm{d}L \qquad (2-1)$$

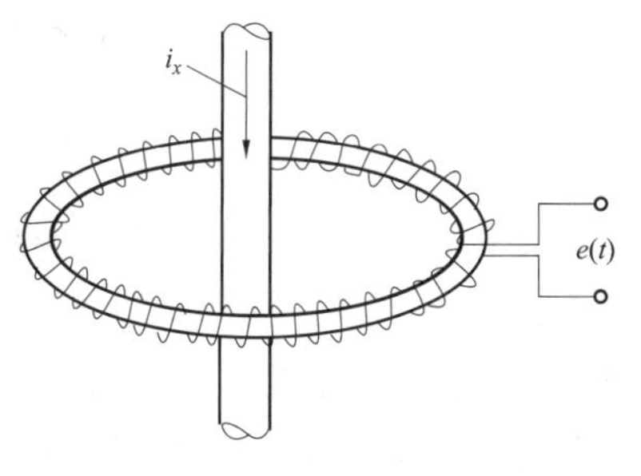

图2－1　Rogowski线圈结构示意图

式中：B_1为磁感应强度在测量线圈轴线方向的切线分量；N为线圈匝数。

整个空心线圈的小线圈所交链的总磁链为

$$\Phi = \frac{NS}{2r\pi}\oint B_1 \mathrm{d}L = \frac{NS\mu_0}{2r\pi}\oint H\mathrm{d}L \tag{2-2}$$

式中：μ_0为非磁性骨架的磁导率。

根据全电流定律，磁场强度H沿任意封闭轮廓积分等于穿过该封闭轮廓所限定面的电流，即

$$\oint H\mathrm{d}L = i_x \tag{2-3}$$

代入式（2-2），则有

$$\Phi = \frac{NS\mu_0 i_x}{2r\pi}$$

整个线圈的感应电动势为

$$e(t) = \frac{\mathrm{d}\Phi}{\mathrm{d}t} = -\frac{NS\mu_0}{2r\pi}\frac{\mathrm{d}i_x}{\mathrm{d}t}$$

当线圈骨架材料一定，尺寸一定，绕制线圈所用的导线线径一定，且r、N均为恒定值，感应电动势$e(t)$就正比于被测电流i_x的微分值。

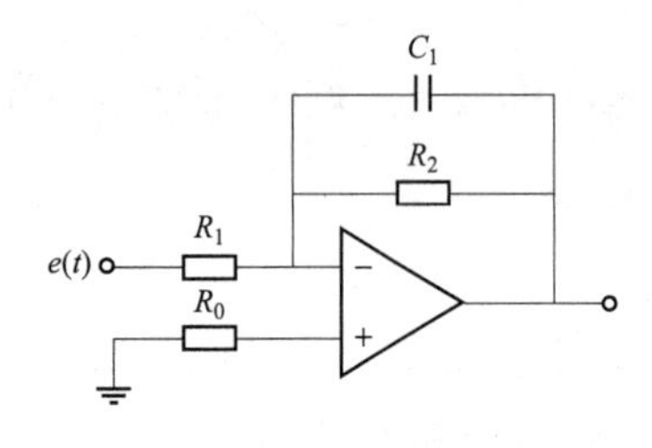

图2-2　积分器电路原理图

为求得线圈输出与i_x的直接线性关系，可将线圈输出端经一积分器补偿后再输出，如图2-2所示。

图2-2中，C_1与R_2为一实际电容器的电容与绝缘电阻的等效值，选择绝缘性能良好的电容器，其等效电阻R_2的阻值很大。$e(t)$作用在R_1上的电流等于在C_1及R_2上的电流之和，当R_2远远大于C_1容抗时，R_2上电流很小，R_1与C_1上流过的电流近似相等，这样，R_2对积分器的影响可忽略不计。积分器输出为

$$u(x) = -\frac{1}{R_1C_1}\int e(t)\mathrm{d}t = \frac{NS\mu_0 i_x}{R_1C_1 2r\pi}$$

$u(x)$与被测电流i_x呈线性关系，只要准确地测量$u(x)$，就可以得出i_x值。

线圈输出的电信号被积分后，实现了与一次电流相同的波形输出。这样，线圈与积分器组合，其输出有精确的相位响应。

由于非磁性骨架的磁导率μ_0基本为一个常数，罗氏线圈基本上不存在传统电磁式互感器的（铁芯）饱和问题。罗氏线圈测量的是原始信号的微分信号，为获得原始信号增加了积分环节。理论上讲，在一次电流为正弦波形时，互感器的输出也应为正弦波。从现场实测某型罗氏线圈ECT来看，波形并非如此，整个波形会向上或向下漂移，似乎叠加了一个低频分量信号。分析其主要原因，是电子式互感器的前置处理模块中的积分环节在抑制零漂环节时产生的过抑制调节所致。此外，罗氏线圈电子式互感器还存在抗电磁干扰能力不强、受环境因素影响大等问题。

二、低功率电流互感器（LPCT）

LPCT实际上是一种具有低功率输出特性的电磁式电流互感器，在IEC 60044－8中，它被列为电子式电流互感器的一种实现形式。由于LPCT的输出一般直接提供给电子电路，所以二次负载比较小；其铁芯一般采用微晶合金等高导磁性材料，不易饱和，在较小的铁芯截面下，就能够满足测量准确度的要求。LPCT二次回路要并接一阻值较小的电压取样电阻R_{sh}，该电阻是LPCT的一个组成部分，如图2－3所示。

图2－3中：U_s为LPCT电压输出；I_p为一次侧电流；R_{sh}为采样电阻；N_p为一次绕组匝数；N_s为二次绕组匝数。

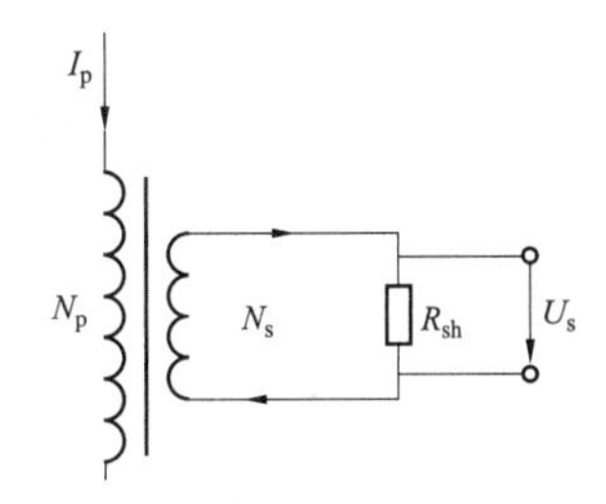

图2－3　LPCT结构示意图

LPCT的输出是与一次侧电流成正比的电压信号，其表达式为

$$U_s = R_{sh} I_p (N_p / N_s)$$

LPCT的负载能力较低，要求二次输入阻抗非常高，这导致输出信号抗干扰能力不强。为提高抗干扰能力，其二次输出通常采用特种屏蔽电缆连接到二次设备。

三、电阻或电阻—电容分压的电压互感器

（一）电阻分压器

电阻式电压传感器的工作原理为一电阻式分压器，由高压臂电阻R_1和低压臂电阻R_2组成，如图2－4所示。图中U_1为高压侧输入电压，U_2为低压侧输出电压，电压信号在低压侧取出。为防止低压部分出现过电压并保护低压侧设备，在低压电阻上加装一个放电管或稳压管VS，使其放电电压略小于低压侧允许的最大电压。为了使负载电子线路不影响电阻分压器的分压比，在U_2输出至负载电子电路之前加一跟随器。

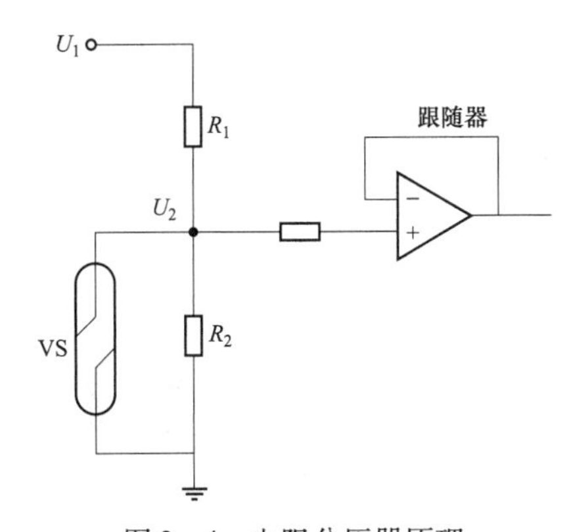

图2－4　电阻分压器原理

电阻分压器结构简单，不存在铁磁谐振、铁芯饱和等缺点，短路和开路都是允许的，一个分压器可同时满足测量和保护的要求。

由于大地及周围物体与分压器的电场产生相互影响，分压器存在对地杂散电容，使得沿分压器上各处的电流不同，电压分布不均，从而产生幅值误差和相角误差。而分压器高压引线及高压端对分压器本体也存在杂散电容，同样会对分压器产生一定的影响。在高电压下，电阻尺寸显著增加，必须考虑分压器对地和对高压引线的分布电容，因而电阻分压器通常只应用于较低电压等级。

（二）电阻—电容分压器

电阻—电容分压器的原理与传统CVT的工作原理类似，主要通过电容器的串并联组合，对高电压进行分压，因此也称为电容分压器。经过多年的发展与应用，技术已较为成熟。

电容分压器的结构如图2－5所示。C_1和C_2为电容串并联组合的两组等值电容，$C_2 \gg C_1$，r

为等效电阻。由电路图可得高压侧电压 U_H 与低压侧电压 U_L 之间的关系式为

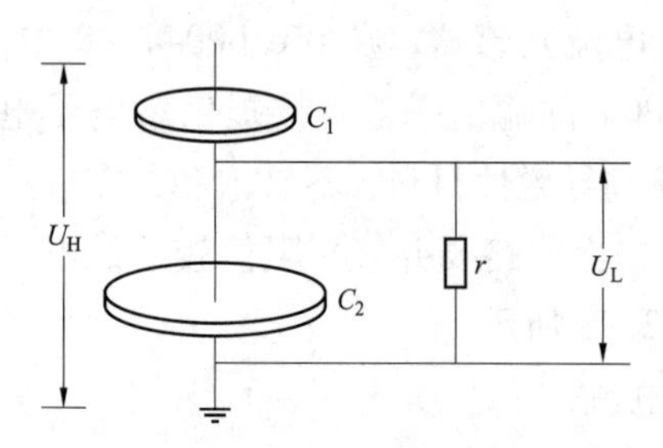

图 2-5　电容分压器结构示意图

$$\frac{U_H}{\dfrac{1}{j\omega C_1}+\dfrac{\dfrac{r}{j\omega C_2}}{\dfrac{1}{j\omega C_2}+r}}=\frac{U_L}{\dfrac{\dfrac{r}{j\omega C_2}}{\dfrac{1}{j\omega C_2}+r}}$$

$$U_L=U_H\frac{\omega^2r^2C_1(C_1+C_2)+j\omega rC_1}{1+\omega^2r^2(C_1+C_2)^2}=U_HA\angle\beta \tag{2-4}$$

式中：A 为电容分压器的幅值增益系数（即电压变比）；β 为电容分压器的相角增益系数。显然，调整 C_1、C_2 的取值，即可改变增益系数。

电容分压器是一个相位超前环节，引入了一定的相位差。该误差可以通过硬件移相器进行更正，也可以通过软件方式进行补偿。图 2-6 所示为一个模拟硬件移相器电路，电容分压器的输出 U_L 接于该移相器的输入 U_I。

U_O 与 U_I 之间的关系为

$$\frac{U_I}{R}=\frac{-U_O}{R_F}+\frac{-U_O}{\dfrac{1}{j\omega C}}$$

加上移相器后，滞后角度大小为 $\theta=\arctan(\omega R_F C)$。适当选择移相器的元件参数，使 $\theta=\beta$，即可精确地实现电压信号的等相位补偿。

电容分压器置于户外，对于传统的 CVT，较大的温度变化会直接影响电容分压器的分压比，使其不稳定，从而影响测量的准确度。考虑到电子式电压互感器的负载很小，可以从硬件上采用串并联混合结构来减小温度变化的影响，如图 2-7 所示。

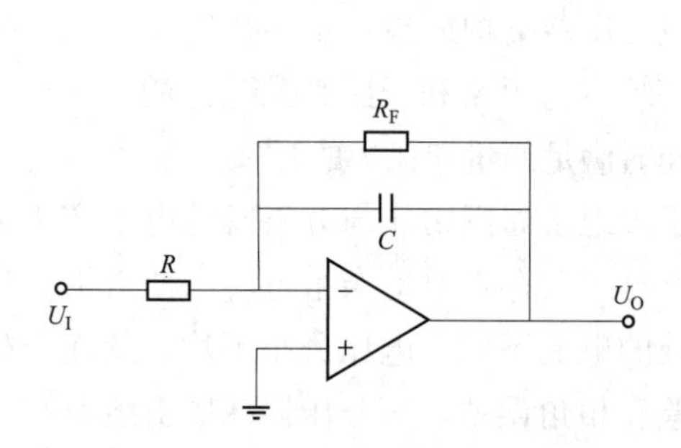

图 2-6　模拟硬件移相器电路

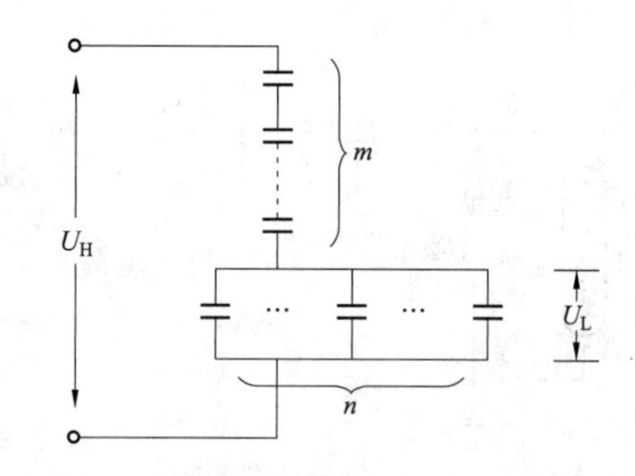

图 2-7　电容分压器串并联混合结构

整个分压器由 $m+n$ 个具有相同介质、尺寸、容量及温度系数的电容 C 组成，C_1 为 m 个电容 C 相串联，$C_1=C/m$；C_2 为 n 个电容 C 相并联，$C_2=nC$。理想条件下，增益系数为

$$A=\frac{U_L}{U_H}\approx\frac{C_1}{C_1+C_2}=\frac{1}{mn+1}$$

当受温度影响每个电容变化为 $\Delta C+C$ 时，增益系数为

$$A' = \frac{C_1}{C_1 + C_2} = \frac{\frac{1}{m}(C + \Delta C)}{\frac{1}{m}(C + \Delta C) + mn(C + \Delta C)} = \frac{1}{mn + 1}$$

可见 $A' = A$，也就是说，在理想条件下这种方式基本上可以消除温度影响。但是，由于实际的工艺和制造水平，很难制造出参数完全相同的电容，所以该结构依然存在温度误差。因此可以考虑用软件方法来补偿温度误差，即测量系统中引入一个温度传感器，将系统温度作为一个重要参数与电压信号进行信息融合，消除温度变化的影响。

四、有源电子式互感器高压侧供能方法

有源电子式互感器的传感头部分采用传统的传感原理，仅利用光纤传输电子式互感器的输出数据。由于在高压侧有对传感头的输出信号进行采集和模数转换的电子电路，因而也就带来了对电子电路的电源供能问题。供能问题是有源式互感器的难点和关键技术。目前已提出多种供能方法，不少方法已投入工程运行，但仍然存在不足。

典型的有源式 ECT 的基本原理如图 2－8 所示，它分为高压侧电路、低压侧电路以及光纤传输 3 个模块。其中，高压侧电路的作用是对传感头的输出信号进行采集和模数转换，并经光纤通信接口发送出来。而低压侧电路的作用则是将光纤传送下来的信号进行处理，并将结果送入相应的测量与继电保护设备。可见，为了确保高压侧电子电路的正常工作，必须提供稳定、可靠的工作电源。

图 2－8 中的虚线给出了几种可能的供电方式，这里采用虚线的目的是说明可能的供电方式有多种。而在实际应用中通常是在多种方式中选取某一种或两种组合。

目前常用的供能方式主要有利用电流互感器从一次载流导体上取电能、利用电容分压器从一次高压导体上取电能、激光供能等。

（一）利用 TA 从一次载流导体上取电能

利用 TA 从一次载流导体上取电能的典型电路如图 2－9 所示。其基本工作原理是利用特制 TA 从一次载流导体上感应出电流。通过整流、滤波、稳压等后续电路处理后，提供给高压侧电子电路所必需的电源。采用这种方法面临两个困难：① 当一次侧空载或电流很小时，如何保证电源的正常供应；② 当一次电流超过额定电流，特别是流过短路故障大电流时，如何给予电源板足够的保护。为了解决这两个问题，采取了多种措施：① 选择性能良好的铁芯材料构造特制 TA；② 设计相应的控制保护电路，在过电压防护、能量泄放电路、电磁兼容设计等方面采取措施，确保在一次电流变化较大，特别是出现大电流的情况

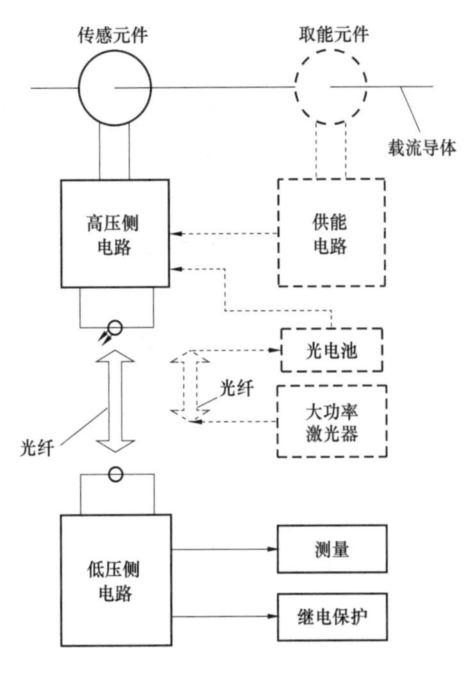

图 2－8　有源电子式电流互感器基本原理示意图

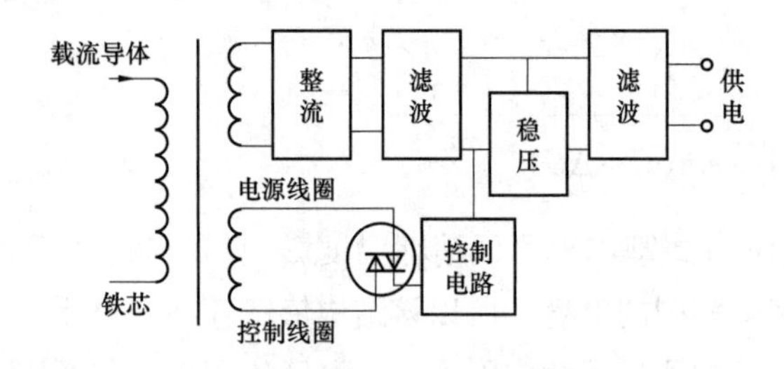

图 2-9 利用 TA 从一次载流导体上取电能的典型电路示意图

下，能够有稳定可靠的电源输出。

目前采用这种自励源供能技术的电子式互感器，其唤醒电流可降至 0.4～0.6A 以下；唤醒时间可缩短至 5ms 以内，但对保护而言仍较长。Q/GDW 441—2010《智能变电站继电保护技术规范》要求智能变电站使用的电子式互感器的唤醒时间应为 0，因此单独采用这种供能方式不能满足唤醒时间为 0 的要求。

（二）利用电容分压器从一次侧高压导体上取电能

利用高压电容分压器取电能的思想类似于 TA 取电能，都是就近取材的想法。其基本电路如图 2-10 所示。高压电容分压器从一次侧高压导体上取得电能后，也要经整流、滤波、稳压等处理措施，才能给高压侧电路供能。通过调整电容 C 的大小来获取不同的电流输出，从而达到设计的功率要求。采用该方法面临着比 TA 取电能更大的困难：① 如何保证取能电路和后续工作电路之间的电气隔离问题，这要求更为严格的过电压防护和电磁兼容设计；② 这种方法有着更多的误差来源，温度、杂散电容等多种因素都会影响性能，电源的稳定性和可靠性比 TA 取电能方法要差；③ 采用这种方法得到的功率有限，虽然可以通过改变电容 C 的大小来调整功率输出，但过大的电容将会带来更多的问题。

（三）激光供能

激光供能的基本原理如图 2-11 所示，该方法采用激光或其他光源从低压侧通过光纤将光能量传送到高压侧，再由光电转换器件（光电池）将光能量转换为电能量。经过 DC/DC 变换后提供稳定的电源输出，由于激光二极管的工作原理可以确保光功率在一定温度条件下的稳定，所以通过光电池转换后得到的电源也相对比较稳定，且电源的纹波也比较小，噪声低，不易受到外界其他因素的干扰。传输能量的光纤和传输数据的光纤各自独立，前者数目可根据要求灵活选取。这种方法也存在不足，由于受激光输出功率的限制，特别是光电池转换效率的影响，该方法提供的能量有限。因此对高压侧电路提出了微功耗设计的要求，加大了电路设计的难度。另外激光功能器件的寿命、成本和可靠性也是一个问题。

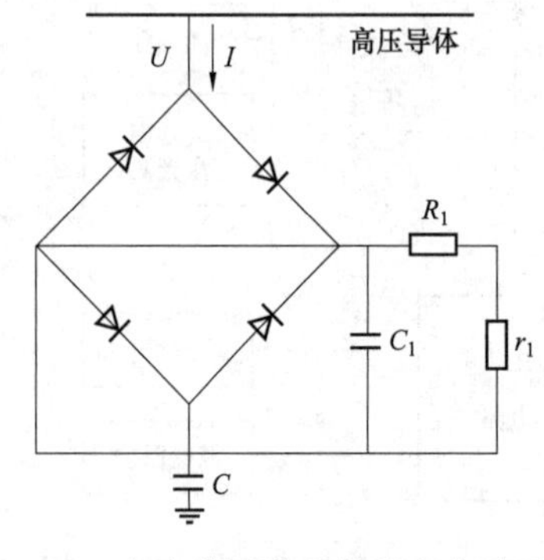

图 2-10 电容分压取电能基本电路示意图

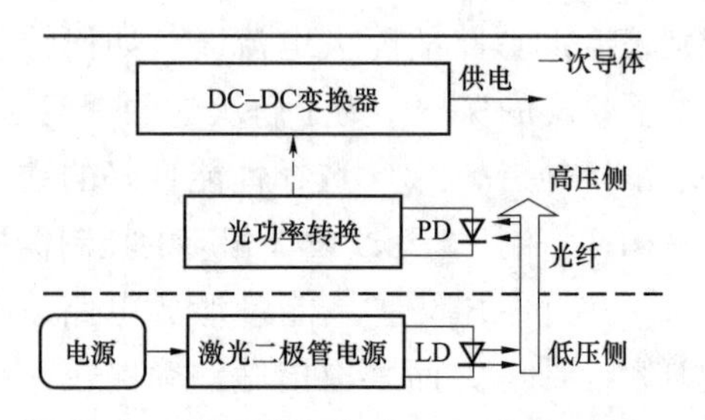

图 2-11 激光供能方法的基本原理示意图

相比其他供能方式，该方法的整体效益较为突出，因而得到了最广泛的应用。

实际产品中，有源电子式互感器可采用多种供能方式的组合，如激光供能与自励源供能协同配合供电，线路有电流时由取能 TA 供电，无流时由激光供电。

2.1.3.2　无源电子式互感器

无源电子式互感器的传感头部分采用光学传感原理，并通过光纤将信号传送到低电位侧。由于传感器输出信号本身就是随着被测量变化的光信号，不存在设计高压侧电子电路的问题，相应的也不存在为高压侧提供电源问题。

一、光学知识回顾与补充

在介绍无源电子式互感器之前，首先回顾和补充一下相关光学知识。

（一）光的反射、折射与介质的折射率

1. 光的反射

当光线投射到两种光学介质的分界面上时，一部分光线改变了传播方向，返回第一介质里继续传播，这种现象称为光的反射。光的反射有以下特性（反射定律），如图 2－12 所示：

（1）反射光线在入射光线与法线所决定的平面内，反射光与入射光线分居在法线两侧；

（2）反射角等于入射角：$i_1=i_2$。

2. 光的折射

光线到达两种介质的界面时，除一部分光线在界面上反射外，另一部分光线改变传播方向，进入到另一种介质内继续传播，这种现象称为光的折射。例如，插入水中的筷子，其浸入水中的部分与空气中的部分有弯折现象；观察位于池底的物体有变浅现象等。

光的折射有以下特性（折射定律），如图 2－13 所示：

（1）折射光线在入射光线和法线所决定的平面内，折射光线和入射光线分居法线两侧；

（2）$\sin(i)/\sin(I')=$常数。

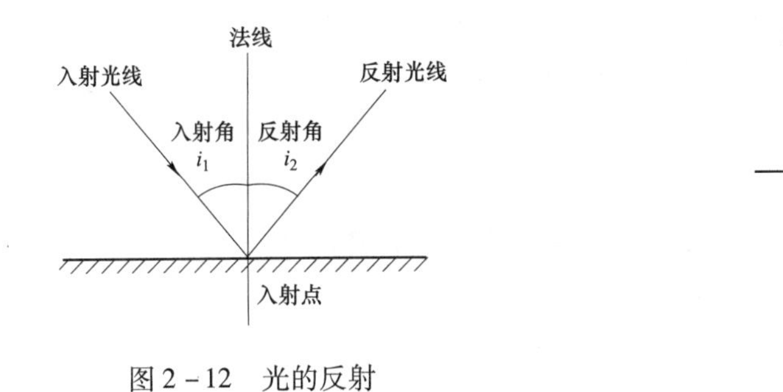

图 2－12　光的反射

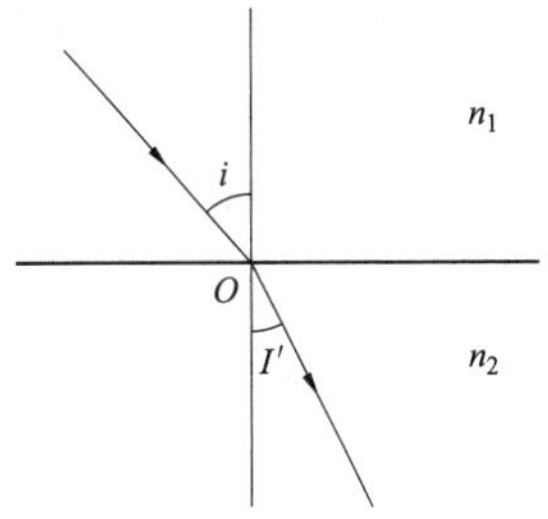

图 2－13　光的折射

3. 介质的折射率

光在真空中的传播速度 $C=3\times10^8$ m/s，在其他介质里传播速度要下降，如在水中传播速度为 $3C/4$；在玻璃中传播速度为 $2C/3$ 等。这种引起光的传播速度发生变化的原因，反映出介质的一种光学特性，称作介质的折射率。定义介质的折射率 n 为

$$n = C/V\ (C > V, n > 1)$$

式中：V 为介质中光的传播速度。任何介质都有一个折射率数值，空气的折射率 $n \approx 1$。折射定律可表示为

$$\sin(i)/\sin(I') = n_2/n_1$$

即

$$n_1 \sin(i) = n_2 \sin(I')$$

（二）光的全反射

光的传播速度大的介质，也即折射率小的介质，称为光疏媒质；光的传播速度小的介质，也即折射率大的介质，称为光密媒质。当光线从光密介质进入光疏介质时，折射角将大于入射角，随着入射角的增大，折射角也增大。若折射角为90°，折射光线将沿界面折射。若入射角再继续增大，折射光线将变为反射光线，遵循反射定律，如图2－14所示。

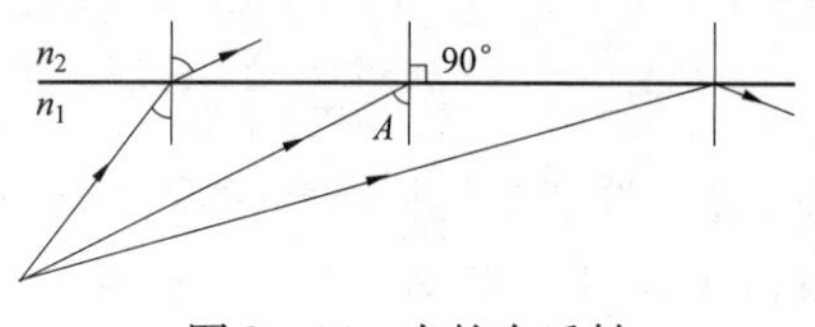

图2－14　光的全反射

对应于折射角为90°时的入射角 A 称为临界角。根据折射定律，介质的临界角对于真空或空气有

$$n_1 \sin(A) = n_2 \sin(90°) = n_2$$

设 $n_1 = n$（>1），而 $n_2 = 1$，则有

$$\sin(A) = 1/n, A = \arcsin(1/n)$$

（三）光的双折射

人们经常看到，当一束光入射到各向异性介质（如方解石、石英等晶体）时，会分解为两束光而沿不同方向折射，此现象称为光的双折射。试验证明，当改变光线入射角时，其中一束光恒遵守折射定律，称为o光（ordinary ray，寻常光线），另一束不遵从折射定律，也不一定在入射面内，称为e光（extraordinary ray，非常光线）。

产生双折射现象的原因是由于寻常光线和非常光线在晶体中具有不同的传播速度，寻常光线在晶体中各方向上的传播速度都相同，而非常光线的传播速度却随着方向而改变。人们发现，在晶体的内部有一确定的方向，沿这一方向，寻常光线和非常光线的传播速度相等，这一方向称为晶体的光轴。光线从光轴方向射入晶体不会发生双折射现象。

o光和e光都是线偏振光。

（四）光的干涉

光的干涉现象是指两个或多个光波在某区域叠加时，在叠加区域内出现的各点强度稳定的强弱分布现象。光的干涉现象是波动过程的基本特征。

两个独立的、彼此没有关联的普通光源（非激光光源）发出的光波不会发生干涉。只有满足如下相干条件的光才会发生干涉，相干条件是指相位差固定不变、振动方向相同、频率相同。

杨氏双缝干涉实验是光产生干涉的最著名的例子，如图2－15所示。图中，S是一线光源，紧邻其右是一个遮光屏，屏上有两条与S平行的狭缝S1、S2，且与S等距离，因此S1、S2是相干光源，且相位相同；S1、S2之间的距离是 d，到最右方投影屏的距离是 D。

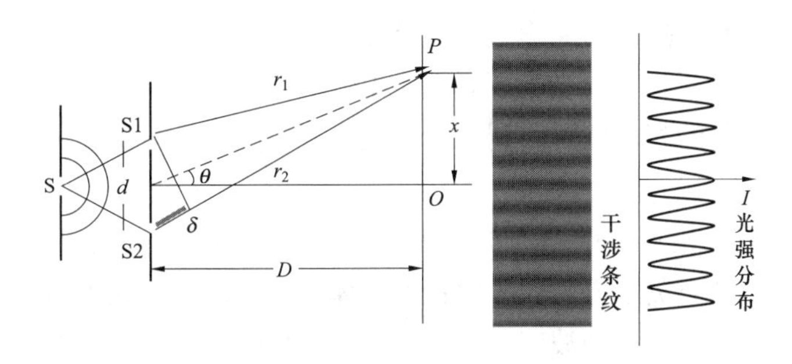

图 2-15 杨氏双缝干涉实验

考察屏上某点 P 处的强度分布。由于 S1、S2 对称设置，且大小相等，认为由 S1、S2 发出的两光波强度相等，即 $P_1=P_2=P_0$，则干涉条纹 P 点的光强度为

$$\begin{aligned} P &= P_1+P_2+2\sqrt{P_1P_2}\cos\delta \\ &= 4P_0\cos^2\frac{\delta}{2} \end{aligned} \tag{2-5}$$

δ 为 P 点处两光的相位差，$\delta=2\pi\frac{r_2-r_1}{\lambda}$，$\lambda$ 为光波长，代入式（2-5）有

$$P=4P_0\cos^2\left[\frac{\pi(r_2-r_1)}{\lambda}\right] \tag{2-6}$$

式（2-5）、式（2-6）表明 P 点的光强取决于两光波在该点的光程差或相位差。

由式（2-5）知，P 点合振动的光强为 $P=4P_0\cos^2\frac{\delta}{2}$，由此推知：当 $\delta=2m\pi$（$m=0, \pm1, \pm2\cdots$）时，P 点光强有最大值，$P=4P_0$，出现明条纹；当 $\delta=(2m+1)\pi$（$m=0, \pm1, \pm2\cdots$）时，P 点光强有最小值，$P=0$，出现暗条纹。当相位差介于两者之间时，P 点光强在 0 和 $4P_0$ 之间。

式（2-5）表明了干涉光的强度与两相干光源的相位差之间的关系。利用该关系可以通过测定光强间接测量相干光源之间的相位差。

（五）光程与波片

光通过不同的介质时，光的波长会随介质的不同而变化。设一频率为 f 的单色光（具有单一频率或波长的光）在真空中的波长为 λ，传播速度为 C，当它在折射率为 n 的介质中传播时频率不变，而传播速度变为 $v=C/n$，所以其波长为 $\lambda_n=\frac{v}{f}=\frac{C}{nf}=\frac{\lambda}{n}$。即一定频率的光在折射率为 n 的介质中传播时，其波长为真空中波长的 $1/n$。

由于波传播一个波长的距离，相位变化为 2π，若光在介质中传播的几何路程为 r，则相应的相位变化为

$$\Delta\varphi=2\pi\frac{r}{\lambda_n}=2\pi\frac{nr}{\lambda} \tag{2-7}$$

式（2-7）说明，光在介质中传播时，其相位的变化不仅与几何路程及光在真空中的波长有关，而且与介质的折射率有关。如果对光在任意介质中都采用真空中的波长 λ 来

计算相位的变化，就必须把几何路程 r 乘以折射率 n，人们把 nr 定义为光程。

定义光程的意义在于把单色光在不同介质中的传播都折算为在真空中的传播。当研究光束通过不同介质引起的相位差时，利用光程或光程差的概念再折算成相位差会带来许多方便。

波片是一种能使互相垂直的两光振动间产生附加光程差（或相位差）的光学器件。通常由具有精确厚度的石英、方解石等双折射晶体薄片做成，其光轴与薄片表面平行。

能使互相垂直的两个光振动波产生 $\lambda/4$（λ 为光波长）附加光程差的波片称为 1/4 波片；能产生 $\lambda/2$ 附加光程差的波片称为 1/2 波片；光程差可任意调节的波片称为补偿器。1/4（1/2）波片可使两束线偏振光之间的相位增加 $\pi/2$（π）。

（六）光的偏振

光是一种电磁波，电磁波是横波。光波振动方向和光波前进方向构成的平面称为振动面。光的振动面只限于某一固定方向的，称为平面偏振光或线偏振光。而通常光源发出的光，振动面不只限于一个固定方向而是在各个方向上均匀分布，这种光称为自然光。光的偏振现象可以借助于实验装置进行观察，如图 2－16 中 M、N 是两块同样的偏振片。

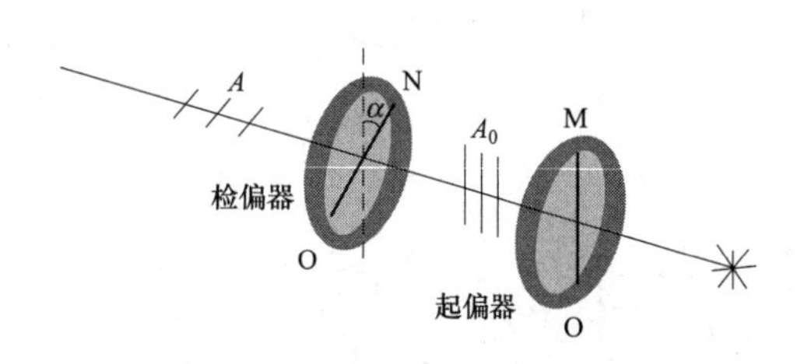

图 2－16　光的偏振及马吕斯定律

通过一片偏振片 M 直接观察自然光（如灯光或阳光），透过偏振片的光虽然变成了偏振光，但由于人的眼睛没有辨别偏振光的能力，故无法察觉。如果把偏振片 M 的方位固定，而把偏振片 N 缓慢地转动，就可发现透射光的强度随着 N 转动而出现周期性的变化，而且每转过 90°就会重复出现发光强度从最大逐渐减弱到最暗；继续转动 N 则光强又从接近于零逐渐增强到最大。由此可知，通过 M 的透射光与原来的入射旋光性质是有所不同的，这说明经 M 的透射光的振动对传播方向不具有对称性。

自然光经过偏振片后，改变成为具有一定振动方向的光。这是由于偏振片中存在着某种特征性的方向，称为偏振化方向。偏振片只允许平行于偏振化方向的振动通过，同时吸收垂直于该方向振动的光。通过偏振片的透射光，它的振动限制在某一振动方向上，我们把第一个偏振片 M 称为起偏器，它的作用是把自然光变成偏振光。但是人的眼睛不能辨别偏振光，必须依靠第二片偏振片 N 去检查。旋转 N，当它的偏振化方向与偏振光的偏振面平行时，偏振光可顺利通过，这时在 N 的后面有较亮的光；当 N 的偏振方向与偏振光的偏振面垂直时，偏振光不能通过，在 N 后面也变暗。第二个偏振片帮助我们辨别出偏振光，因此它被称为检偏器。

两向色性的有机晶体，如硫酸碘奎宁、电气石或聚乙烯醇薄膜在碘溶液中浸泡后，在高温下拉伸、烘干，然后粘在两个玻璃片之间就形成了偏振片。它有一个特定的方向，只让平行于该方向的振动通过，这一方向称为透振方向。

关于光的偏振有著名的马吕斯（Malus）定律：强度为 P_0 的偏振光，通过检偏器后，透射光的强度（在不考虑吸收的情况下）为

$$P = P_0 \cos^2 \alpha$$

式中：α 为检偏器的偏振化方向与入射偏振光的偏振化方向之间的夹角。

图 2－16 中，起偏器 M 与检偏器 N 的偏振化方向 MO、NO 之间的夹角为 α。自然光通过起偏器 M 后，变为线偏振光，假设振幅为 A_0，可以分解为平行和垂直于 NO 的两个分量

$$A_{//} = A_0 \cos\alpha \quad A_{\perp} = A_0 \sin\alpha$$

检偏器 N 只允许平行于偏振化方向 NO 的光振动通过，由于透射光强 P 与入射光强 P_0 之比等于各自振幅的平方之比，即

$$\frac{P}{P_0} = \frac{A_0^2 \cos^2 \alpha}{A_0^2}$$

因而透射光强为

$$P = P_0 \cos^2 \alpha$$

（七）法拉第磁光效应

当线偏振光在介质中传播时，若在平行于光的传播方向上加一强磁场，则光振动方向将发生偏转，如图 2－17 所示。偏转角 θ 正比于磁场沿着偏振光通过介质路径的线积分，计算公式为

$$\theta = v \int \vec{H} \cdot \mathrm{d} \vec{l} \tag{2-8}$$

式中：v 为介质的维尔德（Verdet）常数，它表征介质的磁光特性，由介质和光波长决定；H 为磁场强度；l 为光在介质中的路径长度。

若磁场为均匀恒定磁场，即 H 为定值，且介质特性均匀，则偏转角度 θ 与磁场强度 H 和光在介质中路径长度 l 的乘积成正比，即有

$$\theta = vHl$$

偏转方向取决于介质性质和磁场方向。

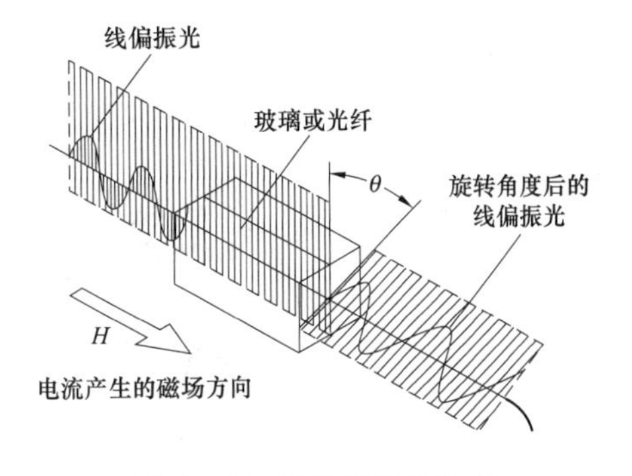

图 2－17 法拉第磁光效应

上述现象称为法拉第（Faraday）磁光效应或磁致旋光效应。

图 2－17 中 H 为电流在光的传播方向上产生的磁场强度，故理论上只要测定 θ 的大小，即可测得磁场强度 H，进而计算出产生 H 的电流值。

（八）普克尔斯电光效应

某些晶体在没有外加电场作用时是各向同性的，而在外加电压作用下，晶体变为各向异性的，从而导致其折射率和通过晶体的光偏振态发生变化，产生双折射，一束光变成两束线偏振光，这种效应称为普克尔斯（Pockels）效应。这种电光效应的主要特点是线性的，即晶体的折射率的变化与所加电场的强度呈线性关系。利用这种特性可间接测量电场强度或电压。

若加在晶体上的电场方向与光的传播方向平行，则产生的电光效应称为纵向电光效应；若电场方向与光的传播方向垂直，则产生的电光效应称为横向电光效应。

具有电光效应的物质很多，在电力系统高电压测量中用得最多的是 BGO（锗酸铋 $Bi_4Ge_3O_{12}$）晶体。BGO 晶体光透过率高，无自然双折射和自然旋光性，不存在热电效应，是一种性能优良的光学材料。

（九）逆压电效应

某些晶体受到外加电场作用时，除了产生极化现象外，形状也产生微小变化，即产生应变，这种现象称为逆压电效应。利用逆压电效应引起晶体形变转化为光信号的调制并检测光信号，可实现电场（或电压）的光学传感。

二、全光纤电流互感器的结构与工作原理

无源电子式电流互感器的工作原理主要为法拉第（Faraday）磁光效应。按传感机理和传感头具体结构，可分为全光纤型（FOCT）和光学玻璃型等，以下介绍 FOCT。

某型全光纤电子式电流互感器的原理如图 2－18 所示。光源发出的连续光经过耦合器到达偏振器后被转化为线偏振光，以 45°角进入相位调制器，分解为两束正交的线偏振光，沿光纤的两个轴（X 轴和 Y 轴）传播。在相位调制器上施加合适的调制算法，两束正交的线偏振光的相位会发生预期的改变。随后两束受到调制的光波进入光纤线圈，在电流产生的磁场的作用下，产生正比于载体电流的相位角。经反射镜反射后两束光波返回到相位调制器，到达偏振器后发生干涉，干涉光信号经过耦合器进入光电探测器，探测器输出的电压信号被信号处理电路接收并运算，运算结果通过数字接口输出。当一次侧没有电流时，两束光信号的相位差为零，信号处理电路输出也为零；当一次侧有电流通过时，两束光信号存在一个相位差，通过对相位差进行解调，可得到被测电流的数值并输出。

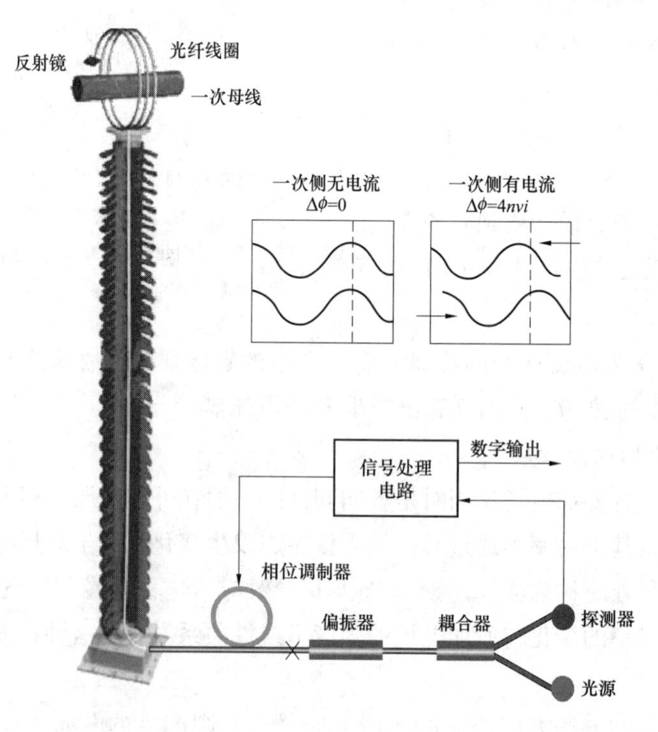

图 2－18　某型全光纤电子式电流互感器原理示意图

此电流检测方案的优点在于：

（1）采用“全对称”的互易光路设计。互易是指两束光波走过的是同一条路径。通过一个反射镜可以使两束光波在同一条路径上严格“同步”，这就是“全对称”光路，可以大大降低温度、振动对光路的影响，使得光路稳定性提高。

（2）可以利用自动控制、滤波等算法，通过数字处理系统对相位调制器进行负反馈闭环控制，保证整个系统的工作点稳定，从而实现了高的灵敏度以及在大测量范围内的精度。

（3）可以通过软件增加多个附加控制模块来抑制由于光电器件随时间老化带来的误差，提高系统的长期稳定性和工作寿命。

由于偏振光的偏转角 θ 不能被直接测量，可采用检偏器将其转化为光强信号再转换成电压信号测量。根据马吕斯（Malus）定律，当线偏振光通过法拉第材料和检偏器后，输出调制光强与输入光强关系为

$$P = P_0\cos^2\phi = P_0\cos^2(\theta + \gamma) \tag{2-9}$$

式中：P_0 为入射线偏振光的光强；ϕ 为入射光偏振面与检偏器透光轴方向之间的夹角；γ 为起偏器和检偏器透光轴方向之间的夹角。

由式（2－9）知，$\left.\dfrac{dP}{d\theta}\right|_{\theta=0} = P_0\sin2\gamma$。可见在 $\theta=0$ 附近，当 $\gamma=\dfrac{\pi}{4}$时，P 对 θ 的变化具有最高的灵敏度，而且线性度好。这时式（2－9）变为

$$P = P_0\cos^2\phi = P_0\cos^2(\theta+\gamma) = P_0\cos^2\left(\theta+\frac{\pi}{4}\right) = \frac{1}{2}P_0(1-\sin2\theta) \tag{2-10}$$

其中交流分量为 $P_{AC} = \dfrac{1}{2}P_0\sin2\theta$

直流分量为 $P_{DC} = \dfrac{1}{2}P_0$

可采用滤波电路分别检出交流分量和直流分量。

为消除输入光强波动的影响，取调制量 $g = \dfrac{P_{AC}}{P_{DC}} = \sin2\theta$，当 θ 很小时

$$g = \frac{P_{AC}}{P_{DC}} = \sin2\theta \approx 2\theta \propto i$$

即 g 值正比于被测电流值，故可测得电流为

$$i = kg = k\frac{P_{AC}}{P_{DC}}$$

式中：k 为比例系数。

与传统电磁式电流互感器相比，FOCT 的绝缘结构简单、绝缘性能好、动态范围大、频率响应范围宽。FOCT 一次侧与二次侧之间通过绝缘性能很好的光缆连接，使其绝缘结构大大简化，也不存在电磁式电流互感器二次开路带来的安全隐患。实际应用中，电压等级越高，其优势越明显。FOCT 闭环系统传递函数是一阶惯性环节，是完全线性的，其 3dB 带宽达 10kHz，可以准确地进行电网暂态电流、高频大电流与直流的测量。

与磁光玻璃式 OCT 不同，FOCT 传感光线环制作是在非磁性金属骨架上绕制光纤，制作柔性强，加工方便。其质量也很轻，仅数千克，适用于传统的绝缘支柱式、悬挂式应用，还可方便地组合到 GIS 设备中，由此可减少变电站占地面积和工程费用。

FOCT 技术的关键和难点是：

（1）光纤电流传感器中圆偏振光的产生与保持。1/4 波片是一种产生圆偏振光的有效技术，但 1/4 波片的相位延迟误差和温度稳定性将影响传感器的性能，因此 1/4 波片的研制最为关键。此外还需要掌握圆偏振光的保持技术，研制出低双折射的圆偏振保持光纤。

（2）光源的驱动与控制、光信号的调制与解调、探测器的信号接收与调理等方法。

（3）保偏耦合器和相位调制器的技术处理等。

目前，FOCT 在实际工程中已经有较多的应用，也暴露出一些问题。主要有：

（1）造价较高。在保护要求 ECT 每相电流输出双 A/D 采样值时，FOCT 必须采用两套完整的测量系统，成本增加尤为明显。

（2）测量小电流时输出波形的白噪声较大。

（3）光纤互感器在外界温度、压力、振动变化时，测量精度会有所变化。

（4）长期运行稳定性有待进一步考验。

三、磁光玻璃型电流互感器的结构与工作原理

磁光玻璃型电流互感器的传感头依据法拉第磁光效应，将线偏振光的偏振面角度变化信息转变为光强变化信息，然后通过光电探测器将光信号转变为电信号进行放大处理，以反映最初的电流信息。这种传感器“传光”用光纤，“传感”用块状光学材料。依传感头结构不同，又可分为闭合式和集磁环式两种。其中闭合式块状玻璃型 OCT 精度和实用化程度较高，其系统构成如图 2－19 所示，结构原理如图 2－20 所示。

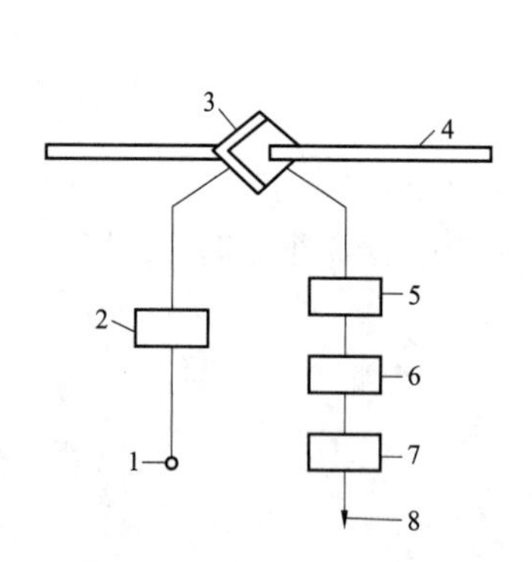

图 2－19　磁光玻璃型 OCT 系统构成

1—激光器；2—起偏器；3—块状磁光材料；
4—一次载流导体；5—检偏器；6—光电探测器；
7—放大器；8—输出

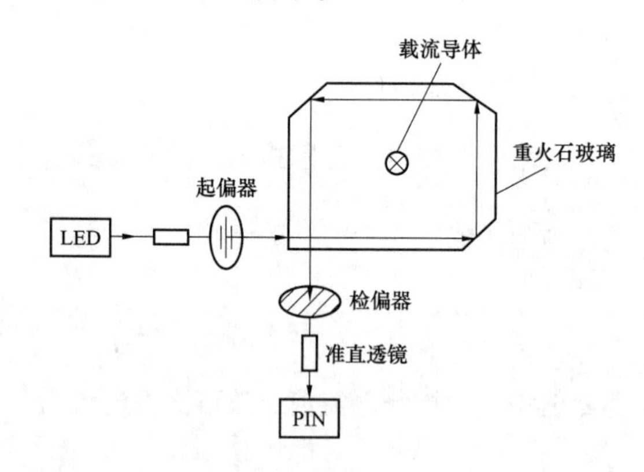

图 2－20　磁光玻璃型 OCT 结构原理

图 2－19 中，激光光源 1 发出的激光通过光纤从控制室传输到 OCT 安装地点高压区，经偏振器 2 输出的偏振光射向磁光材料 3，经磁光材料反射后，偏振面已有所偏转的偏振光射入检偏器 5，检偏器将角度信息转变为光强信息，经光纤传输回控制室后，再由光电

探测器6将光信号转变为电信号，经放大器7放大后输出并滤波，经电子电路处理后得到被测电流值。

块状磁光材料传感头的结构有平面多边形、四角形、三角形、环形和开口形等多种。

可用于制造传感头的材料包括抗磁性材料、顺磁性材料和铁磁性材料三种。普遍采用属于抗磁性材料的重火石玻璃，理由为：

（1）火石玻璃的维尔德常数在一个较大的温度范围内基本不变；在被测电流很大时，也不会发生信号饱和及波形畸变。

（2）某些火石玻璃的光弹性系数小，当传感头受到应力时，在传感材料内引起的线性折射很小，因而对测量的影响很小。

（3）由于它是一种玻璃材料，使其可以被加工成较大尺寸以及各种结构的传感头。

与全光纤型光学电流传感器相比，磁光玻璃型电流传感器的主要优势在于：

（1）光学玻璃材料的选择范围比光纤要宽得多。各种具有高维尔德常数的光学玻璃均可用来制作传感元件。

（2）光学玻璃中的残余双折射极小，双折射对光线偏振面的作用几乎可以忽略不计。

（3）光学玻璃制作的传感元件中光束经过反射而形成的环形光路不存在线性双折射，避免了光纤电流传感器中的灵敏度减小及漂移等问题。

此外，磁光玻璃型存在加工难度大、传感头易碎、成本高、传光光纤与传感玻璃之间的粘合点可靠性较差等缺点，而且在光反射过程中不可避免地引入反射相移，使两两正交的线偏光变成椭圆偏振光，从而影响系统的性能。为克服反射相移的影响，提出了各种保偏方法，但整体效果还不是很理想。

四、普克尔斯电光效应电压互感器

根据电光晶体（如BGO）中通光方向与外加电场（电压）方向的不同，基于普克尔斯（Pockels）效应的光学电压互感器（OVT）可分为横向调制型光学电压互感器和纵向调制型光学电压互感器，如图2-21所示。图中E表示外加电场方向，L表示通光方向。

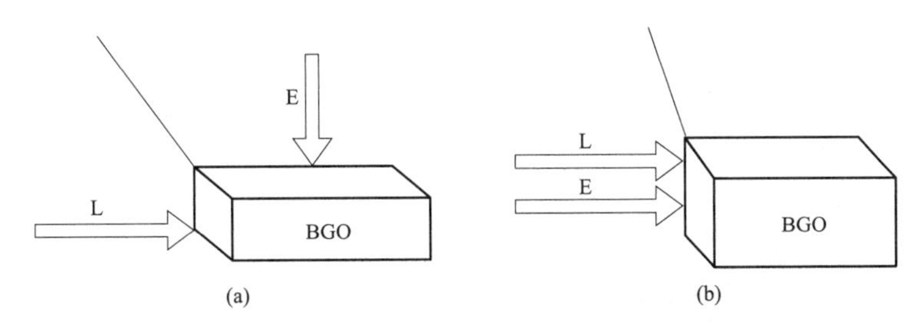

图2-21 Pockels电光效应OVT的两种测量原理

（a）横向调制型；（b）纵向调制型

（一）横向调制型光学电压互感器

横向调制型光学电压互感器中，光经起偏器后为一线偏振光，在外加电压作用下，线偏振光经电光晶体后发射双折射，双折射两光束的相位差δ与外加电压u有如下关系

$$\delta=\frac{2\pi}{\lambda}n_0^3\gamma\frac{l}{d}u=\frac{\pi}{U_\pi}u \tag{2-11}$$

其中
$$U_{\pi}=\frac{\lambda d}{2n_0^3\gamma l}$$

式中：n_0为 BGO 的折射率；γ 为 BGO 的电光系数；l 为 BGO 中光路长度；d 为施加电压方向的 BGO 厚度；λ 为入射光波长。

U_{π}称为晶体的半波电压，是指为使由 Pockels 效应引起的双折射两光束产生 π（180°）相位差所需的外加电压。

由式（2－11）可知，相位差 δ 与外加电压 u 成正比，测出相位差即可求得被测电压。

横向调制型 OVT 结构简单、造价低，但是晶体尺寸受温度的影响而变化，从而影响互感器的稳定性。此外，外电场和电极间电场分布对互感器也有影响。

（二）纵向调制型光学电压互感器

当外加电场平行于光的传输方向时，如图 2－21（b）所示，称为纵向调制型。光经过晶体后在出射面上产生的相位差为

$$\delta=\frac{2\pi}{\lambda}n_0^3\gamma u=\frac{\pi}{U'_{\pi}}u \tag{2-12}$$

式中：U'_{π} 为纵向调制的半波电压。

$$U'_{\pi}=\frac{\lambda}{2n_0^3\gamma}$$

纵向调制型的半波电压 U'_{π} 与晶体的尺寸无关，测量结果不受晶体热胀冷缩的影响，仅决定于晶体的光学特性，这是与它横向调制型的不同之处。

Pockels 电光效应电压互感器的输出通过测量光相位差实现。但在现有的技术条件下，直接对光的相位变化进行精确测量是相当困难的，通常采用偏振光干涉法将相位差测量转化为光强度测量。相关分析表明，检偏器出射的光强 P 与两偏振光间相位差 δ 的关系可表示为

$$P=P_0\sin^2\frac{\delta}{2} \tag{2-13}$$

式中：P_0为入射光经起偏器后的光强。

式（2－13）表明干涉光强与相位差的关系是非线性的，为了获得线性响应，可以在晶体和检偏器之间增加一个 1/4 波片，如图 2－22 所示。

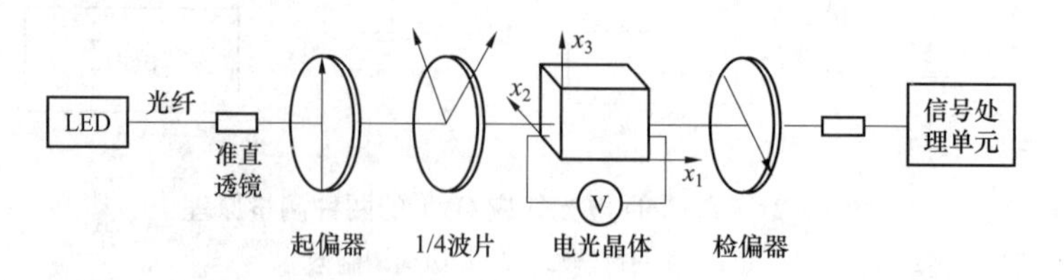

图 2－22　Pockels 效应 OVT 工作原理示意图

1/4 波片可以使两束线偏振光之间的相位差增加 $\pi/2$，此时输出的干涉光强为

$$P=P_0\sin^2\left(\frac{\pi}{4}+\frac{\delta}{2}\right)=\frac{1}{2}P_0(1+\sin\delta)$$

当 δ 很小，即 u 远小于 U'_{π}（U_{π}）时，$\delta\approx\sin\delta$。可以得到线性响应

$$P = \frac{1}{2}P_0(1+\delta) = \frac{1}{2}P_0\left(1+\pi\frac{u}{U'_\pi}\right)$$

由此可知，通过测量干涉光强就可得到被测电压值。干涉光强可利用光电变换及信号处理电路测量。

利用横向 Pockels 效应制作 OVT 相对简单、方便，但是横向 Pockels 效应受相邻相的电场以及其他干扰电场的影响较大。纵向 Pockels 效应实现了对直接施加于晶体两端电压的测量，测量时不受相邻相的电场或其他干扰电场的影响，这是其最突出的优点。但由于线偏光沿与外加电场 E 平行的方向入射处于此电场中的电光晶体，因此，要求电极既透明让光束通过，又导电以施加外加电场，这给实际制作 OVT 带来较大的困难。

无论横向还是纵向 Pockels 效应的 OVT，核心部件都是电光晶体。电光晶体除具有电光效应外，同时还具有弹光效应、热电效应，这些干扰效应直接影响 OVT 的稳定性；并且这种 OVT 需要由聚焦透镜、起偏器、检偏器、波片或转角棱镜、电光晶体等光学部件组合粘接而成，光学器件的加工和粘接工艺比较复杂，光学系统的封装很困难，不利于大规模生产；同时由于光学部件材料在安装、运输等过程中易损坏，给现场安装、运行和调试带来了困难。

五、逆压电效应电压互感器

一种基于逆压电效应的光学电压互感器（OVT）如图 2－23 所示。在圆柱体石英晶体表面紧密缠绕多匝双模椭圆芯传感光纤，在 x 轴方向上对石英晶体施加交变被测电压，则在 y 轴方向上将会产生交变的压电应变，从而使圆柱石英晶体的周长发生变化。这个压电形变由缠绕在石英晶体表面的光纤感知，反映为光纤的两种空间模式（LP01 和 LP11）在传播中形成的光学相位差 $\Delta\varphi$，该相位差正比于被测电压，即有

$$\Delta\varphi = \frac{-\pi N d_{11} E_x l}{\Delta l_{2\pi}} \tag{2-14}$$

式中：N 为光纤的匝数；$\Delta l_{2\pi}$为产生 2π 相位差的光纤长度变化量；E_x 为沿 x 方向的电场强度；d_{11}为压电系数；l 为光纤长度。

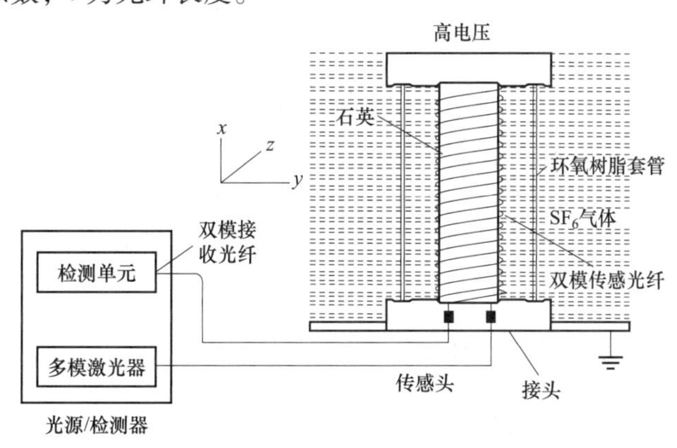

图 2－23　基于逆压电效应的 OVT 工作原理图

$\Delta\varphi$正比于被测电场或电压，只要测出 $\Delta\varphi$就可以得到被测电场或电压。通过间接测量法（如相关干涉法）测出这个相位差，就可求出被测电压。这就是基于逆压电效应的全

光纤光学电压互感器测量系统的基本工作原理。

基于逆压电效应的 OVT 不需要电光晶体，可避免若干不利光学效应对传感信号的干扰。这种 OVT 不需要偏振器、波片、准直透镜等分立光学元件，光学系统简单，避免了粘接工艺的困难，简化了制作工艺，而且成本较低。传感光纤中两种模式的相位差是电场的积分，不会对附近的相位差产生影响。如果要测量三相电压，可以把 3 个 OVT 放到同一个套管内而彼此之间不会产生影响。同时由于石英晶体具有高绝缘强度、低介电常数，且压电常数和介电常数受温度的影响很小，使系统的抗干扰能力大大增强。

基于逆压电效应的 OVT（全光纤 OVT）由于具有以上诸多优点，发展前景比较看好。

2.1.4 电子式互感器在智能变电站中的应用

电子式互感器按安装结构可分为封闭式气体绝缘组合电器（GIS）式和独立式。电子式电流互感器和电压互感器也可以做成一体，称为电子式电流电压互感器（ECVT）。这种互感器的电流变换原理、电压变换原理与分体式完全相同，优点在于集成度高、结构紧凑、综合造价低，在需要同时配置 ECT、EVT 的电气间隔中优势明显。

有源或无源电子式互感器的应用，均大大降低了占地面积，减少了传统互感器的二次电缆连线，是互感器的发展方向。但当前阶段，总体而言技术还不太成熟。

有源电子式互感器的关键技术在于电源供电技术、远端模块（高压部分接于传感头的包含数据采集单元、电源及其他电子电路的设备）的可靠性、采集单元的可维护性。GIS 式电子式互感器直接接入变电站直流电源，不需要额外供电，采集单元安装在与大地紧密相连的接地壳上。这种方式抗干扰能力强，更换维护方便，采集单元异常处理不需要一次系统停电。而对于独立式电子式互感器，在高压平台上的电源及远端模块长期工作在高低温频繁交替的恶劣环境中，其使用寿命远不如安装在主控室或保护小室的保护测控装置，还需要积累实际工程经验。另外，当电源或远端模块发生异常需要维护或更换时，需要一次系统停电处理。

无源式电子式互感器的关键技术在于光学传感材料的稳定性、传感头的组装技术、微弱信号调制解调、温度对精度的影响、振动对精度的影响和长期运行的稳定性。但由于无源电子式互感器的电子电路部分均安装在主控室或保护小室，运行条件优越，更换维护方便，因此成为独立安装的互感器的理想解决方案。

全光纤型电流互感器目前已在工程中逐步得到应用，但环境温度、振动等外界因素对互感器的影响还需要在实际工程中验证，互感器还缺乏长期运行的考验，其稳定性、可靠性还有待进一步验证。光学电压互感器在智能变电站工程中应用很少，电子式电压互感器的应用目前还是以基于分压原理的有源式为主。

2.1.5 继电保护对电子式互感器的要求

2.1.5.1 配置原则

（1）双重化（或双套）配置保护所采用的电子式电流互感器一、二次转换器及合并单元应双重化（或双套）配置。

（2）对3/2接线形式，其线路EVT应置于线路侧。

（3）母线差动保护、变压器差动保护、高压电抗器差动保护用电子式电流互感器的相关特性宜相同。

2.1.5.2 技术要求

（1）电子式互感器内应由两路独立的采样系统进行采集，每路采样系统应采用双A/D系统接入MU，每个MU输出两路数字采样值由同一路通道进入一套保护装置，以满足双重化保护相互完全独立的要求。

1）罗氏线圈电子式互感器：每套ECT内应配置两个保护用传感组件，每个传感组件由两路独立的采样系统进行采集（双A/D系统），两路采样系统数据通过同一通道输出至MU，见图2-24。

2）磁光玻璃型电子式互感器：每套OCT/OVT内应配置两个保护用传感组件，由两路独立的采样系统进行采集（双A/D系统），两路采样系统数据通过同一通道输出至MU，见图2-25。

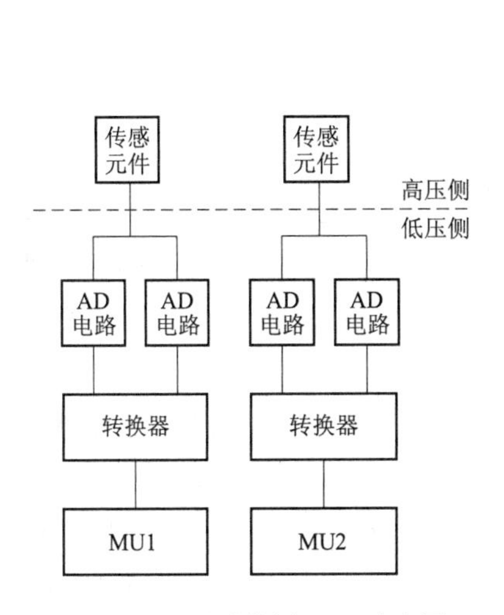

图2-24 罗氏线圈ECT示意图

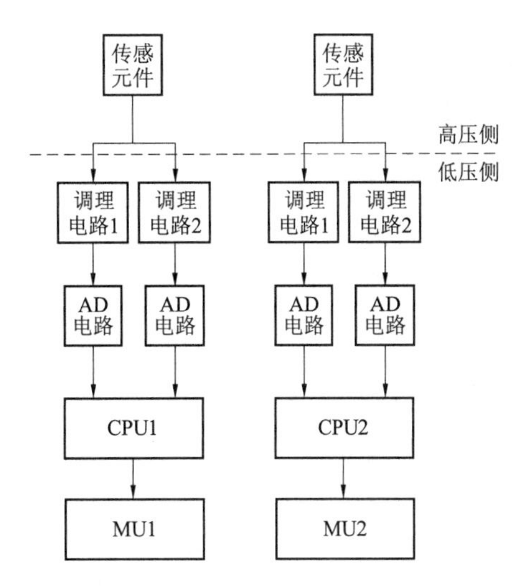

图2-25 磁光玻璃互感器（OCT/OVT）示意图

3）全光纤电流互感器：每套FOCT内宜配置四个保护用传感组件，由四路独立的采样系统进行采集（单A/D系统），每两路采样系统数据通过各自通道输出至同一MU，见图2-26。

4）每套EVT内应由两路独立的采样系统进行采集（双A/D系统），两路采样系统数据通过同一通道输出数据至MU，见图2-27。

5）每个MU对应一个传感组件（对应FOCT宜为两个传感组件），每个MU输出两路数字采样值由同一路通道进入对应的保护装置。

6）每套ECVT内应同时满足上述要求。

电子式互感器每路采样系统应采用双A/D系统的目的在于：每套保护的启动元件与保护元件同时动作保护装置才会出口跳闸。保护的启动元件与动作元件所用数据要求由不同的ADC采样，主要是防止一路采样出现错误数据导致误动作。这一条要求源于传统保

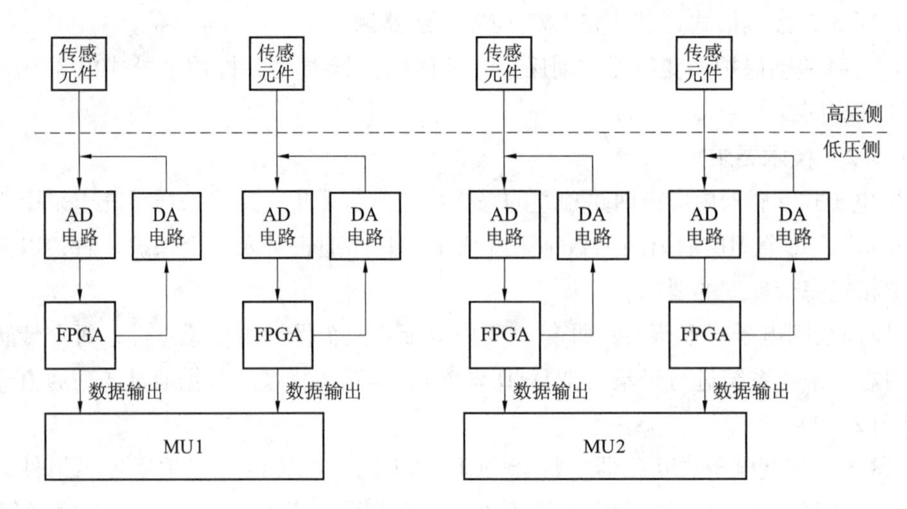

图 2-26　全光纤电流互感器（FOCT）示意图

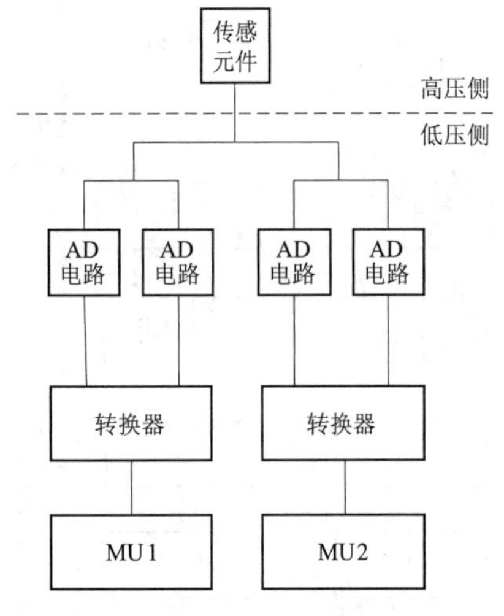

图 2-27　电子式电压互感器 EVT 示意图

护采样环节容易出问题这一经验。

（2）电子式互感器（含 MU）应能真实地反映一次电流或电压，额定延时时间不大于 2ms，唤醒时间为 0。电子式电流互感器的额定延时不大于 $2T_s$（2 个采样周期，采样频率 4000Hz 时 T_s 为 250μs），其复合误差应满足 5P 级或 5TPE 级要求；电子式电压互感器的复合误差不大于 3P 级要求。

（3）用于双重化保护的电子式互感器，其两个采样系统应由不同的电源供电并与相应保护装置使用同一组直流电源。

（4）电子式互感器采样数据的品质标志应实时反映自检状态，不应附加任何延时或展宽。

2.2　合　并　单　元

第 1 章 1.2.2 介绍电子式互感器及其对继电保护的影响时，叙述了合并单元的作用、结构、输入/输出接口及种类。本节进一步阐述合并单元的通信接口标准、技术要求以及装置的设计实现。

2.2.1　合并单元的接口标准

2.2.1.1　合并单元的外部接口

合并单元（MU）本身是电子式互感器的一部分或者一个附件，同时它与互感器本体又有相对独立性。另外，工程中有相当数量的传统互感器通过模拟式 MU 转换为数字量输出，在这种应用中，MU 是完全独立的设备。因此，从合并单元的角度看，接入的互感器可能是电子式互感器、传统互感器或两者的组合。

接入 MU 的电子式互感器可能有多种类型。但实际上，MU 与互感器的接口是以互感器产品与厂家规约为接口对象，不是以互感器的不同原理分类，见图 2－28。电子式互感器接入 MU 的信号，通常为光纤串口传送的数字量信号，协议视不同的厂家而定，目前并无统一标准。国家电网公司企业标准《智能变电站继电保护通用技术条件》中，推荐采用 IEC 60044－8 标准中采用 FT3 帧格式的同步串行接口。

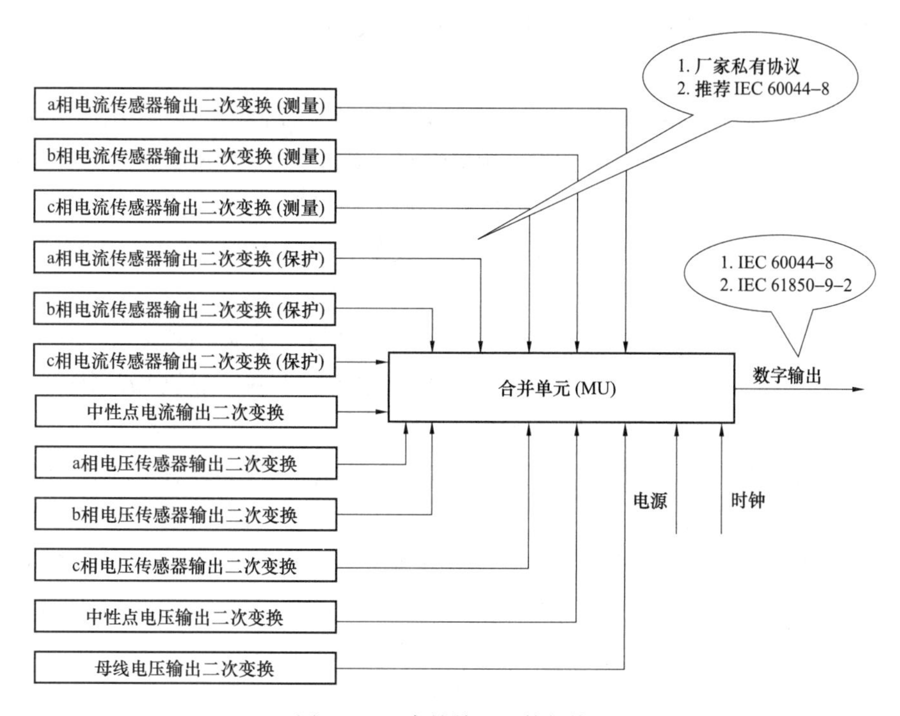

图 2－28 合并单元的外部接口

有的电子式互感器输出量为模拟量小信号，使用特种屏蔽电缆及专用接口送给 MU，如低功率半常规互感器（LPCT/LPVT）。一款实用的 MU 应该有能力适应小信号接入。但小信号互感器技术性能和经济性都不高，在用户中认可度也不高，继电保护也不推荐使用。

传统互感器接入 MU 的电流、电压模拟量信号没有特殊之处，电流额定值为 1A 或 5A，电压额定值为 57.74V（相）或 100V（线），经二次电缆接入。

MU 的数字量输出接口，先后出现过四种接口标准。最早是在 IEC60044－8《电子式电流互感器》技术标准中发布的采用 IEC 60870－5－1 中 FT3 链路帧格式的同步串行接口，还有一种是采用 IEC 61850－9－1 所述的以太网。这两种接口标准的物理层、链路层不同，但应用层相同。随着 IEC 61850 标准体系的修订，其 IEC 61850－9－1 标准被废止，取而代之的是 IEC 61850－9－2，其全称为《变电站通信网络和系统 第 9－2 部分：特定通信服务映射（SCSM）通过 GB/T 15629.3 的采样值》。

2010 年，国家电网公司发布企业标准 Q/GDW 441—2010《智能变电站继电保护技术规范》，对 IEC 60044－8 的 FT3 帧格式同步串行接口及 IEC 61850－9－2 两种接口协议分别作了扩展和补足规定，现在的智能变电站中 MU 的输出接口就采用 Q/GDW 441—2010 中规定的这两种形式：① 支持通道可配置的扩展 IEC 60044－8 协议帧格式，简称 IEC 60044－8 扩展协议接口；② IEC 61850－9－2 标准接口。以下分别介绍这两种接口标准。

2.2.1.2 IEC 60044－8 扩展协议接口

一、物理层与链路层帧格式

IEC 60044－8 串行通信光波长范围为 820nm～860nm（850nm），光缆类型为 62.5/125μm 多模光纤，光纤接口类型为 ST/ST。

IEC 60044－8 中的链路层选定为 IEC 60870－5－1 的 FT3 帧格式。通用帧的标准传输速度为 10Mbit/s（数据时钟），采用曼彻斯特编码，首先传输 MSB（最高位），最后传最低位（LSB）。链接服务类别为 S1：SEND/NO REPLY（发送/不回答）。这实际上反映了互感器连续和周期性地传输其数值并不需要二次设备的任何认可或应答。链路的传输细则包括：

（1）空闲状态是二进制 1。两帧之间按曼彻斯特编码连续传输此值 1，是为了使接收器的时钟容易同步，由此提高通信链接的可靠性。两帧之间应传输最少 20 个空闲位。

（2）帧的最初 2 个 8 位字节代表起始符。

（3）16 个 8 位字节用户数据由 1 个 16 比特循环冗余码（CRC）校验码结束。需要时帧应填满缓冲字节，以到达要求的字节数。

（4）CRC 校验码由下列多项式生成：X16＋X13＋X12＋X11＋X10＋X8＋X6＋X5＋X2＋1。生成的 16 比特校验码需按位取反。

（5）接收方应检验信号品质、起始符、各校验码和帧长度。

FT3 帧格式中包括起始符数据块和数据块 1～4，见表 2－3。

起始符为 2 个字节 16bit，从上到下，从左向右发送，光纤接口上的码流从先到后依次为 0000 0101 0110 0100。起始符的作用是标定一帧数据的开始，在连续发送的帧之前作出分界。接下来 4 个数据块，每个数据块 18 个字节，其中前 16 个为要传送的数据，后 2 个为前 16 字节数据的 CRC 检验码。下面逐一介绍每个数据块的具体内容。

表 2－3　　IEC 60044－8 链路层扩展 FT3 帧格式

字节	数据块	bit7	bit6	bit5	bit4	bit3	bit2	bit1	bit0
字节 1	起始符	0	0	0	0	0	1	0	1
字节 2		0	1	1	0	0	1	0	0
字节 3	数据块 1	～数据块 1（16 个字节）～							
⋮	CRC	msb	数据块 1 的 CRC 码						
字节 20			（2 字节）						lsb
字节 21	数据块 2	～数据块 2（16 个字节）～							
⋮	CRC	msb	数据块 2 的 CRC 码						
字节 38			（2 字节）						lsb

续表

字节	数据块	bit7	bit6	bit5	bit4	bit3	bit2	bit1	bit0
字节39	数据块3	~数据块3（16个字节）~							
⋮	CRC	msb	数据块3的CRC码						
字节56			（2字节）						lsb
字节57	数据块4	~数据块4（16个字节）~							
⋮	CRC	msb	数据块4的CRC码						
字节74			（2字节）						lsb

（1）数据块1的具体内容见表2-4，其中：

1）数据集长度。长度字段包括后随数据集的长度。长度用8位字节给出，按无标题（长度和数据群）数据集的长度计算。标准长度是62（十进制）。

2）逻辑节点名（LNName）。标准定义的值为02。

3）数据集名（DataSetName）。DataSetName是识别数据集结构的一个独定数，即数据通道分配。其允许值为01和FE H（十进制254）。DataSetName=01对应为标准通道映射。由于扩展协议中通道映射为可配置，不是标准通道映射，所以DataSetName=FE H（十进制254）。

4）逻辑设备名（LDName）。逻辑设备名（LDName）是用在变电站中识别数据集信号源的一个独定数。LDName是可设定参数，工程实施中，每个合并单元对应一个逻辑设备名（无符号16位整数）。需要接收多个合并单元的保护装置，可根据逻辑设备名识别数据来源。

5）额定相电流（PhsA. Artg）。一次值，以安培（A，方均根值）数给出。

6）额定中性点电流（Neut. Artg）。一次值，以安培（A，方均根值）数给出。

7）额定相电压和额定中性点电压。一次值，额定电压以1/（×10）千伏（kV，方均根值）数给出。额定相电压和额定中性点电压皆乘以10进行传输，以避免舍位误差。

8）额定延迟时间。电子式互感器的额定延迟时间以微秒（μs）数给出。

9）样本计数器（SmpCtr）。顺序计数，每进行一次新的模拟量采样，该16比特计数器加1。采用同步脉冲进行各合并单元同步时，样本计数应随每一个同步脉冲出现而置零。在没有外部同步的情况下，样本计数器根据采样率进行自行翻转，如在每秒4000点的采样速率下，样本计数器范围为0~3999。

表2-4　　FT3帧格式中的数据块1

字节	字段	bit7	bit6	bit5	bit4	bit3	bit2	bit1	bit0
字节1	前导	msb	数据集长度（=62）						
字节2									lsb
字节3	数据集	msb	LNName（逻辑节点名=02）						lsb
字节4		msb	DataSetName（数据集名）						lsb
字节5		msb	LDName（逻辑设备名）						
字节6									lsb

续表

字节	字段	bit7	bit6	bit5	bit4	bit3	bit2	bit1	bit0
字节 7	数据集	msb	额定相电流（PhsA. Artg）						
字节 8									lsb
字节 9		msb	额定中性点电流（Neut. Artg）						
字节 10									lsb
字节 11		msb	额定相电压（额定中性点电压）（PhsA. Vrtg）						
字节 12									lsb
字节 13		msb	额定延迟时间（tdr）						
字节 14									lsb
字节 15		msb	SmpCnt（样本计数器）						
字节 16									lsb

（2）数据块 2 ~4 的具体内容分别见表 2 -5 ~ 表 2 -7，其中数据通道 DataChannel #1 ~ DataChannel #22 是各采样数据通道测得的实时值。对测量值的数据通道分配，可以通过合并单元采样发送数据集灵活配置。数字量输出额定值和比例因子见表 2 -1。保护三相电流参考值为额定相电流，比例因子为 SCP。中性点电流参考值为额定中性点电流，比例因子为 SCP。测量三相电流参考值为额定相电流，比例因子为 SCM。电压参考值为额定相电压，比例因子为 SV。

表 2 -5　　FT3 帧格式中的数据块 2

字节 1	数据集	msb	采样通道 1 数据 DataChannel #1	
字节 2				lsb
字节 3		msb	采样通道 2 数据 DataChannel #2	
字节 4				lsb
字节 5		msb	采样通道 3 数据 DataChannel #3	
字节 6				lsb
字节 7		msb	采样通道 4 数据 DataChannel #4	
字节 8				lsb
字节 9		msb	采样通道 5 数据 DataChannel #5	
字节 10				lsb
字节 11		msb	采样通道 6 数据 DataChannel #6	
字节 12				lsb
字节 13		msb	采样通道 7 数据 DataChannel #7	
字节 14				lsb
字节 15		msb	采样通道 8 数据 DataChannel #8	
字节 16				lsb

表 2-6　　FT3 帧格式中的数据块 3

字节 1	数据集	msb	采样通道 9 数据	
字节 2			DataChannel #9	lsb
字节 3		msb	采样通道 10 数据	
字节 4			DataChannel #10	lsb
字节 5		msb	采样通道 11 数据	
字节 6			DataChannel #11	lsb
字节 7		msb	采样通道 12 数据	
字节 8			DataChannel #12	lsb
字节 9		msb	采样通道 13 数据	
字节 10			DataChannel #13	lsb
字节 11		msb	采样通道 14 数据	
字节 12			DataChannel #14	lsb
字节 13		msb	采样通道 15 数据	
字节 14			DataChannel #15	lsb
字节 15		msb	采样通道 16 数据	
字节 16			DataChannel #16	lsb

表 2-7　　FT3 帧格式中的数据块 4

字节		bit7	bit6	bit5	bit4	bit3	bit2	bit1	bit0
字节 1	数据集	msb	采样通道 17 数据						
字节 2			DataChannel #17						lsb
字节 3		msb	采样通道 18 数据						
字节 4			DataChannel #18						lsb
字节 5		msb	采样通道 19 数据						
字节 6			DataChannel #19						lsb
字节 7		msb	采样通道 20 数据						
字节 8			DataChannel #20						lsb
字节 9		msb	采样通道 21 数据						
字节 10			DataChannel #21						lsb
字节 11		msb	采样通道 22 数据						
字节 12			DataChannel #22						lsb
字节 13		msb	状态字 1						
字节 14			StatusWord #1						lsb
字节 15		msb	状态字 2						
字节 16			StatusWord #2						lsb

数据块 4 中包含 2 个状态字（StatusWord #1 和 StatusWord #2），用于标明采样值数据的品质状态和互感器本体及合并单元自身的工作状态。状态字 StatusWord #1 和 StatusWord

#2 的说明见表 2 – 8 和表 2 – 9。

1）如果 1 个或多个数据通道不使用，应将状态字中相应通道的状态标志位设置为无效，同时相应通道的数据填入 0000 H。

2）如果互感器有故障，相应的状态标志应设置为无效，并应设置要求维修标志（LPHD. PHHealth）。

3）如为预防性维修，所有配置信号皆有效，可以设置要求维修标志（LPHD. PHHealth）。

4）运行状态标志（LLN0. Mode）为 0 时表示正常运行，为 1 时表示检修试验状态。

5）当因在唤醒时间期间而数据无效时，应设置无效标志和唤醒时间指示的标志。

6）在“同步脉冲消逝或无效”并且“合并单元内部时钟漂移超过其相位误差额定限值的一半”时，应将状态字 1 中的 bit4 设置为 1，表明同步脉冲消逝或无效。

表 2 – 8　　状态字#1（StatusWord #1）

比特位	说　明		注　释
bit0	要求维修（LPHD. PHHealth）	0—良好；1—警告或报警（要求维修）	用于设备状态检修
bit1	LLN0. Mode	0—接通（正常运行）；1—试验	检修标志位 test
bit2	唤醒时间指示/唤醒时间数据的有效性	0—接通（正常运行），数据有效；1—唤醒时间，数据无效	在唤醒时间期间应设置
bit3	合并单元的同步方法	0—数据集不采用插值法；1—数据集适用于插值法	
bit4	对同步的各合并单元	0—样本同步；1—时间同步消逝/无效	如合并单元用插值法也要设置
bit5	对 DataChannel #1	0—有效；1—无效	
bit6	对 DataChannel #2	0—有效；1—无效	
bit7	对 DataChannel #3	0—有效；1—无效	
bit8	对 DataChannel #4	0—有效；1—无效	
bit9	对 DataChannel #5	0—有效；1—无效	
bit10	对 DataChannel #6	0—有效；1—无效	
bit11	对 DataChannel #7	0—有效；1—无效	
bit12	电流互感器输出类型 $i(t)$ 或 di/dt	0—$i(t)$；1—di/dt	对空心线圈应设置
bit13	RangeFlag	0—比例因子 SCP = 01CF H；1—比例因子 SCP = 00E7H	对比例因子 SCM 和 SV 不起作用
bit14	供将来使用		
bit15	供将来使用		

表 2 – 9　　状态字#2（StatusWord #2）

比特位	说　明	
bit0	对 DataChannel #8	0—有效；1—无效
bit1	对 DataChannel #9	0—有效；1—无效

续表

比特位	说　明	
bit2	对 DataChannel #10	0—有效；1—无效
bit3	对 DataChannel #11	0—有效；1—无效
bit4	对 DataChannel #12	0—有效；1—无效
bit5	对 DataChannel #13	0—有效；1—无效
bit6	对 DataChannel #14	0—有效；1—无效
bit7	对 DataChannel #15	0—有效；1—无效
bit8	对 DataChannel #16	0—有效；1—无效
bit9	对 DataChannel #17	0—有效；1—无效
bit10	对 DataChannel #18	0—有效；1—无效
bit11	对 DataChannel #19	0—有效；1—无效
bit12	对 DataChannel #20	0—有效；1—无效
bit13	对 DataChannel #21	0—有效；1—无效
bit14	对 DataChannel #22	0—有效；1—无效
bit15	供将来使用	

二、可配置的采样通道映射

采样值帧中数据通道 DataChannel #1 ~ DataChannel #22 和合并单元实际信号源的映射关系，保护装置和合并单元的采样通道连接关系，都是可灵活配置的。合并单元的 22 个采样通道的含义和次序由合并单元 ICD 模型文件中的采样发送数据集决定。DataChannel #1 对应采样发送数据集中的第一个数据，依次类推，采样发送数据集中的数据个数不应超过最大数据通道数 22。对于未使用的采样通道，相应的状态标志应设置为无效，相应的数据通道应填入 0000 H。

IEC 61850 标准没有规定采样的访问点和逻辑设备的名称细节，考虑工程实施的规范性，合并单元的访问点定义为 M1，合并单元 LD 的 inst 名为“MU”。

采样帧中的数据集长度、LNName、DataSetName、额定相电流、额定中性点电流、额定相电压、SmpCnt（样本计数器）以及两个状态字，不需建立模型对象，由采样值程序根据工程设置的参数填充到采样帧。采样帧中的逻辑设备名（LDName）和 22 个采样数据通道，工程实施时有灵活配置的需求，需建立模型对象。Q/GDW 441—2010 附录 A《支持通道可配置的扩展 IEC 60044 - 8 协议帧格式》根据 IEC 61850 - 7 - 2 定义了模型对象，应用中应采用该规范的模型。工程实施具体配置方法如下：

（1）合并单元应在 ICD 文件中预先定义采样值访问点 M1，并配置采样值发送数据集。

（2）采样值输出数据集应支持 DA 方式，数据集的 FCDA 中包含每个采样值的 instMag. i。

（3）合并单元装置应在 ICD 文件的采样值数据集中预先配置满足工程需要的采样值输出，采样值发送数据集的一个 FCDA 成员就是一个采样值输出虚端子。为了避免误选含义相近的信号，进行采样值逻辑连线配置时，应从合并单元采样值发送数据集中选取信号。

(4) 保护装置应在 ICD 文件中预先定义采样值访问点 M1，并配置采样值输入逻辑节点。采样值输入定义采用虚端子的概念，一个 TCTR 的 Amp 信号或 TVTR 的 Vol 信号就是一个采样值输入虚端子。保护装置根据应用需要定义全部的采样值输入。通过逻辑节点中 Amp 或者 Vol 的描述和 dU，可以确切描述该采样值输入信号的含义，作为与合并单元采样值逻辑连线的依据。

(5) 系统配置工具在合并单元的采样值输出虚端子（采样值发送数据集的 FCDA）和保护装置的采样值输入虚端子（一个 Amp 或 Vol 信号）间作逻辑连线，逻辑连线关系保存在保护装置的 Inputs 部分。

(6) 保护装置的 Inputs 部分定义了该装置输入的采样值连线，每一个采样值连线包含了装置内部输入虚端子信号和外部合并单元的输出信号信息，虚端子与每个外部输出采样值为一一对应关系。ExtRef 中的 IntAddr 描述了内部输入采样值的引用地址，引用地址的格式为“LD/LN. DO. DA”。

三、扩展协议与原协议的差别总结

支持通道可配置的扩展 IEC 60044 -8 协议帧格式与原标准的结构、内容基本相同，区别在于：

(1) 传输采样值通道数由最大 12 路扩展到 22 路，并且采样值通道定义和顺序可配置。原 IEC 60044 -8 协议采样值通道数最大为 12 路，且各路通道定义固定，在帧格式中位置固定，不可灵活配置。

(2) 为支撑更多通道的采样数据按 80 帧/20ms 的速率传输，通用帧的标准传输速度由原标准中的 2. 5Mbit/s 扩展到 10Mbit/s（数据时钟）。

(3) 为支撑“采样值通道可配置”，参照 IEC 61850 标准，增加了对合并单元、保护装置模型配置的要求，以及对工程实施的配置原则与配置方法的要求。

2. 2. 1. 3　IEC 61850 -9 -2 标准接口

(1) 物理层。考虑到电磁环境的要求，IEC 61850 -9 -2 推荐采用 100Mbit/s 传送速率的光纤以太网接口、ST 型光纤接口连接器，符合 ISO/IEC 8802. 3 中 100Base - FX 光纤传输系统标准要求。

(2) 采样值通用帧结构。用于采样值的 ISO/IEC 8802. 3 以太网通用帧结构见表 2 -10。

表 2 -10　用于采样值的 ISO/IEC 8802. 3 通用帧结构

<table>
<tr><th rowspan="2">字节</th><th rowspan="2">字段</th><th colspan="8">bit</th></tr>
<tr><th>7</th><th>6</th><th>5</th><th>4</th><th>3</th><th>2</th><th>1</th><th>0</th></tr>
<tr><td>0</td><td rowspan="7"></td><td></td><td colspan="6" rowspan="7">前同步码
（1、0 交替，7 个字节）</td><td></td></tr>
<tr><td>1</td><td></td><td></td></tr>
<tr><td>2</td><td></td><td></td></tr>
<tr><td>3</td><td></td><td></td></tr>
<tr><td>4</td><td></td><td></td></tr>
<tr><td>5</td><td></td><td></td></tr>
<tr><td>…</td><td></td><td></td></tr>
</table>

续表

<table>
<tr><th rowspan="2">字节</th><th rowspan="2">字段</th><th colspan="8">bit</th></tr>
<tr><th>7</th><th>6</th><th>5</th><th>4</th><th>3</th><th>2</th><th>1</th><th>0</th></tr>
<tr><td>…</td><td></td><td></td><td colspan="6">帧起始（0xAB）</td><td></td></tr>
<tr><td>0</td><td rowspan="12">MAC 首部</td><td></td><td colspan="6" rowspan="6">目的地址
0x 010C CD04 0000
|
0x 010C CD04 01FF</td><td></td></tr>
<tr><td>1</td><td></td><td></td></tr>
<tr><td>2</td><td></td><td></td></tr>
<tr><td>3</td><td></td><td></td></tr>
<tr><td>4</td><td></td><td></td></tr>
<tr><td>5</td><td></td><td></td></tr>
<tr><td>6</td><td></td><td colspan="6" rowspan="6">源地址</td><td></td></tr>
<tr><td>7</td><td></td><td></td></tr>
<tr><td>8</td><td></td><td></td></tr>
<tr><td>9</td><td></td><td></td></tr>
<tr><td>10</td><td></td><td></td></tr>
<tr><td>11</td><td></td><td></td></tr>
<tr><td>12</td><td rowspan="4">优先级标记</td><td></td><td colspan="6" rowspan="2">TPID（=0x8100）</td><td></td></tr>
<tr><td>13</td><td></td><td></td></tr>
<tr><td>14</td><td></td><td colspan="6" rowspan="2">TCI（=0x8000）</td><td></td></tr>
<tr><td>15</td><td></td><td></td></tr>
<tr><td>16</td><td rowspan="2"></td><td></td><td colspan="6" rowspan="2">以太网类型（=0x88BA）</td><td></td></tr>
<tr><td>17</td><td></td><td></td></tr>
<tr><td>18</td><td rowspan="8">以太网类型 PDU</td><td></td><td colspan="6" rowspan="2">APPID
（0x4000－0x7FFF）</td><td></td></tr>
<tr><td>19</td><td></td><td></td></tr>
<tr><td>20</td><td></td><td colspan="6" rowspan="2">长度（8+m）</td><td></td></tr>
<tr><td>21</td><td></td><td></td></tr>
<tr><td>22</td><td></td><td colspan="6" rowspan="2">保留 1</td><td></td></tr>
<tr><td>23</td><td></td><td></td></tr>
<tr><td>24</td><td></td><td colspan="6" rowspan="2">保留 2</td><td></td></tr>
<tr><td>25</td><td></td><td></td></tr>
<tr><td>26</td><td rowspan="2"></td><td></td><td colspan="6" rowspan="2">APDU
（共 m 字节）
（m<1492）</td><td></td></tr>
<tr><td>⋮</td><td></td><td></td></tr>
<tr><td></td><td rowspan="2"></td><td></td><td colspan="6" rowspan="2">必要时的填充字节</td><td></td></tr>
<tr><td>1517</td><td></td><td></td></tr>
</table>

续表

字节	字段	bit							
		7	6	5	4	3	2	1	0
1518			帧校验码						
1519									
1520									
1521									

利用以太网通用帧传送采样值数据，就像用货船载货，船上有集装箱，集装箱里有大木箱，大木箱里有若干小木箱，小木箱里才是我们要的货物——采样值数据。货船、集装箱、大木箱、小木箱都有自己的标签，每种标签的标识方法有专门的规定。在这个比喻中，以太网通用帧相当于货船，下文提到的PDU（协议数据单元）相当于集装箱，APDU（应用协议数据单元）相当于大木箱，ASDU（应用服务数据单元）相当于小木箱，各个采样值数据相当于小木箱里的货物。它们对应的标签一般都包括类型、长度等。

下面对该帧结构包含具体内容做进一步的解释。

（3）多播/单播传送的目标地址。MU通过光纤以太网传输采样值，应采用唯一的ISO/IEC 8802.3源地址，并需配置ISO/IEC 8802.3多播/单播传送的目标地址。标准使用的6字节多播地址具有如下结构：

1）前3个字节由IEEE分配为01－0C－CD。

2）第4个字节为04（对于多播采样值）。顺便指出，对于GOOSE，第4个字节为01；对于GSSE，第4个字节为02。

3）最后2个字节用作与设备有关的地址，其取值范围为00－00～01－FF。

因此，采样值多播地址范围为01－0C－CD－04－00－00～01－0C－CD－04－01－FF，共512个。

（4）通用帧中优先级/虚拟局域网标记字段的结构。用于采样值的IEC 61850－9－2标准接口采用带优先级标记的VLAN虚拟局域网通用帧结构，如图2－29所示。优先级标记符合IEEE 802.1Q标准要求。

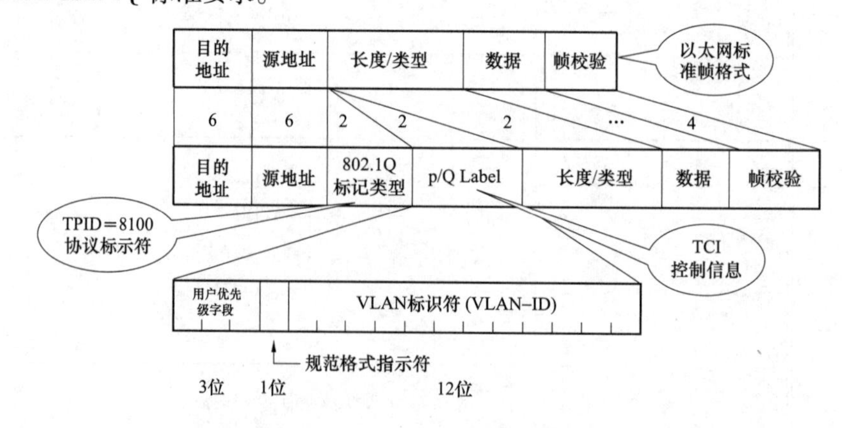

图2－29　IEC 61850－9－2标准采用的以太网VALN帧格式

VLAN 标记字段的长度是 4 字节，插入在以太网标准 MAC 帧的源地址字段和长度/类型字段之间。4 字节标记字段的结构见表 2－11。

表 2－11　　VALN 帧中优先级/VLAN 标记字段的结构

<table>
<tr><th>字节</th><th></th><th>bit8</th><th>bit7</th><th>bit6</th><th>bit5</th><th>bit4</th><th>bit3</th><th>bit2</th><th>bit1</th></tr>
<tr><td>1</td><td rowspan="2">TPID</td><td></td><td colspan="6" rowspan="2">0x8100</td><td></td></tr>
<tr><td>2</td><td></td><td></td></tr>
<tr><td>3</td><td rowspan="2">TCI</td><td colspan="3">User priority</td><td>CFI</td><td colspan="4">VID</td></tr>
<tr><td>4</td><td colspan="8">VID</td></tr>
</table>

VLAN 标记的前 2 个字节和标准 MAC 帧中的长度/类型字段的作用一样，但它总是设置为 0x8100（这个数值大于 0x0600，因此不是代表长度），称为 IEEE 802.1Q 标记类型或协议标识符（TPID）。当数据链路层检测到 MAC 帧的源地址字段后面的长度/类型字段的值是 0x8100 时，就知道现在插入了 4 字节的 VLAN 标记，于是就接着检查后面 2 个字节的内容。后面 2 个字节中，前 3 位是用户优先级字段（User priority），接着的 1 位是规范格式指示符（CFI），最后的 12 位是虚拟局域网标识符（VID）。

1）User priority：用于以区分采样值和低优先级的总线报文。高优先级帧应设置为 4～7，低优先级帧则为 1～3。优先级 1 为未标记的帧。应避免采用优先级 0，因为这会引起不可预见的传输延时。如果不配置优先级，则采用缺省值 4。

2）CFI：若值为 1，则表明在 ISO/IEC 8802.3 标记帧中，Length/Type 字段后接着内嵌的路由信息域，否则应置 0。在 IEC 61850－9－2 标准中，此值应设为 0。

3）VID：虚拟网支持功能是可选的，如果采用这种机制，应设定虚拟网标识（VID）。它唯一地标志了这个以太网帧是属于哪一个 VLAN。采样值虚拟网标识（VID）的缺省值为 0。

由于用于 VLAN 的以太网帧的首部增加了上述 4 个字节，因此以太网的最大长度从原来的 1518 字节（1500 字节的数据加上 18 字节的首部）变为 1522 字节。

（5）PDU（协议数据单元）。IEC 61850 标准的制定单位已在 IEEE 授权登记机构注册了传送采样值的 ISO/IEC8802.3 MAC 子层的以太网类型码。为采样值分配的以太网类型码为 88－BA，应用标识（APPID）类型为 01。采样值缓冲应直接映射到所保留的以太网类型码和相应的以太网 PDU。

1）APPID：用以选择采样值信息和区分应用关联。APPID 的值是 APPID 类型码和实际标识的组合，APPID 类型码被定义为其最高 2 位。为采样值保留的标识范围是 0x4000～0x7fff。如果没有配置 APPID，缺省值应为 0x4000。缺省值保留用于表明缺少配置。在同一系统内，应采用唯一的、面向数据源的采样值应用标识（SV APPID）。

2）Length：包括以 APPID 开始的以太网类型 PDU 在内的 8 位位组的数目。

3）Reserved 1/2：为将来标准化应用保留，缺省值设置为 0。

（6）APDU（应用协议数据单元）。SV 报文的 APDU 格式见表 2－12。

表 2-12　　SV 报文的 APDU 格式

说　　明	报 文 内 容
APDU 数据类型与长度	类型 =60H
	长度
ASDU 数目	类型 =80H
	长度 =01
	ASDU 数目
ASDU 数据类型与长度	类型 = A2H
	长度
ASDU（1）类型与长度	类型 =30H
	长度
SVID 字符串	类型 =80H
	长度≤34
	SVID 字符串
DatSet 字符串，可选	类型 =81H
	长度≤19
	DatSet 字符串
样本计数器，INT16U	类型 =82H
	长度 =2
	SmpCnt
配置版本号，INT32U	类型 =83H
	长度 =4
	confRev
刷新时间，可选	类型 =84H
	长度 =6
	RefrTm
同步标志 smpSynch，BOOLEAN	类型 =85H
	长度 =1
	Sync
采样率，INT16U，可选	类型 =86H
	长度 =2
	SmpRate
采样值类型与长度	类型 =87H
	长度
通道 1	数据（4 字节）（额定延时）
	q（4 字节）
通道 2	数据（4 字节）
	q（4 字节）
⋮	⋮

续表

说　　明	报　文　内　容
通道 n	数据（4 字节）
	q（4 字节）
ASDU（n）	……

（7）ASDU（应用服务数据单元）。若干个 ASDU（应用服务数据单元）连接成一个 APDU。一个 APDU 中的 ASDU 的数目是可以配置的，并与采样速率有关。为减少实现的复杂性，ASDU 的连接不是动态可变的。当把若干个 ASDU 连接成一帧时，包含最早的采样值的 ASDU 是帧中的第 1 个 ASDU。

（8）ASDU 中的数据。ASDU（1）中包括 SVID 字符串、DatSet 字符串（可选）、样本计数器、配置版本号、刷新时间（可选）、同步标志、采样率（可选）、采样值类型与长度、各通道采样数据及其属性等。需要注意的是，按国家电网公司企业标准《智能变电站继电保护通用技术条件》的规定：

1）对保护交流额定电流，数字量 0x01 表示 1mA。

2）对交流额定电压，数字量 0x01 表示 10mV。

这一点与采用 IEC 60044－8 扩展协议帧格式时不同。

每个通道采样值数据都包含有 4 字节共 32 位的 q 属性，见表 2－13。

表 2－13　　SV 数据的 q 属性

<table>
<tr><td>bit7</td><td>bit6</td><td>bit5</td><td>bit4</td><td>bit3</td><td>bit2</td><td colspan="2">bit1 ~ bit0</td></tr>
<tr><td colspan="6">细化品质</td><td colspan="2">有效性</td></tr>
<tr><td>旧数据</td><td>故障</td><td>抖动</td><td>坏基准值</td><td>超值域</td><td>溢出</td><td colspan="2">0 = 好；1 = 无效；
2 = 保留；3 = 可疑</td></tr>
<tr><td>bit15</td><td>bit14</td><td>bit13</td><td>bit12</td><td>bit11</td><td>bit10</td><td>bit9</td><td>bit8</td></tr>
<tr><td rowspan="2">未用</td><td rowspan="2">未用</td><td rowspan="2">未用</td><td rowspan="2">操作员闭锁</td><td rowspan="2">测试</td><td rowspan="2">源</td><td colspan="2">细化品质</td></tr>
<tr><td>不精确</td><td>不一致</td></tr>
</table>

注　bit13 ~ bit31 未用。

IEC 61850－9－2 点对点传输采样值时，合并单元可不接同步脉冲，采样数据帧中需传输电子式互感器的额定延迟时间数值。而 IEC 61850－9－2 的 APDU 帧格式中，没有额定延迟时间的属性定义。因此，需处理在 IEC 61850－9－2 采样数据帧中传输额定延迟时间问题。综合各种因素，额定延迟时间配置在采样发送数据集中。推荐额定延时配置在数据集的第 1 个通道，其单位为微秒（μs）。

（9）采样值数据信息与传输服务模型。关于采样值数据信息与传输服务模型及相关内容，请参考 IEC 61850－9－2 标准文本以及 Q/GDW 396《IEC61850 工程继电保护应用模型》。限于篇幅，本书不再展开介绍。

2.2.2　继电保护对合并单元的配置要求与技术要求

前面 2.1.5“继电保护对电子式互感器的要求”中已经介绍了智能变电站继电保护对

电子式互感器的配置原则与技术要求。下面主要介绍继电保护对合并单元的技术要求。

（1）每个 MU 应能满足最多 12 个输入通道和至少 8 个输出端口的要求。

（2）MU 应能支持 IEC 60044－8（GB/T 20840.8）、IEC 61850－9－2（DL/T 860.92）等协议。当 MU 采用 IEC 60044－8 协议时，应支持数据帧通道可配置功能。

（3）MU 应输出电子式互感器整体的采样响应延时。

（4）MU 采样值发送间隔离散值应小于 10μs。

（5）MU 应能提供点对点和组网输出接口。

（6）MU 输出应能支持多种采样频率，用于保护、测控的输出接口的采样频率宜为 4000Hz。

（7）若电子式互感器由 MU 提供电源，MU 应具备对激光器的监视以及取能回路的监视能力。

（8）MU 输出采样数据的品质标志应实时反映自检状态，不应附加任何延时或展宽。

（9）对传统互感器通过 MU 数字化的采样方式，MU 的相关技术要求参照电子式互感器执行。

2.2.3 合并单元装置设计与实现

MU 接入的互感器种类繁多，接口形式多样，数量不一，输出接口形式与数量也不统一，工程应用中的差异较大，造成装置设计不易标准化。合并单元装置设计与实现的难点在于理清应用需求，提出可灵活适应各种需求的型号规划与设计方案。

2.2.3.1 应用需求分析

一、MU 与互感器的接口要求

（一）与电子式互感器接口

下面以 MU 与某具体型号的全光纤电流互感器（FOCT）和光学电压互感器（OVT）接口为例进行说明。

该型全光纤电流互感器与光学电压互感器为分体式结构，各自有自己的二次变换器（远端模块）及输出接口。电流互感器通常三相接入一个远端模块，通过远端模块的同一个串口输出三相采样值，也有一相互感器接入一个远端模块由串口输出单相采样值的形式；对电压互感器，只有单相输出一种。因此，间隔 MU 要接入三相电压互感器与三相电流互感器最多需要 6 个串口（电压、电流每相 1 个），最少需要 4 个串口（电压每相 1 个，电流 3 相合 1 个）。6 组接口也可以满足母线电压 MU 接入 3 段单相母线电压或两段 3 相电压的要求。

该型 OCT 互感器每个远端模块需要 MU 提供一个同步采样脉冲接口。间隔 MU 最多要能够提供 6 个同步采样脉冲接口。不是所有型号的电子式互感器都需要 MU 提供同步采样信号。实际上 OCT 也可以取消对同步采样脉冲的要求。

MU 与 FOC/OCT 接口协议按互感器产品串行接口协议实施。

（二）与传统互感器（或小信号互感器）接口

接传统互感器的 MU 最大需要接入 12 路模拟量，电压、电流种类可组合，电流额定值为1A或5A可选，三相电压额定值为57.74V，母线或线路单相抽取电压为57.74V或100V可选。注意，用于变压器间隔的零序电压的测量范围可能达180V以上，变压器6～66kV不接地系统的相电压可能长时间工作于100V。

小信号互感器接入的情形与传统互感器类似。

应用情况统计分析见表2－14。

表2－14　MU与传统互感器（或小信号互感器）接口应用情况统计

<table>
<tr><th>输入类型</th><th colspan="2">最大输入口数量</th><th>输入口组合情况</th><th>应用场合</th></tr>
<tr><td rowspan="12">传统TA/TV输入（或小信号互感器输入）</td><td>方案1</td><td>12路（$5U+7I$）</td><td>U_a，U_b，U_c，$3U_0$，U_m；
I_a，I_b，I_c，$3I_0$；
I_{am}，I_{bm}，I_{cm}</td><td>3/2接线形式的线路/变压器间隔MU
（线路3相TV，母线单相TV）</td></tr>
<tr><td rowspan="2">方案2</td><td>5路（$5U$）</td><td>U_a，U_b，U_c，$3U_0$，U_m</td><td>3/2接线形式的线路/变压器间隔电压MU
（线路3相TV，母线单相TV）</td></tr>
<tr><td>7路（$7I$）</td><td>I_a，I_b，I_c，$3I_0$；
I_{am}，I_{bm}，I_{cm}</td><td>3/2接线形式的断路器电流MU
（按断路器配置TA及其MU）</td></tr>
<tr><td>方案3</td><td>11路（$9I$）</td><td>I_a，I_b，I_c，（$3I_0$）（TPY）；
I_a，I_b，I_c，（$3I_0$）（5P）；
I_{am}，I_{bm}，I_{cm}</td><td>3/2接线形式的断路器电流MU，
TPY与5P互感器各1组
（按断路器配置TA及其MU）</td></tr>
<tr><td colspan="2">12路（$5U+7I$）</td><td>U_{am}，U_{bm}，U_{cm}，$3U_0$，U_x；
I_a，I_b，I_c，$3I_0$；
I_{am}，I_{bm}，I_{cm}</td><td>单/双母线接线形式的线路间隔MU
（母线3相TV，线路单相TV）</td></tr>
<tr><td colspan="2">12路（$4U+8I$）</td><td>U_{am}，U_{bm}，U_{cm}，$3U_0$；
I_a，I_b，I_c，$3I_0$，$3I_0-jx$；
I_{am}，I_{bm}，I_{cm}</td><td>单/双母线接线形式的变压器
间隔高、中压侧MU（母线3相TV）</td></tr>
<tr><td colspan="2">3路（$3I$）</td><td>I_a，I_b，I_c</td><td>自耦变压器公共绕组电流MU</td></tr>
<tr><td colspan="2">7路电流</td><td>I_{a-1}，I_{b-1}，I_{c-1}；
I_{a-2}，I_{b-2}，I_{c-2}；
$3I_0$（中性点零序电流）</td><td>高压电抗器电流MU</td></tr>
<tr><td colspan="2">4路电压</td><td>U_a，U_b，U_c，$3U_0$</td><td>单母线接线形式的母线电压MU
（母线3相TV）</td></tr>
<tr><td colspan="2">8路电压</td><td>U_{a-1}，U_{b-1}，U_{c-1}，$3U_{0-1}$；
U_{a-2}，U_{b-2}，U_{c-2}，$3U_{0-2}$</td><td>单母线分段、双母线接线形式的母线
电压MU，含TV并列功能（母线3相TV）</td></tr>
<tr><td colspan="2">12路电压</td><td>U_{a-1}，U_{b-1}，U_{c-1}，$3U_{0-1}$；
U_{a-2}，U_{b-2}，U_{c-2}，$3U_{0-2}$；
U_{a-3}，U_{b-3}，U_{c-3}，$3U_{0-3}$</td><td>单母线三分段、双母线单分段接线形式的
母线电压MU，含TV并列功能
（母线3相TV）</td></tr>
</table>

（三）电子式互感器与传统互感器混合接入

考虑OVT产品成熟度和工程因素，MU设计时仍然需要考虑电流互感器用ECT，而电压测量仍然用传统TV的情况。应用需求统计与表2－14类似，只是其中的三相保护电流和三相测量电流可用同一组三相 ECT 代替，零序与间隙零序电流互感器也可以用一相 FOCT 代替。由此，MU 需要将传统电流输入端更换为相应数量的光纤数字量接口。

二、采样值输出与状态量输入接口要求

用于各出线、变压器等间隔的电流、电压 MU 采样值输出与状态量输入接口类型与数量统计见表 2－15，母线电压 MU 采样值输出与状态量输入接口类型与数量统计见表 2－16。

表 2－15　间隔 MU 采样值输出与状态量输入接口类型与数量统计

组合模式	IEC 60044－8 直采输出接口	IEC 61850－9－2 协议接口	GOOSE 接口	备　注
1	最大 8 个	1（组网）	0	（1）直采接口需求数量最多的为 3/2 接线的中断路器电流 MU：1#线路保护、2#线路保护、边 1 短引线保护、边 2 短引线保护、1#线路高压电抗器保护、2#线路高压电抗器保护、中断路器保护、安稳装置，共 8 个。 （2）IEC 61850－9－2 网口供测控、录波。 （3）IEC 61850－9－2 网口的采样值发送间隔时间离散值可不做特殊处理
2	最多 10 个	0	0	（1）适用于测控、录波也直采的方式。 （2）保护测控一体化时，网口仅供录波用，建议此时录波也用直采接口
3		9（8 直采 +1 组网）		（1）8 个直采网口 +1 个组网网口。 （2）9 网口可采用相同的设计，使采样值发送间隔时间离散值都小于 10μs
最终设计	8	1（组网）	1	（1）可涵盖绝大部分应用情况。 （2）间隔 MU 的 GOOSE 备用，以满足电压切换在各间隔 MU 中完成的特殊要求

表 2－16　母线电压 MU 的采样值输出与状态量输入接口类型与数量统计

组合模式	IEC 60044－8 接口	IEC 61850－9－2 协议接口	GOOSE 接口	备　注
1	最大 24 个	1（组网）	1	
2	0	1 组网 + 24 直采	1	
最终设计	24	1（组网）	1/2	（1）IEC 61850－9－2 网口的采样值发送间隔时间离散值可不做特殊处理。 （2）母线 MU 需要 GOOSE 接口获取最多 2 个分段/母联位置信号以完成电压并列功能。若点对点连接，则可靠性增加

三、对时要求

MU 对时接口的形式可能有三种，即 1PPS 或 1PPM 对时接口、IRIG－B 码同步对时接

口和在 IEC 61850－9－2 组网网口上完成 IEEE 1588（IEC 61588）协议对时功能。这三种对时接口不会在一台装置中同时出现。设计方案也可暂不实施 IEC 61588，预留其可能性。

关于对时接口，作者建议 MU 应具备一定数量的 1PPS 光纤输出接口，向各保护装置转发由外部输入的或自产的 1PPS 信号。该 1PPS 供保护装置的 MU 接口时钟与 MU 的时钟同步，由此保护装置有条件实时测量出 MU 与保护装置之间的传送延时。详细要求参见第 4.2 节“采样技术”。应用中要求间隔 MU 有 2 个 1PPS 输出接口，分别给线路差动保护和母差保护，保护装置则按 MU 接口数量分别配置 1PPS 输入接口（最多 3 个）。

四、光功率输出单元（选项）

按与具体类型电子式互感器（如罗氏线圈原理）配合的要求，MU 可以以激光供能的形式为电子式互感器高压端采集器提供工作电源。

五、人机交互

MU 装置的人机交换需求与其他二次设备基本相同，一般包括液晶显示器、键盘、LED 指示灯等。也应具备计算机调试接口，可以通过计算机软件与装置进行人机交互方式。

MU 装置放置在室外时，可以（最好）没有液晶屏幕，当装置异常或需要操作显示时可以使用模拟液晶软件。

六、安装要求

装置机械电气结构应能适应多种安装方式，包括：① 常规标准机柜在控制室或继保小室安装；② 室内现场经智能控制柜就地安装；③ 室外现场经智能控制柜就地安装；④ 远景可能要求在室外直接就地安装。对每种安装方式，应采用相应的安装与防护措施。

七、调试接口与软件调试工具

调试接口可单独设计，也可以复用网络接口。装置应有配套的使用方便的软件调试工具。

2.2.3.2 装置设计方案

（1）MU 装置功能与型号划分。为尽可能满足不同的应用需求，方便工程应用，同时尽量减少装置差异化开发的工作量，可将 MU 装置分成 2 大类 4 个型号：一类为电子式互感器输入的 MU，包括间隔电流、电压 MU 和母线电压 MU 两个型号，电子式互感器与传统互感器混合接入的 MU 也划归在这一类中；另一类为传统互感器接入的 MU，也包括间隔电流、电压 MU 和母线电压 MU 两个型号。这两个型号装置的模拟量输入部分也可以替换为小信号输入，工程中遇到时此类需求时可以方便开发。

（2）MU 装置硬件接口统计。四种型号的 MU 输入/输出接口及主要功能范围见表 2－17。

表 2－17　四种型号 MU 的输入/输出接口及主要功能范围

输入/输出接口或功能项	电子式互感器接入或混合接入		传统互感器或小信号互感器接入	
	间隔电流、电压 MU	母线电压 MU	间隔电流、电压 MU	母线电压 MU
传统（或小信号）互感器输入接口	最多 6 通道（4 电压，2 电流）	0	最多 12 通道，电压、电流可任意组合	最多 12 通道（3 段母线 4 相电压）

续表

输入/输出接口或功能项	电子式互感器接入或混合接入		传统互感器或小信号互感器接入	
	间隔电流、电压 MU	母线电压 MU	间隔电流、电压 MU	母线电压 MU
电子式互感器接口（光纤异步串口）	最多6个，混合输入的1般1个	最多3个（3段母线单相电压）		
母线电压 MU 的转接输入口	1个，IEC 60044－8协议/可选IEC 61850－9－2协议	0	0	0
同步采样脉冲接口（光纤口）	最多6个	最多3个	0	0
1PPS 光接口	1个，与B码2选1	1个，与B码2选1	1个，与B码2选1	1个，与B码2选1
B码对时光接口	1个，与1PPS2选1	1个，与1PPS2选1	1个，与1PPS2选1	1个，与1PPS2选1
1PPS 输出接口	最多2个	0	最多2个	0
IEC 60044－8（扩展）协议直采输出接口	最多8个	最多24，以8为模数	最多8个	最多24，以8为模数
9－2协议直采接口（选项，替代上一行）	最多8个	最多24，以8为模数	最多8个	最多24，以8为模数
9－2协议组网接口	1	1	1	1
GOOSE 接口	0	1/2	0	1/2
硬触点开入	6个（用5个）	6	6个（用5个）	6
硬触点输出	6 BJJ、BSJ	6 BJJ、BSJ	6 BJJ、BSJ	6 BJJ、BSJ
液晶、键盘可取消	是	是	是	是
LED 灯	8	8	8	8
调试接口	1	1	1	1
光功率输出单元	0（预留插件位置）	0（预留插件位置）	0（预留插件位置）	0（预留插件位置）
电压切换功能	无，具备增加条件		无，具备增加条件	
电压并列功能		有		有

按Q/GDW 441—2010《智能变电站继电保护技术规范》的要求，电子式互感器每路采样系统应采用双A/D系统接入MU，每个MU输出两路数字采样值由同一路通道进入一套保护装置，以满足双重化保护相互完全独立的要求。接电子式互感器的MU应与互感器本体配合，以满足该项要求。

对传统互感器接入的MU，保护电流的采样应冗余配置。同一路电流同时接到两路模拟通道，两路模拟通道具有相同的增益，以及相互独立的运放、模数转换器和电压基准等元件。两路模拟信号分别经不同的AD采样，合并单元实时比较两路保护电流的瞬时采样值，若两路电流差的绝对值小于某个设定值，则表示采样正常，反之则表示保护电流采样异常，置当前采样值无效标志。若两路保护电流差的绝对值连续多次越限，则置工作异常标志（通信帧中的状态字比特位）。

（3）装置机箱结构设计。装置采用 6U 或 4U 高度标准机箱，嵌入式安装于 800mm（宽）×600mm（深）普通机柜或智能控制柜上。装置适应室内或室外智能控制柜安装，适当考虑为远景直接就地安装提供技术储备。所有型号装置，液晶与键盘面板均可不配置，代之以空面板，需要操作时经接口连接计算机通过模拟液晶软件实现。

装置防护等级为 IP40。其他硬件性能指标参照保护装置的最高等级及相关标准要求设计。

（4）装置软件功能设计。

1）电压、电流的合并功能。各款装置软件完成电压、电流的采集、同步、合并以及必要的数字滤波功能。在数据重采样前先对采样值进行抗混叠数字滤波处理。设计的滤波算法应具备较好的幅频和相频特性，并经过软件仿真和实测数据验证。

2）重采样。重采样元件应能方便地得到所需采样率的数据采样值。

3）数据采样率。合并单元以 IEC 60044－8 扩展协议发送数据时采样率为4000 点/s（80 点/工频周期）；以 IEC 61850－9－2 通信协议发送数据时采样率也为4000 点/s。

4）通用数据帧。合并单元可选择配 IEC 60044－8 扩展协议或 IEC61850－9－2 标准协议发送数据帧给保护、测控等装置。通用数据帧包括保护和测量两种数据。最多包含 22 个通道数据。双 AD 采集的保护电流和电压占用不同的通道。通用数据帧的定义应符合 Q/GDW 441—2010《智能变电站继电保护技术规范》的要求。

5）自检措施。为了保证合并单元及互感器的远端模块能够长期安全可靠地运行，设计中采取多种硬件和软件自监视措施，以便在远端模块和合并单元发生硬件、软件故障时，能及时发现，并按预定的方案对采样数据进行正确处理，使保护和测控装置能始终获得正确数据而正确动作。若为硬件不可恢复故障，合并单元将详细的故障信息上送或本地显示，提示运行人员更换相应的出错装置。出错处理包括 ECT/EVT 远端模块出错处理、接入的母线合并单元（若有）出错、光纤通道光强监视、合并单元内 DSP 板出错等。

6）电压并列功能（母线电压合并单元具备）。母线合并单元需要完成电压并列功能。一个合并单元最多可以接收 3 条母线电压，并通过硬触点开入或 GOOSE 信号得到母联或分段断路器位置，同时把屏柜上的把手位置作为开入，完成电压并列、解列操作。

母线合并单元根据母线的主接线方式采集单母线双分段电压、单母线 3 分段电压、双母线电压、双母线单分段电压，双母线双分段按两组双母线考虑。各种接线方式的互感器与 MU 配置、母线 MU 的电压并列及线路保护的电压切换方案详见第 3 章 3.10 节。

7）测量值计算。对接入的电流、电压量进行（采样）计算，提取幅值、相位、频率、谐波等特征量，供调试、显示用。

（5）装置硬件设计。装置由高性能嵌入式处理器 PowerPC、PCI 以太网处理器、PCI 多串口控制器、现场可编程逻辑门阵列 FPGA 及其他外设组成。硬件架构如图 2－30 所示。

（6）辅助工具软件设计。

1）模拟液晶软件（选项）。MU 装置可以没有液晶屏幕，当装置异常或需要操作显示

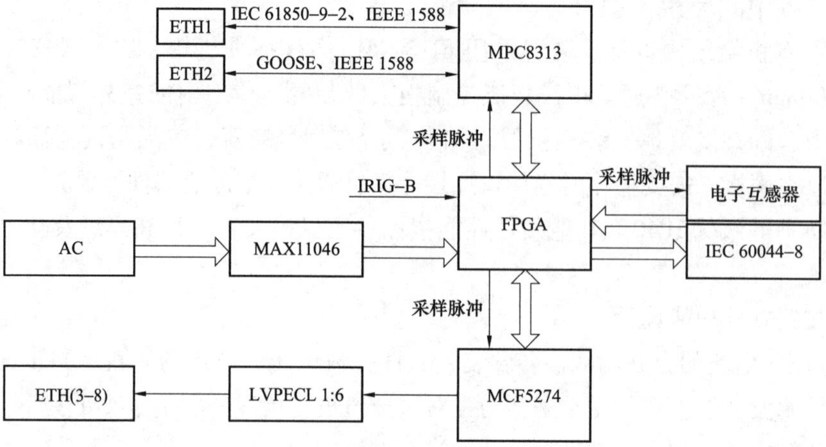

图 2－30　某型合并单元硬件架构

时可以使用模拟液晶软件。只需要将装置的前面板调试串口和计算机的串口连接起来，无需进行任何设置，然后运行模拟液晶软件即可。模拟液晶操作与真实液晶的操作方法相同，只是用鼠标对键盘进行操作，用户可以非常方便地获取装置运行状态等信息。

2）IED 配置工具软件。MU 输出的采样值帧中数据通道 DataChannel #1 ~ DataChannel #22 和合并单元实际信号源的映射关系，保护装置和合并单元的采样通道连接关系，都是可灵活配置的。合并单元的 22 个采样通道的含义和次序由合并单元 ICD 模型文件中的采样发送数据集决定。完成 MU 装置的在数字化变电站中的配置使用全站统一的配置工具。配置工具、配置文件、配置流程应符合 DL/T 1146《DL/T 860 系列标准工程实施技术规范》及 Q / GDW 396《IEC61850 工程继电保护应用模型》中的补充规定。

3）MU 装置组态文件或组态软件。通过组态文件或组态软件配合装置本身嵌入软件，提供必要的描述信息，使装置的嵌入软件功能与硬件配置相匹配，完成通用软硬件平台到具体型号装置的转化。装置的组态功能包括装置插件配置，采样通道类型与数量配置，额定二次值配置，ECT、EVT 通信规约配置和输出接口类型和数量配置等。

2.3 智 能 终 端

第 1 章 1.2.3 中已经对智能终端的概况及其对继电保护产生的影响进行了介绍，本节详细介绍断路器智能终端和变压器（电抗器）本体智能终端的功能配置与工作原理。

2.3.1 断路器智能终端

2.3.1.1 功能

断路器智能终端按其配合的断路器的操作方式不同可分为多种类型，如单相操作型、三相操作型、单跳闸线圈型、双跳闸线圈型等。实用的断路器智能终端一般还包括若干数量的用于控制隔离开关和接地开关的分合闸出口，以及部分简单的测控功能。毫无疑问，断路器智能终端必须支持 IEC 61850（DL/T 860）标准，装置控制命令输出和开关量输入可使用光纤以太网接口，支持 GOOSE 通信。装置应适应就地安装，可以在户外恶劣的环境中运行。典型的断路器智能终端的功能配置如下。

（1）断路器操作功能。

1）接收保护的跳闸（不分相或分相、三跳）、重合闸等 GOOSE 命令。

2）具备三跳硬触点输入接口。三跳硬触点输入要求经大功率抗干扰重动继电器重动，启动功率大于 5W，动作电压为额定直流电源电压的 55% ~70%，具有抗 220V AC 工频电压干扰的能力。

3）提供一组或两组断路器跳闸回路，一组断路器合闸回路。

4）具有电流保持功能。

5）具有跳合闸回路监视功能。

6）具有跳合闸压力监视与闭锁功能。

7）具有各种位置和状态信号的合成功能。

（2）测控功能。

1）遥信功能。具有多路（如 66 路）遥信输入，能够采集包括断路器位置、隔离开关位置、断路器本体信号（含压力低闭锁重合闸等）在内的开关量信号。

2）遥控功能。接收测控的遥分、遥合等 GOOSE 命令，具有多路（如 33 路）遥控输出，能够实现对隔离开关、接地开关等的控制。遥控输出触点为独立的空触点。

3）温、湿度测量功能。具有 6 路直流量输入接口，可接入 4 ~20mA 或 0 ~5V 的直流变送器量，用于测量装置所处环境的温、湿度等。

（3）辅助功能。包括自检功能、直流掉电告警、硬件回路在线检测、事件记录（包括开入变位报告、自检报告和操作报告）等。

（4）对时功能。可支持多种对时方式，如 IRIG－B 码对时、IEC 61588 对时等。

（5）通信功能。一般具备 3 ~12 个过程层光纤以太网接口，支持 GOOSE 通信和 IEC 61588 对时；每个 GOOSE 接口要求拥有完全独立的 MAC；具备调试接口，用于与辅助调试软件连接，对装置进行测试和配置。

2.3.1.2 工作原理

一、跳闸原理

装置能够接收保护和测控装置通过 GOOSE 报文送来的跳闸信号，同时支持手跳硬触点输入。

图 2－31 显示了一组跳闸回路的所有输入信号转换成 A、B、C 分相跳闸命令的逻辑，其中装置接收的跳闸输入信号有：

（1）保护分相跳闸 GOOSE 输入。GOOSE TA1 ~GOOSE TA5 是 5 个 A 相跳闸输入信号；GOOSE TB1 ~GOOSE TB5 是 5 个 B 相跳闸输入信号；GOOSE TC1 ~GOOSE TC5 是 5 个 C 相跳闸输入信号。

（2）保护三跳 GOOSE 输入。GOOSE TJQ1、GOOSE TJQ2 是 2 个三跳启动重合闸的输入信号；GOOSE TJR1 ~GOOSE TJR10 是 10 个三跳不启动重合闸，而启动失灵保护的输入信号；GOOSE TJF1 ~GOOSE TJF4 是 4 个三跳既不启动重合闸、又不启动失灵保护的输入信号。

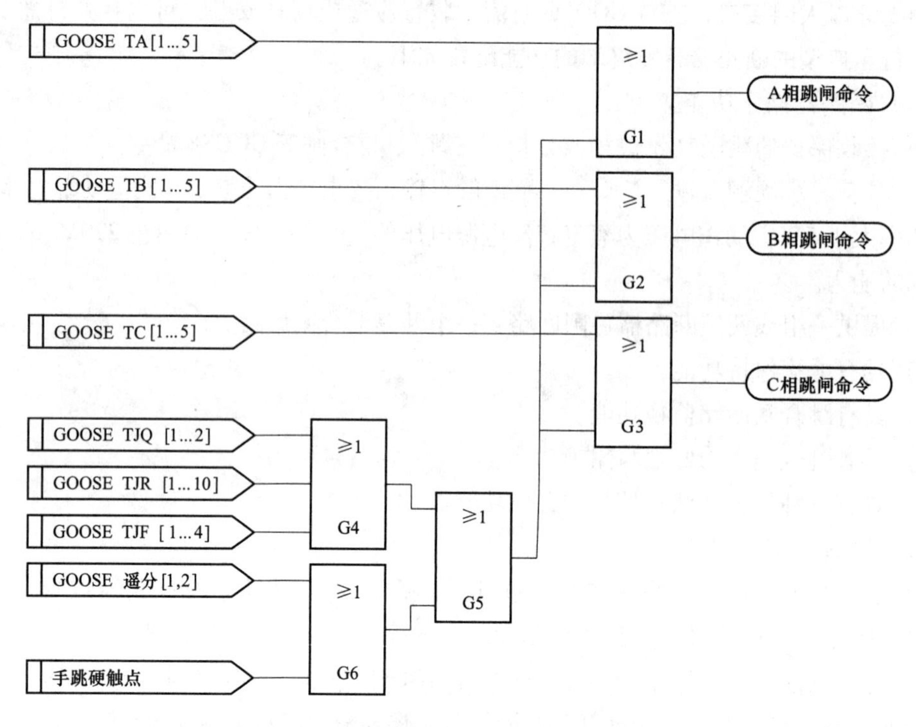

图 2－31　断路器智能终端跳闸命令

（3）测控 GOOSE 遥分输入。GOOSE 遥分 1、GOOSE 遥分 2 是 2 个遥分输入信号。

（4）手跳硬触点输入。图 2－32 显示了装置的跳闸逻辑，其中“跳闸压力低”、“操作压力低”是装置通过光耦开入采集到的断路器操动机构的跳闸压力和操作压力不足信号。

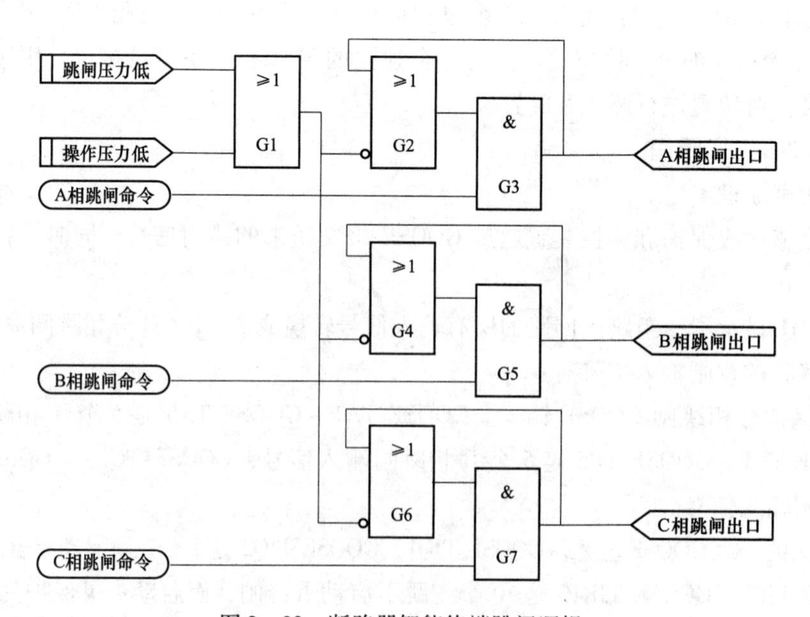

图 2－32　断路器智能终端跳闸逻辑

以A相为例，G1、G2和G3构成跳闸压力闭锁功能，其作用是：在跳闸命令到来之前，如果断路器操动机构的跳闸压力或操作压力不足，即“跳闸压力低”或“操作压力低”的状态为1，G2的输出为0，装置会闭锁跳闸命令，以免损坏断路器；而如果“跳闸压力低”或“操作压力低”的初始状态为0，G2的输出为1，一旦跳闸命令到来，跳闸出口立即动作，之后即使出现跳闸压力或操作压力降低，G2的输出仍然为1，装置也不会闭锁跳闸命令，保证断路器可靠跳闸。

A、B、C相跳闸出口动作后再分别经过装置的A、B、C相跳闸电流保持回路驱动断路器跳闸。

二、合闸原理

装置能够接收保护测控装置通过GOOSE报文送来的合闸信号，同时支持手合硬触点输入。图2-33显示了合闸回路的所有合闸输入信号转换成A、B、C分相合闸命令的逻辑。其中装置接收的合闸输入信号有：

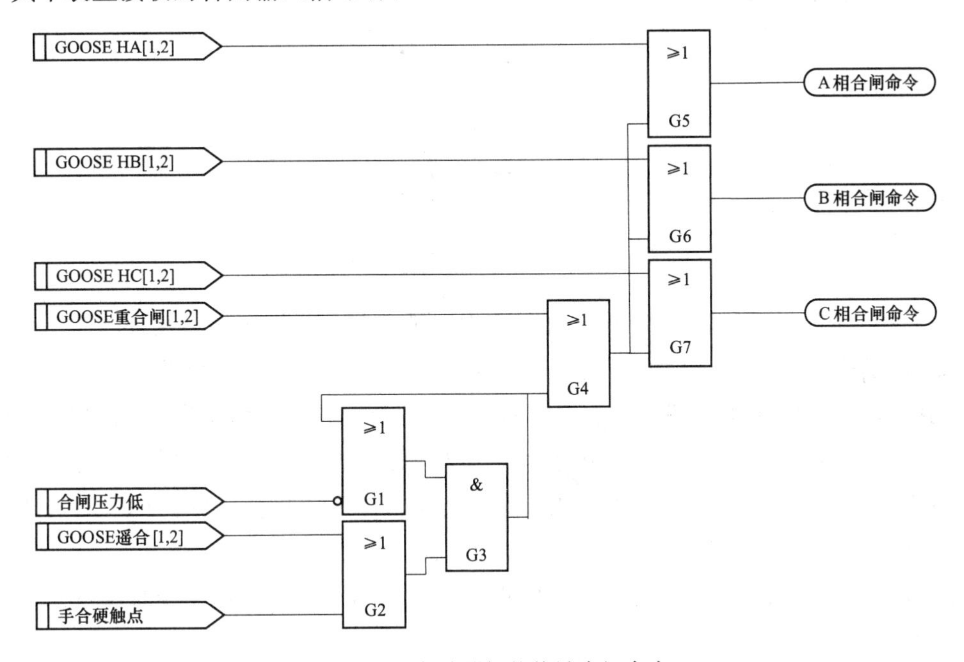

图2-33 断路器智能终端合闸命令

（1）保护分相重合闸GOOSE输入。可用于与具有自适应重合闸功能的保护装置相配合，GOOSE HA1、GOOSE HA2是2个A相重合闸输入信号；GOOSE HB1、GOOSE HB2是2个B相重合闸输入信号；GOOSE HC1、GOOSE HC2是2个C相重合闸输入信号。

（2）保护三相重合闸GOOSE输入。GOOSE重合闸1、GOOSE重合闸2是2个重合闸输入信号。

（3）测控GOOSE遥合输入。GOOSE遥合1、GOOSE遥合2是2个遥合输入信号。

（4）手合硬触点输入。“合闸压力低”是装置通过光耦开入采集到的断路器操动机构的合闸压力不足信号。该输入用于形成合闸压力闭锁逻辑：在手合（或遥合）信号有效之前，如果合闸压力不足，“合闸压力低”状态为1，取反后闭锁合闸，以免损坏断路器；

而如果“合闸压力低”初始状态为0，在手合（或遥合）信号有效之后，即使出现合闸压力降低也不会受影响，保证断路器可靠合闸。

图2－34显示了装置的合闸逻辑，其中“跳闸压力低”、“操作压力低”是装置通过光耦开入采集到的断路器操动机构的跳闸压力和操作压力不足信号。

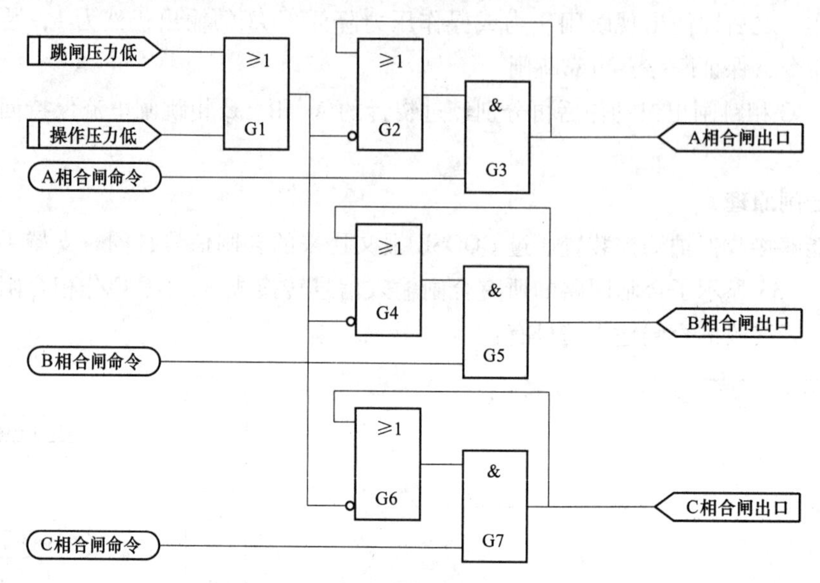

图2－34　断路器智能终端合闸逻辑

以A相为例，G1、G2和G3构成合闸压力闭锁功能，其作用是：在合闸命令到来之前，如果断路器操动机构的跳闸压力或操作压力不足，即“跳闸压力低”或“操作压力低”的状态为1，G2的输出为0，装置会闭锁合闸命令，以免损坏断路器；而如果“跳闸压力低”或“操作压力低”的初始状态为0，G2的输出为1，一旦合闸命令到来，合闸出口立即动作，之后即使出现跳闸压力或操作压力降低，G2的输出仍然为1，装置也不会闭锁合闸命令，保证断路器可靠合闸。

A、B、C相合闸出口动作后再分别经过装置的A、B、C相合闸电流保持回路驱动断路器跳闸。

三、跳、合闸回路完好性监视

通过在跳、合闸出口触点上并联光耦监视回路，装置能够监视断路器跳合闸回路的状态。

图2－35是合闸回路监视原理图，当合闸回路导通时，光耦输出为1。

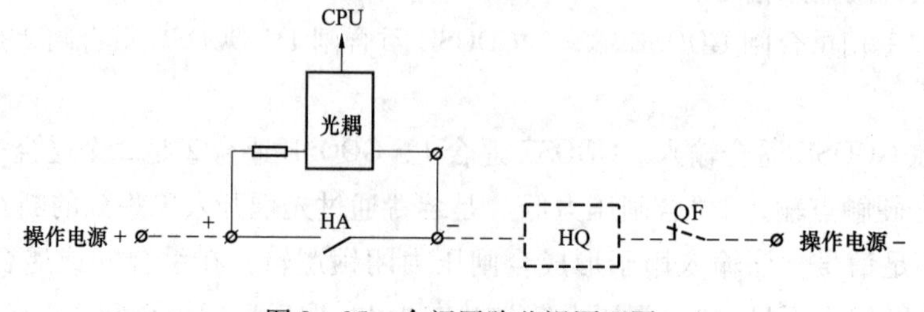

图2－35　合闸回路监视原理图

图2－36是跳闸回路监视原理图，当跳闸回路导通时，光耦输出为1。

当任一相的跳闸回路和合闸回路同时为断开状态时，给出控制回路断线信号，如图2－37所示。

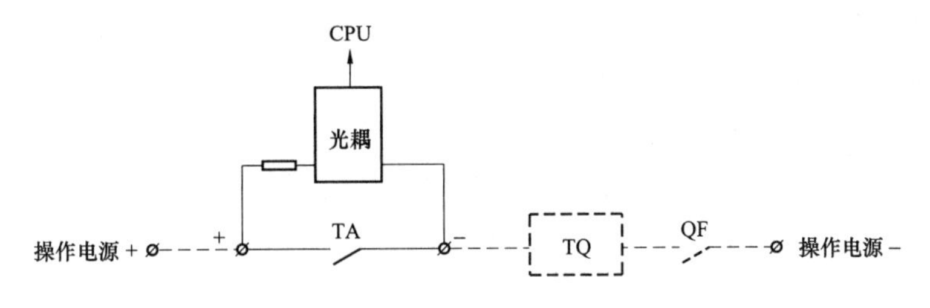

图2－36 跳闸回路监视原理图

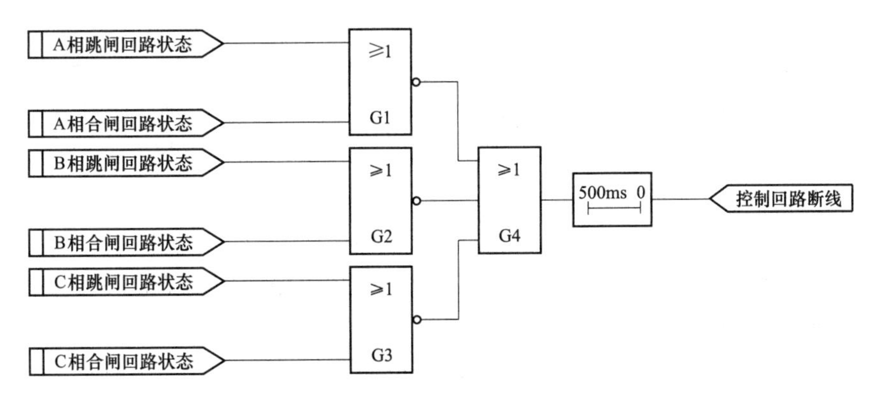

图2－37 控制回路断线判断逻辑

同时，装置通过与光耦开入得到的跳、合位状态进行比较，可以进一步得出跳、合闸回路的异常状况。以A相为例：如果经光耦开入的A相跳位为1、合位为0，而A相合闸回路的状态为0，则给出A相合闸回路异常报警；如果经光耦开入的A相合位为1、跳位为0，而A相跳闸回路的状态为0，则给出A相跳闸回路异常报警，如图2－38所示。

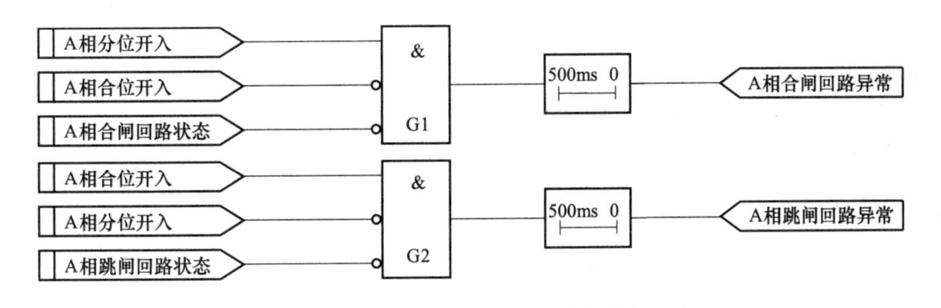

图2－38 A相跳、合闸回路异常判断逻辑

四、压力监视及闭锁

装置通过光耦开入方式监视断路器操动机构的跳闸压力、合闸压力、重合闸压力和操作压力的状态，当压力不足时，给出相应的压力低报警信号。

装置的跳闸压力闭锁逻辑如前所述：在跳闸命令有效之前，如果操作压力或跳闸压力不足，则闭锁跳闸命令；而在跳闸命令有效之后，即使在跳闸过程中出现操作压力或跳闸压力降低的情况，也不会闭锁跳闸，保证断路器可靠跳闸。

装置的合闸压力闭锁逻辑也如前所述：在手合命令有效之前，如果合闸压力不足，则闭锁手合命令；而在手合命令有效之后，即使在合闸过程中出现合闸压力降低的情况，也不会闭锁合闸，保证断路器可靠合闸。在合闸命令有效之前，如果操作压力或跳闸压力不足，则闭锁合闸命令；而在合闸命令有效之后，即使在合闸过程中出现操作压力或跳闸压力降低的情况，也不会闭锁合闸，保证断路器可靠合闸。

重合闸压力不参与装置的压力闭锁逻辑，而只通过 GOOSE 报文发送给重合闸装置，由重合闸装置处理。

4 个压力监视开入既可以采用动合触点，也可以采用动断触点。

五、闭锁重合闸

装置在下述情况下会产生闭锁重合闸信号，可通过 GOOSE 发送给重合闸装置：

（1）收到测控的 GOOSE 遥分命令或手跳开入动作时会产生闭锁重合闸信号，并且该信号在 GOOSE 遥分命令或手跳开入返回后仍会一直保持，直到收到 GOOSE 遥合命令或手合开入动作才返回；

（2）收到测控的 GOOSE 遥合命令或手合开入动作；

（3）收到保护的 GOOSE TJR、GOOSE TJF 三跳命令，或 TJF 三跳开入动作；

（4）收到保护的 GOOSE 闭锁重合闸命令，或闭锁重合闸开入动作。

装置的闭锁重合闸逻辑如图 2－39 所示。

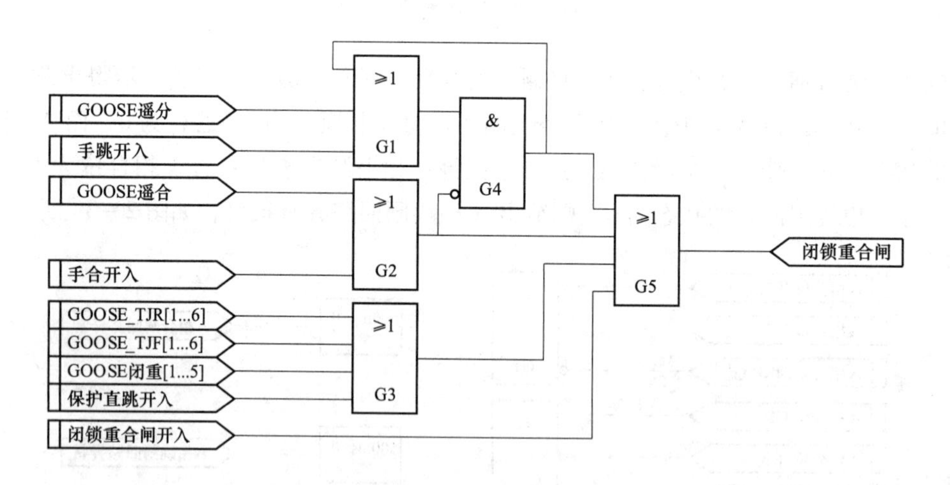

图 2－39　闭锁重合闸逻辑

六、信号合成

（1）“三相跳位信号”由断路器 A、B、C 三相跳位相“与”产生。

（2）“任一相跳位信号”由断路器 A、B、C 三相跳位相“或”产生。

（3）“三相合位信号”由断路器 A、B、C 三相合位相“与”产生。

（4）“任一相合位信号”由断路器 A、B、C 三相合位相“或”产生。

（5）“非全相信号”生成逻辑如图 2－40 所示。

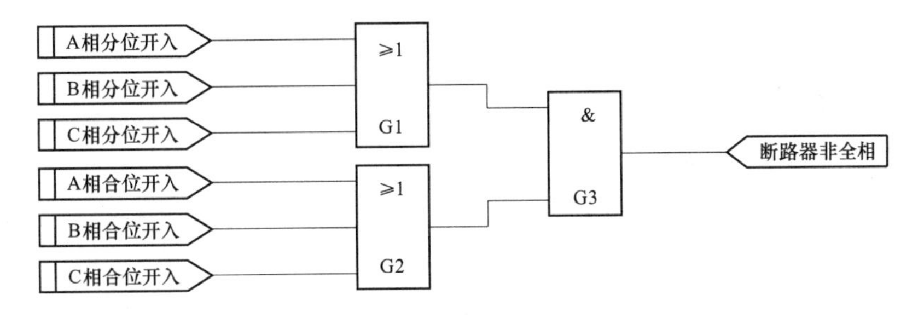

图 2－40　断路器非全相信号生成逻辑

（6）“KK 合后信号”：当收到测控的 GOOSE 遥合命令或手合开入动作时，KK 合后位置（即 KKJ）为 1，且在 GOOSE 遥合命令或手合开入返回后仍保持，当且仅当收到测控的 GOOSE 遥分命令或手跳开入动作后才返回。

（7）“事故总信号”生成逻辑如图 2－41 所示。

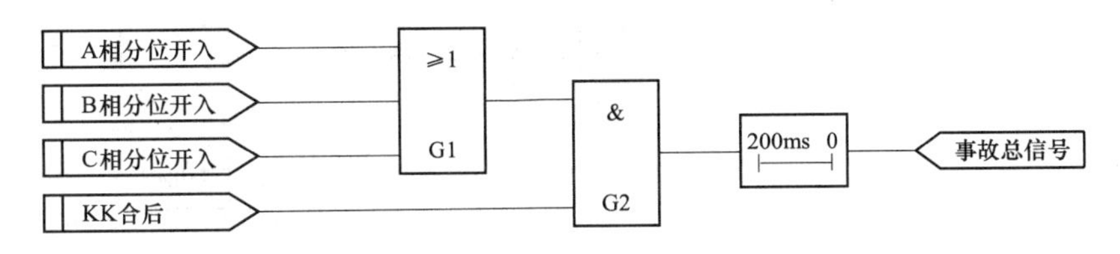

图 2－41　事故总信号生成逻辑

七、跳合闸回路原理图

下面以 A 相为例给出装置跳合闸回路原理图（B、C 相同），具体工程应以工程设计图为准。

2.3.2　变压器（电抗器）本体智能终端

2.3.2.1　功能

变压器本体智能终端配置变压器本体测控功能，多数兼具非电量保护功能，可以完成变压器挡位测量与控制，中性点隔离开关控制，风扇控制，温、湿度测量以及非电量保护功能。变压器本体智能终端必须支持 IEC 61850（DL/T 860）标准，装置控制命令输出和开关量输入可采用光纤以太网接口，支持 GOOSE 通信。装置应适合就地安装，可以在户外恶劣的环境中运行。电抗器智能终端的功能配置与变压器大致相同，本书不再单独介绍，以下仅针对变电器器智能终端进行介绍。典型的变压器智能终端的功能配置如下。

（1）测控功能。

1）遥信功能。具有多路（如 48 路）遥信输入，能够采集包括非电量信号、挡位以及中性点隔离开关位置在内的开关量信号。

2）遥控功能。具有多路（如 8 路）遥控输出，能够实现变压器挡位调节和中性点接地开关的控制。遥控输出触点为独立的空触点。

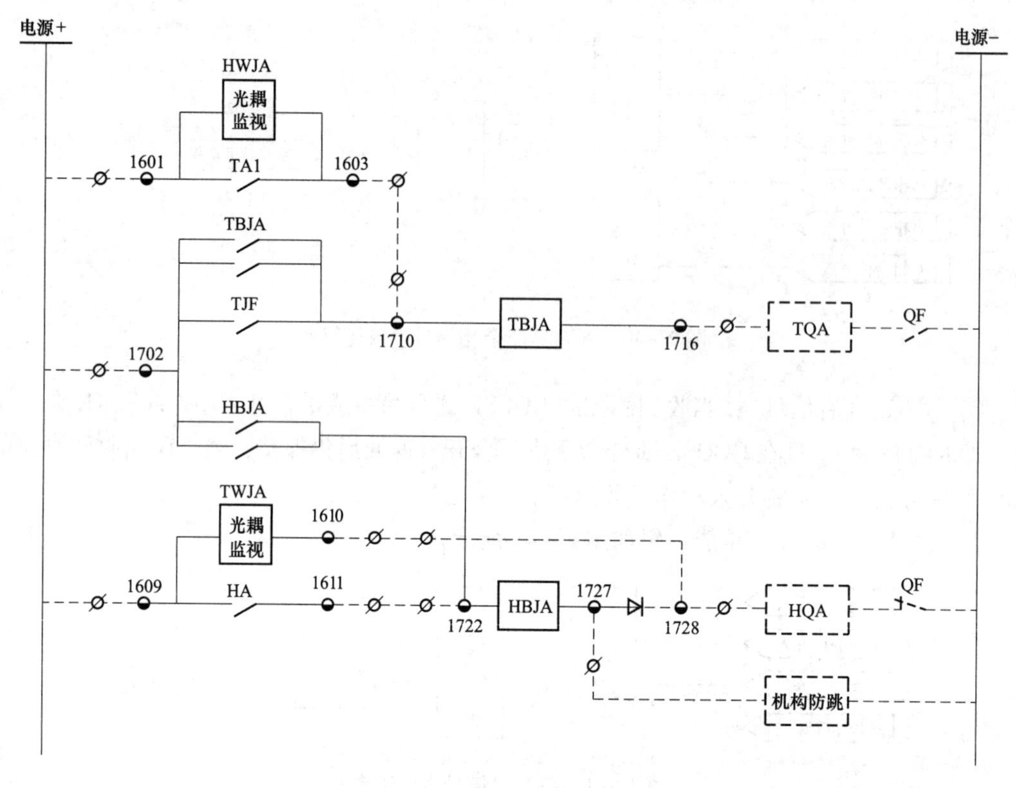

图 2-42　A 相跳合闸回路原理图

3）测量功能。具有多路（如 6 路）直流量输入接口，可接入 4～20mA 或 0～5V 的直流变送器量，用于测量主变压器油温、装置所处环境的温、湿度等。

（2）非电量保护功能。

1）装置设有多路（如 30 路）非电量跳闸信号接口，均经大功率抗干扰继电器重动，可以实现变压器本体和调压设备的非电量保护。

2）装置提供闭锁调压、启动风冷和启动充氮灭火的输出触点，可以与变压器保护装置配合使用。

3）非电量输入经大功率抗干扰重动继电器重动，启动功率大于 5W，动作电压为额定直流电源电压的 55%～70%，具有抗 220V 工频电压干扰的能力。

（3）辅助功能。包括自检功能、装置直流掉电告警、非电量电源监视、硬件回路在线检测、事件记录（包括开入变位报告、自检报告和操作报告）等功能。

（4）对时功能。可支持多种对时方式，如 IRIG－B 码对时、IEC 61588 对时等。

（5）通信功能。包括 3 个过程层光纤以太网接口，支持 GOOSE 通信和 IEC 61588 对时，每个 GOOSE 接口拥有完全独立的 MAC；1 个调试接口，用于与辅助调试软件连接，以对装置进行测试和配置。

2.3.2.2　工作原理

变压器本体智能终端的工作原理较为简单，需要说明的主要是其非电量保护。

从变压器本体来的非电量信号经装置重启动后给出跳闸触点，同时装置也能记录非电量动作情况，并给出相应的信号灯指示。仅需发信的非电量信号通过强电开入采集上送，见图2－43；直接跳闸的非电量信号直接启动装置的跳闸继电器，见图2－44；需要延时跳闸的非电量信号，可经过定值整定的延时启动装置的跳闸继电器，见图2－45。

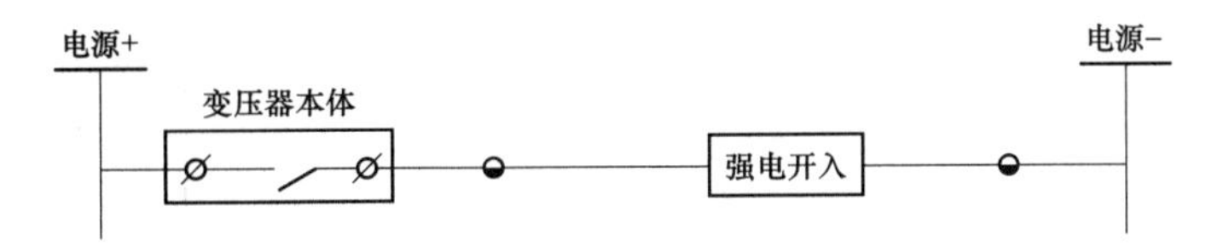

图2－43　仅需发信的非电量信号接线

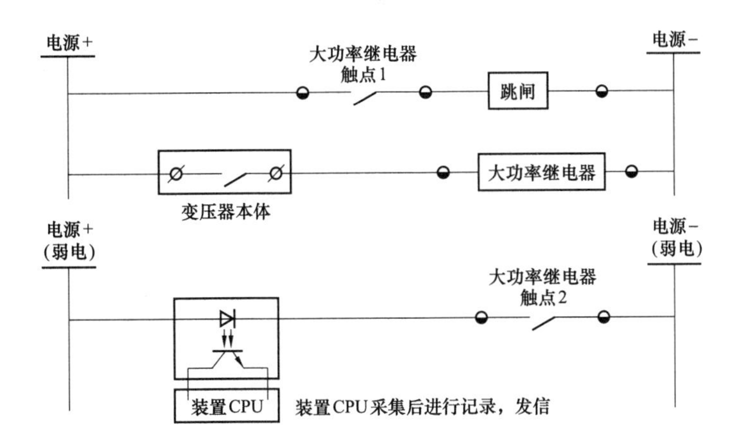

图2－44　需直接跳闸的非电量信号接线原理图

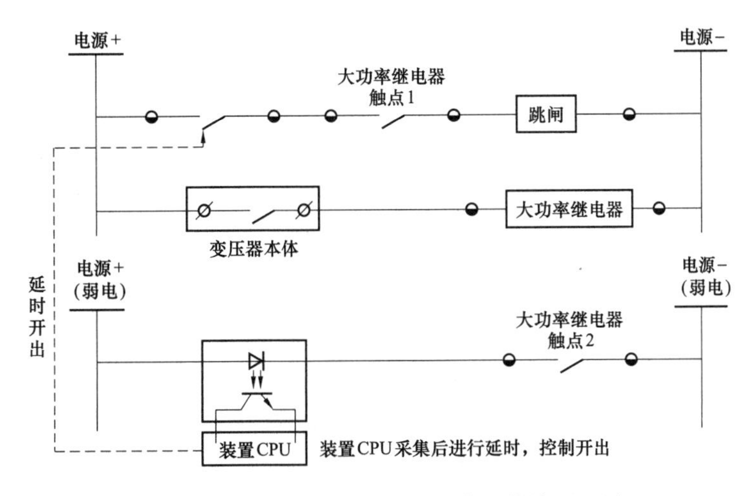

图2－45　需延时跳闸的非电量信号接线原理图

根据DL/T 572—1995《电力变压器运行规程》：强迫油循环风冷和强迫油循环水冷变压器，当冷却系统故障切除全部冷却器时，允许带额定负载运行20min。如20min后顶层油温尚未达到 75℃，则允许上升到 75℃，但在这种状态下运行的最长时间不得超过 1h。冷却器全停保护逻辑如图 2－46 所示。

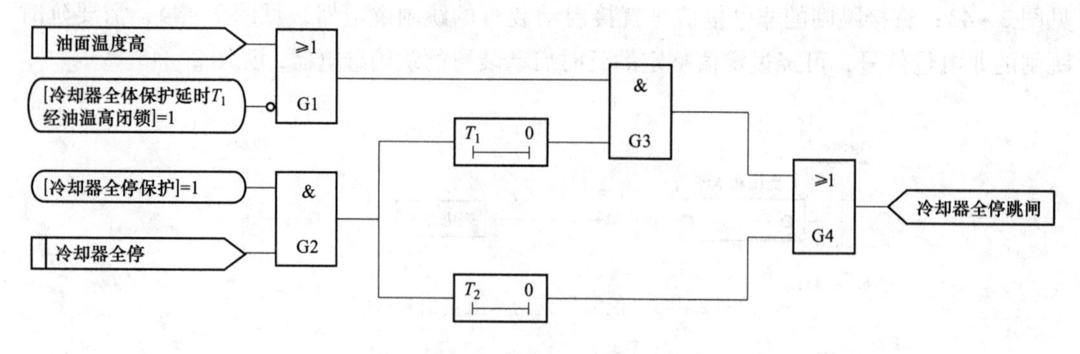

图 2－46　冷却器全停保护逻辑图

3

继电保护配置原则及技术要求

3.1 概　　述

3.1.1 继电保护及相关设备配置原则

（1）220kV 及以上电压等级的继电保护及与之相关的设备、网络等应按照双重化原则进行配置，双重化配置的继电保护应遵循以下要求：

1）每套完整、独立的保护装置应能处理可能发生的所有类型的故障。两套保护之间不应有任何电气联系，当一套保护异常或退出时不应影响另一套保护的运行。

2）两套保护的电流、电压采样值应分别取自相互独立的 MU。

3）双重化配置的 MU 应与电子式互感器两套独立的二次采样系统一一对应。

4）双重化配置保护使用的 GOOSE（SV）网络应遵循相互独立的原则，当一个网络异常或退出时不应影响另一个网络的运行。

5）两套保护的跳闸回路应与两个智能终端分别一一对应，两个智能终端应与断路器的两个跳闸线圈分别一一对应。

6）双重化的线路纵联保护应配置两套独立的通信设备（含复用光纤通道、独立纤芯、微波或载波通道及其加工设备等），两套通信设备应分别使用独立的电源。

7）双重化的两套保护及其相关设备（包括电子式互感器、MU、智能终端、网络设备、跳闸线圈等）的直流电源应一一对应。

8）双重化配置的保护应使用主后一体化的保护装置。

（2）保护装置、智能终端等智能电子设备间的相互启动、相互闭锁、位置状态等交换信息可通过 GOOSE 网络传输，双重化配置的保护之间不直接交换信息。

3.1.2 对继电保护装置的技术要求

（1）保护装置采样值采用点对点接入方式，采样同步应由保护装置实现，支持 GB/T

20840.8（IEC60044－8）或 DL/T 860.92（IEC 61850－9－2）协议，在工程应用时应能灵活配置。

（2）保护装置应同时支持 GOOSE 点对点和网络方式传输，传输协议遵循 DL/T 860.81（IEC 61850－8－1）。跳闸采用直接电缆跳闸或 GOOSE 点对点跳闸方式。

（3）保护装置采样值接口和 GOOSE 接口数量应满足工程的需要，母线保护、变压器保护在接口数量较多时可采用分布式方案。

（4）保护装置内部 MMS 接口、GOOSE 接口、SV 接口应采用相互独立的数据接口控制器接入网络。

（5）保护装置应具备 MMS 接口与站控层设备通信。保护装置的交流电流、交流电压及保护设备参数的显示、打印、整定应能支持一次值，上送信息应采用一次值。

（6）当采用电子式互感器时，保护装置应针对电子式互感器的特点优化相关保护算法，提高保护性能。

（7）保护装置应自动补偿电子式互感器的采样响应延时，当响应延时发生变化时，应闭锁采自不同 MU 且有采样同步要求的保护。保护装置的采样输入接口数据的采样频率宜为 4000Hz。

（8）保护装置应处理 MU 上送的数据品质位（无效、检修等），及时准确提供告警信息。在异常状态下，利用 MU 的信息合理地进行保护功能的退出和保留，瞬时闭锁可能误动的保护，延时告警，并在数据恢复正常之后尽快恢复被闭锁的保护功能，不闭锁与该异常采样数据无关的保护功能。接入两个及以上 MU 的保护装置应按 MU 设置“MU 投入”软压板。

（9）保护装置应采取措施，防止输入的双 A/D 数据之一异常时误动。

（10）除检修压板可采用硬压板外，保护装置应采用软压板，满足远方操作的要求。检修压板投入时，上送带品质位的信息，保护装置应有明显显示（面板指示灯和界面显示）。参数、配置文件仅在检修压板投入时才可下装，下装时应闭锁保护。

（11）保护装置应具备通信中断、异常等状态的检测和告警功能。

（12）保护装置的交流量信息应具备自描述功能，传输协议应符合 Q/GDW 441—2010《智能变电站继电保护技术规范》附录 A《支持通道可配置的扩展 IEC 60044－8 协议帧格式》。

（13）线路纵联保护、母线差动保护、变压器差动保护应适应常规互感器和电子式互感器混合使用的情况。

3.2 线路保护（110kV 及以上电压等级）

220kV 及以上电压等级 3/2 断路器接线的输电线路，每回线路配置 2 套包含有完整的主、后备保护功能的线路保护装置，线路保护中包含过电压保护和远跳就地判别功能。线路间隔 MU、智能终端均按双重化配置。具体配置方式如下（见图 3－1）：

（1）按照断路器配置的电流 MU 采用点对点方式接入各自对应的保护装置。

（2）出线配置的电压传感器对应两套双重化的线路电压 MU，线路电压 MU 单独接入线路保护装置。

（3）线路间隔内线路保护装置与合并单元之间采用点对点采样值传输方式，每套线路保护装置应能同时接入线路保护电压 MU、边断路器电流 MU、中断路器电流 MU 的输出，即至少三路 MU 接口。

（4）智能终端双重化配置，分别对应于两个跳闸线圈，具有分相跳闸功能，其合闸命令输出则并接至合闸线圈。

（5）线路间隔内，线路保护装置与智能终端之间采用点对点直接跳闸方式，由于 3/2 接线的每个线路保护对应两个断路器，因此每套保护装置应至少提供两路接口，分别接至两个断路器的智能终端。

（6）线路保护启动断路器失灵与重合闸采用 GOOSE 网络传输方式。合并单元提供给测控、录波器等设备的采样数据采用 SV 网络传输方式，SV 采样值网络与 GOOSE 网络应完全独立。

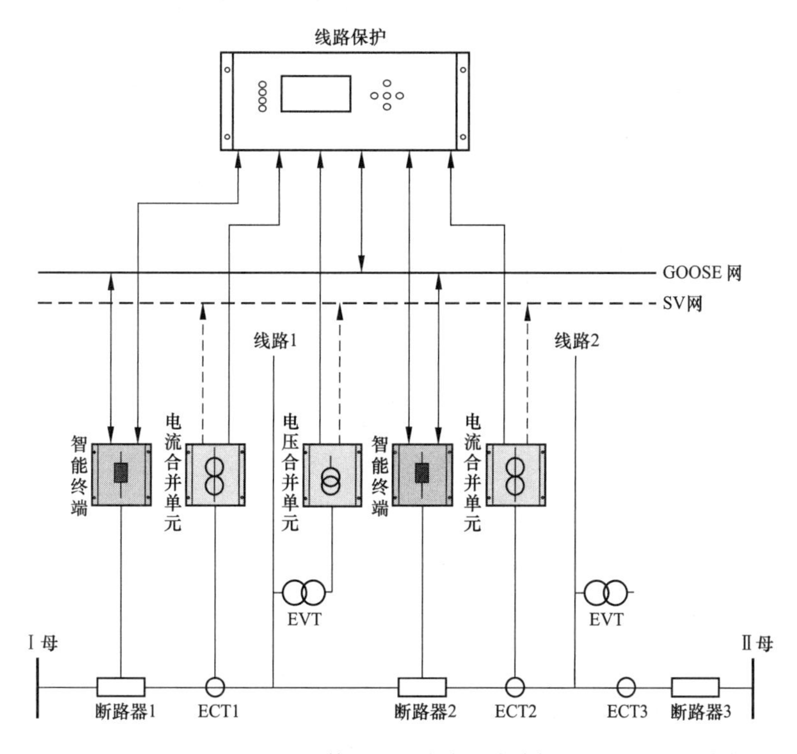

图 3－1　220kV 及以上电压等级 3/2 接线的线路保护配置（图示单套）

220kV 及以上电压等级双母线接线的输电线路，每回线路应配置 2 套包含有完整的主、后备保护功能的线路保护装置。合并单元、智能终端均应采用双套配置，保护推荐采用安装在线路上的 ECVT 获得电流、电压。用于检同期的母线电压由母线合并单元点对点通过间隔合并单元转接给各间隔保护装置。线路间隔内应采用保护装置与智能终端之间的点对点直接跳闸方式。保护应直接采样。跨间隔信息（启动母差失灵功能和母差保护动作远跳功能等）采用 GOOSE 网络传输方式。单套技术实施方案如图 3－2 所示。

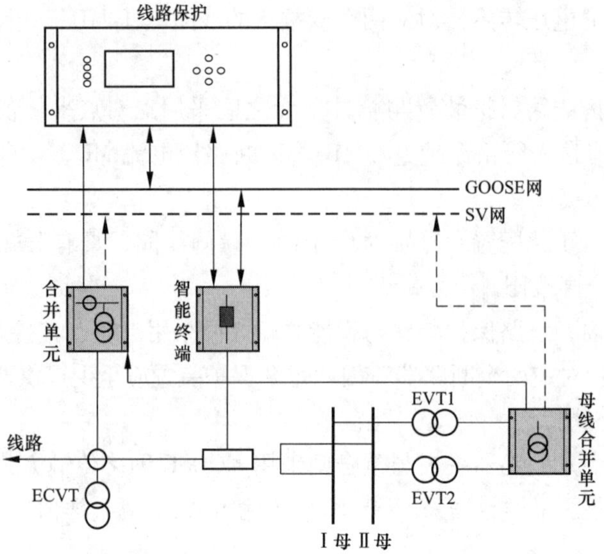

图 3－2　220kV 及以上电压等级双母线接线的线路保护配置（图示单套）

110kV 线路保护每回线路宜配置单套完整的主、后备保护功能的线路保护装置，如图 3－3 所示。合并单元、智能终端均采用单套配置。保护一般推荐采用安装在线路上的 ECVT 获得电流、电压。

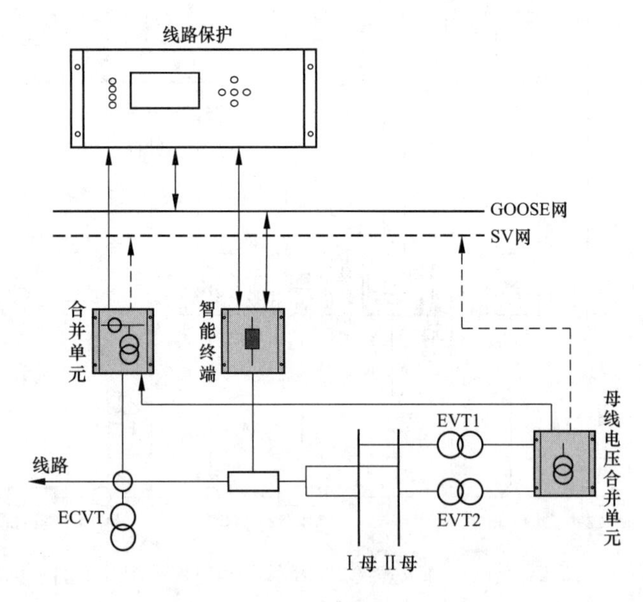

图 3－3　110kV 线路保护配置

3.3　变压器保护

220kV 及以上变压器电量保护按双重化配置，每套保护包含完整的主、后备保护功能；变压器各侧及公共绕组的 MU 均按双重化配置，中性点电流、间隙电流并入相应侧 MU。

110kV 变压器电量保护宜按双套配置，双套配置时应采用主、后备保护一体化配置；若主、后备保护分开配置，后备保护宜与测控装置一体化。变压器各侧 MU 按双套配置，中性点电流、间隙电流并入相应侧 MU。

变压器保护直接采样，直接跳各侧断路器；变压器保护跳母联、分段断路器及闭锁备用电源自动投入、启动失灵等可采用 GOOSE 网络传输。变压器保护可通过 GOOSE 网络接收失灵保护跳闸命令，并实现失灵跳变压器各侧断路器。

变压器非电量保护采用就地直接电缆跳闸，信息通过本体智能终端上送过程层 GOOSE 网。

变压器保护可采用分布式保护。分布式保护由主单元和若干个子单元组成，子单元不应跨电压等级。

以下给出高压侧为 3/2 接线、中压侧为双母线、低压侧为单母线接线的 500kV 变压器保护合并单元、智能终端配置和变压器保护配置方案示例，如图 3－4 和图 3－5 所示。

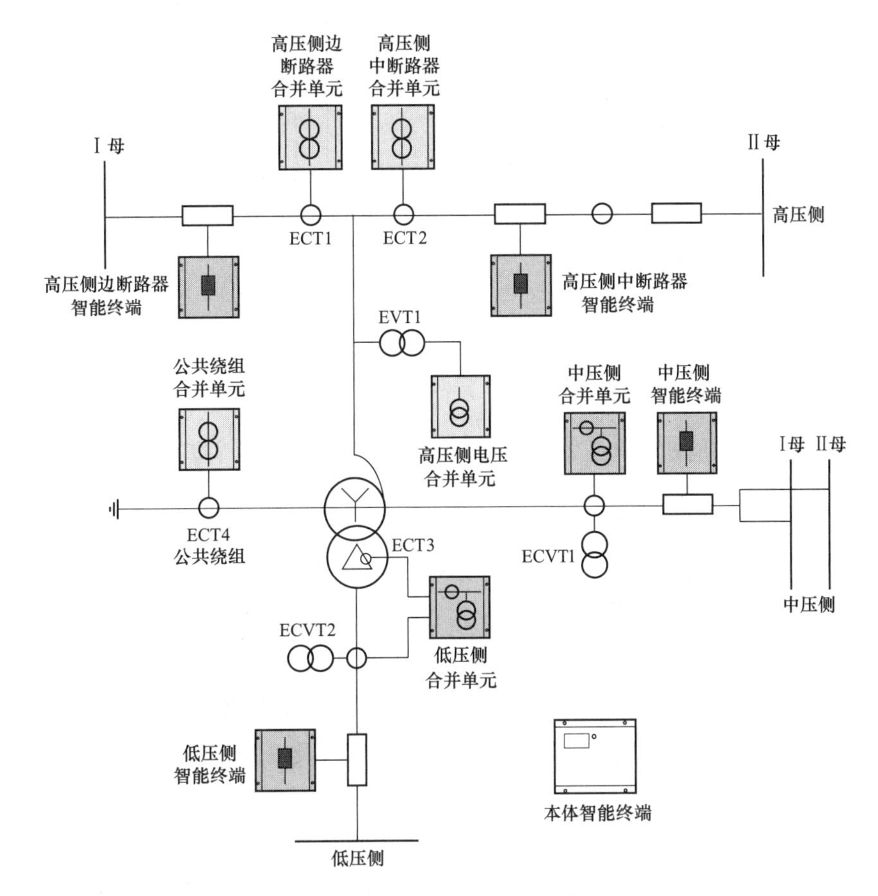

图 3－4　500kV 变压器保护合并单元、智能终端配置示例（图示单套）

每台主变压器配置 2 套含有完整主、后备保护功能的变压器电量保护装置。非电量保护就地布置，采用直接电缆跳闸方式，动作信息通过本体智能终端上 GOOSE 网，用于测控及故障录波。

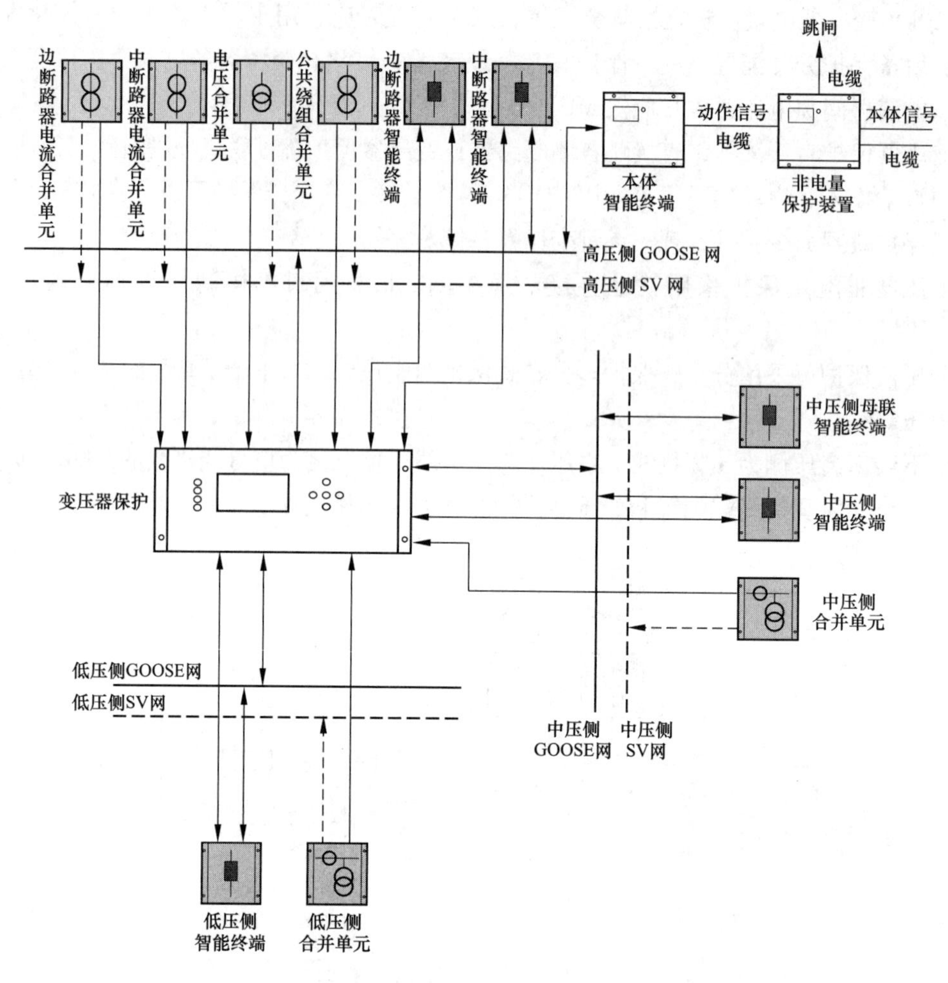

图 3－5　500kV 变压器保护配置方案示例（图示单套）

按照断路器配置的电流 MU 按照点对点方式接入对应的保护装置，3/2 接线侧的电流由两个电流 MU 分别接入保护装置；3/2 接线侧配置的电压传感器对应双重化的主变压器电压 MU，主变压器电压 MU 单独接入保护装置；双母线接线侧的电压、电流按照双母线接线形式继电保护实施方案考虑；单母线接线侧的电压和电流合并接入 MU，点对点接入保护装置；主变压器保护装置与主变压器各侧智能终端之间采用点对点直接跳闸方式；断路器失灵启动、解复压闭锁、启动变压器保护联跳各侧及变压器保护跳母联（分段）信号采用 GOOSE 网络传输。

对 110kV 变压器，当保护采用双套配置时，各侧合并单元和智能终端宜采用双套配置。变压器非电量保护应就地直接电缆跳闸，有关非电量保护延时均在就地实现，现场配置本体智能终端上传非电量动作报文和调挡及接地开关控制信息。图 3－6 给出 110kV 变压器保护采用双套主后一体化配置的方案。

分布式变压器保护相关技术可参考 3.4 节“母线保护”及 4.6 节“分布式母线保护实现技术”。

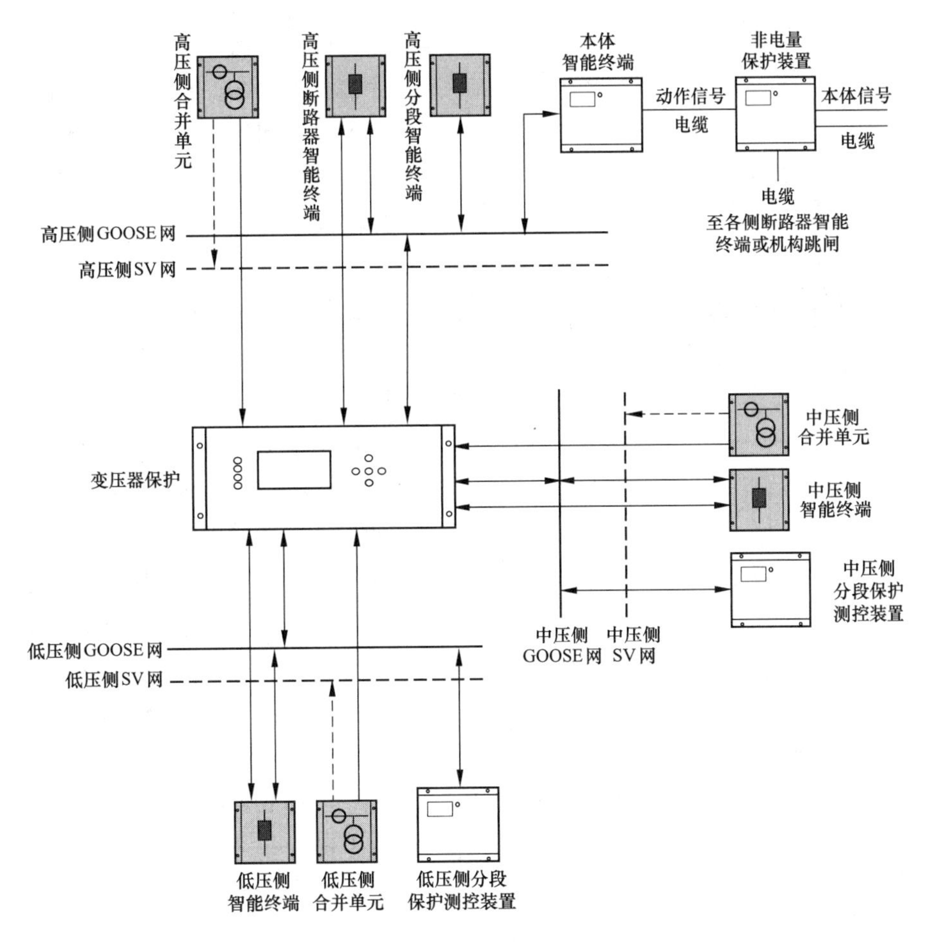

图3－6　110kV变压器保护双套主后一体化配置方案（图示单套）

3.4 母线保护

220kV及以上电压等级母线按双重化配置母线保护；110kV及以下电压等级母线配置单套母线保护。母线保护直接采样、直接跳闸，当接入组件数较多时，可采用分布式母线保护。分布式母线保护由主单元和若干个子单元组成，主单元实现保护功能，子单元执行采样、跳闸功能。各间隔合并单元、智能终端以点对点方式接入对应子单元。母线保护与其他保护之间的联闭锁信号［失灵启动、母联（分段）保护启动失灵、主变保护动作解除电压闭锁等］采用GOOSE网络传输。

3/2接线形式母线一般采用集中式母线保护装置，配置如图3－7所示。边断路器失灵经GOOSE网络传输，启动母差失灵功能。

单、双母线接线形式的母线，连接元件（间隔）较多时，可采用分布式母线保护。分布式母线保护由主单元和若干个子单元组成。子单元可按间隔配置，也可以多个间隔

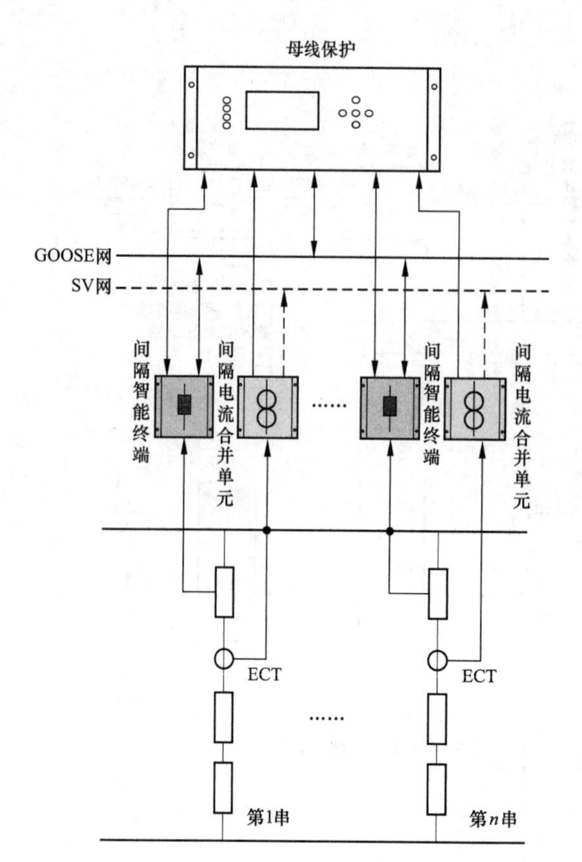

图 3－7　3/2 接线形式母线保护配置（图示单套）

共用一个子单元，前者称为全分布式，后者称为半分布式。对有 24 个连接元件的母线，若采用全分布式保护方案，需要 24 个子单元，每个子单元接入 1 个间隔的合并单元和智能终端；若每个子单元接入 8 个连接元件，则只需要 3 个子单元，这是一种半分布式方案，可称为 8×3 方案。全分布式方案各间隔独立性好，系统扩展方便，但主单元接口数量仍然较多，装置数量多，成本也较高。半分布式方案大大减少了对主单元接口数量的要求，装置总数量少，成本相对较低。但各间隔独立性稍差，单个子单元成本较高，系统扩展少量间隔时可能需要增加 1 个子单元，造成一定的资源浪费。图 3－8 给出了一个全分布式母线保护的配置示例。关于分布式保护的更多细节参见第 4 章第 4.6 节“分布式母线保护实现技术”。

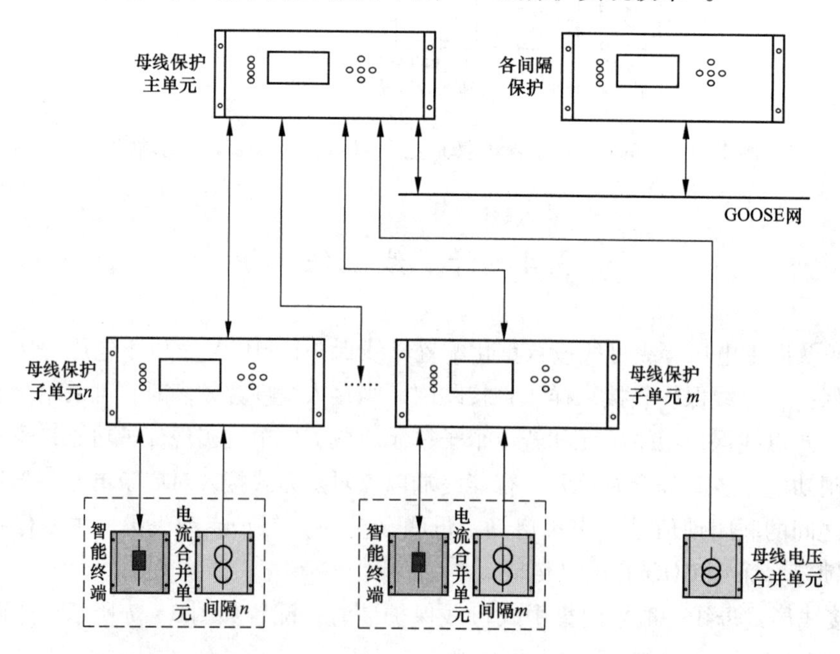

注：本图以各间隔独立配置子单元为例。

图 3－8　220kV 全分布式母线保护配置示例（图示单套）

3.5 高压并联电抗器保护

高压并联电抗器的电流采样采用独立的电子式电流互感器和 MU，跳闸需要断路器智能终端预留一个 GOOSE 接口。电抗器首、末端电流合并接入电流 MU，电流 MU 按照点对点方式接入保护装置；保护装置电压采用线路电压 MU 点对点接入方式；高压并联电抗器保护装置与智能终端之间采用点对点直接跳闸方式。高压并联电抗器保护启动断路器失灵、启动远跳信号采用 GOOSE 网络传输。

高压并联电抗器非电量保护就地布置采用直接跳闸方式，动作信息通过本体智能终端上 GOOSE 网，用于测控及故障录波。非电量保护动作信号通过相应断路器的两套智能终端发送 GOOSE 报文，实现远跳。配置示例如图 3 -9 所示。

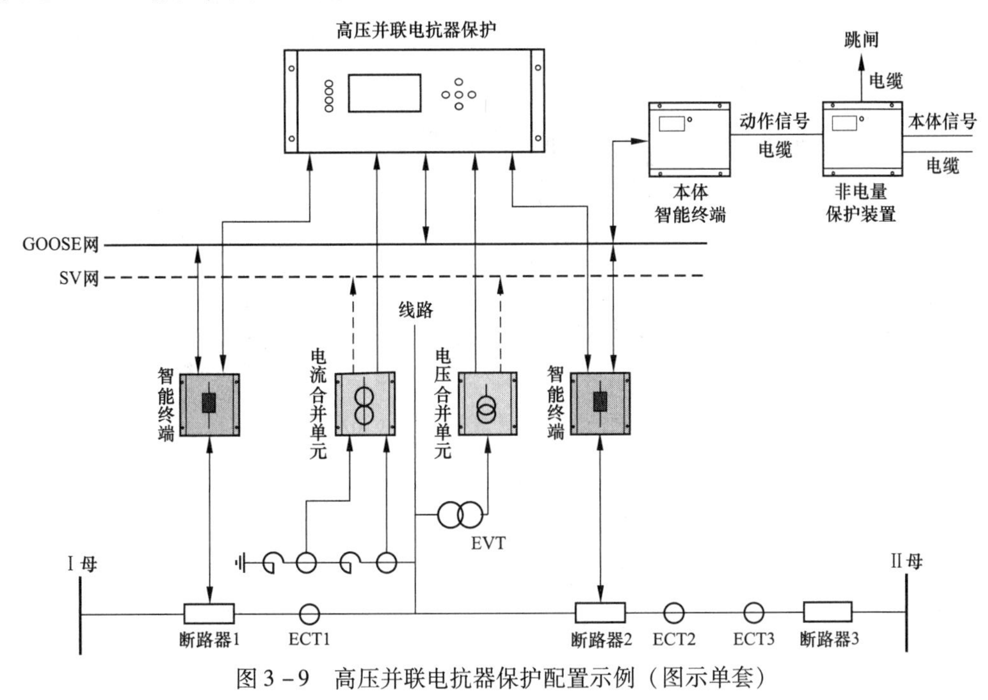

图 3 -9 高压并联电抗器保护配置示例（图示单套）

3.6 断 路 器 保 护

传统变电站按“六统一”要求，断路器保护为单套配置。智能变电站断路器保护按断路器双重化配置，主要目的在于保证双重化的过程层网络相互独立。具体的配置方式如下：

（1）当失灵或者重合闸需要用到线路电压时，边断路器保护需要接入线路 EVT 的 MU，中断路器保护任选一侧 EVT 的 MU。

（2）对于边断路器保护，当重合闸需要检同期功能时，采用母线电压 MU 接入相应间隔电压 MU 的方式接入母线电压，不考虑中断路器检同期。

（3）断路器保护装置与合并单元之间采用点对点采样值传输方式。

（4）断路器保护与本断路器智能终端之间采用点对点直接跳闸方式。

（5）断路器保护的失灵动作跳相邻断路器及远跳信号通过GOOSE网络传输，通过相邻断路器的智能终端、母线保护（边断路器失灵）及主变压器保护跳开关联的断路器，通过线路保护启动远跳。

边断路器保护配置示例如图3-10所示，中断路器保护配置示例如图3-11所示。

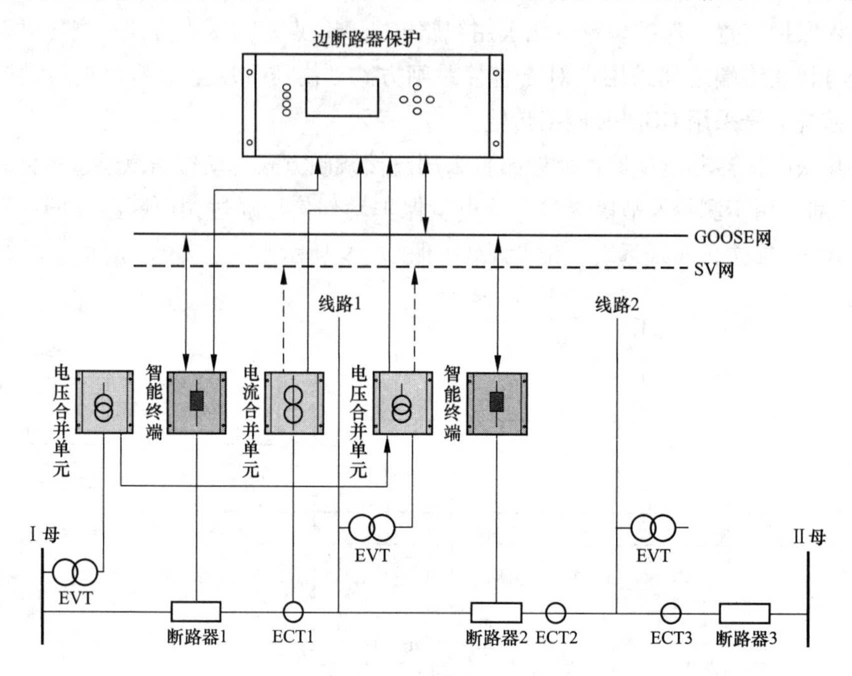

图3-10　边断路器保护配置示例（图示单套）

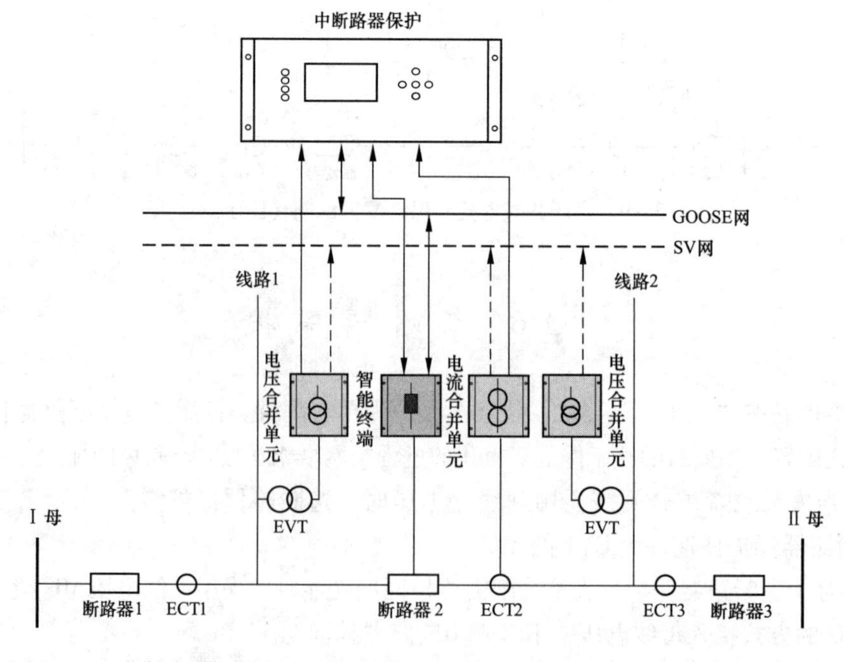

图3-11　中断路器保护配置示例（以接入线路1电压合并单元为例）（图示单套）

3.7 短引线保护

出线有隔离开关的3/2断路器主接线，其短引线保护功能可集成在边断路器保护装置中，也可单独配置。实际工程中短引线保护基本上还是单独配置。短引线保护配置示例如图3-12所示，图中边断路器电流MU、中断路器电流MU均需要接入短引线保护，隔离开关位置经由边断路器智能终端传给短引线保护装置。

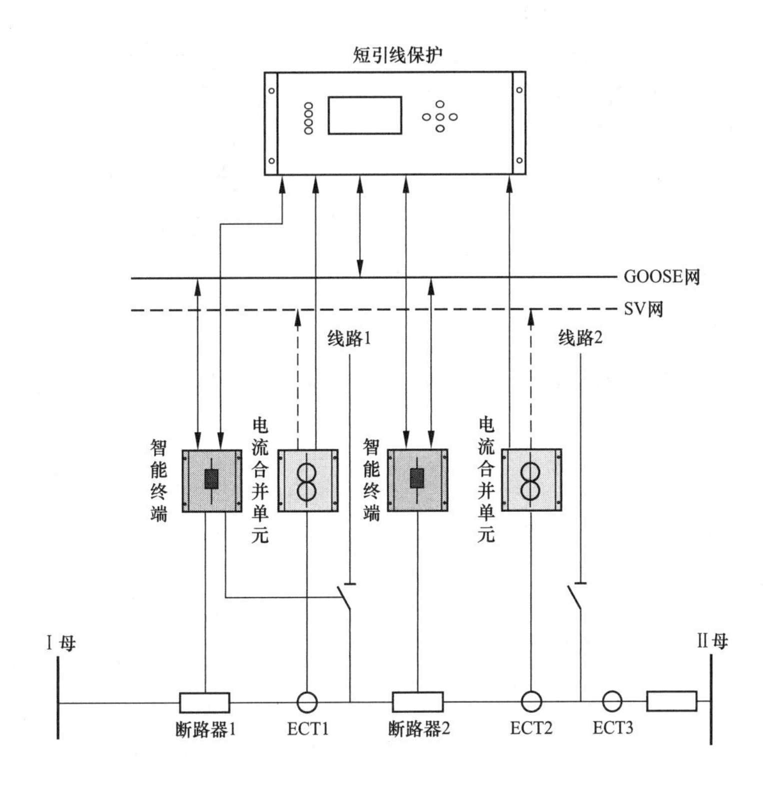

图3-12 短引线保护配置示例（图示单套）

3.8 母联（分段）保护

传统变电站按“六统一”要求，220kV及以上电压的母联（分段）保护为单套配置。智能变电站母联（分段）保护采用双重化配置，主要目的同断路器保护一样，在于保证双重化的过程层网络相互独立。

220kV母联（分段）保护配置如图3-13所示。

110kV分段保护按单套配置，宜采用保护、测控一体化。如图3-14所示，110kV分段保护跳闸采用点对点直跳，其他保护（主变压器保护）跳分段推荐点对点直跳，也可采用GOOSE网络方式。

35kV及以下电压等级的分段保护宜就地安装，保护、测控、智能终端、合并单元一体化，装置应提供GOOSE保护跳闸接口（主变压器跳分段），接入110kV过程层GOOSE网络。

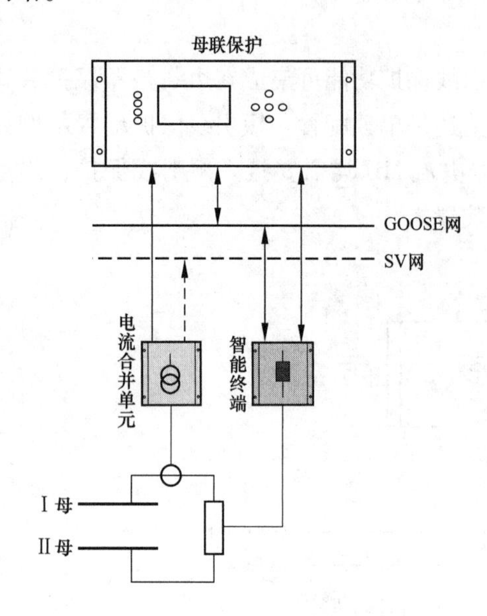

图3－13　220kV母联（分段）保护配置示例（图示单套）

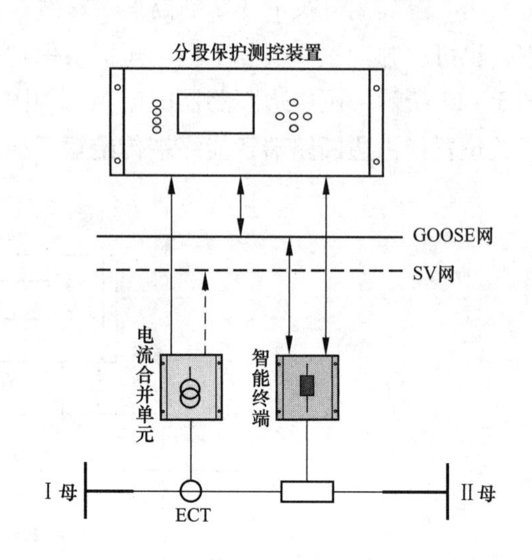

图3－14　110kV母联（分段）保护配置示例

3.9　中低压间隔保护

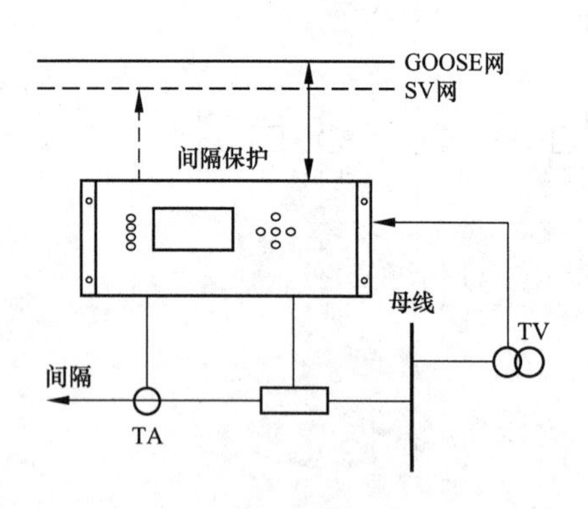

图3－15　66kV、35kV及以下电压等级间隔保护配置示例

66kV、35kV及以下电压等级间隔保护采用保护测控一体化设备，按间隔单套配置。当采用开关柜方式时，保护装置安装于开关柜内，不宜使用电子式互感器，宜使用常规互感器，电缆直接跳闸；当确有必要或已经使用电子式互感器时，每个间隔的保护、测控、智能终端、合并单元功能宜按间隔合并实现。跨间隔开关量信息交换可采用过程层GOOSE网络传输。

66kV、35kV及以下电压等级间隔保护配置如图3－15所示。

3.10　电压并列与电压切换

电压并列与电压切换是两个不同的功能。电压并列是指母线分段接线，两组母线TV的二次电压并列成一组，同时向两段母线上的二次设备提供电压信号。二次电压并列的前提是一次电压并列，即分段（或母联）断路器合闸后两组 TV 一次侧并列运行。两组 TV 一、二次并列以后，可以退出其中一个 TV，对其进行检修，此时两段母线上的二次设备由另一台 TV 提供电压信号。电压切换指双母线接线的线路、变压器等间隔的保护、测控、表计等，按照Ⅰ母、Ⅱ母隔离开关的位置接入相应母线上的 TV 电压，做到二次设备接入的 TV 电压与本间隔联通的母线一致。

3.10.1 电压并列

传统变电站的电压并列功能由继电器及二次接线完成，也可设计成电压并列装置。图 3－16 为传统站某型电压并列装置原理图。图中：1QS、2QS 分别为Ⅰ母、Ⅱ母 TV 隔离开关辅助触点；QF、1QSA、2QSA 分别为母联断路器及两侧隔离开关辅助触点；KM 为中间继电器；U_{I}、U_{II} 分别为Ⅰ母、Ⅱ母 TV 二次电压；U_{1YM}、U_{2YM} 为Ⅰ段、Ⅱ段二次电压小母线。

（1）1QS（2QS）动合触点闭合，1KM（2KM）动作，TV 二次电压接入小母线；

（2）1QS（2QS）动断触点闭合，1KM（2KM）复归，二次电压不会接入；

（3）当 QF、1QSA、2QSA 均在闭合位置时，QF、1QSA、2QSA 动合触点闭合，若手动控制开关 QK 在闭合状态，并列继电器 3KM 动作，Ⅰ段、Ⅱ段电压小母线并列；

（4）当 QF、1QSA、2QSA、QK 开关任意一个在断开位置时，小母线电压自动分列。

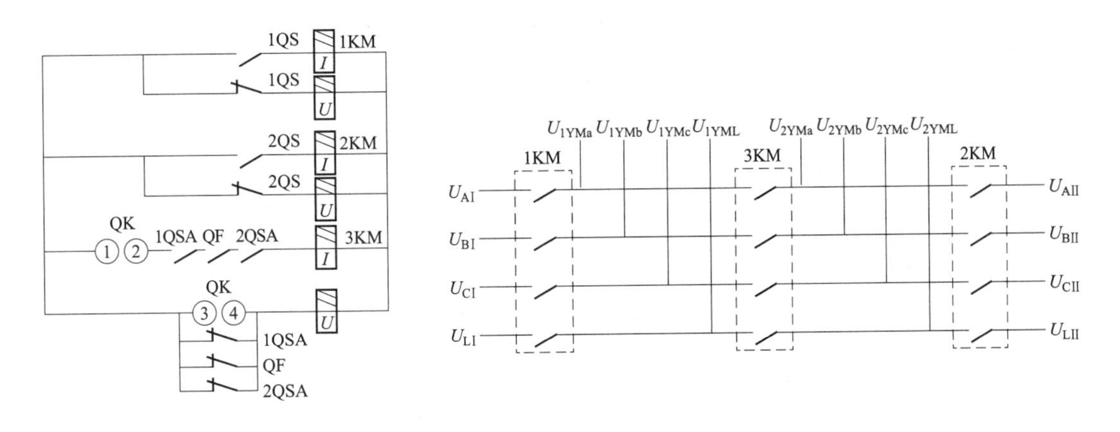

图 3－16 传统电压并列装置原理图

按 Q/GDW 441 的要求，智能变电站电压并列由母线电压合并单元来完成。母线电压合并单元可接收至少 2 组电压互感器数据，并支持向其他合并单元提供母线电压数据，根据需要提供电压并列功能。各间隔合并单元所需母线电压量通过母线电压合并单元转发。

1）3/2 接线，每段母线配置合并单元，母线电压由母线电压合并单元点对点通过线路电压合并单元转接；

2）双母线接线，两段母线按双重化配置两台合并单元。每台合并单元应具备 GOOSE 接口，接收智能终端传递的母线电压互感器隔离开关位置、母联隔离开关位置和断路器位置，用于电压并列；

3）双母单分段接线，按双重化配置两台母线电压合并单元，不考虑横向并列；

4）双母双分段接线，按双重化配置四台母线电压合并单元，不考虑横向并列；

5）用于检同期的母线电压，由母线合并单元点对点通过间隔合并单元转接给各间隔保护装置。

母线电压合并单元的电压并列逻辑与传统变电站基本相同。下面以单母分段接线为例介绍某型合并单元的电压并列逻辑。

两条母线配置一台电压合并单元，若保护双重化则配置两台电压合并单元。每台合并单元采集母线间母联（分段）位置以及两侧隔离开关位置、TV上的隔离开关位置，同时通过常规开入接入“母线强制”把手位置，根据这些位置信号来完成电压并列的功能。主接线如图3－17所示。

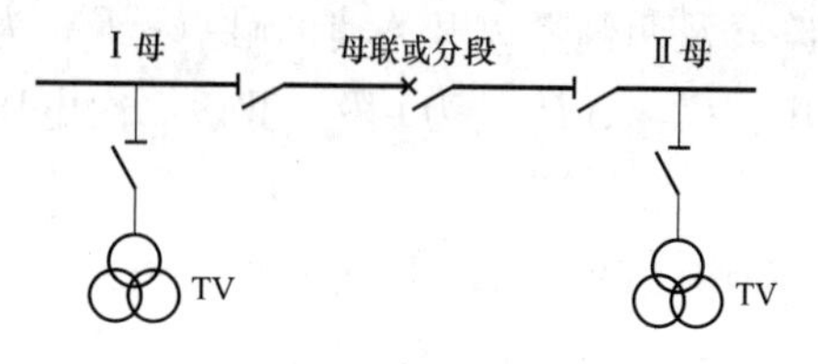

图3－17　电压并列功能示意图

母联（分段）位置信息采集可通过常规开入或GOOSE网络开入，当采用常规开入接入母联位置时，母联或分段两侧隔离开关可与母联或分段位置串接入开入，TV的隔离开关位置无需接入。而采用GOOSE网络开入母联或分段两侧隔离开关、TV的隔离开关位置必须接入。装置内部并列逻辑见表3－1。

表3－1　某型合并单元的单母线双分段电压并列逻辑

输入/输出量		GOOSE开入				常规开入			
输入	Ⅰ、Ⅱ母母联＆两侧隔离开关	1	1	1	1	1	1	1	1
	Ⅰ母TV隔离开关	X	1	X	1	X	X	X	X
	Ⅱ母TV隔离开关	1	X	1	X	X	X	X	X
	把手Ⅰ母退出强制Ⅱ母	1	0	0	0	1	0	0	0
	把手Ⅱ母退出强制Ⅰ母	0	1	0	0	0	1	0	0
	GOOSEⅠ母退出强制Ⅱ母	X	X	1	0	X	X	1	0
	GOOSEⅡ母退出强制Ⅰ母	X	X	0	1	X	X	0	1
输出	输出的Ⅰ母电压	Ⅱ母	Ⅰ母	Ⅱ母	Ⅰ母	Ⅱ母	Ⅰ母	Ⅱ母	Ⅰ母
	输出的Ⅱ母电压	Ⅱ母	Ⅰ母	Ⅱ母	Ⅰ母	Ⅱ母	Ⅰ母	Ⅱ母	Ⅰ母

除表3－1列出的情况外，合并单元输出的母线电压均对应一致输出，当打上强制把手，而对应的母联、隔离开关等位置不符合表3－1逻辑，装置均延迟产生“电压并列逻辑异常报警”。

3.10.2　电压切换

传统变电站电压切换功能有两种配置方式：一是做成电压切换模件，与线路保护装置组合在一起，多用于110kV及以下线路保护装置；二是与断路器操作箱组合在一起，或做成独立电压切换箱，与保护装置分开但配套使用，大多用于220kV及以上线路保护。某型号电压切换箱的原理接线如图3－18所示，切换回路由2组单位置继电器构成，由隔离开关的动合触点来控制切换继电器的动作与返回。正常运行时，若线路运行于Ⅰ母，则Ⅰ母隔离开关动合触点闭合、Ⅱ母隔离开关动合触点打开，Ⅰ母电压切换继电器（继电器1KM1～1KM7）动作，动合触点闭合，保护装置交流电压接Ⅰ母电压。线路若运行于Ⅱ母，则Ⅱ母电压切换继电器2KM1～2KM7动作，保护装置交流电压接Ⅱ母电压。

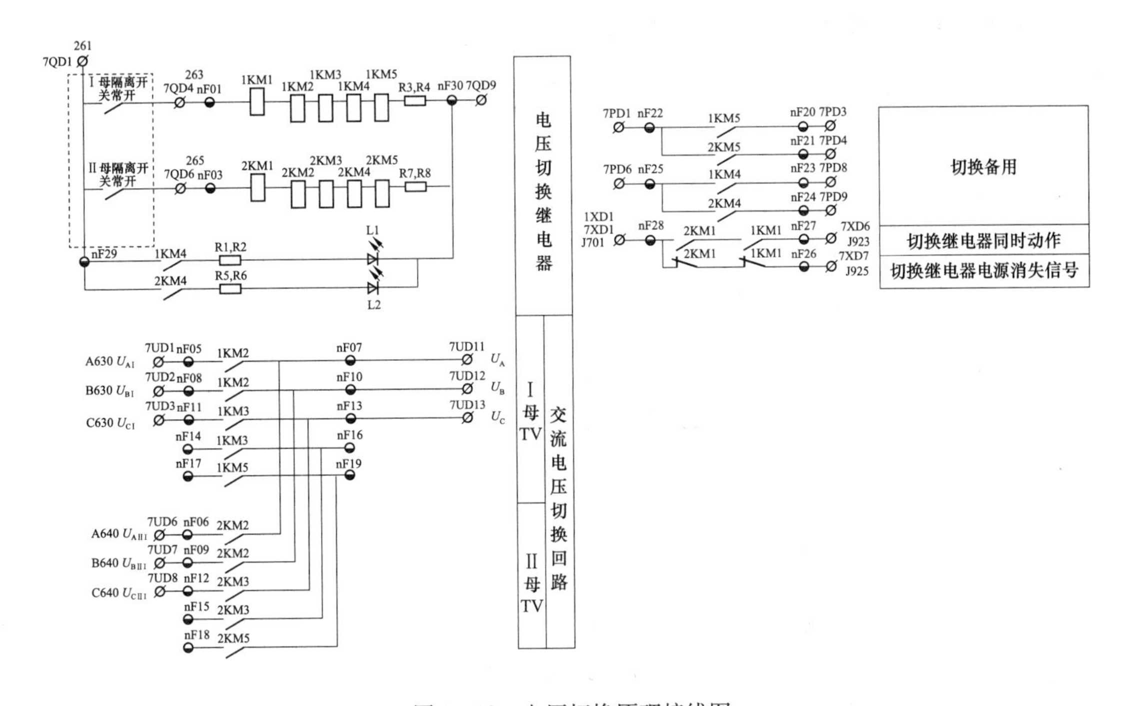

图3－18　电压切换原理接线图

当Ⅰ母、Ⅱ母隔离开关同时闭合，两组母线电压将并列，装置发“切换继电器同时动作”信号；若Ⅰ母、Ⅱ母隔离开关同时断开，装置发“切换继电器电源消失”信号，该信号同时表示TV失去电压。

智能变电站双母线电压切换可由保护装置完成，也可由间隔合并单元完成，两种方式各有优缺点。由保护装置实现电压切换，优点是简化间隔MU的功能，减轻了其负担；缺点是要求其他接入该MU的二次设备如测控、计量设备等也都要具备电压切换功能，为完成该功能，这些设备需要接入两个母线隔离开关的位置信号，增加了复杂性。由间隔MU统一实现电压切换功能，优缺点与前一种方式刚好相反。由于间隔MU为保护、自动化、计量等装置共用，考虑实施的方便性，工程中多采用后一种方式。【注：国家电网公司企业标准Q/GDW 441—2010《智能变电站继电保护技术规范》中要求采用第1种方式；后发布的《智能变电站继电保护通用技术条件》中要求采用第2种方式。】

按后一种方式，某型间隔合并单元同时接入两段母线电压，通过GOOSE插件或开入插件采集线路隔离刀闸位置，并通过开入插件采集一个切换把手的位置。该切换把手有三个位置："强制Ⅰ母电压"、"强制Ⅱ母电压"、"自动切换"。当切换把手置于"自动切换"位置时，MU根据两个母线隔离开关的位置自动进行电压切换，将切换后的电压发送给保护、测控、计量等二次设备使用，切换逻辑与传统站继电器切换回路功能基本相同。当把手置于"强制Ⅰ（Ⅱ）母电压"时，MU固定输出Ⅰ（Ⅱ）母电压，而不管两个隔离开关的位置。具体逻辑见表3-2。

表3-2　某型合并单元电压切换逻辑

强制切换把手位置	Ⅰ母隔离开关位置	Ⅱ母隔离开关位置	GOOSE接收状态	切换电压	报警状态
强制Ⅰ母电压	X	X	正常	Ⅰ母电压	无
强制Ⅱ母电压	X	X	正常	Ⅱ母电压	无
自动切换	合入	断开	正常	Ⅰ母电压	无
自动切换	断开	合入	正常	Ⅱ母电压	无
自动切换	合入	合入	正常	Ⅰ母或Ⅱ母电压	TV并列报警
自动切换	断开	断开	正常	电压数值为零，数据有效	TV断线报警
自动切换	X	X	断开	保持前一电压	GOOSE断链报警

注　X表示无论合入或断开信号。

3.10.3　MU的配置与级联

各种主接线形式母线的MU配置及其与间隔MU的级联是智能变电站二次系统的难点之一，本节将详细梳理各种配置与级联情况，供读者参考。

3.10.3.1　单母单分段接线

保护单套配置时，母线电压互感器、母线电压MU、间隔MU的配置与连接方式如图3-19所示；保护双重化配置时，如图3-20所示。

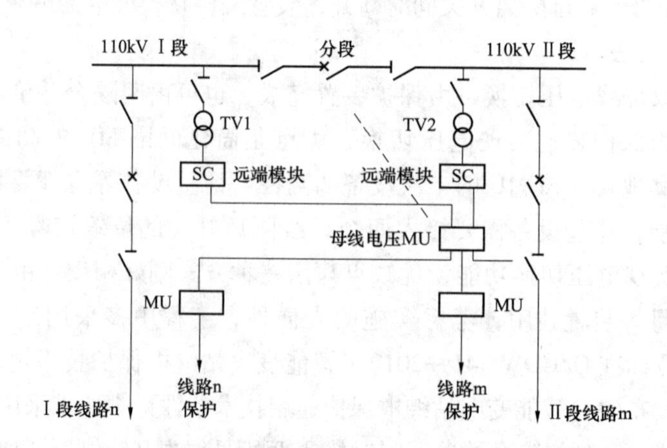

图3-19　单母单分段接线MU的配置与连接方式示意图（保护单套配置）

3.10.3.2　双母线及双母线双分段接线

保护单套配置时，母线电压互感器、母线电压 MU、间隔 MU 的配置与连接方式如图 3－21 所示；保护双重化配置时，如图 3－22 所示。

双母线双分段接线不考虑电压横向并列，可将四段母线看作由两个分段开关隔离开的两组双母线接线，每组双母线接线的电子式互感器与 MU 配置、电压并列逻辑及电压切换逻辑与双母线接线相同。

3.10.3.3　双母线单分段接线

保护单套配置时，母线电压互感器、母线电压 MU、间隔 MU 的配置与连接方式如图 3－23 所示；保护双重化配置时，如图 3－24 所示。

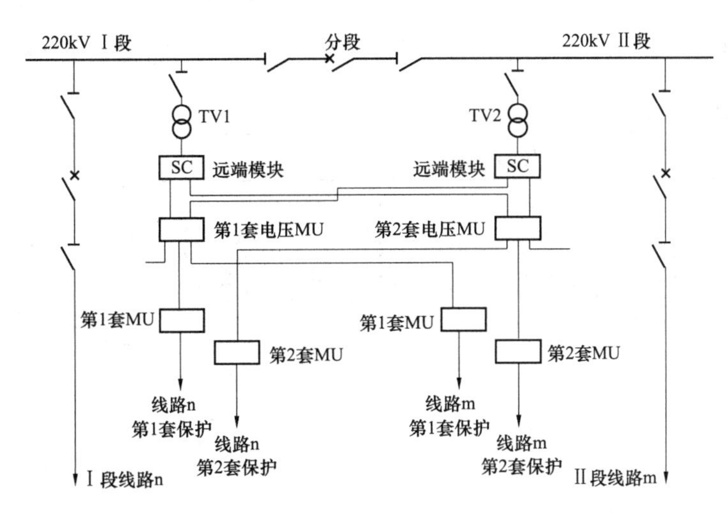

图 3－20　单母单分段接线 MU 的配置与连接方式示意图（保护双重化配置）

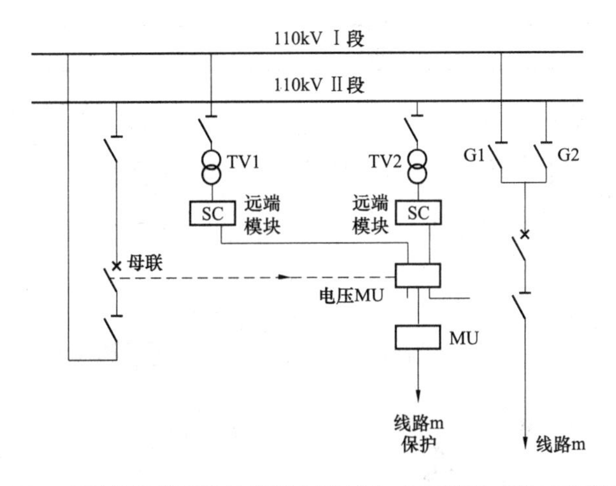

图 3－21　双母线接线 MU 的配置与连接方式示意图（保护单套配置）

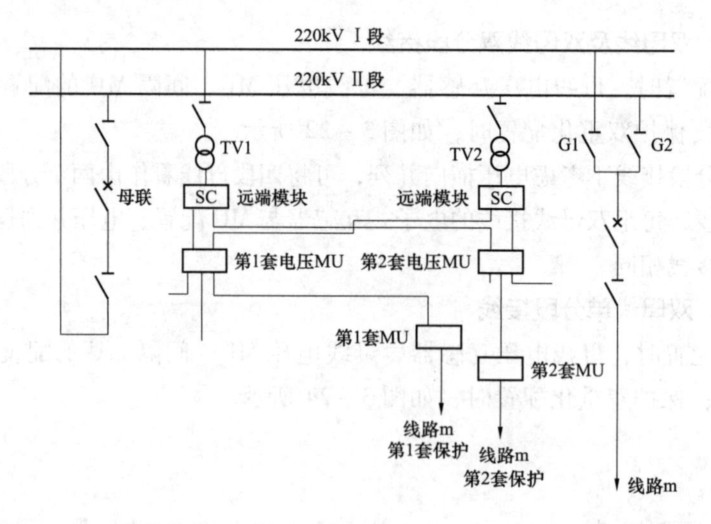

图3－22　双母线接线MU的配置与连接方式示意图（保护双重化配置）

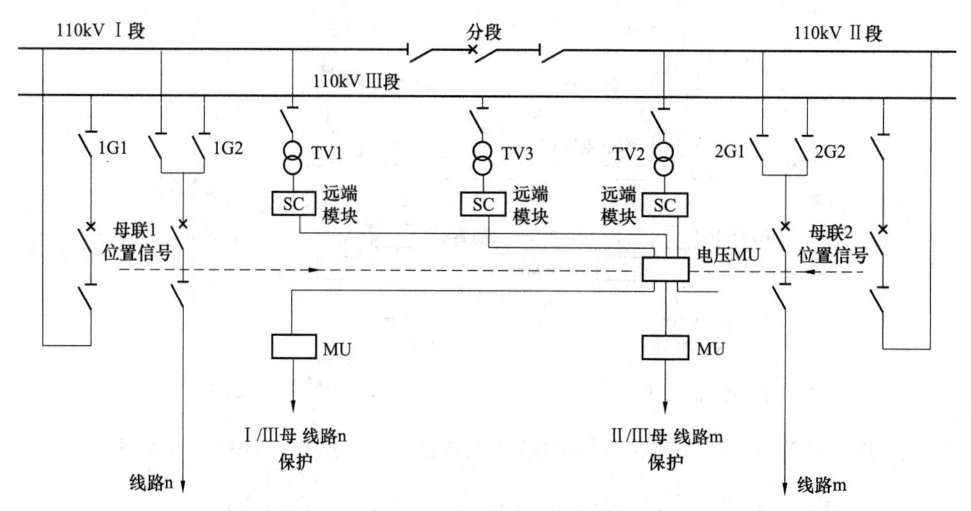

图3－23　双母线单分段接线MU的配置与连接方式示意图（保护单套配置）

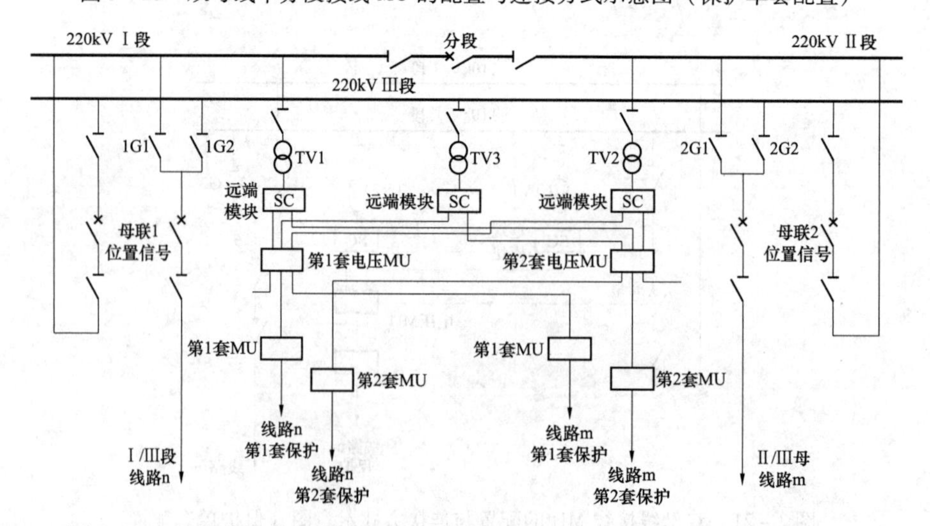

图3－24　双母线单分段接线MU的配置与连接方式示意图（保护双重化配置）

3.10.3.4 单母线三分段接线

保护单套配置时，母线电压互感器、母线电压 MU、间隔 MU 的配置与连接方式如图 3－25 所示；保护双重化配置时，如图 3－26 所示。

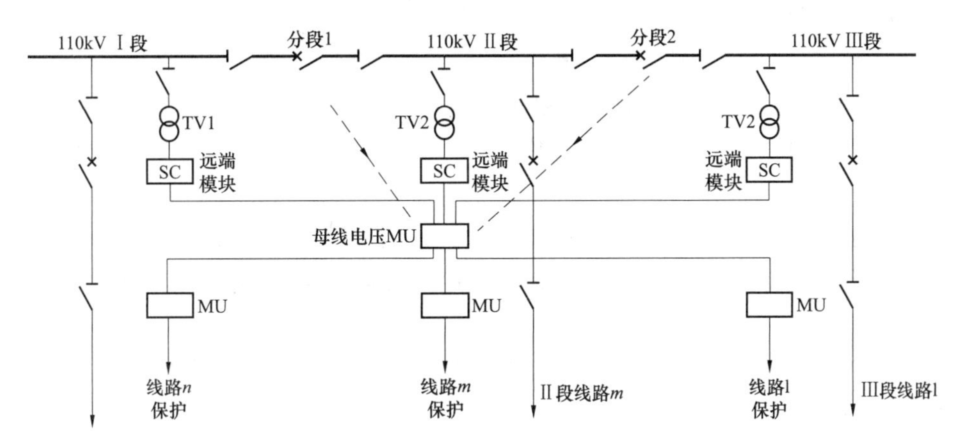

图 3－25 单母线三分段接线 MU 的配置与连接方式示意图（保护单套配置）

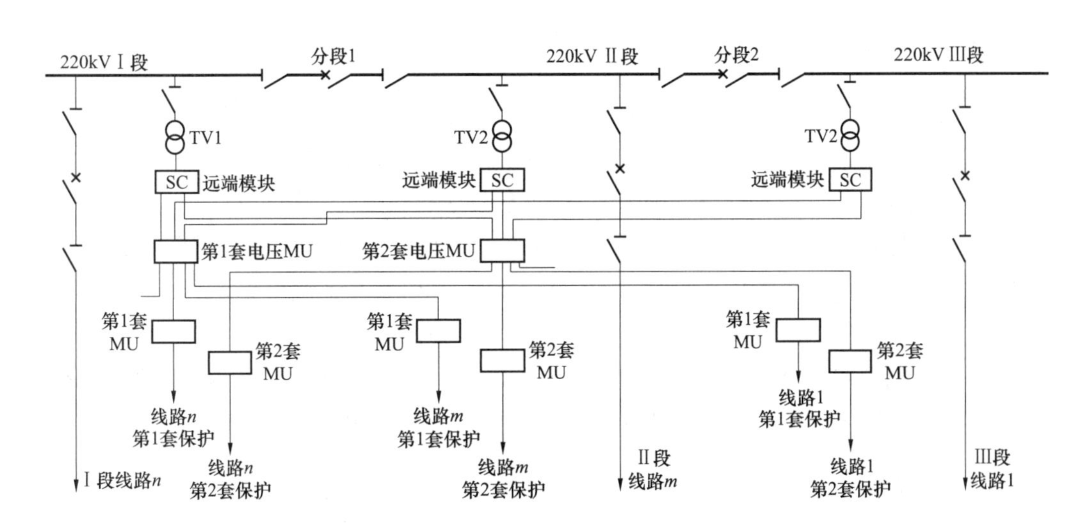

图 3－26 单母线三分段接线 MU 的配置与连接方式示意图（保护双重化配置）

3.11 保护及自动化系统组网方式

保护装置与自动化系统的站控层组网通常采用单星形或双星形结构，按 IEC61850 标准采用 MMS 协议；变电站过程层网络与保护功能和性能密切相关，应给予特别关注。

3.11.1 总体要求

110kV 及以上电压等级的过程层 SV 网络、过程层 GOOSE 网络、站控层 MMS 网络应完全独立，继电保护装置接入不同网络时，应采用相互独立的数据接口控制器。站控层网络结构应满足继电保护信息传送安全可靠的要求，宜采用双网星或单星形结构。继电保护设备与本间隔智能终端之间通信应采用 GOOSE 点对点通信方式；继电保护之间的联闭锁信息、失灵启动等信息宜采用 GOOSE 网络传输。电子式互感器、MU、保护装置、智能终端、过程层网络交换机等设备之间应采用光纤连接，正常运行时，应有实时监测设备状态及光纤连接状态的措施。

网络交换机的 VLAN 划分应采用最优路径方法结合逻辑功能划分。传输各种帧长数据时，交换机固有延时应小于 10μs。保护信息处理系统应满足二次系统安全防护要求。

网络交换机采用工业级或以上等级产品；使用无风扇型，采用直流工作电源；满足变电站电磁兼容的要求；支持端口速率限制和广播风暴限制；提供完善的异常告警功能，包括失电告警、端口异常等。

根据变电站间隔数量合理分配交换机数量，每台交换机保留适量的备用端口；任两台智能电子设备之间的数据传输路由不应超过 4 个交换机。当采用级联方式时，不应丢失数据。

3.11.2 过程层网络要求

（1）过程层 SV 网络、过程层 GOOSE 网络、站控层网络应完全独立配置。

（2）过程层 SV 网络、过程层 GOOSE 网络宜按电压等级分别组网。变压器保护接入不同电压等级的过程层 GOOSE 网时，应采用相互独立的数据接口控制器。

（3）继电保护装置采用双重化配置时，对应的过程层网络亦应双重化配置，第一套保护接入 A 网，第二套保护接入 B 网。110kV 过程层网络宜按双网配置。

（4）任两台智能电子设备之间的数据传输路由不应超过 4 个交换机。

（5）根据间隔数量合理配置过程层交换机，对 3/2 接线形式，交换机宜按串设置。每台交换机的光纤接入数量不宜超过 16 对，并配备适量的备用端口。

3.11.3 光纤（光缆）要求

智能变电站内除纵联保护通道外，应采用多模光纤，采用无金属、阻燃、防鼠咬的光缆。双重化的两套保护应采用两根独立的光缆。光缆应留有足够的备用芯。光缆不宜与动力电缆同沟（槽）敷设。

3.11.4 智能变电站继电保护系统配置示例

本节的最后给出一个 220kV 智能变电站继电保护系统示意图（见图 3－27），作为一个集中示例。更多详细内容参见第 8 章“智能变电站继电保护工程应用实例”。

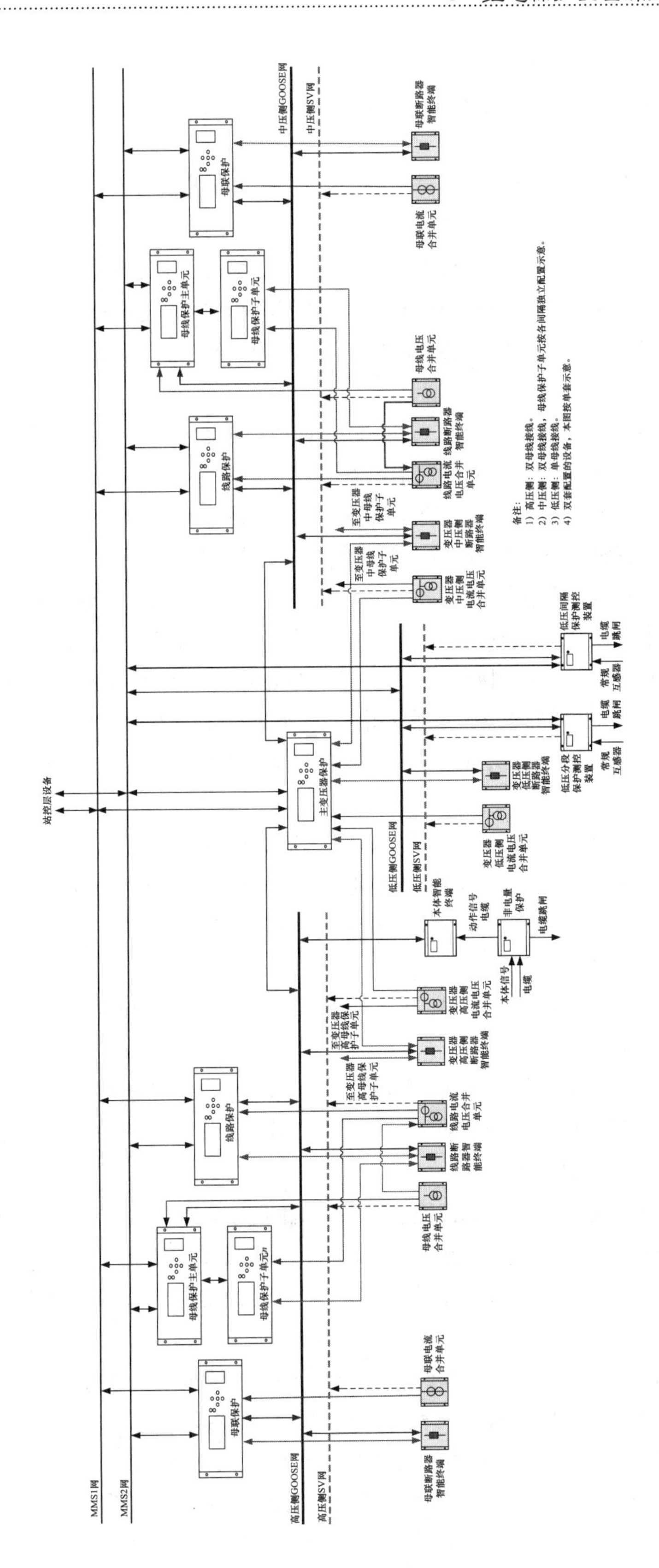

图3－27 220kV智能变电站继电保护系统示意图

3.12 基于SV/GOOSE虚端子的工程设计方法

传统变电站二次保护系统设计和实施的过程是：设备制造商设计和定义装置的端子，再根据设计院的图纸将相关的端子引到屏柜的端子排，并根据需要在端子排和装置之间加入压板；设计院设计各个屏柜的端子排之间的二次电缆连线；施工单位根据设计院的设计图纸进行屏柜间接线；调试单位根据图纸对相关接线和应用功能进行测试和检查。经过多年传统二次设计的实践，特定功能的装置需要引出的端子和需要设置的压板等已经逐渐确定并形成设计规范。

智能变电站数字化保护设备通过光纤网络传送状态量输入信号和跳、合闸命令等信息，二次电缆的设计和连接工作变成了通信组态和配置文件下载的工作，传统二次系统的设计和实施方式发生了很大的变化。一方面传统的二次回路被光纤网络的信息流代替，状态开入、开出及出口逻辑等不像传统站那样直观，装置间的配合关系也难以表达。另一方面，由于保护原理没有因为采用网络而改变，对于每台装置而言，其SV/GOOSE输入/输出与传统端子排仍然存在对应关系，如果装置功能描述文件（ICD）相当于装置，那么数据集可以认为是屏上的端子排。例如：GOOSE输出数据对应传统装置的开关量输出端子，GOOSE输入数据对应传统装置的开关量输入端子。为此，设计人员发明了基于智能装置SV/GOOSE“虚端子”的设计方法，即在ICD文件中预定义逻辑节点，该逻辑节点中的数据或数据属性与外部输入对应。

该方法能够将基于网络传输的SV/GOOSE数字信号以虚端子的形式一一表达，使得设计、施工、调试以及运行维护人员能够直观地阅读智能装置的开入、开出以及出口逻辑等；在设计阶段能够成功解决保护SV/GOOSE配合难以表达的问题，实现按图施工，大大提高了施工、调试的效率。

（1）虚端子。将智能装置的逻辑输入1～i分别定义为虚端子IN1～INi，输出逻辑1～j分别定义为虚端子OUT1～OUTj。

虚端子除了标注该虚端子信号的中文名称外，还标注信号在智能装置中的内部数据属性。智能装置的虚端子设计需要结合变电站的主接线形式，完整体现与其他装置联系的全部信息，并留出适量的备用虚端子。

（2）虚端子之间的逻辑连线。以智能装置的虚端子为基础，根据继电保护原理，将各智能装置SV/GOOSE配置以连线的形式加以表示，虚端子逻辑连线1～k分别定义为LL1～LLk。虚端子逻辑连线可以直观地反映不同智能装置之间SV/GOOSE联系的全貌，供保护专业人员参阅。

（3）SV/GOOSE配置表。SV/GOOSE配置表以虚端子逻辑连线为基础，根据逻辑连线，将智能装置间SV/GOOSE配置以列表的方式加以整理再现。

SV/GOOSE配置表由虚端子逻辑连线及其对应的起点、终点组成。其中逻辑连线由逻辑连线编号LLk和逻辑连线名称共2项内容组成；逻辑连线起点包括起点的智能装置名称、虚端子OUTj、虚端子的内部数据属性共3项内容；逻辑连线终点包括终点的智能装置名称、虚端子 INi、虚端子的内部属性 3 项内容。

SV/GOOSE 配置表对所有虚端子逻辑连线的相关信息系统化地加以整理，作为图纸依据。在具体工程设计中，首先根据智能装置的开发原理，设计智能装置的虚端子；其次结合继电保护原理，在虚端子的基础上设计完成虚端子逻辑连线；最后按照逻辑连线，设计完成 SV/GOOSE 配置表。

引入虚端子的概念后，二次设备厂家可以根据传统设计规范设计并提供其装置的 SV/GOOSE 输入/输出虚端子定义；设计院根据该定义设计 SV/GOOSE 连线，以表格等形式提供；工程集成商通过 SV/GOOSE 组态工具和设计院的设计文件，组态形成项目的变电站配置描述文件（SCD）；二次设备厂家使用装置配置工具和全站统一的 SCD 文件，提取 SV/GOOSE 收发的配置信息并下发到装置；调试人员进行测试。

作为示例，表 3－3 和表 3－4 给出了一个实际工程中 220kV 线路保护（B 套）的 SV 虚端子表和 GOOSE 虚端子表。

表 3-3　　实例 220kV 线路保护（B 套）SV 虚端子表

序号	信息			信息发布装置			信息订阅装置		
	信息编号	信息名称	信息传输	装置名称（IED 编号）	虚端子号	数据集属性	装置名称（IED 编号）	虚端子号	数据集属性
1	ML2201B-PL2201B-S01	通道延时	点对点	线路 1 合并单元 B（ML2201B）	SVOUT01	MUI. LLN0. DelayTRtg	线路 1 保护装置 B（PL2201B）	SVIN-01	SVLD1/SVINGGIO1 $ MX $ SAVSO1
2	ML2201B-PL2201B-S02	母线 A 相电压 AD1	点对点	线路 1 合并单元 B（ML2201B）	SVOUT11	MUI. TVTR1. Vol1［MX］	线路 1 保护装置 B（PL2201B）	SVIN-02	SVLD1/SVINUATVTR1 $ MX $ Vol
3	ML2201B-PL2201B-S03	母线 B 相电压 AD1	点对点	线路 1 合并单元 B（ML2201B）	SVOUT13	MUI. TVTR2. Vol1［MX］	线路 1 保护装置 B（PL2201B）	SVIN-03	SVLD1/SVINUBTVTR1 $ MX $ Vol
4	ML2201B-PL2201B-S04	母线 C 相电压 AD1	点对点	线路 1 合并单元 B（ML2201B）	SVOUT15	MUI. TVTR3. Vol1［MX］	线路 1 保护装置 B（PL2201B）	SVIN-04	SVLD1/SVINUCTVTR1 $ MX $ Vol
5	ML2201B-PL2201B-S05	线路 A 相电压 AD1	点对点	线路 1 合并单元 B（ML2201B）	SVOUT17	MUI. TVTR10. Vol1［MX］	线路 1 保护装置 B（PL2201B）	SVIN-05	SVLD1/SVINUXTVTR1 $ MX $ Vol
6	ML2201B-PL2201B-S06	A 相保护电流 AD1	点对点	线路 1 合并单元 B（ML2201B）	SVIN01	MUI. TVTR7. Vol1［MX］	线路 1 保护装置 B（PL2201B）	SVIN-06	SVLD1/SVINPA1TCTR1 $ MX $ Amp
7	ML2201B-PL2201B-S07	B 相保护电流 AD1	点对点	线路 1 合并单元 B（ML2201B）	SVIN03	MUI. TVTR8. Vol1［MX］	线路 1 保护装置 B（PL2201B）	SVIN-07	SVLD1/SVINPB1TCTR1 $ MX $ Amp
8	ML2201B-PL2201B-S08	C 相保护电流 AD1	点对点	线路 1 合并单元 B（ML2201B）	SVIN05	MUI. TVTR9. Vol1［MX］	线路 1 保护装置 B（PL2201B）	SVIN-08	SVLD1/SVINPC1TCTR1 $ MX $ Amp
9	ML2201B-PL2201B-S09	A 相保护电流 AD2	点对点	线路 1 合并单元 B（ML2201B）	SVIN02	MUI. TVTR7. Vol2［MX］	线路 1 保护装置 B（PL2201B）	SVIN-09	SVLD1/SVINPA1TCTR1 $ MX $ AmpChB
10	ML2201B-PL2201B-S10	B 相保护电流 AD2	点对点	线路 1 合并单元 B（ML2201B）	SVIN04	MUI. TVTR8. Vol2［MX］	线路 1 保护装置 B（PL2201B）	SVIN-10	SVLD1/SVINPB1TCTR1 $ MX $ AmpChB
11	ML2201B-PL2201B-S11	C 相保护电流 AD2	点对点	线路 1 合并单元 B（ML2201B）	SVIN06	MUI. TVTR9. Vol2［MX］	线路 1 保护装置 B（PL2201B）	SVIN-11	SVLD1/SVINPC1TCTR1 $ MX $ AmpChB

表3-4 实例220kV线路保护（B套）GOOSE虚端子表

序号	信息			信息发布装置				信息订阅装置			
	信息编号	信息名称	信息传输	装置名称（IED编号）	虚端子号	数据集属性	软压板编号	装置名称（IED编号）	虚端子号	数据集属性	软压板编号
1	IL2201B－PL2201B－G01	断路器A相跳闸位置	点对点	线路1智能终端B（IL2201B）	OUT002	RPIT/Q0AXCBR1. Pos. stVal		线路1保护装置B（PL2201B）	GOOSEIN－01	PI1/GOINGGIO1 $ ST $ DPCSO1 $ stVal	
2	IL2201B－PL2201B－G02	断路器B相跳闸位置	点对点	线路1智能终端B（IL2201B）	OUT003	RPIT/Q0BXCBR1. Pos. stVal		线路1保护装置B（PL2201B）	GOOSEIN－02	PI1/GOINGGIO1 $ ST $ DPCSO2 $ stVal	
3	IL2201B－PL2201B－G03	断路器C相跳闸位置	点对点	线路1智能终端B（IL2201B）	OUT004	RPIT/Q0CXCBR1. Pos. stVal		线路1保护装置B（PL2201B）	GOOSEIN－03	PI1/GOINGGIO1 $ ST $ DPCSO3 $ stVal	
4	PB2812B－PL2201B－G01	线路1远方跳闸	GOOSE B网	220kV母线保护装置B（PB2812B）	GOOSE4OUT－01	PI_PROT/BusPTRC6 $ ST $ Tr $ general	GOYB－W31－02	线路1保护装置B（PL2201B）	GOOSEIN－17	PI1/GOINGGIO3 $ ST $ SPCSO7 $ stVal	
5	PB2812B－PL2201B－G02	线路1远方跳闸	GOOSE B网	220kV母线保护装置B（PB2812B）	GOOSE4OUT－01	PI_PROT/BusPTRC6 $ ST $ Tr $ general	GOYB－W31－02	线路1保护装置B（PL2201B）	GOOSEIN－08	PI1/GOINGGIO2 $ ST $ SPCSO5 $ stVal	
6	PL2201B－IL2201B－G01	A相跳闸	点对点	线路1保护装置B（PL2201B）	GOOSEOUT－01	PI1/Break1PTRC1 $ ST $ Tr $ phsA	GOYB－01	线路1智能终端B（IL2201B）	IN001	RPIT/GOINGGIO1. SPCSO1. stVal	
7	PL2201B－IL2201B－G02	B相跳闸	点对点	线路1保护装置B（PL2201B）	GOOSEOUT－02	PI1/Break1PTRC1 $ ST $ Tr $ phsB	GOYB－02	线路1智能终端B（IL2201B）	IN005	RPIT/GOINGGIO1. SPCSO5. stVal	
8	PL2201B－IL2201B－G03	C相跳闸	点对点	线路1保护装置B（PL2201B）	GOOSEOUT－03	PI1/Break1PTRC1 $ ST $ Tr $ phsC	GOYB－03	线路1智能终端B（IL2201B）	IN009	RPIT/GOINGGIO1. SPCSO9. stVal	
9	PL2201B－IL2201B－G04	闭锁第一套保护重合闸	点对点	线路1保护装置B（PL2201B）	GOOSEOUT－05	PI1/Break1PTRC1 $ ST $ BlkRecST $ stVal	GOYB－04	线路1智能终端B（IL2201B）	IN048	RPIT/GOINGGIO2. SPCSO3. stVal	
10	PL2201B－PB2812B－G01	线路1保护B启动A相失灵	GOOSE B网	线路1保护装置B（PL2201B）	GOOSEOUT－07	PI1/Break1PTRC1 $ ST $ StrBF $ phsA	GOYB－05	220kV母线保护装置B（PB2812B）	GOOSE4IN－04	PI_PROT/GOINGGIO8 $ ST $ SPCSO2 $ stVal	

续表

序号	信息			信息发布装置				信息订阅装置			
	信息编号	信息名称	信息传输	装置名称（IED 编号）	虚端子号	数据集属性	软压板编号	装置名称（IED 编号）	虚端子号	数据集属性	软压板编号
11	PL2201B－PB2812B－G02	线路 1 保护 B 启动 B 相失灵	GOOSE B 网	线路 1 保护装置 B（PL2201B）	GOOSEOUT－08	PI1/Break1PTRC1 $ ST $ StrBF $ phsB	GOYB－06	220kV 母线保护装置 B（PB2812B）	GOOSE4IN－05	PI_PROT/GOINGGIO8 $ ST $ SPCSO3 $ stVal	
12	PL2201B－PB2812B－G03	线路 1 保护 B 启动 C 相失灵	GOOSE B 网	线路 1 保护装置 B（PL2201B）	GOOSEOUT－09	PI1/Break1PTRC1 $ ST $ StrBF $ phsC	GOYB－07	220kV 母线保护装置 B（PB2812B）	GOOSE4IN－06	PI_PROT/GOINGGIO8 $ ST $ SPCSO4 $ stVal	
13	PL2201B－RF2212B－G01	A 相跳闸	GOOSE B 网	线路 1 保护装置 B（PL2201B）	GOOSEOUT－01	PI1/Break1PTRC1 $ ST $ Tr $ phsA		220kV 故障录波装置 B（RF2212B）	GOOSEIN01	GOLD/GOINGGIO1. SPCSO1. stVal	
14	PL2201B－RF2212B－G02	B 相跳闸	GOOSE B 网	线路 1 保护装置 B（PL2201B）	GOOSEOUT－02	PI1/Break1PTRC1 $ ST $ Tr $ phsB		220kV 故障录波装置 B（RF2212B）	GOOSEIN02	GOLD/GOINGGIO1. SPCSO2. stVal	
15	PL2201B－RF2212B－G03	C 相跳闸	GOOSE B 网	线路 1 保护装置 B（PL2201B）	GOOSEOUT－03	PI1/Break1PTRC1 $ ST $ Tr $ phsC		220kV 故障录波装置 B（RF2212B）	GOOSEIN03	GOLD/GOINGGIO1. SPCSO3. stVal	
16	PL2201B－RF2212B－G04	保护收远跳	GOOSE B 网	线路 1 保护装置 B（PL2201B）	GOOSEOUT－10	PI1/RemTr2PSCH1 $ ST $ ProRx $ stVal		220kV 故障录波装置 B（RF2212B）	GOOSEIN08	GOLD/GOINGGIO1. SPCSO8. stVal	
17	PL2201B－RF2212B－G05	保护通道告警	GOOSE B 网	线路 1 保护装置 B（PL2201B）	GOOSEOUT－11	PI1/GGIO4 $ ST $ Alm1 $ stVal		220kV 故障录波装置 B（RF2212B）	GOOSEIN09	GOLD/GOINGGIO1. SPCSO9. stVal	

4

智能变电站继电保护实现技术

4.1 保护装置总体设计

4.1.1 装置设计要求与平台化设计思想

智能变电站数字化保护装置电气量采样值通过 SV 接口输入，开关量输入/输出通过 GOOSE 接口实现，装置通信口的数量要求比常规保护大大增加。GOOSE、SV 接口多为以太网光纤口或电口，SV 接口也可能采用同步串行光纤口。以太网接口需要独立接口控制器（独立 MAC）和协议解析软件，对装置软硬件的要求较高。大量光纤接口采用发光器件，热效应累加结果不可忽视，散热不好可能造成装置过热，影响正常运行和使用寿命。

数字化保护装置光耦开入接口、继电器输出接口比常规保护有所减少，但仍然需要。实际工程中还存在电子式互感器和传统互感器混合输入的需求。新设计保护装置应能满足模拟式开入插件和开出插件、交流输入插件与数字化通信接口（GOOSE、SV）插件的多种组合与混搭。

各种不同类型的保护，如线路保护、母线保护、变压器保护的功能配置不同，接口数量不同，插件配置要求不同，新设计的保护装置应易于扩展出系列化产品，适应多种应用需求。

Q/GDW 441—2010《智能变电站继电保护技术规范》要求，保护装置的功能实现应不依赖于外部对时系统。为满足此要求，保护装置需要采取相应的硬软件措施做采样数据的同步。实际中，有些工程不要求保护功能实现独立于外部对时系统，这样的保护装置需要设计可靠的对时接口。

总体来看，智能变电站对保护装置的功能要求更高，装置的设计比常规保护更复杂。为满足上述要求，最可行的方法是采用通用平台化设计。平台采用模块化设计、积木式结构，输入/输出插件可灵活配置，并具备可扩展性，以满足不同的接口需求。平台处理能力应满足大数据量、高实时性、复杂数字计算、支持以太网通信的要求。通用平台设计既包括硬件，也包括软件，软件平台配合硬件体系，配套工具软件配合嵌入式软件。

目前国内主流二次设备厂商在数字化保护设计中均已采用了上述设计思想。下面简要介绍一种符合上述设计思路的保护装置的体系结构。

4.1.2 装置总体架构——平台化设计方案

数字化保护装置通用平台架构如图 4－1 所示，该平台结构上分层，功能上分块。结构上按硬件、支撑软件、保护应用软件进行分层；每层功能又划分为相对独立的不同模块。可通过不同的插件、软件功能模块的组合，构建出多种不同类型的保护装置。这种结构实现了各层功能之间的解耦。保护应用与硬件配置通过支撑软件隔离，支撑程序提供统一编程接口，保护应用与支撑程序独立。平台结构清晰，扩展性好，适应性强。

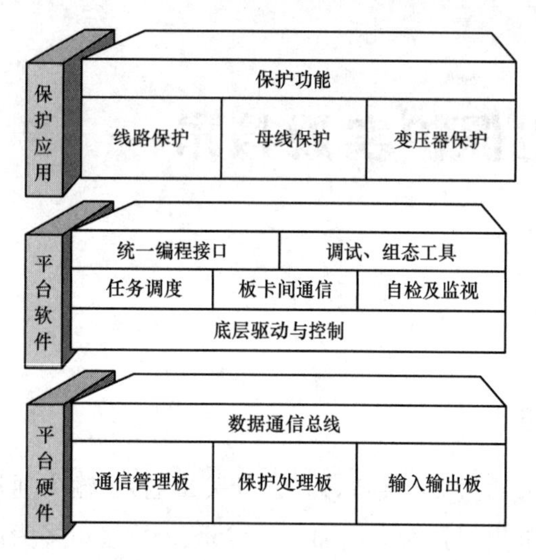

图 4－1 数字化保护装置通用平台架构

平台通过配置不同的板卡插件即可实现各种类型的保护装置，如图 4－2 所示。装置可以方便地实现传统互感器采样、电子式互感器采样、光耦开入、继电器输出、GOOSE 插件任意混合模式。电子式互感器可支持 IEC61850－9－2 接口，也支持 IEC60044－8 串行接口。IEC61850－9－2 接口支持组网和点对点方式。GOOSE 接口和 SV 接口的数量可灵活配置，大量扩充。

图 4－3 所示为平台支撑软件的结构。平台支撑软件的设计思路是通过支撑软件来保证应用与硬件解耦。各种保护装置采用统一的支撑程序，包括录波、事件记录、显示打印、通信功能、定值管理程序等。目的是要达到硬件板卡的升级或扩充不会带来应用软件的变更，同时各种保护装置风格统一、操作方式统一。

平台支撑软件包括板级支持包、支撑系统程序及通用功能三部分。板级支持包包括各种外设驱动、中断管理等功能；支撑系统程序包括任务调度及管理，定值管理，系统监视，板卡间数据通信、调试下载等；通用功能包括事件记录、故障录波、人机界面、通信、（网络）打印、定值管理。

平台提供一套配置调试工具软件，可完成装置调试、研发测试、IEC 61850 模型配置等功能，包括：

（1）可视化后台调试工具。离线在线整定定值，查看、召回波形及历史事件，实时刷新突发事件。

（2）可视化研发调试工具。支持基于变量名的全景数据调试，支持程序在线升级、文件下装和上召。

（3）可视化装置功能组态配置工具。自动获取装置信息，可视化配置装置 IEC61850

模型，并自动检查装置信息与模型信息的一致性。

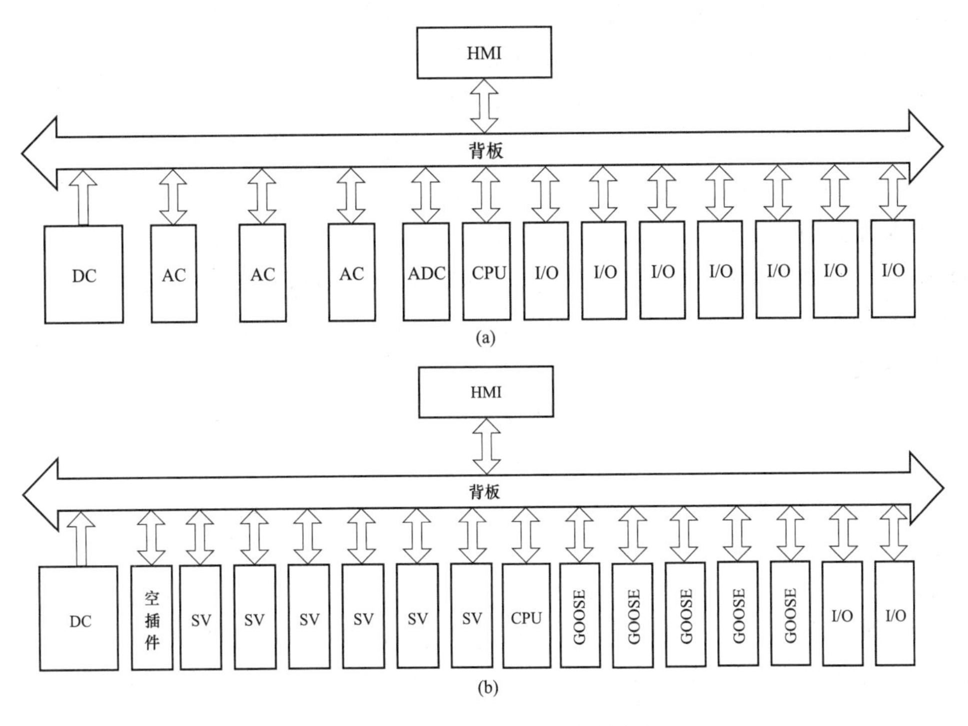

图 4－2　数字化保护装置硬件结构

（a）传统互感器采样、光耦开入、继电器输出；（b）SV、GOOSE 接口输入、输出

DC—电源插件；AC—交流量输入插件；ADC—模/数转换插件；CPU—中央处理插件；

I/O—开关量输入/输出插件；SV—采样值输入接口插件；GOOSE—GOOSE 接口插件

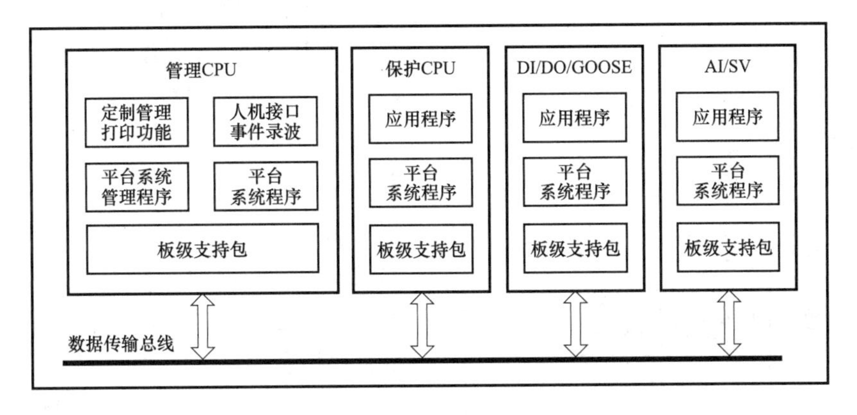

图 4－3　数字化保护装置平台支撑软件结构

4.1.3　装置核心结构

4.1.3.1　硬件结构

装置的核心是一块 CPU 和一块 DSP（数字信号处理器）。CPU 负责总启动、人机界面及后台通信功能，只有总启动组件动作才能开放出口继电器正电源。DSP 负责保护功能，

在每个采样间隔时间内对所有保护算法和逻辑进行实时计算。CPU 和 DSP 同时发出开出命令装置才会出口，使得装置具有很高的固有可靠性及安全性。ADC 芯片选用 8 通道并行同步采样 16 位高精度 ADC。CPU 与 DSP 的数据采样系统在电路上完全独立。

CPU 芯片采用 Freescale 公司的带协处理器功能的高性能 PowerPC（MPC8321），系统主频 333MHz，片外 RAM 使用 DDR2 内存（DDR2 时钟为 266MHz），同时支持 3 个具备独立 MAC 的 100Mbit/s 以太网接口。

DSP 芯片采用 ADI 公司的高性能浮点 DSP（ADSP21469），系统主频 400MHz，内置 5Mbit SRAM，片外 RAM 使用 DDR2 内存（DDR2 时钟为 200MHz）。

采用高性能处理器保证了平台处理能力满足大数据量、复杂数字计算的要求，并方便支持以太网通信。

图 4-4 所示为数字化保护装置的核心结构。为提供足够的实时处理能力，装置采用了基于多个 FPGA 的高速多通道同步串行数据硬实时交换技术。其中主 CPU 板为主处理单元。SV 板、GOOSE 板又称 CPU 子板。SV 板、GOOSE 板与主 CPU 板之间的数据传输物理层信号基于帧同步信号$\overline{\mathrm{FRMSYNC}}$、时钟信号 SCLK 和数据信号 D0（SPORTs 串行口）来实现，这 3 个信号共同构成高速同步串行接口的一个基本的单向数据信道。通过两组互为收发的数据通道的组合，形成了全双工的高速串行同步接口模块。每块 SV 板或 GOOSE 板可以扩展多个数据通道与主 CPU 板交换数据。同时，系统由主 CPU 板产生总的系统中断信号$\overline{\mathrm{INT}}$，用于同步所有板卡的运行。图 4-4 中各个 CPU 板上所适用的 CPU 芯片一般为带并行总线接口的通用 CPU 系列，可以是常规的嵌入式 CPU、通用的数字信号处理器（DSP）或是微控制器（MCU）。本节所述交换技术的核心主要通过各个板卡 FPGA 芯片上的标准 IP 核（Intellectual Property core，知识产权核）来实现。IP 核是一段具有特定电路功能的硬件描述语言程序，该程序与集成电路工艺无关，可以移植到不同的半导体工艺中去生产集成电路芯片。IP 核经过验证，并可重复移植利用。

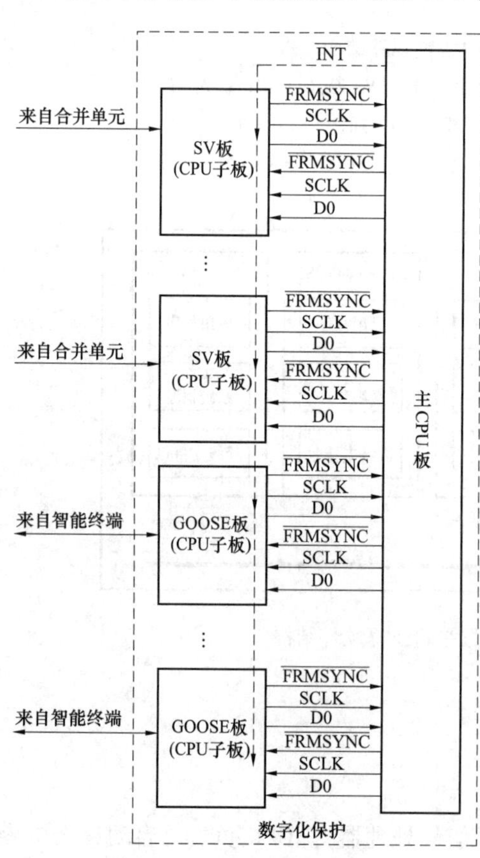

图 4-4　硬件核心结构框图

主 CPU 板与 SV 板、GOOSE 板的物理层数据通信采用全双工同步串行方式。帧同步信号$\overline{\mathrm{FRMSYNC}}$用于进行数据同步，时钟信号 SCLK 的变化沿与数据信号 D0 进行位对齐，以便接收端采样数据。帧同步信号$\overline{\mathrm{FRMSYNC}}$、时钟信号 SCLK 和数据信号 D0 在背板上采用低电压差分信号（LVDS）

接口技术进行传输。物理层最高带宽设计为50Mbit/s。

4.1.3.2 数据存储与交换机制

数字化保护装置需要收发大量的实时数据，并且在多个CPU板卡间实现数据共享。通用平台采用了图4－5所示的数据存储与交换机制。CPU子板通过主CPU板进行数据交换及共享，同时主CPU板也具备数据处理功能。为了实现任意2个CPU子板之间的数据交换，主CPU板在系统初始化时可以灵活配置每个数据端口的数据流向、数据帧长度和内容，以及双口RAM的地址空间分配等信息，如图4－6所示。各板卡间交换的数据全部存储在位于CPU主板的大容量双口RAM（DPRAM）中，双口RAM划分为若干区域，用于连续存放实时数据，每个区域的数据存储状态由数据缓冲区描述符BD（Buffer Description）来表示。数据缓冲区描述符BD的内容包括该缓冲区数据是否有效、该缓冲区数据长度等信息。

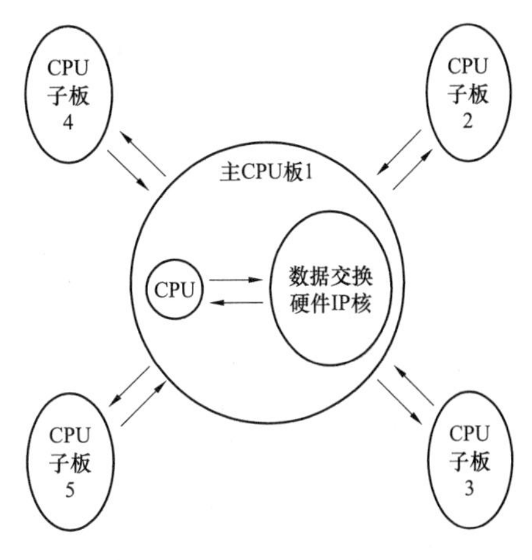

图4－5　数据存储与交换机制

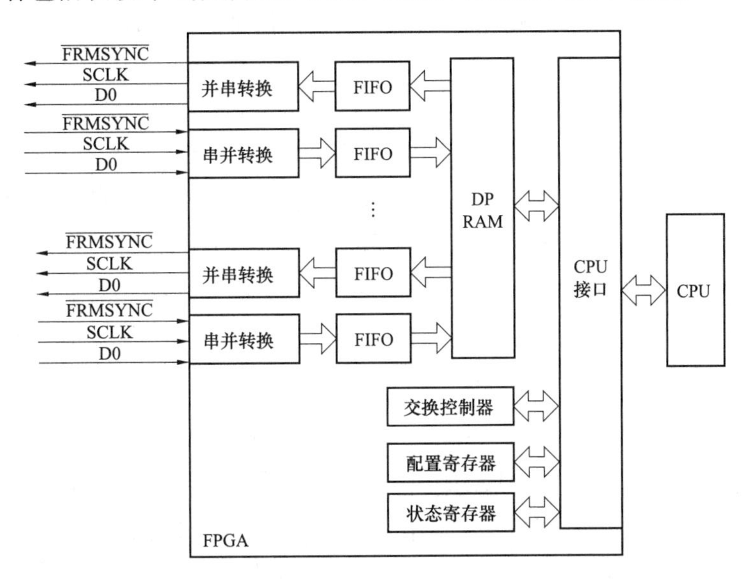

图4－6　主CPU板结构图

在采用上述的数据存储与交换机制下，任意两个CPU子板之间都可以进行数据实时传输，实现数据的共享。CPU子板的内部结构如图4－7所示，作为数据交换的基本单元，CPU子板每个信道设计成IP核的形式，增强系统的可扩展性和可维护性。每个CPU子板至少有收发两个数据通道，CPU根据实际需要灵活配置数据信道是否使用、主从通信控制模式、时钟频率等。同时，CPU子板在系统初始化时可配置数字化保护装置所需要实时交换的数据源、数据帧长度、内容、存储空间等配置信息。

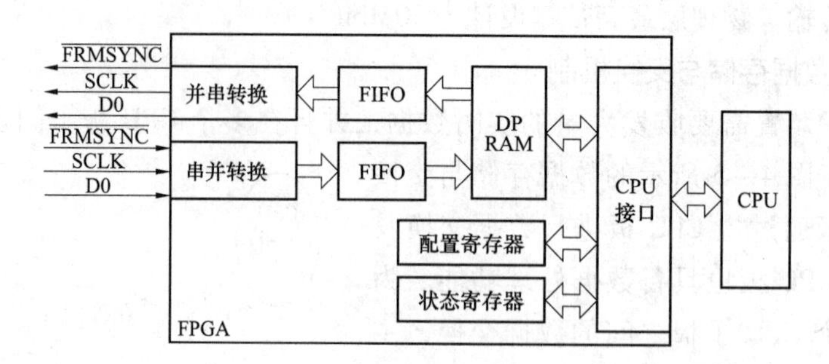

图4-7 CPU子板结构图

4.1.4 装置外围插件

数字化保护装置的外围插件有HMI（人机接口）面板、电源插件、交流输入插件、低通滤波及ADC插件、光耦开入插件、信号插件、跳闸出口插件、SV接口插件和GOOSE插件等。线路纵联保护装置还包括纵联光纤接口插件等。除GOOSE、SV插件外，其他插件与常规保护装置差别不大。需要说明的是，外围光耦开入插件、信号插件、跳闸出口插件也采用了智能I/O技术，即插件上引入了MCU，MCU统一管理开入、开出，通过通信总线与主CPU板接口。不少常规保护也已经采用了此项技术。以下主要介绍GOOSE和SV接口插件。

4.1.4.1 GOOSE接口插件

GOOSE接口插件采用32位高性能CPU，利用大容量FPGA技术及SPORT总线技术设计，其功能框图如图4-8所示。图中，CPU型号为MPC8321，自身支持3路以太网MAC。这3路MAC均通过DP83640型PHY实现以太网物理层接口。FPGA与CPU通过LocalBUS接口相连，主要作用是：① 扩展以太网MAC接口数量；② 扩展2路CAN接口及对时管理等功能；③ 将来自于GOOSE网络口的IEEE1588对时信号解码（可选）。GOOSE插件与装置的CPU插件的通信见图4-4。

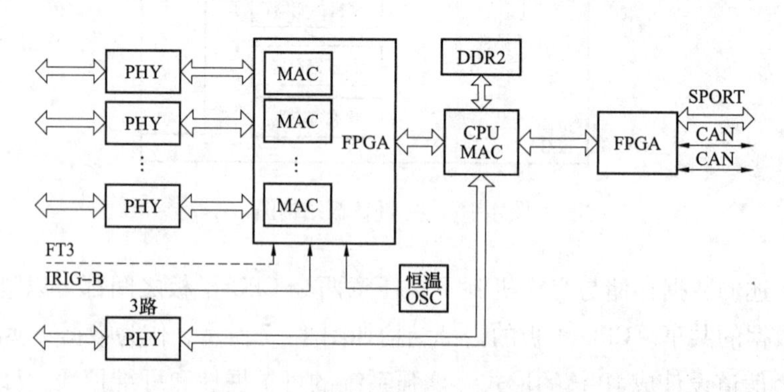

图4-8 GOOSE接口插件功能框图

GOOSE接口插件还包括IRIG-B码对时接口，采用光纤接口或RS485差分电平输入。关于IEEE1588、IRIG-B码对时在4.3.4节还会具体介绍。

4.1.4.2 SV接口插件

SV接口插件采用低功耗32位高性能DSP，利用大容量FPGA技术及SPORT总线技术设计。单个插件功能框图与图4-8基本相同，不同之处在于还可以扩展FT3帧格式的同步串行接口。对于外接SV端口较多的情形，装置可以配置多个SV接口插件。

SV接口插件中FPGA主要完成外围器件控制；对接入的IEC 60044-8、IEC 61850-9-2和IEEE 1588报文进行硬件解码，在对IEEE 1588报文解码的同时锁存当前系统时钟；FPGA总线接口用于各采样值模块之间信息交互；SPORT总线用于SV接口插件向主CPU板传送采样数据，供保护使用。

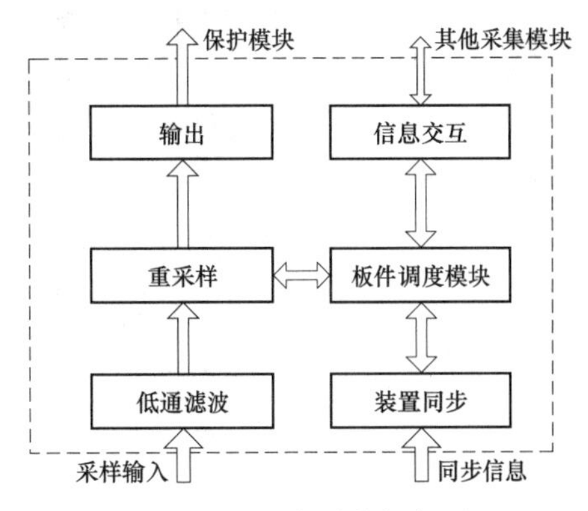

图4-9　软件结构框架图

SV接口插件的软件结构框架见图4-9。其中装置同步模块读取IEEE 1588报文和时钟进行逻辑处理，对装置时钟进行同步。低通模块对采集的原始信号进行低通滤波。板件调度模块负责各个采样值接口模块调度，如主从时钟、异常情况下重采样时间计算等。重采样模块完成信号窗的选取、插值及品质异常等处理。输出模块传送实时采集信息到保护模块。信息交互模块完成各个采样值接口模块之间的信息交互，如插件的异常信息等。

采用以上方案的SV接口插件，将传统保护的采样独立出来，不影响成熟的保护算法，减少了保护模块修改时间及修改带来的不确定性，缩短了固定设置重采样时间带来的数据滞后性。例如对于保护装置每工频周期24点中断，外部信号每工频周期80点输入，重采样时间选在中断时刻情形下，采用该种方案设计，将使得保护获取到的数据提前约500μs。

4.2 采样技术

4.2.1 电子式互感器的采样及数据同步

4.2.1.1 电子式互感器的采样过程

传统的电磁式互感器输出连续的模拟量，各路模拟量之间基本同步，相互间的差别仅在于各互感器传变角差的不一致。而按照统一的互感器设计制造标准制造的互感器，传变角差的不一致性很小，以致在实际工程应用中可以不计。

电子式互感器（含MU）和保护装置的采样总体过程如图4-10所示，图中以某型号罗氏线圈原理的电子式电流互感器为例。

电子式互感器在模拟式（电磁的或光学的）传感头之后，增加了模/数转换与数字处理部分，于是引出了数据同步问题。根据电子式互感器的构成原理不同，其采样环节可能在高压端，也可能在低压端。关于电子式互感器的具体结构参见第1章1.2.2和第2章2.1、2.2节。

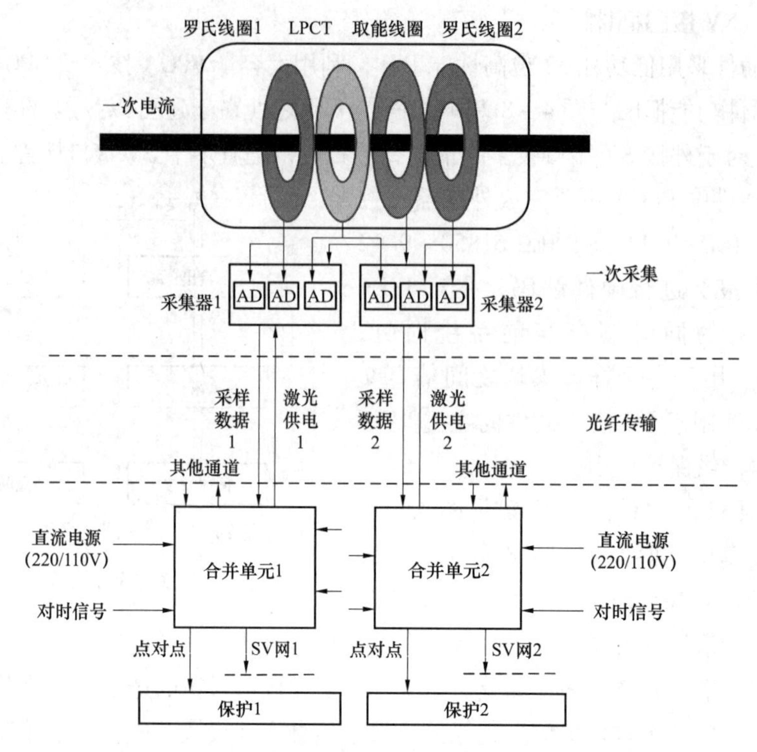

图4－10　电子式互感器（含MU）和保护装置的采样总体过程

（以某型罗氏线圈原理的ECT为例）

4.2.1.2　电子式互感器的同步问题及同步方法

（1）电子式互感器的同步问题。

电子式互感器的同步问题包含以下4个层面：

1）同一间隔内的各电压、电流量的同步。本间隔的有功功率，无功功率，功率因数，电流、电压相位，各序分量，线路电压与母线电压的同期等问题都依赖于对同步数据的测量计算。IEC60044－8规定，每间隔最多可有12路的测量量（如图1－6所示）经同一合并单元处理后送出，送出的这12路测量值首先必须是同步的。

2）关联多间隔之间的同步。变电站内存在某些需要多个间隔的电压、电流量的二次设备，典型的如母线保护、变压器差动保护装置、集中式小电流接地选线装置等，相关间隔的合并单元送出的测量数据应该是同步的。

3）关联变电站间的同步。输电线路保护采用数字化纵联电流差动保护如光纤纵差保护时，差动保护需要线路各侧的同步数据，这有可能将数据同步问题扩展到多个变电站之间。

4）广域同步。大电网广域监测系统（WAMS）需要全系统范围内的同步相角测量，某些基于广域信息的控制和保护功能需要广域的同步采样值。在未来大规模使用电子式互感器的情况下，这可能导致出现全系统范围内采样数据同步。

（2）电子式互感器的同步方法。

IEC60044－8规定了电子式互感器数据同步的两种方法，即脉冲同步法与插值法。

IEC60044－8规定每个合并单元必须具备1个1PPS秒脉冲时钟接口，以接收全站统一的采样同步信号，靠此同步信号来实现变电站级的数据同步。这就是所谓的脉冲同步法。同一合并单元内，可以参照1PPS脉冲信号，将其作K倍倍频后产生同步采样启动信号，K即为每秒采样点数（采样率）。对于在低压侧作A/D变换的无源式ECT/EVT，实施起来相对简单；对于在高压侧作A/D变换的有源式ECT/EVT，同步脉冲信号需变换成光信号经光纤传送到高压端。

若要避免低压端向高压端传送信号的复杂过程，可以采用插值法。各路测量环节A/D变换部分只进行异步采样，而在合并单元中用插值法计算出各路电流、电压量在同一时刻的采样值。各间隔的合并单元中如果没有进行过站级同步，其数据也可以用插值法同步，如图4－11所示。这种方法也称重采样技术。

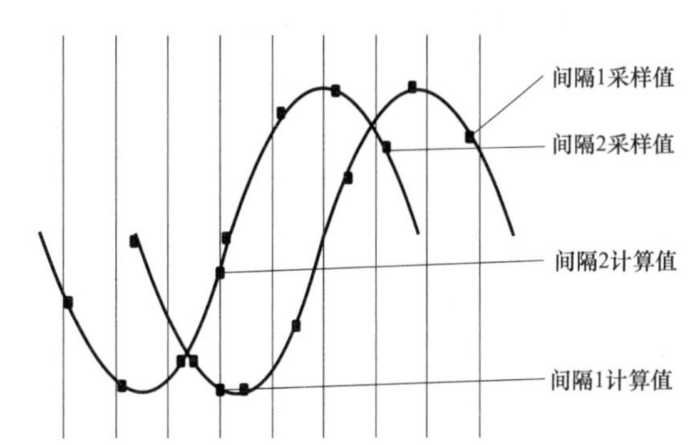

图4－11　插值法数据同步示意图

脉冲同步法可以解决同间隔内各路测量值之间、各关联合并单元之间的数据同步，对关联变电站之间的同步乃至广域的同步也都可以适应。当然此时它需要更大范围内的统一基准同步信号，如GPS、北斗或伽利略卫星对时等。如前所述，这种方法用在合并单元内部时，需要将同步采样启动信号反送到高压端，给实际工程实现增加了困难。另外，在采用光纤纵差保护的输电线路两端，传统的靠调整采样时刻来保持数据同步的方法将不再适用（站内已经统一同步采样而站间未同步时）或没有必要（站间已同步时）。由于IEC60044－8对二次设备到合并单元方向的报文不提倡（未见文献述及），调整采样时刻也会遇到困难。此外，保护装置依赖于GPS时的可靠性也需要研究和探讨。

应用插值法时，合并单元仅单方向接收测量部分发送的采样值，而利用数值插值计算得到同时刻测量值。

数值法同步机制简单，但必然引来方法误差。不同的插值方法有不同的精度、计算量、可靠性与应用范围。为获得最佳的插值效果，有必要对各种方法作定量的数学分析。考察适用的插值法，主要包括Lagrange插值、Newton等距节点插值、分段样条插值、最小二乘法等。本节从最简单的1阶线性插值入手，探讨插值法的一些特性。

4.2.1.3　分段线性插值及其误差分析

合并单元收到每路测量量的每个采样值时，记下相应的时刻，在进入循环的第一个起始参考时刻点上，每一路的测量量在其前后都会有一个采样值，根据前后点与此时刻的时间差的比，利用线性插值法可以得到一个"近似值"。所有路的测量量"近似值"都是此参考时刻的，参考时刻按固定间隔时间后移，计算不断循环，于是输出端得到连续的"同步采样值"。

采样点经过插值法同步以后，可以认为插值后的采样序列与原序列相位是完全同步的（不计数值计算误差），如图4－12所示，但幅值上线性插值点与真实瞬时值之间必然存

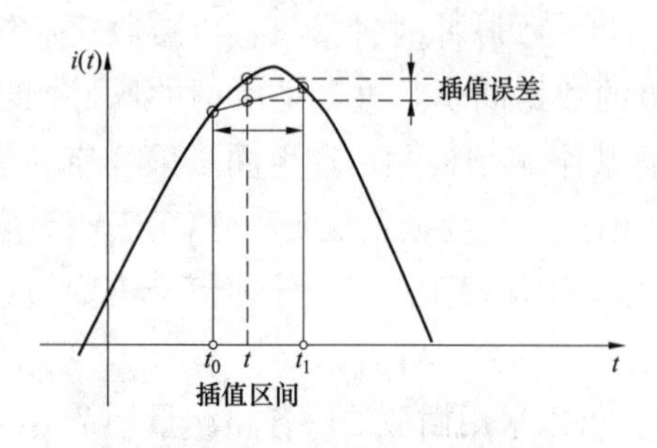

图 4-12　误差产生示意图

在误差，因此对此误差必须作严格分析。

1 阶线性插值的数学模型可以表述为：已知函数 $i(t)$ 在区间 $[t_0, t_1]$ 上的离散点 $[t_0, i(t_0)]$、$[t_1, i(t_1)]$，用 Lagrange 插值多项式

$$L(t) = \frac{t-t_1}{t_0-t_1}i(t_0) + \frac{t-t_0}{t_1-t_0}i(t_1) \quad (4-1)$$

作为 $i(t)$ 的近似，现在要分析其误差。由 Lagrange 插值误差公式知

$$R(t) = |i(t) - L(t)| = \left|\frac{1}{2}i''(\xi)(t-t_0)(t-t_1)\right| \quad (4-2)$$

式中：$R(t)$ 为插值误差式；$i''(\xi)$ 为 $i(t)$ 的 2 阶导数 $i''(t)$ 在区间 $[t_0, t_1]$ 上的某个值 ξ 处的值，$\xi \in [t_0, t_1]$。此处 $i(t)$ 表示电力系统实际电流波形，在理想稳态下，电流中只有基波；在暂态下，电流含有衰减直流分量、稳态交流分量等。统一的表达式通常可以表示为直流分量与各整数次谐波（含基波，下同）的叠加，如式（4-3）所示

$$i(t) = I_0 + \sum_{n=1}^{\infty}[I_n \sin(n\omega t + \varphi_n)] \quad (4-3)$$

式中：I_n、φ_n 为基波与各次谐波的幅值与初相角；I_0 为直流分量；ω 为基频角频率，$\omega = 2\pi f = 100\pi$；n 为谐波次数，对于基波 $n=1$。$t_1 - t_0 = 0.02/N$（s），N 为每期采样点数。

由于

$$i''(t) = -\omega^2 \sum_{n=1}^{\infty}[n^2 I_n^2 \sin(n\omega t + \varphi_n)] \quad (4-4)$$

可得

$$R(t) = \left|-\frac{1}{2}\omega^2(\xi - t_0)(\xi - t_1)\sum_{n=1}^{\infty}[n^2 I_n^2 \sin(n\omega\xi + \varphi_n)]\right| \quad (4-5)$$

由于 φ_n 与 t 无关，可取为任意值，故有

$$\begin{aligned} R(t) &\leqslant \left|-\frac{1}{2}\omega^2(t - t_0)(t - t_1)\sum_{n=1}^{\infty}(n^2 I_n^2)\right| \\ &= \frac{1}{2}\omega^2\sum_{n=1}^{\infty}(n^2 I_n^2)\,|(t - t_0)(t - t_1)| \end{aligned} \quad (4-6)$$

式（4-6）中绝对值符号内的项在 $t = (t_0 + t_1)/2$ 处取得最大值，又由于 $t_1 - t_0 = 0.02/N$，故

$$R_{max} = \frac{4.935}{N^2}\sum_{n=1}^{\infty}(n^2 I_n^2) \quad (4-7)$$

式中：R_{max} 为 $R(t)$ 的最大值。

由式（4-7）中可以得出如下重要结论：

1）R_{max} 不含直流分量。原电流中的直流分量不会因为插值法产生误差，极限的形式是若对稳恒直流做插值，得到的结果将会与真实结果完全一致。

2）插值误差由各次谐波（含基波）的线性组合而成，各次谐波的采样值经插值法产

生的误差最大值为$\frac{4.935}{N^2}n^2I_n^2$。谐波次数越高，对误差的贡献率越大。

3）对每周期采样点数 $N=12$ 的情况，基波最大采样值误差为 3.42%；对 $N=24$，基波最大采样值误差为 0.86%；对 $N=48$，基波最大采样值误差为 0.21%。对各种只关心基波分量的保护而言，$N=24$ 时精度已经足够。

4.2.1.4 插值法误差数值仿真计算

由最大误差的推导过程可知，各次谐波分量（含基波分量）的误差规律是相同的，对基波的仿真分析结果可推导到其他次谐波，而直流分量的影响不需要特别考虑。利用 ADI 公司 SHARC 系列 32 位浮点数字信号处理器的软件仿真器对各种误差进行数值仿真计算，每周期 12 点采样时，插值采样值误差最大为 3.44%，每周期 24 点采样时，插值采样值误差最大为 0.90%，验证了上述误差计算结果。采样率 $N=24$ 时的仿真内容如下：

（1）输入幅值为 I_1 的正弦信号时，以 1°为步长，在 0～14°共 15 个初相角下，计算每个采样间隔（插值区间）内可能的最大插值误差，15 种初相角下各区间（共 24 个区间）最大误差依次罗列如图 4－13 所示。结果插值采样点绝对误差值小于 $0.009I_1$，与计算误差 0.86% 吻合。

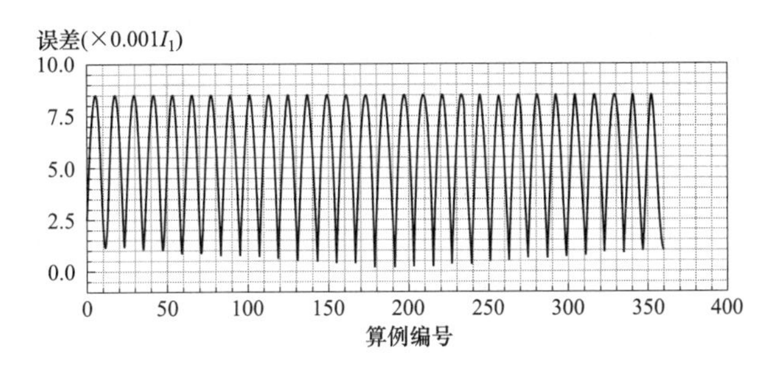

图 4－13 稳态采样值误差图

（2）考虑最严酷的暂态过程，对暂态信号用 $i(t)=I_1\sin(\omega t)=I_1e^{-t/T}$ 来仿真，时间常数 T 取 80ms，计算方法同上，得绝对误差不大于 $0.009I_1$，这与计算误差 0.86% 吻合，且直流分量几乎没有影响。15 种初相角下各区间最大误差依次罗列如图 4－14 所示。

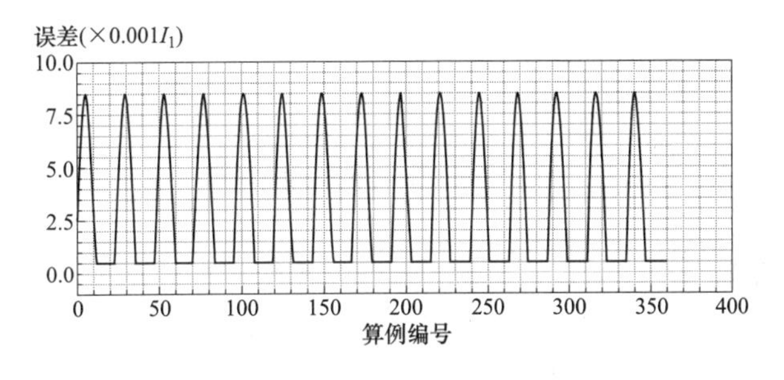

图 4－14 暂态采样值误差图

插值后的每个采样点的误差不大于 0.9% I_1。但由新生成序列计算出的幅值与相角误差尚需分析。对新生成序列利用傅里叶算法求出其幅值与初相角。仍需考虑两种情况：

1）输入幅值为 I_1 的正弦信号时，以1°为步长，在0～14°共15个初相角下，对每种初相角的正弦信号做插值，插值点位置遍取区间内0∶15、1∶14…14∶1共15种比例，共得225种算例，罗列幅值误差如图4－15所示，相位误差如图4－16所示。

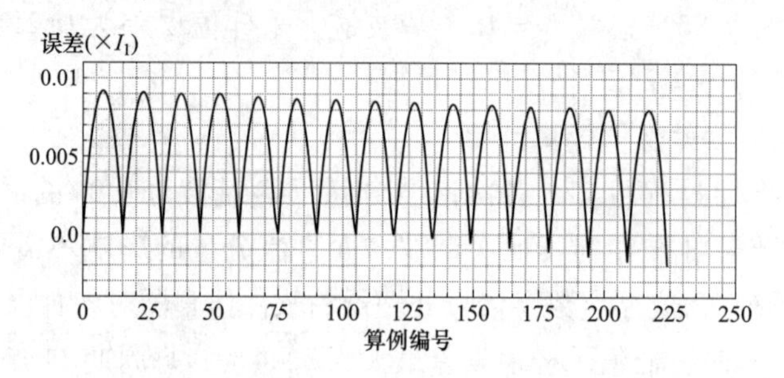

图4－15　稳态幅值误差图

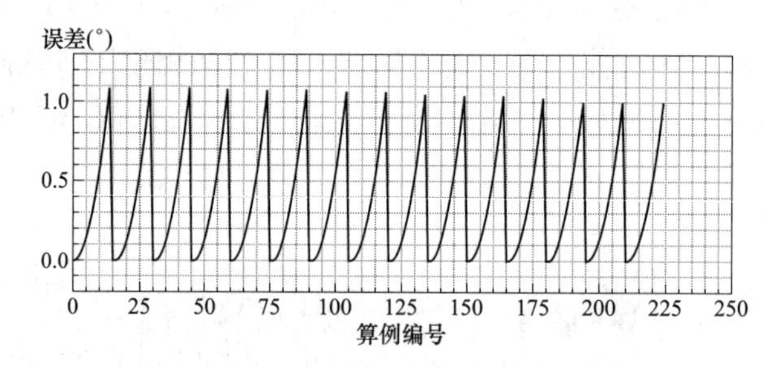

图4－16　稳态相位误差图

由图4－15和图4－16可知，幅值误差小于1.0%，相位误差小于1.1°。

2）输入同上文中的暂态信号时，用同样的处理方法，得幅值误差如图4－17所示，相位误差如图4－18所示。

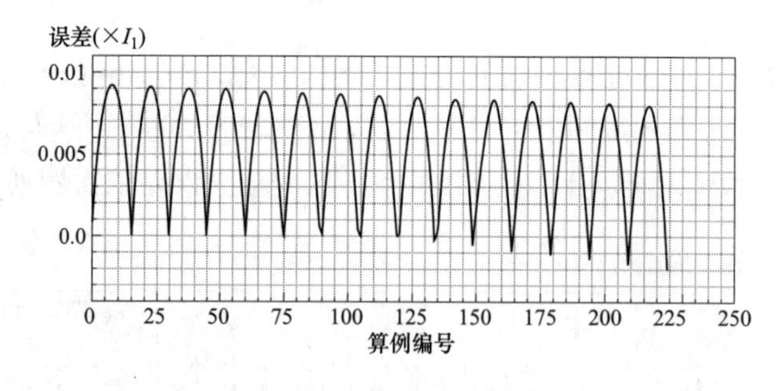

图4－17　暂态幅值误差图

由图4－17和图4－18可知，幅值误差小于1.0%，相位误差小于1.1°。

IEC60044－8规定电子式互感器的采样频率可取为20点/周期、48点/周期或80点/周期，采用线性插值法进行数据同步时，建议取48点/周期或80点/周期的采样率。线性插值法对绝大多数保护设备而言，其误差可满足精度要求。

对2阶Lagrange插值、Newton等距节点插值、分段样条插值、最小二乘法等方法的误差分析与仿真计算与线性插值法基本一致，本书不再详细分析。

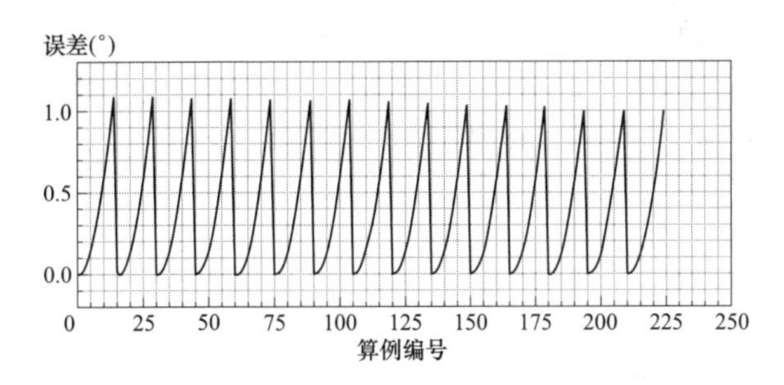

图4－18　暂态相位误差图

4.2.2　数字化保护装置的采样

如图4－19所示，传统保护装置的中央处理器CPU（或DSP，下同）与模数转换器（ADC）设计在同一装置中，很多还安装在同一块电路板中。CPU的输入/输出口可以直接控制ADC，启动模数转换并将其转换结果直接读到CPU内存中来。ADC的输入端输入的是模拟量信号，持续存在，CPU在任何时候启动ADC都有输入信号存在供采集。在采样数据的过程中，CPU是主动的，定时对模拟量输入进行采样，控制的方向是从CPU向外部设备。CPU按固定的时间间隔（采样间隔T_s）去采样数据，然后进行保护原理与逻辑功能的计算，按计算判断的结果决定是否发出跳闸命令，如此周而复始。由于T_s固定，保护原理与逻辑功能的计算、判断的耗时也可从容安排，使其最长不超出T_s。

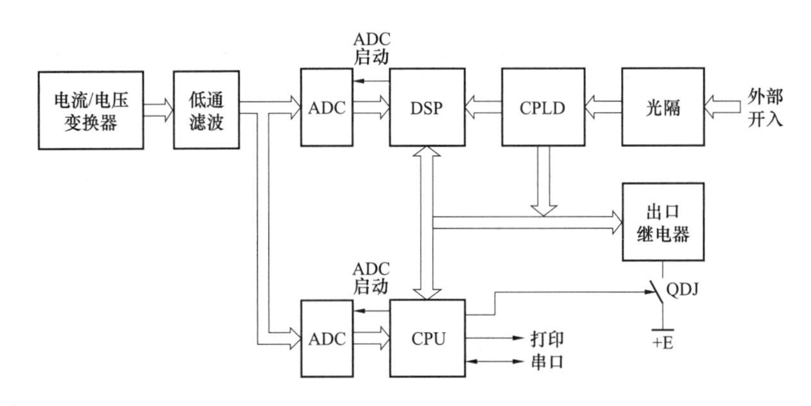

图4－19　传统保护装置的采样过程

以上是传统保护装置的采样数据传送与获取机制，在数字化保护装置中，上述机制有较大的变化。较常用的采样技术是数据源主动传送（数据源驱动）机制和信箱式传送机制。

4.2.2.1　数据源主动传送机制

数字化保护装置中只包含CPU，不包含ADC，保护装置获取数据是通过通信口传送。该通信口与电子式互感器的合并单元（MU）连接，从其中获得数据，而合并单元也可能不包含模数转换功能，其数据由电子式互感器的转换器传来，模数转换在该转换器内完成。模数转换的启动命令由MU控制，采样频率也由MU控制。保护装置只是被动地接收

MU 发来的采样数据。在现有的数字化保护装置设计方案中，MU 的数据经通信口直接送给保护装置的 CPU。通信通道上每送来一帧数据，CPU 就接收一帧，随即进行保护原理与逻辑功能的计算。CPU 是被动的，控制的方向是从 MU 向 CPU，采样数据的传送过程由数据源驱动。

该方法在从 MU 到 CPU 传送数据的环节不会增加额外的延时，延时最小，实时性最好。

但该方法也存在很大的缺点，体现在：

（1）MU 采样频率是固定的，但从 MU 向保护装置发送数据的过程延时受通信通道工况的影响可能不稳定，变化可能较大，这导致 CPU 接收数据的时间间隔变动幅度太大，导致接下来的保护原理与逻辑功能运算的耗时不易安排，极易出错。特别是当电子式互感器及其合并单元经交换机传递采样值时，受过程层网络工况的影响，二次传输延时可能会不稳定，且变动幅度较大，最大的变动幅度可能将近 4ms。

（2）MU 采样频率快于传统保护的采样频率，CPU 的原有节奏被打破，对保护 CPU 中程序执行方式影响巨大。要由传统保护程序升级到数字化装置保护程序，改动工作量巨大。

（3）传统保护程序大量使用以定时采样中断（周期为 T_s）的计数值作时间标度的定时软件模块，现在将不得不调整。

4.2.2.2 信箱式采样数据传送机制

数字化保护装置开发的开发工作，为节省时间、人力成本，减少工作量，希望最大限度地继承原有的传统保护的程序，为此设计了如下的信箱中转式采样数据传送机制，使得数字保护 CPU 程序的运行模式与传统保护程序基本相同，也就可以最大限度继承原有程序。

如图 4－20 所示，MU 向信箱不断发送数据，信箱收到数据的时间间隔可能是长时间稳定不变的，也可能是不稳定的。信箱收到数据后存储，等待保护 CPU 来取，并在数据被取走后删除，以维持缓冲区不溢出。CPU 仍按传统保护的定时处理机制执行程序。在每个定时间隔开始时到信箱内取数据，每次将最新的数据取走。

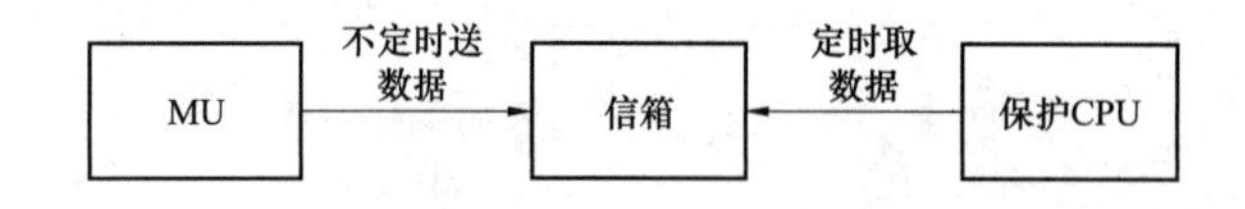

图 4－20 信箱式采样数据传送机制

信箱另具有一个计时器，该计时器在每一次信箱中数据被取走时置零。有了该计时器，信箱在每次收到一帧新的数据时，就可以记下该帧数据收到时的时标，CPU 来取数据时，同时取走每一帧数据的时标，这样 CPU 就可以知道每帧数据在信箱中等待的时间。如图 4－21 所示，t_1 时刻的数据在被取走之前在信箱中等待了 $T_s - t_1$ 的时间。数据在信箱中等待的时间能够被 CPU 获取，这一点很重要，因为在很多情况下 CPU 中保护功能的实现要依赖于数据在传送过程中的延时这一参数。

该方法在从 MU 到 CPU 传送数据的环节，由于机制的原因产生的延时最多为 CPU 两次取数据之间的间隔时间，即 CPU 的一个定时间隔时间 T_s，如图 4－21 所示。

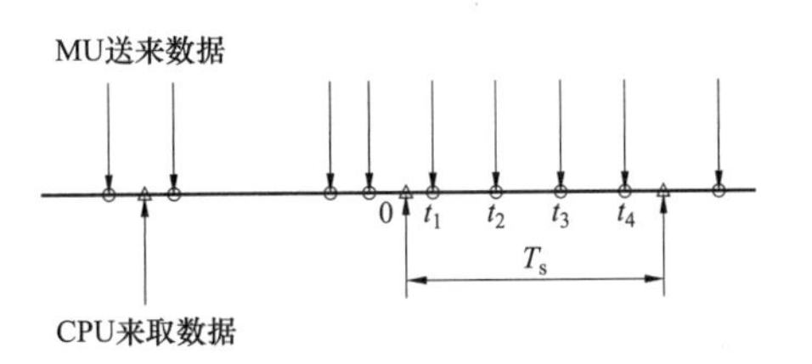

图 4－21　信箱式采样数据传送机制延时分析

采用这种机制以最小的延时代价维持了传统保护的程序执行方式不变，程序的改动工作量最小。

该机制中的信箱是一块可以完成上述数据接收、存储、转发的电子电路，可以是一片微控制器（MCU），一片 FPGA（现场可编程门阵列）或一片 CPLD（复杂可编程逻辑器件）等电子器件。该电路与保护 CPU 设计在同一机箱中，CPU 可以方便地、无延时地读取其中的数据。

下面给出某型数字化保护装置中按上述机制实现数据传送的一种实施方式。

如图 4－22 所示，信箱是一片 FPGA（现场可编程门阵列），型号为 XILINS 公司 XC3SD1800A。该芯片外接一片 MCU，型号为 FREESCALE 公司 MPC8247。该 MCU 以内存映像的方式向 FPGA 发送数据，以网口接收电子式互感器的合并单元（MU）送来的采样数据。FPGA 与 MCU 设计在同一块电路板上，称为信箱电路板。FPGA 与保护 CPU 之间通过 CPU 原来具有的串行外围总线（SPI）传送数据。CPU 可以方便地、无延时地读取 FPGA 的数据及其时标。定时间隔 T_s 保持为原来的 0.417ms。FPGA 内部设计有一个 16 位的计时器，用于对每一帧从 MCU 送来的数据打时标。

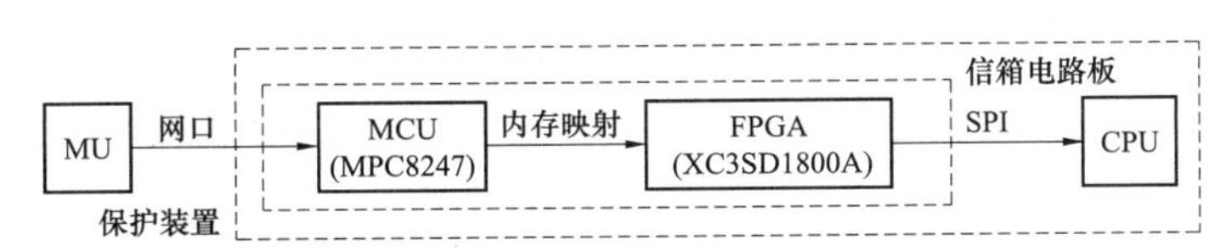

图 4－22　信箱式采样数据传送机制的实现方式

下面分析如何确定 CPU 从 FPGA 中取数据的速率。

由于 MU 经 MCU 向 FPGA 中送数据受过程层网络的影响，延时是不固定的，FPGA 收到数据的时间间隔可能是均匀连续的，也可能是某时间段没有数据到来，而后一段时间数据扎堆到来。为能适应这种数据流的速率变化，需要确定取走数据的速率与送来数据的速率的合理比值。

在前例中，MU 的采样率为 48 点/20ms，采样间隔为 0.417ms，保护装置的定时中断时间也为 0.417ms。考虑极端情况，MU 向 FPGA 送数据有 4.17ms 的延时，则在 4.17ms 内 FPGA 没有收到数据，而在此期间 MU 产生了 10 帧数据，而后在下一个定时中断间隔内这些数据又扎堆到达 FPGA，CPU 需要以合理的速率把这些积压的数据取走。

设 1 个采样间隔时间（0.417ms）内 MU 向 FPGA 送来 1 帧，同时 CPU 可取走数据的速率为送来数据速率的 n 倍，即 n 帧。若由于传输过程的原因，4.17ms 内没有送来数据，而在其后，在一个采样间隔后扎堆送来 10 帧数据，这样 FPGA 中积压了 10 帧数据。设在其后 m 个采样间隔时间 DSP 可把数据全部取走，则 m 与 n 之间有如下关系

$$10+m=mn$$

变化形式为

$$n=10/m+1$$

表4－1列出了m与n对应的几组数据。

表4－1　　m与n的对应表

m	1	2	3	4	5	6	7	8	9	10	≥11	240
n原值	11	6	4.33	3.50	3	2.67	2.43	2.25	2.11	2	…	50/48＝1.04
n取整	11	6	5	4	3	3	3	3	3	2	2	

从表4－1中可以看出，若取走数据的速率不够大，如取走数据的速率为50次/20ms，取走为送来的50/48＝1.04倍，相当于$n=1.04$，要送完一次积压的数据需要240个采样间隔，为100ms。在这100ms内总计会送来10＋240＝250帧数据，倘若在这100ms内又出现数据反复扎堆的现象，数据也可能会出现反复积压的情况，致使传输过程中一旦出现一次传输延时不稳定，在之后很长的时间内都无法再恢复到原有小延时的状态。

若n取3倍以上，积压的数据可在5个定时中断时间内取完，通信状态在2.08ms内即可恢复到正常。在作者的实例中，根据原有程序与装置硬件现状，取$n=2$，即每个定时中断内CPU从FPGA中取走2帧数据，这样，一旦数据出现积压现象，在10个定时中断4.17ms内，数据通信可恢复到正常状态。

总之，保护装置采用信箱式传送机制接收采样数据，使得保护CPU程序的运行模式与传统保护程序基本相同，可以最大限度继承原有传统保护程序。采用这种机制以最小的延时代价维持了传统保护的程序执行方式不变，程序的改动工作量最小。付出的代价仅仅是最多1个采样周期的延时。需要提醒读者的是，应用该方法时，保护处理器从信箱中取数据的速率要大于MU向信箱发送速率的2倍以上。

4.2.3　数字化线路光纤差动保护的采样数据同步

智能变电站数字化保护装置中，线路光纤差动保护装置是较为复杂的一种，因为它除了要面对数字化保护装置设计开发的共性问题外，还要解决两侧保护装置接入不同类型互感器时采样数据同步的问题。与传统光纤差动保护装置相比，数字化光纤差动保护存在以下困难：

（1）按照IEC60044－7/8制造的电子式互感器（以下称ET）及其合并单元（MU），不具备接收从保护装置到MU方向的控制命令（如采样时刻调整）的接口，以致目前广泛使用的通过调整采样时刻实现两侧数据同步的方法在ET接入的光纤差动保护装置中不能适用。

（2）线路一次电流经ET变换，再经合MU传送到保护装置的过程存在比较明显的延时，一般在几百微秒以上，甚至超过1ms。

（3）先期投运的数字化变电站中的线路对侧互感器仍然是传统互感器，光纤差动保护装置要能适应这种一侧是ET接入，另一侧是传统互感器接入的情况。

（4）电子式互感器采用IEC61850-9-2接口经交换机输出采样值时，受过程层网络工况的影响，二次传输延时可能会不稳定，且变动幅度较大，最大的变动幅度可能将近4ms。

由于以上四个方面的困难，在传统光纤差动保护中应用良好的数据同步方法将不能或不能直接应用于ET接入的光纤差动保护装置中。

4.2.3.1 常规采样数据同步方法的局限

现有的各种光纤差动保护装置数据同步方法按传输内容可分为两种，一种传送相量，另一种传送采样值；按两侧装置采样是否同步来分，可分为同步采样与异步采样两种。从保护原理实现以及动作快速性等方面来讲，总是希望能够在每一个采样间隔内得到对侧的同一时刻采样值，因此采样时刻调整法应用范围较广，效果较好。

采样时刻调整法分两个时段完成，第一时段是保护上电后的初始调整过程，第二时段是两端同步后对采样时间误差的不断调整过程。在这两个过程中，采样时刻调整法需要由保护CPU向AD采样电路发送不断调整的采样命令，而在ET接入的保护体系中，AD采样电路或光路不在保护装置中，而在MU或ET的二次转换部分。按照IEC60044-7/8制造的ET及其MU，并不具备接收从保护装置到MU方向的控制命令（如采样时刻调整）的接口，这样一来导致通过调整采样时刻实现两侧数据同步的方法在ET接入的光纤差动保护装置中不能适用。

4.2.3.2 对GPS同步法的分析与评价

使用全球定位系统GPS（Global Position System）为整个差动保护系统提供一个统一的高稳定的基准时钟，来实现采样数据的同步是一个简单直接的方法。无论IEC61850标准还是IEC60044-8标准，都明确提到了该方法。在工程中，GPS也早已是厂站自动化系统的标准配置，设备基础是容易满足的。

如图4-23所示，该方法采用GPS接收机接收天空中全球定位系统卫星发送的时间信息，通过对收到的信息进行解码、运算和处理后，从中获取到秒脉冲信号1PPS（1 Pulse Per Second）。该脉冲信号的上升沿与国际标准时间UTC（Universal Time Coordinated，又称协调世界时）的同步误差不超过1μs。

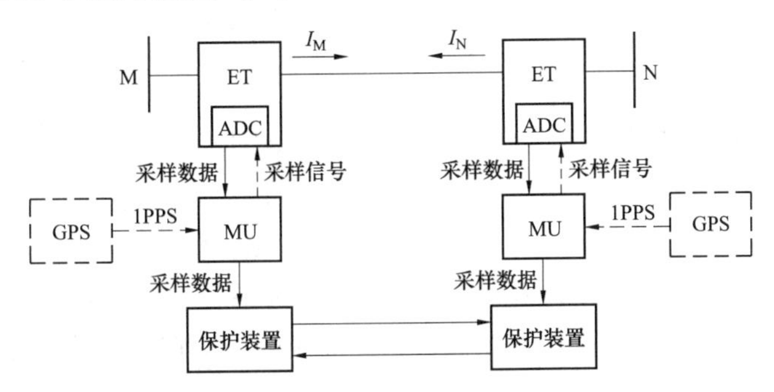

图4-23 ET接入的光纤差动保护装置两侧连接示意图

两侧MU装置的采样脉冲信号每秒接收1PPS信号同步一次（相位锁定），保证采样脉冲信号的脉冲前沿与UTC同步。1PPS经倍频后变成ET的采样频率，发送到ET的AD

转换部分，启动 AD 采样。这样一来，两侧 ET 的采样脉冲信号之间是完全同步的，其误差不会超过 2μs。

两侧各相 ET 经同步采样得到的数据先经 MU 合并打包成帧，然后送给各自侧保护装置。IEC61850－9－2 和 IEC60044－8 规定的 MU 输出采样数据报文中，包含一个 16 位的样本计数。该计数值本质上就是对采样时刻的标号，差动保护计算时，装置只要对齐两侧采样数据的标号即可。

采用 GPS 秒脉冲来同步两侧 TA 采样时刻的方法固然简单方便，但方法本身依赖于除保护装置本身和 MU 之外的外部设备，特别是 GPS，一向被继电保护业界认为降低了保护装置的可靠性，不能充分满足要求。另外，使用他国控制 GPS 系统，可能会受国际政治、军事关系的影响。我国电力系统对高压线路光纤电流差动保护使用 GPS 进行数据同步的做法似乎也不接受。国内主流继电保护产品无一使用 GPS 同步采样数据。基于 ET 接入的线路光纤差动保护装置希望有更可靠的数据同步方式。

4.2.3.3 改进插值法数据同步

一、插值法数据同步的基本过程

针对上节问题，作者提出一种不依赖于 GPS 同步，而通过插值实现数据同步的新方法。该方法可以在不调整采样时刻的情况下通过插值得到“虚拟”的同步采样值。

采用插值法实现数据同步时，两侧保护不分主从，地位相同。每侧保护都在各自晶振控制下以相同的采样率独立采样。每一帧发送数据包含发送和响应帧号、电流采样值及其他信息，电流采样值是对应某一采样时刻未经同步处理的生数据。在假设两侧接收数据通道延时相等的前提下，接收侧采用等腰梯形算法计算出通道延时 t_d，进而求出两侧采样偏差时间 Δt。保护装置根据对侧采样点时刻在本侧找到紧邻同一时刻前后的两个采样点，对此两点作线性插值后的得到同步采样数据，整个过程如图 4－24 所示。图中两条横线皆为时间轴，上方轴上小圆圈点表示对侧采样时刻点，下方轴上叉形点表示本侧采样时刻，t_a、t_c 标示出了其中的两个时刻，t_m 为对侧回送延时，Δt 为两侧采样偏差时间，t_b 为插值时刻点。

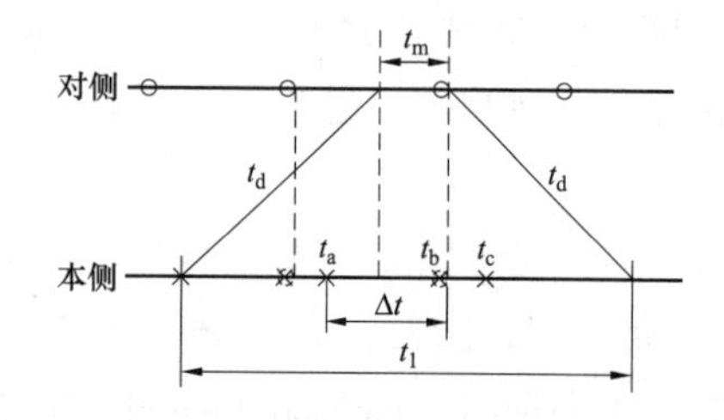

图 4－24 插值法数据同步过程示意图

使用该方法可以有效解决 4.2.3 节起始部分提出的第（1）个问题，同时不依赖于 GPS。

插值法同步过程在插值环节带来了一定的理论误差，关于插值计算的误差分析，参见第 4.2.1 节，此处不再重复。分析表明，在现有技术条件下，插值法误差完全可以满足继电保护的要求。通过插值实现光纤差动保护数据同步的方法在某型传统互感器接入的线路保护装置中已成功应用多年。

下面在该方法的基础上讨论如何改进，以解决 4.2.3 节起始部分提出的其他问题。

二、插值法数据同步的改进

现有的各种不依赖于 GPS 的数据同步方法，包括插值法，应用的立足点都是在传统互感器接入的基础上。在这一应用基础上，一个隐含的前提是装置在二次侧某时刻得到的采样值，就代表了同一时刻（差别极小以至可以忽略差别）的一次侧的量值，在装置（二次侧）实施的数据在时间维度上的同步处理，与在一次侧处理是等效的。

ET 接入的光纤差动保护，两侧一次电量变送到二次侧会有延时，首先考虑两侧二次变送延时都稳定的情况。如图 4－25 所示，图中 4 条横线皆为时间轴，轴上各点皆为时刻点。M1、M2、M3（N1、N2、N3），代表本侧（对侧）ET 的采样时刻，由于 ET 采样部分晶振的相对稳定性，在较长的时间内是等间隔的（M1 与 M2 之间的间隔时间与 N1 与 N2 之间的间隔时间肯定存在微小的差别，但对分析没有影响，又由于量值太小，可忽略）。设本侧电量经 ET 变送延时 t_{e1} 到达二次侧保护装置，对侧电量经 ET 变送延时 t_{e2} 到达二次侧保护装置，两侧测量值的交换与同步过程在二次侧即保护装置之间完成。若按照前文插值法的处理过程，在本侧 m1 点（m1 时刻）发送一帧数据报文给对侧，对侧在收到报文之后于 n2 点回送一帧数据报文，该报文中包含回送延时 t_m，本侧装置于 mr 时刻收到对侧回送报文。在假设通信通道双向延时相等的条件下，本侧装置可根据式 $t_d=(t_{mr}-t_{m1}-t_m)/2$ 算得通道延时 t_d，进而推断对侧 n2 时刻对应本侧的 mr 点之前 t_d 时间的 mc 点时刻。

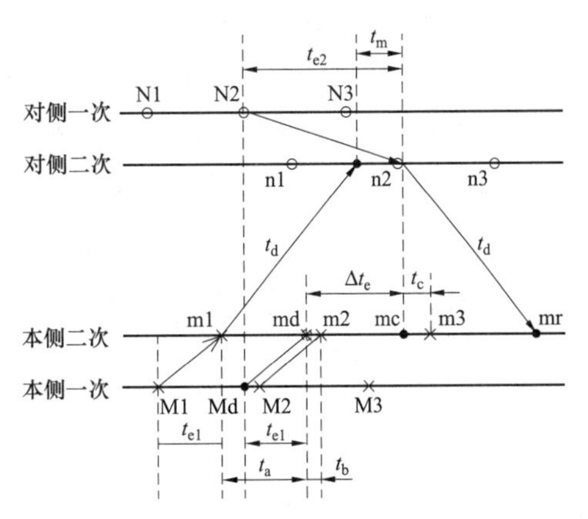

图 4－25　改进插值法数据同步过程示意图

传统插值法在 m2 和 m3 点之间通过插值求得虚拟的 mc 点采样值，mc 点与对侧 n2 点同步。但在 ET 接入的情况下，需要对上述方法进行修正。修正的原则是保证在二次侧实施的同步过程可使得参加差动计算的两侧一次电流值同一时刻的，即同步的。图 4－25 中的对侧二次 n2 点对应到一次侧为 N2 点，两者间隔 t_{e2}，N2 点对应本侧一次侧为 Md 点，再对应到本侧二次侧为 md 点，Md 与 md 点之间的间隔时间为 t_{e1}，由图可知，md 与 mc 之间的间隔 $\Delta t_e=t_{e2}-t_{e1}$。要使两侧一次电量在二次侧处理成同步，插值点应由 mc 点前推 Δt_e 时间至 md 点。本侧保护装置在存储的本侧采样数据中找到紧邻 md 点前后的两个采样点，对此两点作线性插值后即得到同步采样数据。

两侧保护装置的处理机制是对等的，对侧用与本侧相同的方法一样可通过插值计算得到同步采样数据。

以上过程的前提条件有两个：一是保护装置之间的通信通道双向延时相等，这与传统光纤差动保护的数据同步方法的前提是一样的，在工程中也是完全能保证的；二是两侧的二次变送延时是稳定的，这一条件在 MU 输出接口采用 IEC60044－8 标准的点对点串行接口或 IEC61850－9－2 标准的点对点以太网接口时是完全可以满足的。因此可以说，第 4.2.3 节起始部分提出的第（2）个问题，只要 MU 输出时使用点对点直连接口，保护装置采用本节提出的改进插值法进行数据同步即可解决。

MU 使用点对点直连接口向保护装置输出数据时，整个系统二次传变延时是可计算，也可实测出来的。由于该延时稳定，可在事先测出后，以整定值的形式通知保护装置。二次传变延时由以下4个部分组成：

（1）从ET的AD采样启动开始到MU收到采样数据的延时。该延时在IEC60044－8中有规定，额定为2或3个采样周期时间。如NAE－LOSZB－220W型全光纤电流互感器，其采样周期为250μs（采样速率为80点/20ms时），额定延时为2个采样周期，计500μs。

（2）从MU处理器接收到AD数据然后进行处理、打包成帧开始，到处理器开始从串行口发送第一帧数据的时间。该时间不易直接计算，但可实测得到。

（3）MU处理器通过串行口向保护装置发送完一帧完整的数据报文的时间。该时间可由数据速率的倒数和传送字节总数相乘得到。IEC 60044－8扩展协议帧格式规定MU数字输出接口速率为10Mbit/s，每帧报文长度为74字节，共592bit，总计耗时可计算得知为59.2μs。

（4）从保护装置处理器接收到MU传来的数据然后进行处理到将数据用于同步过程的时间。该时间也可经测算得到。

以上4个部分的总和即为整个二次传变延时。

对第4.2.3节起始部分第（3）个问题所提的一侧ET接入，一侧传统互感器接入的情况，只要将传统互感器的二次变送延时视为零值，问题即迎刃而解。

图4－26所示的数据传送与同步的过程分析，给我们一些一般性的启示：

（1）数据同步的目标，始终是要保证参加差动运算的电压、电流值追溯到一次侧是同一时刻的。为此，各侧ET二次变送延时的影响必须被计及到保护装置的数据同步过程之中。

（2）对保护装置而言，从本质上看，补偿两侧ET二次变送延时的时间差而非它们的数值本身是数据同步的核心内容。

在考虑解决第4.2.3节起始部分提出的第（4）个问题，即电子式互感器采用IEC61850－9－2接口经交换机输出采样值时，受过程层网络工况的影响二次变送延时不稳定问题时，我们的努力方向应该是，实时获得每一帧从ET经MU传送到保护装置的采样数据的二次变送延时，或者每一次的两侧延时差。在此基础上才有可能在二次侧实施补偿，保证一次侧数据同步。

但从当前实际情况来看，电子式互感器采用IEC61850－9－2接口经交换机输出采样值时，不能直接给出每帧采样数据报文的二次变送延时，保护装置也不能够按事先测知的一个固定的二次传变延时来补偿每帧采样数据的延时。要解决第4.2.3节起始部分第（4）个问题，需要依靠另外的技术手段或依赖除MU和保护装置本身之外的其他设备（但不必是GPS等广域对时定位系统），但这样又会增加设备的复杂性或降低系统的可靠性。

三、本节小结

基于以上分析结果可见，对线路差动保护，线路互感器的MU最好能够输出符合IEC60044－8或IEC61850－9－2标准的点对点数据接口。采用点对点接口的互感器（即所谓的直接采样），其二次变送延时稳定可测，在此基础上，保护装置采用本节提出的改进插值法，可以完全解决电子式互感器接入的光纤差动保护的数据同步问题。改进插值法不依赖于任何外部设备，可靠性高；不调整采样时刻，适应于标准规定的 MU 功能结构条件；能灵活适用于线路一侧为电子式互感器，另一侧为传统互感器的情况。

如果一定要在网络采样（经网络传输采样值）的基础上解决线路两侧保护装置数据同步问题，我们的努力方向应该是争取实时获得每一帧从互感器经 MU 传送到保护装置的采样数据的二次变送延时或者每一次的两侧延时差。在此基础上才有可能在二次侧实施补偿，保证一次侧数据同步。

4.2.3.4 基于网络采样且不依赖 GPS 的光纤差动保护的数据同步方法

前述研究内容解决了 MU 输出接口使用点对点直连接口时保护装置的数据同步问题，但未能解决 4.2.3 节起始部分提出的第（4）个问题，即电子式互感器采用 IEC61850－9－2 接口经交换机输出采样值时，受过程层网络工况的影响，二次传输延时可能会不稳定，且变动幅度较大，这可能导致数据同步发生严重错误。

遵从 IEC61850－9－2 标准的 MU 经交换机传输采样值时，没有也不能直接给出每帧采样数据报文的二次变送延时，在不依赖除 MU 和保护装置本身之外的其他设备和手段的前提下，第 4.2.3 节起始部分第（4）个问题不能被解决。

本节探讨如何在 IEC61850－9－2 标准本身的框架内怎样利用尽可能少的外部条件实现线路两端的数字化光纤差动保护装置的数据同步，从而从体系构成上保证继电保护的可靠性。

一、解决数据同步问题的外部技术条件与基础

（1）分别安装于两变电站中的保护装置之间的纵联光纤通信通道，未因数字化变电站技术的推广和应用而有太多变化。电力运行部门自建或租用的光纤通道，提供给线路差动保护用的通道及其路由双向延时是相等的，这与传统光纤差动保护的数据同步方法的前提相同，在工程中也是完全能够保证的。

（2）在数字化变电站内，所有间隔层设备（如保护装置）与过程层设备（如 MU 装置）的采样脉冲信号每秒钟接收全站同一基准时钟的秒脉冲信号 1PPS（1 Pulse Per Second）同步一次（相位锁定）。全站基准时钟（主钟）通过 GPS 接收机接收天空中 GPS 卫星的授时信号，该脉冲信号的上升沿与 UTC 时间的同步误差不超过 1μs。站内主钟自身具有高精度守时时钟，若与 GPS 时钟同步后再失步，在其后较长时间内仍然可以保持与 UTC 同步。

（3）ET 的传感头部分或远端模块的 ADC 采样启动由 MU 发来的采样信号启动。MU 的采样信号由 1PPS 经倍频后变成 ET 的采样频率，发送到 ET 的 ADC 转换部分，启动 AD 采样。这样一来，ET 的采样时刻通过公共的 1PPS 与保护装置之间保持了一种固定的关系。

（4）线路各相 ET 经同步采样得到的数据先经 MU 合并打包成帧，然后送给保护装置。IEC61850－9－2 标准规定的 MU 输出通信报文中，包含一个 16 位的样本计数，此 16 位计数用于检查连续更新的帧数，在每出现一个新帧时加 1，并且该计数随每一个同步脉冲 1PPS 出现时置零。因此可以说，样本计数值实际上具有相对时间的意义。

（5）MU 输出的标准帧格式中，包含 ET 的额定延时时间，可以是 $2T_s$ 或 $3T_s$（T_s 为采样周期），对采用同步脉冲的 MU，也可以为 3ms（+10% ~100%）。该延时时间给出了一次电流变送到 MU 的过程延时。

二、适用于网络采样且不依赖 GPS 的改进插值法数据同步方法

在前文讨论的技术条件和基础之上，数字化线路差动保护的数据同步可按下述方法进行，如图 4 -26 所示。

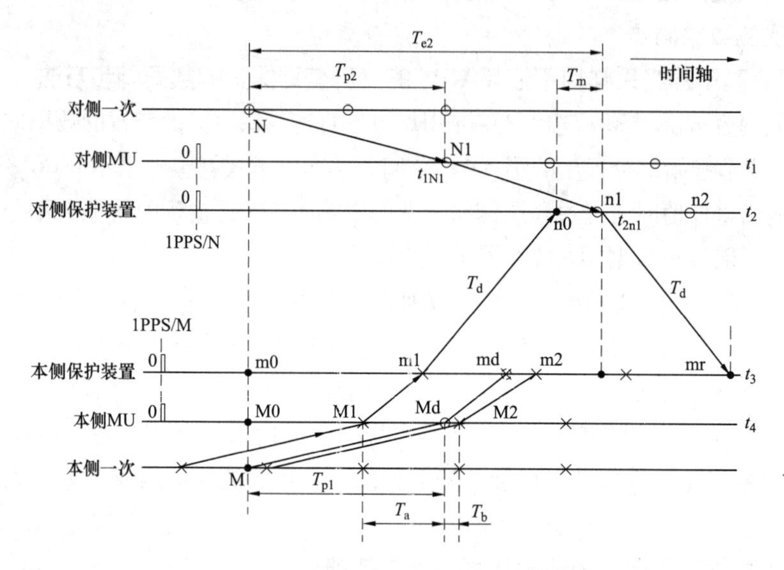

图 4 -26　改进插值法数据同步过程示意图

图 4 -26 中横向从左到右表示绝对时间的先后，t_1、t_2、t_3、t_4 分别为对侧 MU、对侧保护装置、本侧保护装置、本侧 MU 的内部计时器。在本方法中，要求本侧 MU 与本侧保护装置之间通过本侧 1PPS（记为 1PPS/M）同步，在每个 1PPS/M 脉冲的前沿，t_3、t_4 同时置 0；对侧 MU 与对侧保护装置之间通过对侧 1PPS（记为 1PPS/N）同步，在每个 1PPS/N 脉冲的前沿，t_1、t_2 同时置 0。注意 1PPS/M 与 1PPS/N 之间不要求同步。

由于各侧 MU 与保护装置之间有了同步的时钟，MU 的任一帧数据传送到保护装置的延时就可以测得。因为 MU 传送到保护装置的数据报文中包含了样本计数值，该样本计数值乘以 ET 的采样间隔时间 T_s 就是 MU 的计时器读数。如对侧 MU 在 N1 点发送一个样本计数为 N_1 的数据帧，对侧保护装置收到后可知该帧发出时 t_1 的读数 $t_{1N1}=N_1T_s$。设保护装置收到该帧数据时 t_2 的读数为 t_{2n1}，则可知该帧数据的延时为 $t_{2n1}-t_{1N1}=t_{2n1}-N_1T_s$。该延时与数据报文中包含的 ET 额定延时 T_{p2} 之和即为对侧 ET 的二次传变总延时 T_{e2}，$T_{e2}=T_{p2}+t_{2n1}-N_1T_s$。

本侧 ET 二次传变延时 T_{e1} 也可通过同样的方法实时测得。

设本侧保护装置在 m1 点收到本侧 MU 送来的数据，并将其发送到对侧保护装置，对侧保护装置于 n0 点收到并经 T_m 延时后于 n1 点回送一帧报文给本侧保护装置。该帧报文中包含了最新收到的同侧 MU 送来的采样数据、回送延时 T_m 以及同侧 ET 二次变送延时 T_{e2}。本侧保护装置于 mr 点收到返回报文，于是可根据等腰梯形法计算出通道延时 T_d，$T_d=$

$(t_{3mr}-t_{3m1}-T_m)/2$。也可推知送来的数据是对侧一次于 N 点产生的数据，该点对应到本侧保护装置的时刻用 t_3 的读数表示为 t_{3m0}，即图中的 m0 点，由于 t_3 与 t_4 已同步，保护装置可推知本侧 MU 的时钟 t_4 在对应的 M0 点时刻读数为 t_{4M0}，$t_{4M0}=t_{4m0}=t_{3mr}-t_d-T_{e2}$。

由于数据同步的目标要保证参加差动运算的电量在一次侧是同一时刻的，对应 N 点的数据，本侧一次应为 M 点。由于本侧 ET 的采样数据送给 MU 也有延时，记为 T_{p1}，由图 4－26 可知，本侧 MU 于 t_4 计数器读数为（$t_{4M0}+T_{p1}$）的 Md 点收到的数据与对侧 N 点时刻才是同步的。由于在 Md 点时刻基本不会恰巧真有一帧采样数据，我们可以根据该点距其前后两个真实采样点之间的时差 T_a、T_b 及这两点的采样值，通过插值运算来计算出一个“虚拟”的采样值，该值的误差估计后文分析。由于 t_3、t_4 是同步的，T_a、T_b 的计算以及 Md 前后两点 M1、M2 的样本标号的计算可以在（也只应该在）保护装置中进行。保护装置待收到 M1、M2 两帧采样数据报文后，即可通过插值法计算出所需的同步采样点值。至此，一个完整的数据同步过程完成。

关于插值计算的误差评估见 4.2.1 节，此处不再重复。

上述数据同步过程所依据的条件全部在相关技术标准的框架内，没有任何违背或变更。由于 1PPS/M 与 1PPS/N 之间不要求同步，因此同步算法不依赖于 GPS 或其他广域的导航定位系统做站间的 1PPS 同步。

但该方法依赖各站各自的公共 1PPS 同步本侧 MU 与保护装置，若 1PPS 由外部公共时钟源产生，如图 4－27 中 N 侧变电站一样，则保护的可靠性将很受公共时钟源的影响。在公共时钟源长时间故障时，MU 与保护装置之间失去 1PPS 的同步作用，两侧保护之间的数据同步将不可能正确进行。为解决这个问题，可由 MU 输出 1PPS 同时供自身和保护装置使用，如图 4－27 中 M 侧变电站的连接方式，这样保护功能便仅依赖于保护装置与 MU，从而摆脱了公共时钟源可靠性的影响。

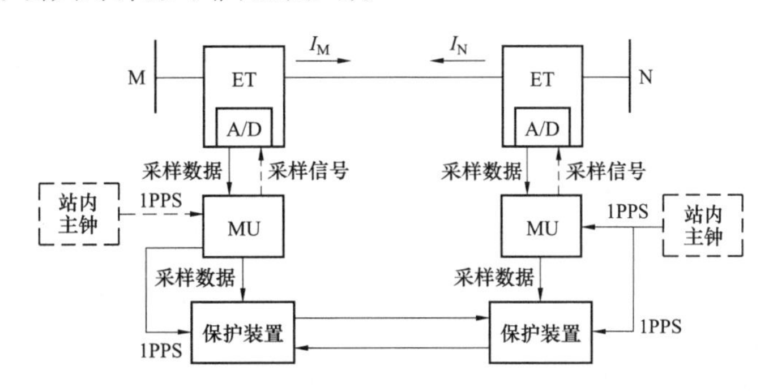

图 4－27　改进插值法数据同步过程示意图

为与标准兼容并保证保护装置及 MU 可以与 GPS 的 1PPS 信号保持完全同步，MU 设计成既可以接收外部 1PPS 的同步脉冲，同时无延时地转发输出该脉冲信号，也可以在无外部 1PPS 输出时自动输出替代的 1PPS 给自身和保护装置使用，如图 4－28 所示。

图 4－28 中的控制逻辑模块通过检测外部 1PPS 信号和内部时钟的状态并切换电子开关的位置来完成上述功能。在控制逻辑检测出外部 1PPS 输入源丢失时，1PPS 输出信号已丢失一个，其后，控制逻辑才能切换为内部时钟输出。保护装置与 MU 要适应这一状况并

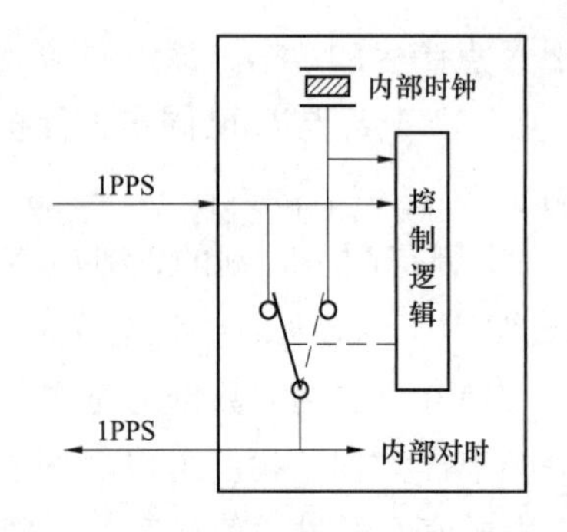

图 4-28 MU 的 1PPS 输出逻辑

不困难，由于各装置本身具有各自的内部计时器，并且已与各自 1PPS 同步过，装置在检测到外部 1PPS 丢失后，可以用自己的计时器自产一个 1PPS 脉冲补上缺失的这一个，在 1s 的短时间内补上的这一脉冲与真实脉冲的误差很小，可忽略不计。

第 4.2.3 节起始部分所提的线路一侧为 ET，另一侧为传统互感器接入保护装置的情况，数据同步过程中只要将传统互感器的二次变送延时视为零值，问题即迎刃而解。

三、改进插值法的工程应用

工程应用中可能会出现一侧 MU 能够转发/自产 1PPS 信号送给保护装置，另一侧具备该功能的情况，应用本方法进行数据同步的保护装置完全可以适应这种情况。此时两侧的连接方式已表示在图 4-27 中，同时 M 侧系统局部可靠性要比 N 侧更高。

IEC61850 标准要求数字化变电站的装置具备互换性，数字化光纤纵差保护装置可以满足互换性，但在现有技术条件和运行管理制度下以及将来相当长时间内，光纤纵差保护仍将同型号装置成对使用。

实际开发的光纤差动保护装置须具备两个 MU 输入接口，同时各个 MU 接口要跟随各自的 1PPS 输入接口，如图 4-29 所示，以适应像 3/2 断路器线路之类需要两组 ET 输入数据的应用情况。

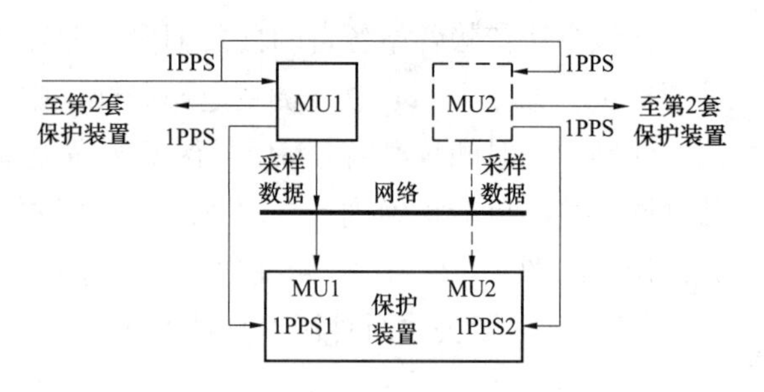

图 4-29 3/2 断路器线路保护装置与 MU 的连接方式

四、本节小结

线路差动保护装置采用本节提出的改进插值法，可以解决 MU 按 IEC61850-9-2 标准接口经网络接入情况下线路两侧的数据同步问题。该方法不调整采样时刻，适应于 ET 标准规定的 MU 功能结构条件；并能灵活适用于线路一侧为 ET 另一侧为传统互感器的情况。改进插值法数据同步完全摆脱了标准中隐含推荐的 GPS，大大提高了继电保护的可靠性。本节另提出了保护装置及 MU 共享的 1PPS 信号由 MU 转发或自产的逻辑和应用方法，应用该措施，可进一步提高保护的可靠性，做到保护功能不依赖于除 MU 和保护装置本身之外的任何其他设备。

4.2.3.5 适用于网络采样且不依赖 GPS 的时钟接力法数据同步方法

在上一节讨论的技术条件和基础之上，数字化线路差动保护的数据同步也可按下述方法进行。

线路两侧 4 台装置处理器各设一只内部计时器（时钟），参考图 4-30，对侧 MU、对侧保护装置、本侧保护装置、本侧 MU 的内部计时器分别用 t_N、t_n、t_m、t_M 表示，图中横向从左到右表示绝对时间的先后。

在本方法中，要求本侧 MU 与本侧保护装置之间通过本侧 1PPS（记为 1PPS/M）同

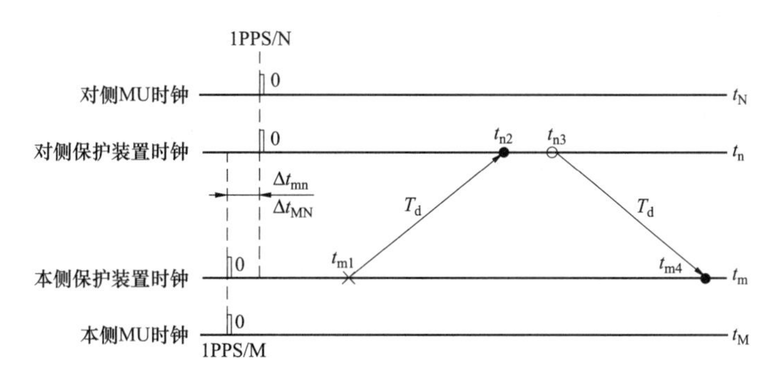

图 4-30 时钟接力法数据同步过程示意图

步，在每个 1PPS/M 脉冲的前沿，t_M、t_m 同时置 0；对侧 MU 与对侧保护装置之间通过对侧 1PPS（记为 1PPS/N）同步，在每个 1PPS/N 脉冲的前沿，t_N、t_n 同时置 0。注意 1PPS/M 与 1PPS/N 之间不要求同步。

由于各侧 MU 与保护装置之间有了同步的时钟，MU 的任一帧数据传送到保护装置的延时就可以测得。因为 MU 传送到保护装置的数据报文中包含了样本计数值，该样本计数值乘以 ET 的采样间隔时间 T_s 就是 MU 的计时器读数。如对侧 MU 发送一个样本计数为 N_1 的数据帧，对侧保护装置收到后可知该帧发出时 t_N 的读数为 N_1T_s。设保护装置收到该帧数据时 t_n 的读数为 t_{n1}，则可知该帧数据的延时为 $t_{n1}-N_1T_s$。该延时与数据报文中包含的 ET 额定延时 T_{p1} 之和即为对侧 ET 的二次传变总延时 T_{e1}，即

$$T_{e1}=T_{p1}+t_1-N_1T_s \tag{4-8}$$

本侧 ET 二次传变延时也可通过同样的方法实时测得。一旦两侧 ET 二次变送延时可知，数据同步的过程就可以完全参照图 4-25 所示的方法进行。但这里我们讨论另外一种新方法，可以更简洁地完成两侧的数据同步。

设本侧保护装置在 t_{m1} 时刻发送一帧报文到对侧保护装置，对侧保护装置于 t_{n2} 点收到并于 t_{n3} 点回送一帧报文给本侧保护装置。该帧报文中包含了最新收到的同侧 MU 送来的采样数据、t_{n2}、t_{n3} 以及同侧 ET 二次变送延时 T_{e2}。本侧保护装置于 t_{m4} 点收到返回报文，于是可根据等腰梯形法计算出通道延时 T_d 为

$$T_d=(t_{m4}-t_{m1})-(t_{n3}-t_{n2})/2 \tag{4-9}$$

也可计算出 t_n 与 t_m 两个计时器的读数差 Δt_{mn} 为

$$\Delta t_{mn}=(t_{m4}+t_{m1})/2-(t_{n3}+t_{n2})/2 \tag{4-10}$$

由于 t_n 与 t_N，t_m 与 t_M 已各自经 1PPS/N 和 1PPS/M 同步，于是我们也可知两侧 MU 计时器的读数差 $t_M-t_N=\Delta t_{MN}=\Delta t_{mn}$。这就是时钟的接力。

得知了两侧 MU 的时钟差以后，便很容易知道对侧送来的样本计数为 N_1 的采样数据与本侧计时器读数为 $t_{md}=N_1T_s+\Delta t_{MN}$ 时的数据是同步的。

以上是假设两侧 ET 额定延时相等时的结论，若两侧 ET 额定延时不相等，还要考虑它们的影响。这种情况下，对侧样本计数为 N_1 的采样数据与本侧计时器读数为 $t_{md}=N_1T_s-T_{p1}+\Delta t_{MN}+T_{p2}$ 时的数据才是同步的，式中 T_{p2} 为本侧 ET 额定延时。又由于 t_{md} 不太可能恰巧是 T_s 的整数倍，也即 t_{md} 时刻本侧 MU 并没有恰好采样得到一个采样点数据，我们可

以在样本计数为 $M_1 = \mathrm{Mod}(t_{md}, T_s)$（以 T_s 为模数对 t_{md} 作取整运算）和 $M_2 = Mod(t_{md}, T_s) + 1 = M_1 + 1$ 的两采样点数据之间通过插值的方法求得 1 个“虚拟”的采样点数据，该点距 $m1$ 点的时间长度 $T_a = t_{md} - M_1 T_s$，距 $m2$ 点的时间长度 $T_b = M_2 T_s - t_{md}$。若采用拉格朗日插值法作一阶线性插值，则该点采样值 A（md）计算为

$$A(md) = T_b A(m1)/T_s + T_a A(m2)/T_s \tag{4-11}$$

式中：$A(m1)$、$A(m2)$ 分别为 $m1$、$m2$ 两点的采样值。

至此，一个完整的数据同步过程完成。

4.2.4 直接采样与网络采样

保护装置从合并单元接收采样值数据，可以直接点对点连接，也可以经过 SV 网络交换机。前者称为直接采样（直采），后者称为网络采样（网采），两种方式的对比见表 4－2。如图 1－9 所示，图 1－9（b）比图 1－9（a）多出了对时总线，主要是为体现网络采样方式，保护功能实现必须依赖于外部对时系统，4.2.1～4.2.3 节对保护采样与数据同步的分析已经论证了这一点。本节对两种采样方式的特点作进一步对比分析。

表 4－2　　直接采样与网络采样对比分析

对比项目	直接采样	网络采样
采样值传输延时	短，保护动作速度快，最长延时 2～3ms	比直采长，保护动作速度受影响。采样环节延时是数字化保护动作变慢的主要来源
延时稳定性	采样值传输延时稳定	经网络传输延时不稳定
采样同步	由保护完成，不依赖于外部时钟，可靠性高	依赖于外部时钟，一旦时钟丢失或异常，将导致全站保护异常，可靠性低
中间环节	采样值传送过程无中间环节，简单、直接、可靠	在采样回路增加了交换机环节，降低了保护系统的可靠性
是否依赖交换机	否	是。对交换机的依赖太强，对交换机的技术要求极高
各间隔保护功能实现	各间隔保护功能在采样环节天然的独立实现，可靠性高	使多个不相关间隔保护系统产生关联实现，单一元件（交换机）故障，会影响多个保护运行
检修消缺、扩建的影响	不影响其他间隔的保护（在采样环节）	交换机配置复杂，检修消缺、扩建中对交换机配置文件修改或 VLAN 划分调整后，需要停役相关设备或网络进行验证，验证难度大，同时扩大了影响范围，运行风险大
合并单元、变压器、母线保护装置光口	较多，需解决散热问题	较少，设备相对简单
二次光纤数量	较多	较少
投资成本	两者相当。交换机成本减少；光纤数量较多；主设备保护装置、MU 成本增加	两者相当。交换机投资成本大

看待直采、网采的问题，首先要明确保护是否依赖于外部同步对时系统。目前变电站

保护正常工作依赖的公共设备只有直流电源。如果保护依赖外部对时，外部对时系统的可靠性不能低于直流电源。而目前时钟设备的可靠性不可能达到直流电源的水平，即使达到了直流电源的水平，从整体上来说，保护系统的可靠性也降低了，因为它依赖的外部条件增多了。因此，从系统可靠性要求出发，保护功能实现应不依赖于外部对时系统。

由 4.2.1 ~4.2.3 节分析可知，数字化保护装置要能正常工作，一个先决条件是采样值传送延时可知（这样才可以做采样同步），或采样数据本身已同步。当前所有的网采方案，因为交换机本身采样延时不稳定，无法测量，都依赖外部对时系统做采样同步。若要保护不依赖于外部对时系统，当前的办法只有直采。直采不依赖于交换机，采样值传输延时稳定，其值可以事先测好作为已知量。

若要保护采用网络采样方式，同时又不依赖外部对时，有 3 个可能方法：

（1）交换机本身的数据传送延时做到稳定。但这一点交换机很难做到，它自身的存储转发机制不能保证延时稳定。

（2）交换机自己测量报文在自己内部的延时，然后放在报文帧中发送给保护装置，这样保护装置有可能实时计算出每一帧采样值报文的延时，从而做采样值同步。但这一点，在现有技术条件下普通交换机也做不到，它没有这种功能。若重新设计专用交换机，与现有以太网的一系列标准不兼容。

（3）采用其他的通信方式，采样值传送延时是可知的。但目前没看到这种技术。即使有，也可能不再是网络技术。如何在网络采样时不依赖于外部对时，值得进一步深入研究。

综合考虑保护动作快速性与系统可靠性，从现有技术条件来看，保护装置直接采样比网络采样更有优势。

4.3 对 时 技 术

4.3.1 概述

变电站二次系统的正常运行离不开时间的准确计量，而且需要高精度的时间，否则就会因为时间不确定性引发许多问题。例如保护或测控装置的事件记录信息失去一定精度的时间参照将降低其有效性，相量测量装置因时间误差可能引起较大误差。在数字化变电站建设之初，提出了保护网络采样、集中式站域保护等。这些技术的实现基础都需要同步采样数据，这就对全站电子式互感器及其 MU 的采样同步提出了极高的要求。解决方案是通过全站的时间同步（对时）来实现采样同步，于是对时技术的重要性陡然提升，因为保护功能的实现依赖外部对时。Q/GDW 441—2010《智能变电站继电保护技术规范》提出保护直接采样的技术原则后，保护便可以做到不依赖外部对时实现其保护功能，于是对时技术的重要性就大大降低了。

目前电力系统采用的基准时钟源主要有全球定位系统（GPS）发送的标准时间信号和北斗卫星定位系统的标准时间信号。变电站采用 GPS 或北斗时钟作为基准源，由站内主时钟接收装置通过天线获得 GPS 或北斗时钟，再通过主时钟向其他装置发送准确的时钟同步信号进行对时。站内主时钟由于是地面时钟系统的基准源，要求具备较高的对时及守时精度，智能变电站主时钟普遍采用高精度的原子钟守时。

变电站内的时钟同步（对时）方式主要有 1PPS 秒脉冲、IRIG－B 码、NTP/SNTP 网络时间协议和 IEEE 1588 协议等。不同的对时方式对应不同的同步对时精度，见表 4－3。

表 4－3　不同时钟同步方式精度对比

时钟同步方式	同步精度
网络时间协议（SNTP）	0.2～10ms
IRIG－B 码	1μs～1ms
IEEE1588（PTP）	<1μs

IEC 61850 标准对智能化变电站中过程层、间隔层和站控层的 IED 智能电子设备的同步精度提出了要求，将 IED 设备对时精度分为 5 个等级，分别用 T1～T5 表示，见表 4－4。其中 T1 的要求最低，为 1ms；T5 要求最高，为 1μs。不过，对具体 IED 设备的同步方式和使用的时间同步技术，标准没有给出明确的规定。实际工程中各层 IED 设备具体采用哪种对时协议，要根据 IEC61850 标准对时间同步精度的具体要求确定。

表 4－4　IEC61850 标准对时间同步的要求

时间性能类	精　　度	目　　的
T1	1ms	事件时标
T2	0.1ms	用于分布同期的过零和数据时标
T3	25μs	用于配电线间隔或其他要求低的间隔
T4	4μs	用于输电线间隔或用户未另外规定的地方
T5	1μs	用于对时间同步要求高的地方

本节重点介绍 IRIG－B 码和 IEEE 1588 对时方式。

4.3.2　IRIG－B 码对时

4.3.2.1　概况

IRIG 码起源于美国军队靶场的时间同步，靶场中的时间同步系统为航天器发射、常规武器试验及相关测控系统提供标准时间。IRIG（Inter Range Instrumentation Group）是美国靶场仪器组的简称，该组织是美国靶场司令部委员会的下属机构，IRIG 时间码由 IRIG 所属的 TCG（Telecommunication Group 远程通信组）制定。

IRIG 时间码有两大类：一类是并行时间码，共有 4 种格式，这类码由于是并行格式，传输距离较近，且是二进制，应用远不如串行格式广泛；另一类是串行时间码，共有 6 种格式，即 IRIG－A、B、D、E、G、H，它们的主要差别是时间码的帧速率不同，从最慢的每小时一帧的 D 格式到最快的每 10ms 一帧的 G 格式。由于 IRIG－B 格式时间码每秒一帧，最适合使用习惯，而且传输也较容易，因此在 6 种串行格式中应用最为广泛。

根据距离 B 码发生器的远近及时间精度的不同要求，B 码在实际传输中采用了两种码型 DC 码（直流码）和 AC 码（交流码）。直流码采用脉宽编码方式，交流码是 1kHz 的正弦波载频对直流码进行幅度调制后形成的。当传输距离近时采用 DC 码，当传输距离较远时采用 AC 码。IRIG－B（DC）码的接口通常采用 TTL 接口和 RS422（V. 11）接口，IRIG－B（AC）码的接口采用平衡接口。IRIG－B（AC）码的同步精度一般为 10～20ms。IRIG－B（DC）码的同步精度可达亚微秒量级。

作为应用广泛的时间码，B 型码具有以下主要特点：① 帧速率为 1 帧/秒；② 可传递 100 位的信息，携带信息量大，经译码后可获得 1、10、100、1000 次/s 的脉冲信号和 BCD 编码的时间信息及控制功能信息；③ 分辨率高；④ 调制后的 B 码（AC 码）带宽适用于远距离传输；⑤ 接口标准化，国际通用。

由于 IRIG－B（DC）码具有上述特点，且其对时回路简单可靠，国家电网公司在《关于加强电力二次系统时钟管理的通知》中明确要求逐步采用 IRIG－B 码标准实现 GPS 装置和相关系统或设备的对时。

本节主要介绍 IRIG－B（DC）直流码。

4.3.2.2 IRIG－B 码格式

IRIG－B 码的时间帧周期是 1s，即以每秒一次的频率发送包括日、时、分、秒等在内的时间信息。每个时间帧包含 100 个码元，每个码元周期为 10ms。IRIG－B 码格式如图 4－31 所示。

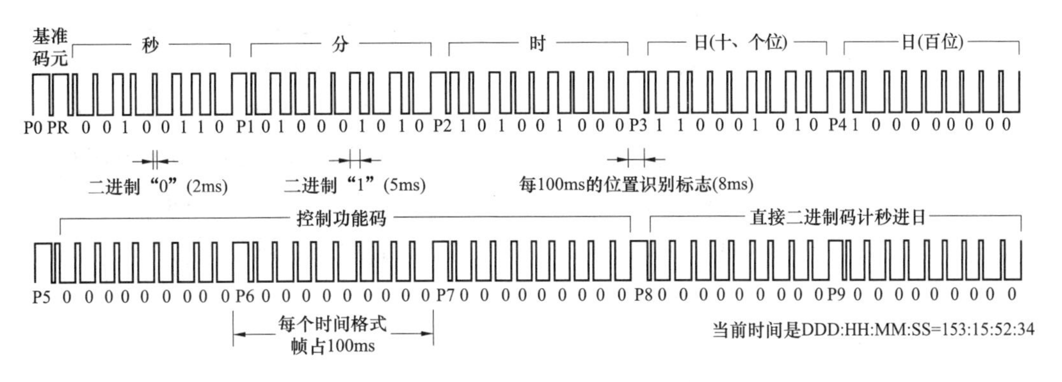

图 4－31 IRIG－B 码格式示意图

IRIG－B 码有三种码元，即二进制“0”、二进制“1”、位置识别标志 P，用不同的脉宽区别，分别为 2ms、5ms 和 8ms。三种码元脉冲信号如图 4－32 所示，它是对图 4－31 码元的放大。

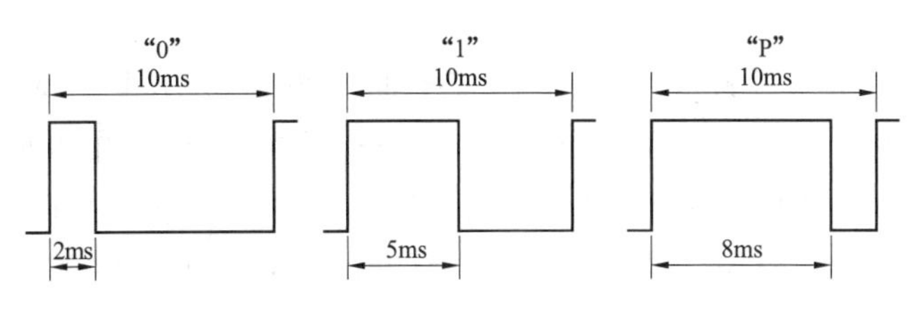

图 4－32 IRIG－B 码元图

图4－31 中，连续两个P码元为一帧的开始，第1个P码元定义为P0，第2个P码元定义为PR，即帧参考点，其上升沿即为该秒的准时刻（1PPS）。换言之，如果连续出现两个8ms的位置识别标志，则该时帧的开始是位于第2个8ms的位置识别标志前沿。P0、PR以后，每10个码元有一个位置识别标志，分别为P1、P2、…、P9、P0。其他时间信息依次分布在各个位置识别标志后的码元中，用BCD（二进码十进数）码表示，低位在前。具体分布为：

（1）9，19，29，…，89，个位数为9的码元为位置识别标志（P码元）。

（2）“秒”的个位使用1、2、3、4码元，十位使用6、7、8码元。

（3）“分”的个位使用10、11、12、13码元，十位使用15、16、17码元。

（4）“时”的个位使用20、21、22、23码元，十位使用25和26码元。

（5）“天”的个位使用30、31、32、33码元，十位使用35、36、37、38码元，百位使用40、41码元。天数信息是从1月1日开始计算的年累计日。

（6）42～98码元包含控制信息和TOD时间。码元中的控制信息包括表示上站和分站的特殊标志控制码、分站延时修正，方便后端用户使用。TOD时间表示当前时刻为当天的第多少秒，用第80～97位共17个码元表示。

4.3.2.3 保护装置的IRIG－B码解码方法

由上面的介绍可见，IRIG－B码格式简单明了，对B码解码只需对照标准帧格式提取出每秒的准时刻（PR码元的前沿，即1PPS）和时间、控制信息即可。为精准提取每秒准时刻，保护装置通常采用专用电路和处理芯片来解码，而不是采用主处理器。专用解码电路的处理芯片可采用MCU（微处理器）、CPLD（复杂可编程逻辑器件）、FPGA（现场可编程门阵列）等。装置的IRIG－B解码电路通常设计成独立模块的形式，图4－33给出了一种采用微处理器的解码电路模块框图，具有一定的代表性。解码模块的成果是同时输出绝对时间信息和精准的1PPS同步脉冲。图4－33中的微处理器（MC9S08QG4）同时具有3种同步与异步串行外围（SPI，I^2C，SCI），能根据要求将时间信息以不同接口转发给保护装置的各功能插件。

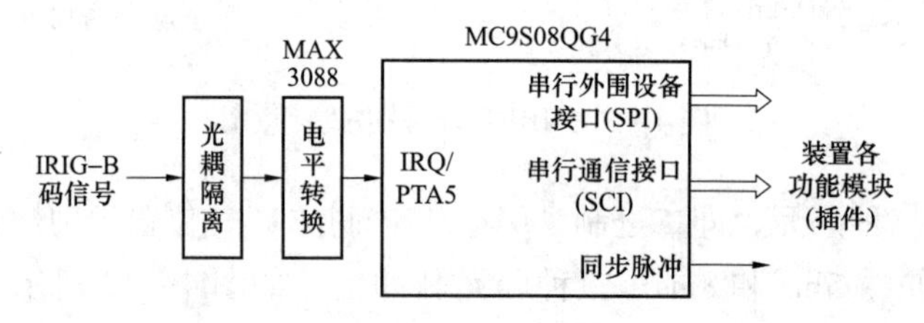

图4－33 IRIG－B码解码电路模块框图

IRIG－B码解码模块与装置各功能插件的接口，可以采用图4－34中保护测控装置A的模式，即由管理插件获取绝对时间信息并统一下发；也可采用测控保护装置B的模式，即由对时模块通过SPI（串行外围设备接口）直接下发绝对时间信息。各功能插件均直接从对时模块引入1PPS对时脉冲。对时脉冲决定各功能插件的时间同步性和对时精度。

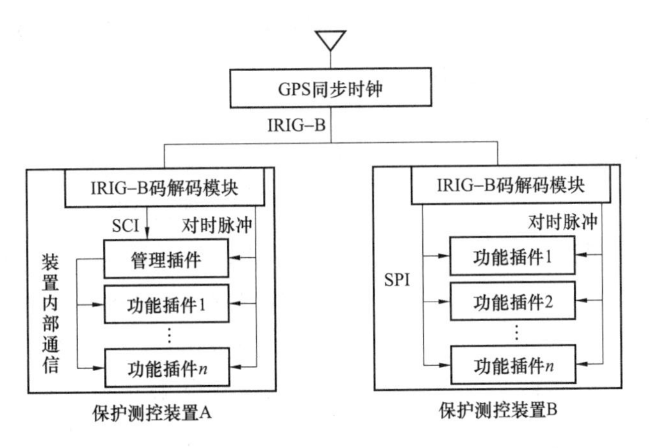

图 4-34 IRIG-B 码解码模块与各功能插件的接口

4.3.3 IEEE 1588（IEC 61588）对时

4.3.3.1 IEEE 1588 标准概况

IEEE 1588 全称为精密时钟同步协议（Precision Time Protocol，PTP），用于在局域网中的不同设备间实现亚微秒（μs）级的同步精度。该协议由 IEEE 仪器和测量委员会起草，于2002 年发布 1.0 版。2008 年 7 月 24 日颁布了 2.0 版，2.0 版比 1.0 版有较大的改进，并且不向下兼容。IEEE 1588 已被采纳为 IEC 标准，编号为 IEC 61588。

IEEE 1588 协议具有如下技术特点：

（1）IEEE1588 使用原有以太网的数据线传送时钟信号，无需额外的对时线，使组网连线简化，成本降低。

（2）较之早期的 NTP/SNTP 网络时间协议（只有软件），IEEE 1588 对时既使用软件，亦同时使用硬件，硬件与软件配合，由此获得更高的对时精度。

IEEE 1588 推出的时间尚短，部分技术和实现设备还有待完善和修正。

4.3.3.2 IEEE 1588 时钟同步基本原理

一、工作原理

PTP 协议的基本原理是主从时钟之间进行同步信息包的发送，对信息包的发出时间和接收时间信息进行记录，并且对每一条信息包“加盖”时间标签。有了时间标签，从时钟就可以计算出网络中的传输延时以及自己与主时钟的时间差，从而进行时钟的校准同步。

为了描述和管理时间信息，PTP 协议定义了 4 种多点传送的信息包，即同步信息包 Sync、Sync 之后的信息包 Follow_Up、延时测量信息包 Delay_Req 和 Delay_Req 的应答信息包 Delay_Resp。同步信息包传递的机制称为“延时—请求响应机制”，如图 4-35 所示。

主时钟周期性发送包含时钟质量的 Sync 消息包，紧接着发送 Follow-Up 信息包通告上个信息包的实际发送时间 t_1（本节提到的时间都是指时钟的本地时间）；从时钟记录 Sync 信包的到达时间 t_2，紧接着在 t_3 时刻发送 Delay_Req 信息包；主时钟记录 Delay_Req 信息包到达时间 t_4，并发送消息 Delay_Resp 把 t_4 告知从时钟。从时钟根据 4 个时间信息

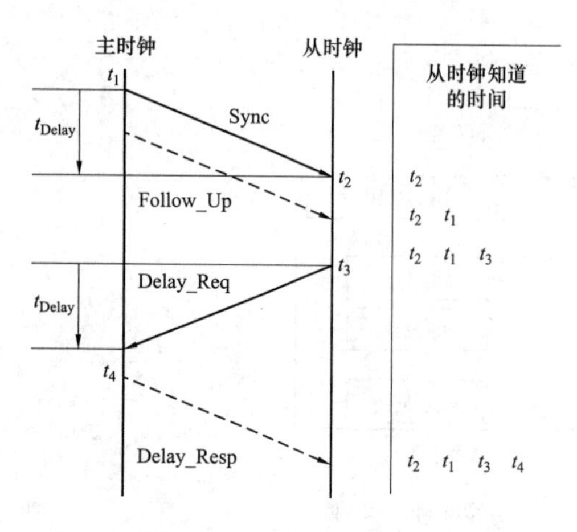

图 4－35　延时—请求响应机制

计算出两个时钟的偏差和传输延迟。

假设主从之间的消息往返延迟是相等的，则图 4－35 中 t_1、t_2、t_3、t_4 四点的连线是一个等腰梯形，从时钟可计算出自身与主时钟之间的传输延迟 Delay 为

$$\text{Delay}=[(t_4-t_1)-(t_3-t_2)]/2$$

从时钟与主时钟的时间偏差 Offset 为

$$\text{Offset}=[(t_2-t_1)+(t_3-t_4)]/2$$

从时钟根据计算出来的偏差修改本地时间，从而达到与主时钟同步。

注意上述两个公式成立的前提是主从时钟之间信息包往返传输时间是相等的。

在同步开始之前，同步域的所有时钟会先通过分布式的最佳主时钟算法（best master clock algorithm，BMC 算法）确定自己的状态，从而确定域中的主时钟。关于最佳主时钟算法，读者可参考有关文献，本书限于篇幅不再展开。

二、影响同步精度的因素

（1）如果 PTP 信息包在 PTP 协议应用层打上时间标签，然后发送出去，由于从 PTP 协议应用层到达时钟物理层出口的时间不确定，协议栈处理信息包的时间会影响时间标签的准确性。

（2）时钟偏差和通道延迟的计算是基于通信双向延迟相等，实际上由于网络抖动等因素，传输延迟是很难完全对称的，不对称性也会影响精度。尤其是长距离的信息包传输，同步精度更容易受到影响。

（3）时钟的晶振偏差也会影响到时钟时间的准确性。

（4）多层次的主从时钟逐级同步会带来累计误差。

（5）对网络拓扑改变的响应能力也会影响同步精度。

三、提高精度的方法

PTP 标准引入了多种方法降低误差，包括划分域，即设计为小系统消除网络组件影响；硬件打时间标签；使用边界时钟；使用透明时钟进一步降低非对称性影响；精简 PTP 帧头，减少网络带宽开销，相应降低可能的网络排队延时。下面重点介绍硬件打时间标签、边界时钟和透明时钟。

（一）硬件打时间标签

一般的同步技术是软件打时间标签，但是在发送信息包时，信息包从 CPU 处理（打时间标签）到物理接口的时间是不确定的，如图 4－36 所示，C 到 A 的延时是不确定的；接收消息的过程也存在这个问题。这个等待时间可能会有几十毫秒，严重影响精度。

PTP 提出同步信息包在 MAC 层和物理层之间打时间标签，即硬件打时间标签。图 4－36 中，PTP 的时间标签处理在 A 点，若时间标签处理在 C 点，严重影响时间恢复的精度。硬件打时间标签时延时抖动一般在数个纳秒（ns）之内，在离出入接口最近的地方打时间标签，大大消除了协议栈等延迟的影响。

（二）边界时钟

如果主从时钟之间距离较长，经过多个网络环节，则受网络波动影响，信息包传输延迟相差可能会很大，也就是引入了很大的非对称性误差，这将严重影响同步的精度。相对于普通时钟只有一个PTP端口，边界时钟有两个以上的PTP端口，每个端口可以处于不同的状态。在主从时钟之间布置若干个边界时钟，逐级同步，边界时钟既是上级时钟的从时钟，也是下级时钟的主时钟，由不同的端口来实现主从功能，如图4-37所示。边界时钟能降低非对称性的影响，还用于划分域和连接底层技术不同的域。

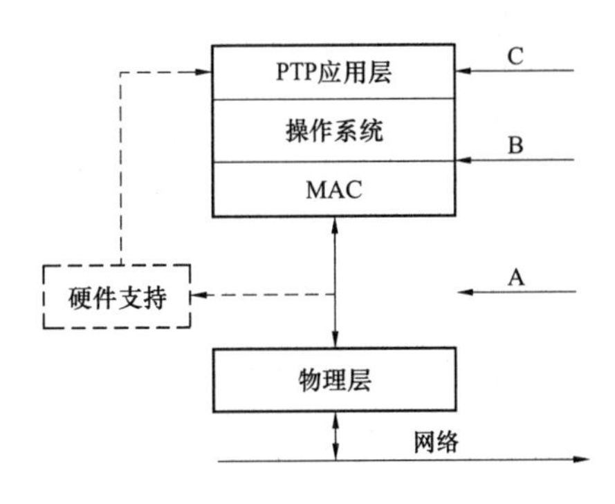

图4-36　硬件打时间标签

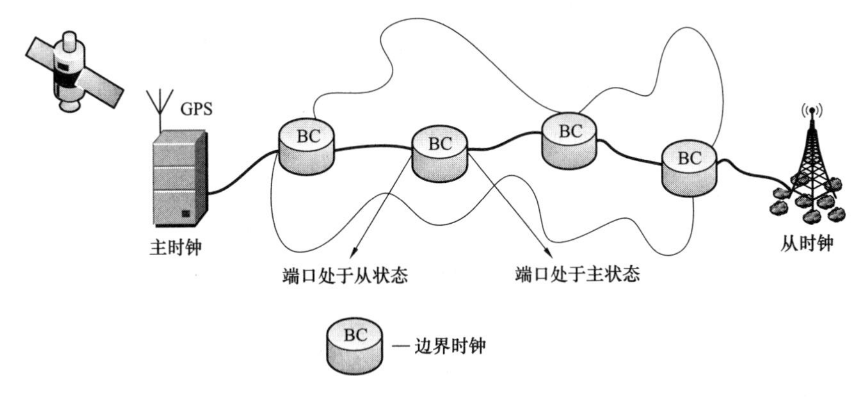

图4-37　边界时钟

（三）透明时钟

透明时钟也用在距离较长、历经环节较多的主从时钟之间，减少网络抖动的影响，做非对称校正，可以排除交换网造成的非对称延迟的影响，减小了大型拓扑中的累积误差。透明时钟与边界时钟不同的是，透明时钟没有主从状态，也不需要做逐级同步。透明时钟分为E2E透明时钟和P2P透明时钟两种。

（1）E2E（端对端）透明时钟。E2E透明时钟用在主从时钟之间，它像一个普通的以太网交换机、路由器或中继器那样转发所有的信息包。对于PTP信息包，透明时钟会另外测量其驻留时间，如图4-38所示。驻留时间是信息包穿越透明时钟所需要的时间。

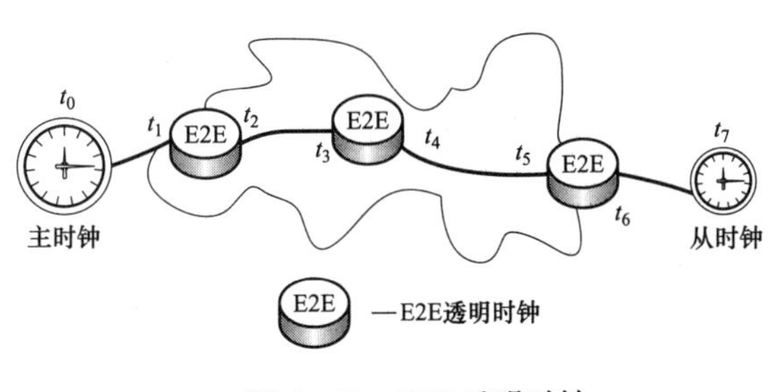

图4-38　E2E透明时钟

在PTP的2.0版本中，同步信息包中增加了一个“时间修正域”（Correction Field）。时间修正域的加入，使信息包在传送过程中可以对这个域进行实时的修正。

PTP信息包穿越透明时钟时，驻留时间会写入这个信息包或者其后续信息包（Follow_ Up 信息包）的时间修正域中。从时钟做同步校正时，会根据 CorrectionField 字段中的值修改时间，以提高精确度。

穿越透明时钟的各段驻留时间都会累加到 CorrectionField 字段中。图 4－38 所示的例子中，总的驻留时间 T_r 为

$$T_r=(t_2-t_1)+(t_4-t_3)+(t_6-t_5)$$

主从时钟之间的同步信息包穿过透明时钟完成一次同步传递之后，可得到

时间偏差 ＝ 收到 Sync 时间－发送 Sync 时间－路径延迟－总驻留时间

即

$$\text{Offset}=t_7-t_0-\text{Delay}-T_r=t_7-t_0-\text{Delay}-\text{Correction Field}$$

上式中的路径延时 Delay 由图 4－35 所示的“延时—请求响应机制”测量。

（2）P2P（点对点）透明时钟。E2E 透明时钟只测量 PTP 信息包穿越它的时间。P2P 透明时钟除此之外，还测量每个端口和对端之间的链路延迟。P2P 透明时钟对于每一个端口用一个额外的模块来完成测量任务，该模块使用“对等延迟机制”测量端口与对端之间的链路延迟，如图 4－39 所示。P2P 透明时钟只能与支持“对等延迟机制”的时钟配合工作。

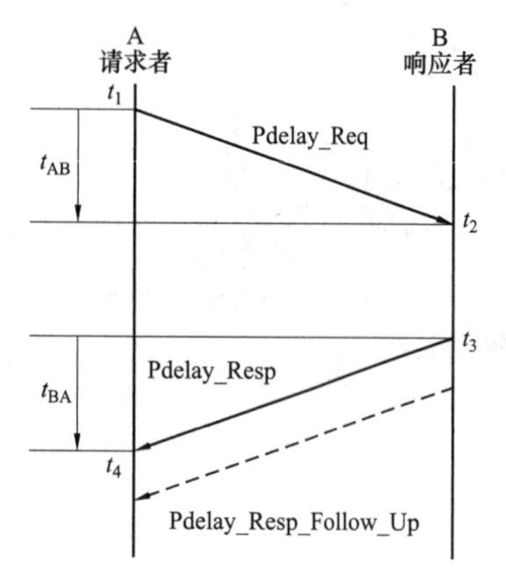

图 4－39　对等延迟机制

链路延迟的计算基于端口与其链路对端交换的三种信息包，即 Pdelay_Req、Pdelay_Resp 和 Pdelay_Resp_Follow_Up。图 4－39 中，端口 A 在 t_1 时刻发送 Pdelay_Req 信息包，端口 B 在 t_2 时刻收到该信息包；端口 B 紧接着在 t_3 时刻发送 Pdelay_Resp 信息包；Pdelay_Resp 信息包是可选的，t_2 和 t_3 可以分开或者一起发送给端口 A。假设端口 A 和端口 B 的传输时间是对称的，也就是 t_{AB} 和 t_{BA} 是相等的，则利用“等腰梯形法”可计算出路径传输延迟时间 T_D 为

$$T_D=[(t_4-t_1)-(t_3-t_2)]/2$$

对于 PTP 时间信息包，E2E 透明时钟更正和转发所有的 PTP 时间信息包，而 P2P 透明时钟只更正和转发 Sync 和 Fo11ow_Up 信息包。这些信息包中的 CorrectionField 字段会被 Sync 消息的驻留时间和路径传输延迟时间更新。E2E 透明时钟只测量信息包驻留时间，P2P 透明时钟测量除信息包驻留时间外还测量路径延时，如图 4－40 所示。

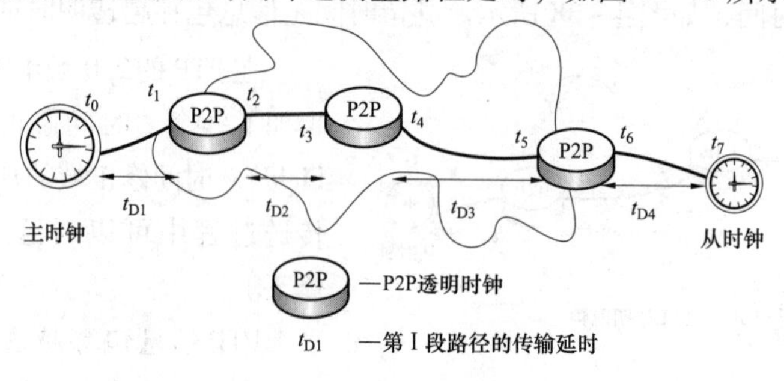

图 4－40　P2P 透明时钟

图4－40中，总的驻留时间 T_r 仍为

$$T_r=(t_2-t_1)+(t_4-t_3)+(t_6-t_5)$$

各段路径的延迟之和 T_D 为

$$T_D=t_{D1}+t_{D2}+t_{D3}$$

图4－39中，主时钟给从时钟发送Sync信息包和可选的后续信息包Follow_ Up之后，从时钟可得到

时间偏差＝收到Sync时间－发送Sync时间－路径延时－驻留时间

也就是

$$\text{Offset}=t_7-t_0-(T_r+T_D)=t_7-t_0-\text{CorrectionField}$$

CorectionField包括路径延时和驻留时间，也就是 T_r 和 T_D 的和。

4.3.3.3 IEEE 1588在智能变电站的应用

IEEE 1588是网络对时方式，智能变电站通信网络拓扑的不同对其应用有较大影响。典型的智能变电站网络结构如图4－41所示，图中虚线及虚线框分别为冗余网络和设备，router为路由器，switch为交换机。

（1）IEEE 1588的全站应用方案。IEEE 1588在站内应用时，要求过程层、间隔层以及变电站层设备只作为对时网络末节点，扮演从时钟角色。通信网络中的交换机或路由器作为BC（边界时钟）或从时钟参与整个对时过程。站内主时钟（下用GC表示）为整个对时网络的时钟参考源。该GC可以有多个网口，但不是交换机或路由器。上述对时网络方案层次清晰，功能明确，通用性强。对于图4－41（a）所示的网络结构，由于过程层网络与站控层网络相互独立，两层网络的对时也被隔开，对此有两种处理方法，如图4－42所示。

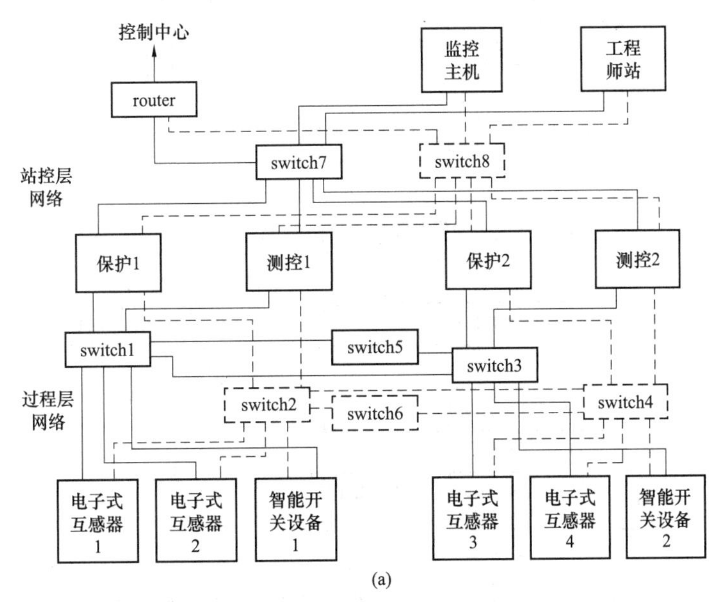

图4－41　过程层网络与站控层网络相互独立的变电站通信网络结构（一）

（a）分段过程总线

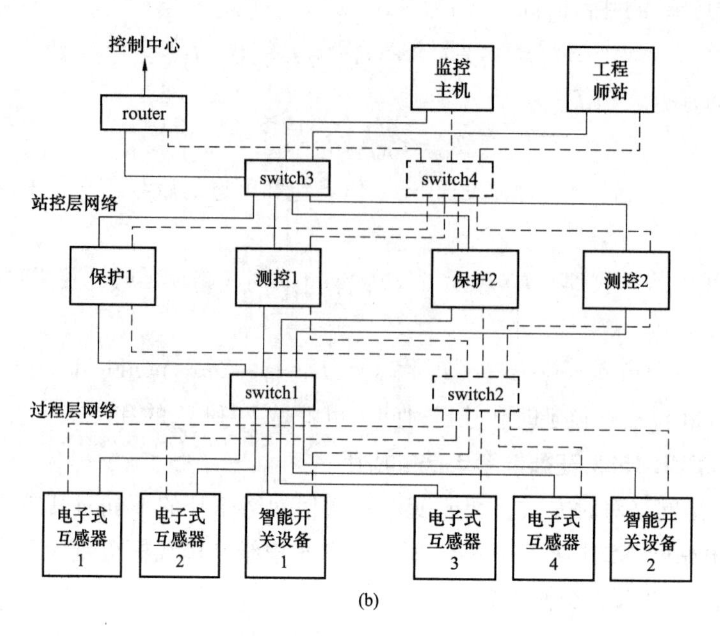

图4-41 过程层网络与站控层网络相互独立的变电站通信网络结构（二）

（b）单一过程总线

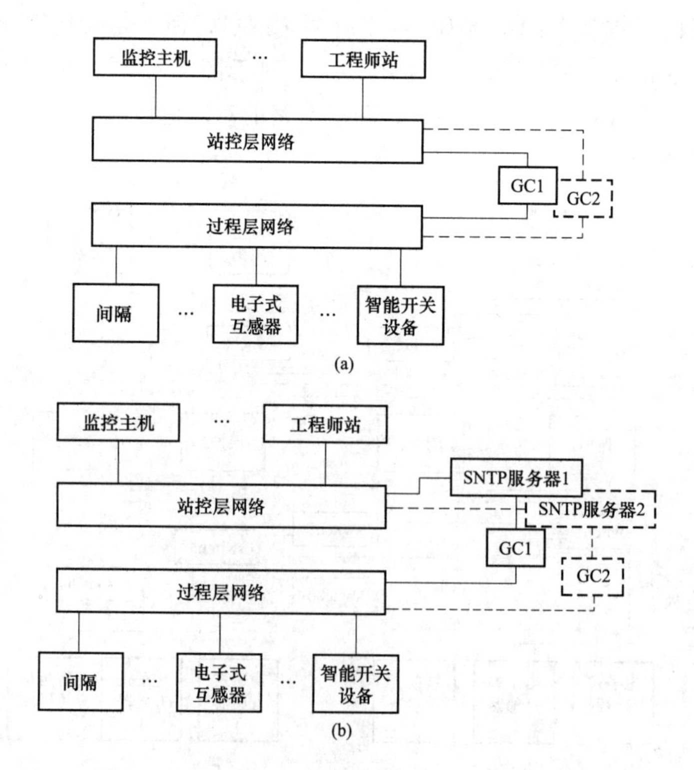

图4-42 独立过程网络全站IEEE 1588应用结构

（a）全IEEE 1588对时；（b）全IEEE 1588+SNTP对时

1）过程网络与站级网络都采用 IEEE 1588 进行高精度对时。专用 GC 分别连接到过程网络与站级网络，如图 4－42（a）所示。GC 接入过程层网络与站控层网络中的交换机，如图 4－41（a）中的 switch5 和 switch7，对时报文经由这些 BC 在 GC 与从时钟间进行交互，完成对时。此方法需要全站过程层和间隔层设备的以太网芯片、变电站层计算机的网卡以及通信网络中的交换机或路由器都支持 IEEE 1588 硬件对时，投资较大，但全站设备都能实现高精度时钟同步。

2）过程层网络采用 IEEE 1588 对时，站控层网络采用 SNTP 对时，如图 4－42（b）所示。SNTP 服务器通过一支持 IEEE 1588 的网口作为从时钟与 GC 对时，通过另一不需支持 IEEE 1588 的网口接入站控层网络，以 SNTP 方式对变电站层设备对时。过程层网络的对时方法与 1）相同。此处的 SNTP 服务器可以和 GC 优化成一个时钟服务器，该时钟服务器的一个网口以 SNTP 对时，另一个网口以 IEEE 1588 对时，这样可以优化功能配置，节省投资。此方法针对变电站层设备对时钟同步精度要求较低的特点，省去了变电站层计算机网卡以及站级网络中的交换机或路由器对 IEEE 1588 的支持，将功能实现与经济性很好地结合在一起。

对于图 4－41（b）所示的网络结构，其对时方法与图 4－41（a）相同，区别在于过程网络中作为 BC 的交换机数量大大减少，过程网络变得简洁。但该单一过程总线的方式对通信速率要求较高，否则过程层与间隔层设备的实时性要求得不到保障。

（2）对时的冗余实现。若保护依赖于外部对时系统，在组建站内通信网络和配置对时设备时，冗余措施必不可少，如图 4－41、图 4－42 中虚线所示。以图 4－41（a）过程网络对时为例，IEEE 1588 对时的冗余备用可按下述方式配置：站内装设 2 套 GC（即 GC1 与 GC2），如图 4－42 所示，GC 上可以有多个支持 IEEE 1588 的网口。GC1 与 GC2 各有一个网口接至图 4－41（a）中的 switch5，另一个网口接至 switch6。GC1 作为主机在主过程层网络与冗余过程层网络上发送对时报文，GC2 作为备用。当 GC1 正常工作时，GC2 能接收到 GC1 发送的正确报文；当 GCl 工作不正常时，GC2 可能收不到 GC1 发送的对时报文或者收到错误的报文，据此可以判断 GC1 出现故障并接替 GC1 进行对时服务。

对于过程层与间隔层设备，主网口与冗余网口都会收到对时报文。如果主网口正常工作时冗余网口不工作，冗余网口 MAC 层收到的报文直接被后续报文覆盖，当主网口故障时，设备 CPU 判断后切换到冗余网口；如果主网口与冗余网口相互独立工作，则由设备 CPU 进行判别后对报文作出取舍。

4.3.4 对对时技术的评价

IRIG－B 码和 IEEE 1588 两种对时方式，精度都可满足智能变电站二次系统的需要，IEEE 1588 的对时精度在理论上可以做到更高。IEEE 1588 的另一个突出优点是不需要专用对时总线或光纤，其对时路径与网络电缆或光纤复合在一起。但是其缺点也很明显：这种对时方式要求设备的网口具备特殊的支撑 IEEE 1588 协议的硬件电路和相应的软件。普通网口与 IEEE 1588 的网口不兼容，一旦采用这种对时方式，所有相关设备都要求具备专用的 IEEE 1588 的网口。此外，当前支持 IEEE 1588 的网络接口芯片、二次设备及交换机技术尚未成熟，性能还不稳定，价格也很昂贵，与其带来的好处相抵，IEEE 1588 综合效益并不高。反观 IRIG－B 码，其技术成熟、性能稳定、兼容性好、成本低，仍是当前智能变电站对时方式的最佳选择。

最后再次指出，保护采样直接采样以后，保护可不依赖于外部对时系统实现其保护功能，对时系统的作用对保护而言不再至关重要。

4.4 网络通信技术

网络通信技术是智能变电站继电保护实现的关键技术之一。保护装置接于变电站通信网络之中，本身要具备多个以太网接口。由于过程层网络对保护功能实现具有重要影响，智能变电站对过程层交换机有严苛和特殊的要求。为提高网络通信的可靠性，对网络冗余技术也提出了要求。本节介绍智能变电站的网络结构、过程层交换机设计、网络冗余技术以及 IEC 62439《高可用性自动化网络》标准。附录 A 中介绍的“网络通信技术基础”是本章的知识基础。

4.4.1 智能变电站的网络结构

变电站网络在逻辑上由站控层网络、间隔层网络、过程层网络组成，物理上一般配置两层网络，即站控层和过程层，参见第 1 章图 1－8。

站控层网络（MMS 网）用于站控层设备和间隔层设备的信息交换，主要是监视间隔层设备和控制信息，可靠性要求相对过程层网络较低，但数据量相对较大；过程层 GOOSE 网主要用于保护设备之间的连闭锁信息交互，间隔层与过程层设备之间控制命令传递以及断路器、隔离开关等开关量信息的采集，对数据传输的可靠性要求很高、实时性也很强（尽管保护采用直采直跳时，对 GOOSE、SV 网交换机的依赖性已不像网采网跳那样强）；过程层 SV 网用于传输电子式互感器所产生的电气量采样值给故障录波器或测控装置，数据量庞大，可靠性、实时性要求也很高。过程层交换机的性能和运行情况将直接影响全站运行的可靠性。过程层交换机必须采用高性能工业以太网交换机，同时通信介质采用光纤。

4.4.2 过程层交换机设计

4.4.2.1 对过程层交换机的基本要求

智能变电站在功能、电磁兼容、环境温度和机械结构等方面对过程层交换机提出了很高要求。过程层交换机在强电磁干扰下，报文传输可靠性、温度范围、端口配置、存储转发时延、吞吐量、环网自愈时间、流量分类控制、网络安全控制等方面应满足智能变电站过程层的应用需求。

（1）强电磁干扰下的零丢包技术。在变电站中，正常和异常运行状况下都会产生和遭受各种电磁干扰，如高压电气设备和低压交直流回路内电气设备的操作、短路故障所产生的瞬变过程，电气设备周围的静电场和磁场、雷电、电磁波辐射、人体与物体的静电、放电等。这些电磁干扰会对交换机通信数据的转发产生影响，导致交换机转发的报文中某些字节出错，使得链路层的 CRC 校验出错，从而丢失整帧报文。报文丢失会导致模拟量采样出错、开关量丢失、跳闸延时，影响变电站的可靠安全运行。过程层交换机应在强 EMC 干扰下不丢包，以满足过程层数字化的需求。

（2）温度范围。智能变电站的部分过程层设备需要就地安装，如智能终端往往需要安装在断路器旁边。随着过程层设备的就地化，过程层交换机往往也需要户外就地安装。中国幅员广阔，南北温度差异大。对交换机的运行温度范围要求较苛刻。低温对交换机的影响一般不大，但交换机在高温下运行时，其相关元器件的老化速度会加快，严重影响其性能和使用寿命。交换机应能够在 -40 ~ +85℃的温度范围内长期可靠地工作。

（3）端口配置。交换机应具备足够数据量的 100Mbit/s 的光纤端口，一般为 8、16 或 24 个。智能变电站用交换机需要支持星形网，必要时需要支持环网等多种组网方式。支持星形网时，交换机还需要提供 1 个千兆光纤端口，用于主交换机和从交换机之间级联；支持环网时，需要提供 2 个千兆光纤端口，以构成环网。因此，一般交换机应支持 2 个千兆光纤端口。

（4）吞吐量。智能变电站过程层数字化后，过程层网上传输报文的字节长度各有不同，例如不同间隔的跳闸 GOOSE 报文、SMV 报文中，任意一帧丢失均可能导致保护工作异常，从而严重影响保护动作的可靠性，进而影响整个电网的安全。因此，要求交换机必须对有效长度（64 ~ 1518/1522Bytes）内的所有报文吞吐量达到 100%。当网络报文流量达到上限时，不能出现因交换机吞吐量达不到 100% 而引起报文丢失，避免因某一字节长度报文出现丢包而影响变电站的可靠运行。

（5）存储转发延时。常规变电站的保护跳闸信号通过电缆传送，实时性好，而智能变电站的保护装置跳闸命令先形成 GOOSE 报文，再经过交换机传送给智能终端。其中交换机的存储转发延时是影响跳闸命令传输时间特性的一个重要因素，存储转发延时越小，GOOSE 跳闸的实时性就越好。对于光纤交换机，减小光模块的转发延时是减小交换机存储转发延时的一个途径。

（6）环网自愈时间。在环网架构的物理链路上，交换机构成 1 个环；在逻辑链路上，其中 1 台交换机的 1 个端口处于“阻塞（block）”状态，数据流不能通过，从而在逻辑上构成非环链路。当网络上出现故障时，交换机之间的环网架构发生改变，交换机需要能探测到网络架构的改变，并能够重新构建新的逻辑链路。在智能变电站中环网故障自愈的时间应尽量短，并且最好实现零丢包。

交换机一般采用快速生成树协议（RSTP）实现环网自愈，但是标准的 RSTP 环网故障后恢复的时间较长，很难满足智能变电站的需求。一般情况下，智能变电站用交换机针对智能变电站的应用采用自己的环网自愈技术。就目前的技术水平而言，其自愈时间应该小于 2ms/hop（跳）。

（7）组播流量控制和优先级。智能变电站中，本间隔的保护测控装置往往只关心本间隔的数据（如线路保护），而 GOOSE 报文和 SMV 报文都是组播发送，如不进行控制，交换机会将此类报文向其所有端口转发，网络上会增加许多不必要的组播流量，极大地浪费带宽及相关 IED 的 CPU 资源。因此，智能变电站内组播流量控制十分必要。

交换机可以采用虚拟局域网（VLAN）技术将相关的装置划分在同一 VLAN 里，限制组播的转发范围。另外，交换机也需要支持优先级技术，以保证重要数据的实时性。

（8）网络安全控制。智能变电站的采样值、跳闸、联闭锁等重要信息全部通过网络传输，因此交换机网络必须提供更高的安全控制策略，如目前常用的基于静态 MAC 或 802.1X 的网络安全控制策略。二者均可提供精确到端口粒度（级别）的网络安全，可从源头上杜绝网络侵害隐患。

下面以某型交换机为例，介绍交换机的软硬件设计。

4.4.2.2 交换机的硬件架构

交换机的硬件核心架构分为数据交换模块和管理模块两部分。硬件框架如图 4－43 所示。

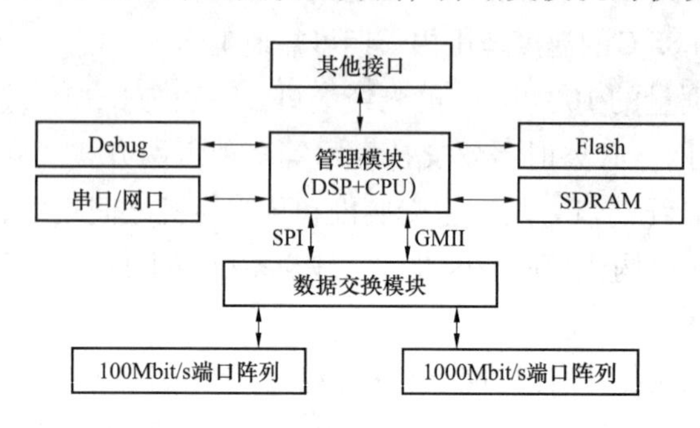

图 4－43 交换机的硬件框架图

数据交换模块负责交换机的基本数据交换处理，支持 8、16 或 24 个百兆光纤端口、2 个千兆光纤端口，采用存储转发模式工作，缓存空间应不小于 6MB。管理模块实现交换机的管理、配置、调试以及交换机的高级应用功能。管理模块和数据交换模块之间通过通信接口连接。

交换机采用全封闭机箱、分区接地、电源干扰抑制、电路板按电压等级分区、信号线屏蔽等抗 EMC 干扰技术，实现强 EMC 干扰下的零丢包技术，以满足过程层数字化的需求。

交换机硬件设计中采用无风扇自冷散热技术，从两方面着手，一是降低元器件功耗，二是增加散热面积，使得交换机能够在 －40～＋85℃ 的温度范围内长期可靠地工作。

4.4.2.3 软件方案

一、软件架构

该交换机的软件运行于管理模块中，整体结构分为操作系统、系统抽象层（SAL）、交换模块的操作接口层（Switch API），以及基本功能模块、配置管理模块、日志与告警模块、高级功能模块等部分，如图 4－44 所示。

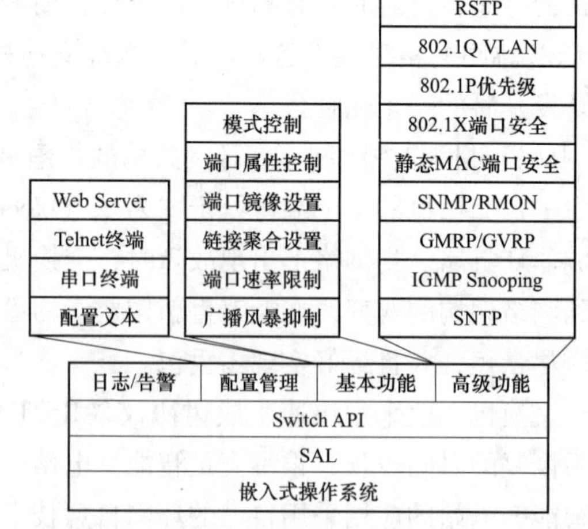

图 4－44 软件结构分解图

SNTP—简单网络时间协议；IGMP Snooping —互联网组管理协议窥探；SNMP—简单网络管理协议；RMON—远端网络监控；GVRP—动态 VLAN 管理协议

二、操作系统和 SAL、API 模块

综合考虑系统稳定性、高效性和可扩展性等因素，采用了嵌入式实时多任务操作系统。

SAL 提供通用的系统函数封装接口，使得上层的应用程序与操作系统无关，确保程序具有良好的可移植性，为今后 CPU 或操作系统升级提供了良好的可扩展性。

Switch API 封装了应用功能对交换模块的操作，包括修改端口属性、读写交换芯片各寄存器等，为上层应用提供了简明清晰的操作手段。增加该层，使得上层应用程序独立于交换芯片而存在，便于上层应用程序的改进和移植，提高了可扩展性。

三、基本功能模块

该模块主要包括对端口模式、属性的控制管理。通过改变 Switch 芯片和物理层（PHY）芯片上相关寄存器的内容设置端口的各项属性，以适应应用需求。

该模块接收来自配置管理模块的功能控制命令，设置 PHY 芯片和 Switch 芯片的工作模式。同时该模块与日志/告警模块接口，对常规配置操作和系统运行异常等情况进行记录。

该模块内部可分为 6 个子模块，各子模块之间为平行关系，独立运行。

（1）PHY 模式控制：控制 PHY 工作模式，包括端口的工作速率、全双工/半双工模式、自动协商模式控制和网线自动交叉识别等。

（2）端口属性控制：控制端口属性，包括端口使能、网络报文控制等。

（3）端口镜像设置：用于将某一个或几个端口上的所有流量复制到另外一个或几个端口上，用于侦测或调试。

（4）端口聚合设置：用于将多个端口聚合成 1 个数据通道，该通道被视为单个逻辑连接，以便扩展交换机级联带宽或增加级联冗余度。

（5）端口速率限制：控制每个端口输入、输出流量速率，可同时对端口速率和端口瞬时风暴进行设置。

（6）网络风暴抑制：用于抑制广播、多播或未知单播的网络风暴。

四、配置管理模块

该模块负责所有参数的显示、配置，可以通过 Web，Telnet，CLI（命令行界面）对交换机进行访问和维护，以满足在不同场合和条件下用户对交换机配置和管理的需要。

五、日志与告警模块

记录交换机内部的日志和告警，为其他各模块提供产生日志和告警的接口，产生的日志和告警存储在 Flash 盘中，断电后不丢失。可以通过 FTP 将日志与告警信息上传到电脑后再浏览，也可在操作界面（web，Telnet，CLI）菜单中浏览。

日志与告警信息按重要程度分为以下 3 级：

第 1 级：装置或功能模块运行出错信息，如系统运行出错、各功能模块运行出错等。

第 2 级：各功能模块正常状态变化信息，如各端口状态变化、802.1X 认证成功和失败、SNTP 时钟同步和失步等。

第 3 级：装置的正常操作记录，如装置启动记录、用户登录及退出记录、各功能模块的开启及关闭记录等。

六、高级功能模块

该模块提供管理型交换机的各项高级应用功能，包括环网管理、数据隔离、链路冗余、流量分类控制、端口安全、流量远程监控和统计、对时、多播报文管理等。该模块接收来自配置管理模块的功能控制命令，设置 PHY 芯片和 Switch 芯片的工作模式。同时该模块与日志与告警模块接口相连，对常规配置操作和各项高级功能在运行过程中的异常情况或重要事件进行记录。该模块内部各模块为平行关系，独立运行，可以独立打开和关闭，如图 4 – 44 所示，可分为 7 个模块。

（1）RSTP：是一种 2 层管理协议，它通过有选择性地阻塞网络冗余链路来达到消除网络 2 层环路的目的，同时具备链路的备份功能。采用 RSTP 技术组成环网，可以在网络投资较少的情况下获取更高的可靠性。

（2）802.1Q VLAN 管理：VLAN 是将局域网设备从逻辑上划分成一个个更小的局域网，从而实现虚拟工作组的数据交换技术，以静态配置的方法限制了多播和广播报文的传输范围，数据流量得到优化控制。VLAN 在智能变电站中已被广泛应用，提高了变电站运行可靠性。

（3）802.1P 优先级管理：该模块将 802.1P 优先级转化为内部的服务类别（CoS）队列，同时允许对队列的调度策略进行配置。智能变电站中可通过优先级标签来制定报文的优先转发策略，保证跳闸等重要信号的优先传送和可靠性。

（4）网络安全控制：该模块包括 802.1X 和基于静态 MAC 的端口安全两种安全控制策略，为网络安全管理提供了优良的策略和手段。用户可以对站内交换机端口进行严格的接入控制管理，杜绝了网络安全隐患。

（5）SNMP（简单网络管理协议）/RMON（远端网络监控）：该模块可通过响应管理站查询提供整个网络的拓扑、交换机端口各项流量统计指标、端口状态、历史数据统计、通过预设条件产生的告警和日志，并可主动上送 trap 信息。该项功能为智能变电站通信网络的监控和分析提供了丰富的数据来源，在智能变电站内有着广阔的应用前景。目前已开始在示范变电站中采用，用户可在后台机（管理站）实时了解站内各交换机的工作情况和网络状态。

（6）SNTP：通过 SNTP 客户端模块访问时钟源，以便同步内部时钟。

（7）其他高级功能模块：包括 GMRP（GARP 组播注册协议）、GVRP（动态 VLAN 管理协议）、IGMP Snooping（互联网组管理协议窥探）等。这些功能在智能变电站工程中应用不多，读者仅需初步了解。

4.4.3 网络冗余技术与 IEC 62439《高可用性自动化网络》标准

由于 IEC 61850 标准未规定系统的网络拓扑结构，过程层总线的拓扑结构在实际应用中可能有多种选择。过程总线技术应用于智能变电站中，有许多问题亟待解决：

（1）网络的无扰恢复（Bump – less Recovery）。根据 IEC61850 – 5 标准，采样值传输、母差保护等功能必须实现无扰恢复，即交换机或光纤等发生任意单点故障后，通信网络皆可零延时恢复，从而使应用层感受不到扰动。而现有协议都无法做到这点，如 RSTP 的恢复时间为秒数量级，MRP 为 100ms 数量级，等等。

（2）可靠性。数字化方案的可靠性不能低于传统方案。为提高通信网络的可靠性，通常采用的方法是网络冗余设计。IEC 62439《高可用性自动化网络》标准提出了多种使用冗余技术设计基于以太网的通信方案。

(3) 成本。数字化方案的成本应与传统方案应有可比性。由于智能变电站中采用了交换机等很多新型电子装置，其可靠性、成本等问题比较突出。

在近几年的 IEC 61850 标准变电站建设中，国内外的主要精力花在设备的互操作，以及 MMS 和 GOOSE 等服务的可靠性等方面。随着数字化程度的深入，IEC TC57 将工作重心逐渐转移到过程总线上，结合制定 IEC 61850 标准第二版，开始深入研究并采用诸如 IEC 62439 - 3 等标准。在 IEC 61850 - 9 - 2 采样值传输映射栈定义中，其 T - Profile（通信协议子集）在网络层和数据链路层之间增加了 IEC 62439 - 3（并行冗余协议和高可用性无缝环）标准作为可选项，从而为过程总线的冗余提供了解决方案。

4.4.3.1 IEC 62439《高可用性自动化网络》标准概述

IEC 62439《高可用性自动化网络》的主要内容是使用冗余技术设计基于以太网的高可用性自动化网络。2008 年 4 月发布第一版，2010 年后陆续发布第二版。第二版包括 7 个部分：

IEC 62439 - 1—2010 一般概念和计算方法；

IEC 62439 - 2—2010 媒介冗余协议（MRP）；

IEC 62439 - 3—2010 并行冗余协议（PRP）及高可用性无缝环（HSR）；

IEC 62439 - 4—2010 跨网冗余协议（CRP）；

IEC 62439 - 5—2010 信标备用协议（BRP）；

IEC 62439 - 6—2010 分布式冗余协议（DRP）；

IEC 62439 - 7—2011 环路冗余协议（RRP）。

IEC62439 标准考虑了两种冗余处理方式，即基于网络设备（交换机、光纤连接等）的冗余和基于终端节点（保护装置、MU 等）的冗余。

基于网络设备的冗余通常是针对通道和交换机故障，利用冗余的通道和交换机重构局域网。这种冗余方式中，终端节点（如保护装置）可以是普通的装置，无需双网口。

基于终端节点的冗余，需要为终端节点配置冗余连接，并在终端节点上进行冗余处理。双端口是通常的方案。这种方式对局域网交换机没有特殊要求。使用双端口终端节点和两个独立的网络可以实现极小的网络恢复时间，即无缝切换。

IEC 62439 中包括的各种协议支持不同的网络冗余方式和拓扑结构，具有不同的性能特征和功能，可满足不同应用的要求。

4.4.3.2 IEC 62439 - 3 并行冗余协议（PRP）和高可用性无缝环（HSR）冗余协议

IEC 62439 标准中与 IEC 61850 标准密切相关的是 IEC 62439 - 3 部分。在 IEC 61850 - 9 - 2（2.0 版）中，IEC 将以基于 PRP 或 HSR 的网络作为变电站总线和过程总线的技术导则。

基于 PRP 和 HSR 的网络具有优异的故障恢复性能，而且能够适用于各种规模的变电站总线和过程总线拓扑。PRP 依赖两个局域网的并行工作，在发生链路或交换机故障情形时提供完全无缝的切换。HSR 应用于环形网络拓扑中，能够使得网络基础构架规模减半。由于 HSR 与 PRP 的相似性，并受篇幅所限，本节重点介绍 PRP。

PRP 并行冗余协议具有以下特点：

（1）装置内具有链路冗余实体（link redundancy entity），该实体将来自应用层的数据同时发往双端口。而在接收数据时，该实体同时接收双端口的数据，保留第一个数据包并剔除重复数据包。

（2）两个网络可以采用任意拓扑结构。如 A 网采用环形拓扑，B 网采用星形拓扑。

（3）可以采用通用交换机。

基于 PRP 的冗余网络，要求装置（如保护装置、合并单元）包含双以太网控制器和双网络端口，分别接入两个完全独立的以太网，实现装置通信网络的冗余。工作时，端口通过 LRE（链路冗余体）与网络层相连，其作为一个单独的网络接口软件管理处理以太网卡和上层网络协议的通信接口，如图 4-45 所示。

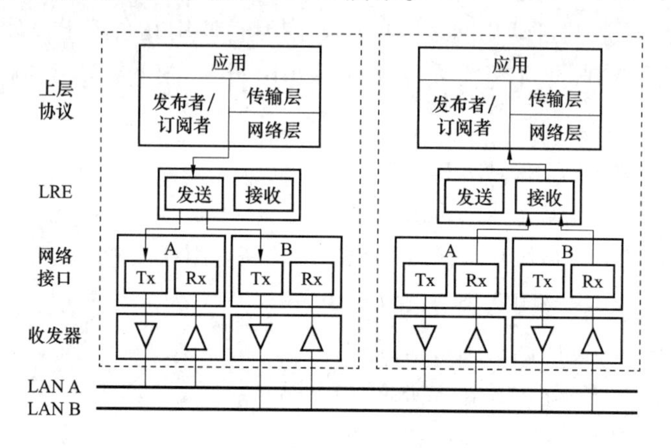

图 4-45　PRP 冗余节点通信示意图

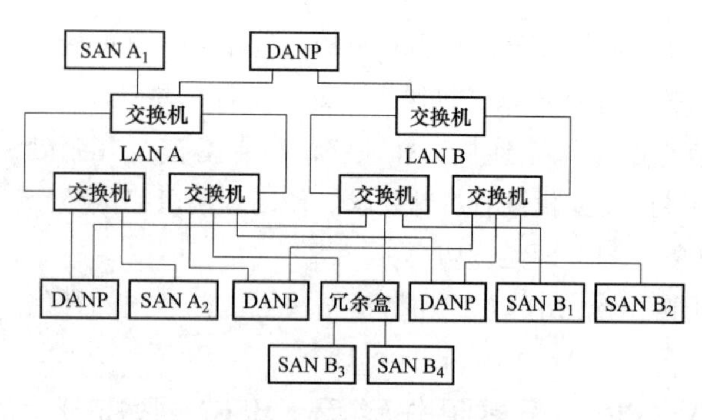

图 4-46　PRP 冗余网络拓扑示例

PRP 终端节点接入两个各自独立运行并且拓扑结构类似的局域网中，两个并行的局域网之间没有直接物理连接，该局域网可以是树状、环网或网状。PRP 冗余网络拓扑示例如图 4-46 所示。

终端节点接入网络的方式有双连接、单连接和经冗余盒接入 3 种。

（1）双连接的终端节点 DANP（Double Attached Node）与两个局域网都有直接物理连接。

（2）单连接的终端节点 SAN（Singly Attached Node）直接与一个局域网相连接入，仅可以与连接到该局域网的其他节点交换数据。如图 4-46 中的 SAN A1 节点只能与 SAN A2 节点交换数据，而不能与 SAN B1 或 SAN B2 交换数据。

（3）单连接的终端节点要同时接入两个局域网，可以通过冗余盒（redundancy box）与两个局域网相连，这样就可以与两个局域网中所有的节点交换数据，例如 SAN A1 可以与 SAN B3 交换数据。

图 4－45 中，运行 PRP 的每个双连接节点有两个并行的以太网接口，这两个以太网接口使用相同 MAC 地址和 IP 地址。两个以太网接口通过一个称为“链路冗余实体 LRE（Link Redundancy Entity）”的控制功能模块连接到上层协议。

LRE 有两个任务，即处理重复报文和冗余管理。发送数据时，发送节点（图 4－45 左）的 LRE 将来自应用层的数据帧复制，并在帧报文的相应位置添加冗余控制跟踪位（RCT），然后同时发往 A、B 端口；接收数据时，接收节点 LRE（图 4－45 右）同时接收 A、B 端口的数据帧，保留第一个接收到的数据帧并剔除从另一个端口接收到的重复数据帧。如果网络或节点的一个端口出现故障，接收节点 LRE 仍然可以收到从另一组网络传输来的数据。由于有了 LRE 控制模块，从上层协议向下看，两个冗余的网口就如同只有一个网口一样。

冗余盒（RedBox）是一种特殊的网络装置，用于将单端口节点接入 PRP 网络内，相当于 SANs 接入冗余网络的代理。其结构与双连接节点类似，如图 4－47 所示。

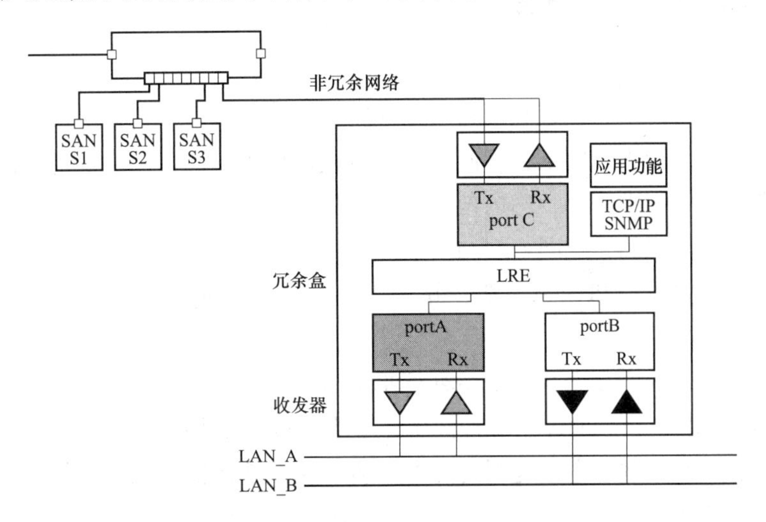

图 4－47 冗余盒（RedBox）节点结构

终端节点在发送报文时是通过 2 个网络适配器同时发送的，因此在两个独立局域网中会有相同的报文被转发，这样在一个局域网失效时，另一个局域网也会将报文送达。接收端需要处理两个局域网都正常工作时产生的重复报文。PRP 对重复报文的处理，采用在链路层丢弃的方式。发送端在每个以太网数据帧中增加 4 字节（32 位）的冗余控制跟踪位（RCT），用于处理重复报文。PRP 冗余控制跟踪位在帧中的分配如图 4－48 所示。

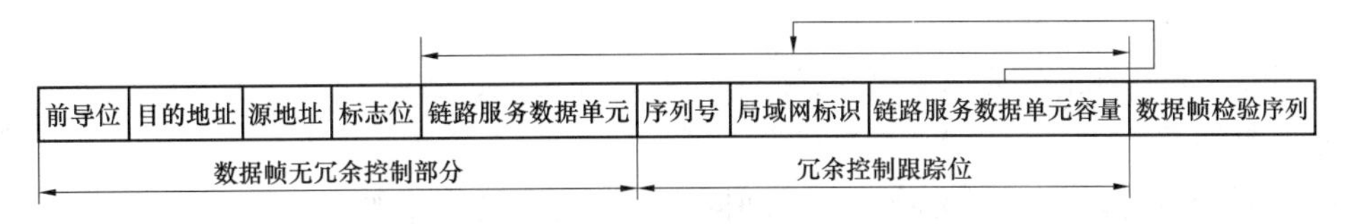

图 4－48 PRP 冗余控制跟踪位在帧中的分配

发送端为每个目的地址（包括单播、组播和广播）都保留对应的序号表。在发送报文之前，发送端将每个目的地址对应的序号加 1，并将加 1 后的序号填入冗余控制跟踪位的序号部分，占16位。

接下来的4位用于区分该报文是经过两个并行局域网中的哪个发送的，这部分也是一对PRP数据帧之间唯一不同的部分。

再接下来的12位是来确定链路服务数据单元LSDU（Link Service Data Unit）大小的。由于在VLAN内经过交换机传输数据帧时，可能会添加或者移除标签，因此只有LSDU和RCT部分是计入链路服务数据单元大小的。由于冗余控制跟踪位的加入，为满足IEEE 802.3数据区最长1500字节的要求，链路服务数据单元的有效负载最大为1496字节。

通过冗余控制跟踪位，配合重复丢弃算法，即可实现在链路层处理冗余报文。

4.5 IEC 61850标准建模与配置

4.5.1 IEC 61850标准概况

4.5.1.1 引言

传统的变电站自动化系统逐渐暴露出一些问题，主要集中在通信协议的多样性，信道及接口不统一，系统的集成度低，不同的设备供应商提供的设备间缺少良好的兼容性等方面。由于厂商众多、标准不一，站内各IED设备间通信互联会产生大量工作量且质量难以保证。不统一的通信规约，或同一规约由于理解的不同产生不同的版本，增加了系统集成的成本，造成了重复投资和资源浪费，并影响到系统的实时性、可靠性，系统的可扩展性、可维护性也很差。

在总结广泛使用的IEC61850－5系列标准和其他标准应用经验的基础上，20世纪90年代中期，IEC提出“一个地球、一种技术、一个标准”的构想，意在解决自动化系统的设备互操作问题，开始制定全球范围内变电站自动化系统通信协议。经过长期努力，制定了采用面向对象技术、以逻辑接点为单位进行建模和构建体系的方案，形成了全球普遍接受的变电站自动化系统通信的统一标准。

4.5.1.2 功能接口

IEC 61850标准在制定时采用了功能分解、数据流和信息建模的方法。功能分解是为了理解分布功能组件间的逻辑关系，并用描述功能、子功能和功能接口的逻辑节点表示。数据流是为了理解通信接口，它们支持分布功能的组件间交换信息和功能性能要求。信息建模用于定义信息交换的抽象语义和语法，并用数据对象类和类型、属性、抽象对象方法（服务）和它们之间的关系表示。

在IEC 61850标准中定义的变电站自动化系统功能，包括控制、监视、保护、维护等。主要包括：

（1）系统支持功能：网络管理、时间同步、物理装置自检等。

（2）系统配置或维护功能：节点标识，软件管理，配置管理，逻辑节点运行模式控制、设定，测试模式，系统安全管理等。

（3）运行或控制功能：访问安全管理、控制，告警指示，同期操作，参数集切换，告警管理，事件记录，数据检索，扰动或故障记录检索等。

（4）就地过程自动化功能：保护功能、间隔联锁、测量和计量及电能质量监视等。

（5）分布自动化支持功能：全站范围联锁、分散同期检查等。

（6）分布过程自动化功能：断路器失灵、自适应保护、反向闭锁、减负荷、负荷恢复、电压无功控制、馈线切换和变压器转供、自动顺控等。

分配到智能电子设备和控制层的功能并不是固定不变的，而是与可用性要求、性能要求、价格约束、技术水平、公司策略等密切相关。因此 IEC 61850 标准支持功能的自由分配。为了使功能自由分配给智能电子设备，由不同供应商提供的设备以及设备的功能之间应具有互操作性。功能分成由不同智能电子设备实现的许多部分，这些部分之间彼此通信（分布式功能），并和其他功能部分之间通信。这些部分称为逻辑节点，其通信性能必须满足互操作性的要求。

IEC 61850 标准定义了功能间的 10 种逻辑接口，见第 1 章图 1－1。

4.5.1.3 通信服务

为了实现通信和应用分离的目的，IEC 61850 标准规定了抽象服务和对象集，使得应用和特定协议无关。这种抽象允许制造厂和用户保持应用功能和优化这些功能，包括：

（1）抽象通信服务接口（ACSI）服务集。抽象服务集用于“应用”和“应用对象”之间，使得在变电站自动化系统的组件间可以以标准化的方式进行信息交换。然而，必须使用具体的应用协议和通信协议集来实现这些抽象服务。

（2）ACSI 到具体的应用协议/通信协议服务集的映射。IEC 61850 标准也规定了站级总线和过程总线的各种映射，映射的选择决定于功能和性能的要求。如在变电站层和间隔层之间的网络采用抽象通信服务接口映射到 MMS（IEC 61850－8－1）。在间隔层和过程层之间的网络映射成基于 IEEE 802.3 标准的过程总线（IEC 61850－9－2）。

一、抽象通信服务接口 ACSI

抽象通信服务接口 ACSI 定义了独立于所采用网络和应用层协议的公用通信服务。通信服务分为两种：① 基于客户端/服务器模式，定义了诸如控制、获取数据值服务；② 基于发布者/订阅者模型，定义了诸如 GOOSE 服务和对模拟测量值采样服务。

IEC 61850 标准总结了变电站内信息传输所必需的通信服务，在 IEC 61850－7－2 中，对此类模型和服务进行了抽象的定义。通信服务的模型，包括服务器模型、应用联合模型、逻辑设备模型、逻辑节点模型、数据模型、数据集模型、替换模型、整定值控制模型、报告和记录模型、变电站通用事件模型、采样值传送模型、控制模型、时间及时间同步模型和文件传输模型。在此基础上，定义了独立于底层通信系统的各类模型所应提供的服务。客户通过抽象通信服务接口 ACSI，由特定通信服务映射 SCSM（Special Communication Service Mapping）映射到应用层具体所采用的协议栈，如 MMS 等。

这些服务模型定义了通信对象及如何对这些对象进行访问。这些定义由各种各样的请求、响应及服务过程组成。服务过程描述了某个具体服务请求如何被服务器所响应，以及采取什么动作在什么时候以什么方式响应。

电力系统信息传输的主要特点是信息传输有轻重缓急，且应能实现时间同步，即对于通信网络有优先级和满足时间同步的要求。但考察现有网络技术，较少能满足这两个要求，只能求其次，选择容易实现、价格合理、比较成熟的网络技术，在实时性方面往往用提高网络传输速率来解决。IEC 61850 标准总结电力生产过程的特点和要求，归纳出电力系统所必需的信息传输的网络服务。应用抽象通信服务接口，它和具体的网络应用层协议（如目前采用的 MMS）独立，与采用的网络（如现采用的 IP）无关。客户服务通过抽象通信服务接口，由特定通信服务映射（SCSM）到采用的通信栈或协议子集，在服务器侧通信栈或协议子集通过 SCSM 和 ACSI 接口。

变电站网络通信采用客户/服务器模式，设备充当服务器角色，通过端口侦听来自客户（一般是变电站当地监控主机或调度中心）的请求，并做出响应，所以变电站网络通信是多服务器少客户形式。该模式不同于常规的 CDT 和 Polling 模式，而是采取事件驱动的方式，当定义的事件（数据值改变、数据质量变化等）触发时，服务器才通过报告服务向主站报告预先定义好要求报告的数据或数据集，并可通过日志服务向循环缓冲区中写入事件日志，以供客户随时访问。另外采用面向无连接的通信方式，可以使设备通过组播同时向多个设备或客户发送信息。

二、通信服务映射

由于网络技术的迅猛发展，更加符合电力系统生产特点的网络将会出现。由于电力系统生产的复杂性，信息传输的响应时间的要求不同，在变电站的过程中可能采用不同类型的网络。IEC 61850 标准采用抽象通信服务接口，就很容易适应这种变化，只要改变相应 SCSM。应用过程和抽象通信服务接口是一样的，不同的网络应用层协议和通信栈，由不同的 SCSM 对应。

服务器和客户之间通过 ACSI 服务实现通信。一个 IED 设备依据该设备的功能、作用，可以包含若干个服务器对象。一般情况下，当 IED 设备作为其他串口通信设备的代理服务器时，可以包含多个服务器对象，否则针对某一特定功能的 IED 设备一般只包含一个服务器对象即可。而每个服务器又由若干逻辑设备组成，客户通过 ACSI 服务实现对设备的访问，其中服务器对象封装了它的所有数据属性和服务，通过外部接口实现与客户之间的数据交换。

ACSI 服务通过特定服务映射 SCSM 映射到 OSI 通信模型的应用层而实现设备数据的网络传输。采用 ACSI 服务的映射模型，可以使数据对象和 ACSI 服务有很大的灵活性，它的改变不受底下 7 层协议栈的影响。

IED 设备的服务器映射到制造报文规范 MMS 的虚拟制造设备 VMD，逻辑设备映射到 MMS 的域 Domain，逻辑节点、数据对象映射到 MMS 的命名变量（NamedVariable）。通过 ACSI 服务到 MMS 服务的映射实现数据通信。

（1）变电站层与间隔层的网络映射。在 IEC 61850－7－2～4 中定义的信息模型通过 IEC 61850－7－2 提供的抽象服务来实现不同设备之间的信息交换。为了达到信息交换的目的，IEC 61850－8－1 部分定义了抽象服务到 MMS 的标准映射，即特定通信服务映射（SCSM）。特殊通信服务映射 SCSM 就是将 IEC 61850－7－2 提供的抽象服务映射到 MMS 以及其他的 TCP/IP 与以太网。在 IEC 61850－7－2 中定义的不同控制模块通过 SCSM 被映射到 MMS 中的各个部分（如虚拟制造设备 VMD、域 Domain、命名变量、命名变量列表、日志、文件管理等），控制模块包含的服务则被映射到 MMS 类的相应服务中去。通过特殊通信服务映射 SCSM，ACSI 与 MMS 之间建立起一一对应的关系，ACSI 的对象（即 IEC 61850 -7 -2 中定义的类模型）与 MMS 的对象一一对应，每个对象内所提供的服务也一一对应。

（2）间隔层与过程层的网络映射。ACSI 到单向多路点对点的串行通信连接用于电子式电流互感器和电压互感器，输出的数字信号通过合并单元（MU）传输到电子式测量仪器和电子式保护设备。IEC 61850 -7 -2 定义的采样值传输类模型及其服务通过 IEC 61850 -9 -1 定义的特殊通信服务映射 SCSM 与 OSI 通信栈的链路层直接建立单向多路点对点的连接，从而实现采样值的传输，其中链路层遵循 ISO/IEC8802 -3 标准。IEC 61850 -9 -2 定义的特殊通信服务映射 SCSM 是对 IEC 61850 -9 -1 的补充，目的在于实现采样值模型及其服务到通信栈的完全映射。IEC 61850 -7 -2 定义的采样值传输类模型及其服务通过特殊通信服务映射 SCSM，在混合通信栈的基础上，利用对 ISO/IEC8802 -3 过程总线的直接访问来实现采样值的传输。

（3）MMS 技术的应用。制造报文规范 MMS（Manufacturing Message Specification）是由国际标准化组织 ISO 工业自动化技术委员会 TC184 制定的一套用于开发和维护工业自动化系统的独立国际标准报文规范。MMS 是通过对真实设备及其功能进行建模的方法，实现网络环境下计算机应用程序或智能电子设备 IED 之间数据和监控信息的实时交换。国际标准化组织出台 MMS 的目的是为了规范工业领域具有通信能力的智能传感器、智能电子设备 IED、智能控制设备的通信行为，使出自不同制造商的设备之间具有互操作性，使系统集成变得简单、方便。

MMS 独立于应用程序与设备的开发者，所提供的服务非常通用，适用于多种设备、应用和工业部门。现在 MMS 已经广泛用于汽车、航空、化工等工业自动化领域。在国外，MMS 技术广泛用于工业过程控制、工业机器人等领域。

MMS 的主要目的是为设备及计算机应用规范标准的通信机制，以实现高层次的互操作性。为了达到这个目标，MMS 除了定义公共报文（或协议）的形式外，还提供了以下定义：

1）对象。MMS 定义了公共对象集（如变量）及其网络可见属性（如名称、数值、类型）。对象是静态的概念，存在于服务器方，它以一定的数据结构关系间接体现了实际设备各个部分的状态、工况以及功能等方面的属性。MMS 标准共定义了 16 类对象，其中每个 MMS 应用都必须包含至少一个 VMD 对象。VMD 在整个 MMS 的对象结构中处于“根”的位置，其所具有的属性定义了设备的名称、型号、生产厂商、控制系统动静态资源等 VMD 的各种总体特性。除 VMD 对象外，MMS 所定义的其他 15 类对象都包含于 VMD 对象中而成为它的子对象，有些类型的对象还可包含于其他子对象中而成为更深层的子对象。

2）服务。MMS 定义了通信服务集（如读、写）用于网络环境下对象的访问及管理。MMS 中的“服务”是动态的概念，MMS 通信中通常由一方发出服务请求，由另一方根据服务请求的内容来完成相应的操作，而服务本身则定义了 MMS 所能支持的各种通信控制操作。在 MMS 协议中定义了 80 多种类型的服务，涵盖了包括定义对象、执行程序、读取状态、设置参数等多种类型的操作。这些服务按其应答方式可分为证实型服务和非证实型服务两大类。证实型服务要求服务的发起方必须在得到接收方传回的响应信息后才能认为服务结束，而非证实型服务的发起方在发出服务请求后就可以认为服务结束。在 MMS 中，绝大多数服务类型都为证实型服务，而非证实型服务仅包含报告状态等几种对设备运行不起关键作用的服务类型。

3）行为。MMS 定义了设备处理服务时表现出来的网络可见行为。对象、服务及行为的定义构成了设备与应用通信的全面广泛的定义，在 MMS 中即所谓的虚拟制造设备模型。

以前 MMS 在电力系统远动通信协议中并无应用，但近来情况有所变化。国际电工技术委员会第 57 技术委员会（IECTC57）推出的 IEC60870 - 6 TASE. 2 系列标准定义了 EMS 和 SCADA 等电力控制中心之间的通信协议，该协议采用面向对象建模技术，其底层直接映射到 MMS 上。IEC 61850 标准采用分层、面向对象建模等多种新技术，其底层也直接映射到 MMS 上。可见 MMS 在电力系统远动通信协议中的应用越来越广泛。

4.5.1.4 信息模型

在 IEC 61850 标准出版之前，传输信息的方法是变电站的远动设备的某个信息，要和调度控制中心的数据库预先约定，一一对应，才能正确反映现场设备的状态，在现场验收前，必须将每一个信息动作一次，以验证其正确性，这种技术是面向信号点的。由于新的技术不断发展，变电站内的新应用功能不断出现，需要传输新的信息，已经定义好的协议可能无法传输这些新的信息，使得新功能的应用受到限制。采用面向对象自我描述方法就可以适应这种形势发展的要求，不受预先约定的限制，什么样的信息都可以传输，但是传输时开销增加。由于网络技术的发展，传输速率提高，使得面向对象自我描述方法的实现才有可能。

IEC 61850 标准对于信息均采用面向对象自我描述的方法，在数据源就对数据进行自我描述，传输到接收方的数据都带有自我说明，不需要再对数据进行工程物理量对应、标度转换等工作。因数据本身带有说明，这就不受预先定义的限制进行传输，可以马上建立数据库，使得现场验收的验证工作大大简化，数据库的维护工作量大大减少。

IEC 61850 - 7 - 3、IEC 61850 - 7 - 4 定义了各类（单元）数据对象和逻辑节点、逻辑设备的代码，IEC 61850 - 7 - 2 定义了用这些代码组成完整地描述数据对象的方法和一套面向对象的服务。IEC 61850 - 7 - 3、IEC 61850 - 7 - 4 提供了 90 多种逻辑节点名字代码和 350 多种数据对象代码，并规定了一套数据对象代码组成 00 的方法，还定义了一套面向对象的服务。这 3 部分有机地结合在一起，完善地解决了面向对象自我描述的问题。

一、功能建模

整个变电站对象从逻辑上可以看作是由分布于变电站自动化系统中完成各个功能模块的逻辑设备构成的。而逻辑设备中的各个功能模块又由若干个相关子功能块，即逻辑节点（Logic Node）组成，并通过它的载体 IED 设备实现运行，如图 4 - 49 所示。逻辑节点是功能组合的基础块，也是通信功能的具体体现。逻辑节点类似积木块，可以搭建组成任意功能，而且可分布于各个 IED 设备中。逻辑节点本身进行了很好的封装，各个逻辑节点之间通过逻辑连接（Logic Connect）进行信息交换。

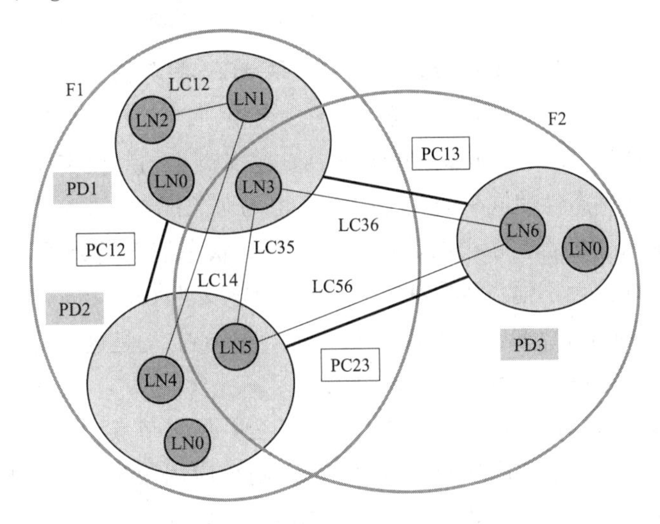

图 4－49　设备、功能、逻辑节点与逻辑连接的关系

F（F1、F2）—功能，即变电站自动化系统执行的任务；PD（PD1、PD2、PD3）—物理设备；PC（PC12、PC13、PC23）—物理连接；LN（LN0～LN6）—用来交换数据的功能的最小单位；LC（LC＊＊）—逻辑节点之间的逻辑连接

逻辑连接是一种虚连接，主要用于交换逻辑节点之间的通信信息片 PICOM（piece of information communication）。逻辑连接映射到物理连接，实现节点之间的信息交换。PICOM 通过 ACSI 服务实现传输。逻辑节点的功能任意分布特性和它们之间的信息交换使变电站自动化系统真正实现了功能级的分布特性。整个 IEC 61850 标准定义了上百个逻辑节点，涵盖了保护、控制和测量设备以及一次设备等变电站设备的功能。逻辑节点具有可扩展性，扩展后的逻辑节点通过数据对象的自描述特性可以很容易地和已有的逻辑节点兼容。逻辑节点 0（LLN0）和物理设备信息逻辑节点（LPHD）是基本逻辑节点的特例。其中 LPHD 逻辑节点描述物理设备参数，包括物理设备铭牌、设备的状态、故障、热启动次数、上电检测等；LLN0 是逻辑设备全局参数的描述，它的数据与功能无关，只记录逻辑设备自身的一些信息，如逻辑设备铭牌、运行时间、自诊断结果等。其他功能逻辑节点在基本逻辑节点的基础上可根据自己的需要添加可控数据、状态信息等其他数据对象。

每个接收逻辑节点（Receiving LN）应该知道需要什么样的数据来实现任务，也就是说，它应该能检查所接收的数据是否完整与有效。在变电站自动化这样的实时系统中，最重要的有效性指标就是数据的时效。发送逻辑节点（Sending LN）设置大部分的质量属性，接收逻辑节点的任务则是判断数据是否过时。

在以上的要求中，发送逻辑节点是主要的数据来源，保有这些数据大多数的最新值。接收逻辑节点对这些数据进行处理，然后用于某些相关的功能。如果数据遭到破坏或者丢失，接收逻辑节点不能按照正常的方式运行，但是可能处于降级方式。因此，逻辑节点在正常和降级两种方式下的行为都必须予以充分的定义。降级情况下功能的行为必须根据功能自身的情况单独设计，但是需要借助于标准化的报文或正确的数据质量属性，将情况通知给分布功能的其他逻辑节点以及管理系统，以便它们采取适当的措施。

二、数据建模

逻辑节点由若干个数据对象组成，数据对象是 ACSI 服务访问的基本元素，也是设备间交换信息的基本单元。IEC 61850 根据标准的命名规则，定义了近 30 种数据对象名。数据对象是由公共数据类 CDC（common data class）定义产生的对象实体。

对象的继承性和多态性使同一公共数据类产生的对象属性不同。如逻辑节点 LLN0 中的数据对象 Beh 和 Health 都是由公共数据类的“整型状态信息类 ISI”定义产生的，但二者产生的实例定义有很大不同。Beh 对象的 stVal 值定义为 On、Block、Test、Test/Block、Off，而 Health 对象的 stVal 值定义为 Ok、Warning、Alarm。正是这一特性实现了用不到 20 个的公共数据类产生近 400 种不同的数据对象。

应用功能与信息的分解过程是为了获得多数的公共逻辑节点。首先根据 IEC 61850-5 中已经定义好的变电站某个应用功能的通信需求，将该应用功能分解成相应的个体，然后将每个个体所包含的需求信息封装在一组内，每组所包含的信息代表特定含义的公共组并且能够被重复使用，这些组别在 IEC 61850-7-3 中被定义为公共数据类 CDC（Common Data Class），每组所包含的信息在 IEC 61850-7-3 中被定义为数据属性（Data Attribute）。IEC 61850-7-3 中定义了 30 种公共数据用于表示状态、测量、可控状态、可控模拟量、状态设置以及模拟量设置等信息。

信息模型的创建过程是利用逻辑节点搭建设备模型，首先使用已经定义好的公共数据类来定义数据类（Data Class），这些数据类属于专门的公共数据类，并且每个数据（Data）都继承了相应公共数据的数据属性。IEC 61850-7-4 中定义了这些数据代表的含义。将所需的数据组合在一起就构成了一个逻辑节点，相关的逻辑节点就构成了变电站自动化系统的某个特定功能，并且逻辑节点可以被重复用于描述不同结构和型号的同种设备所具有的公共信息。IEC 61850-7-4 中定义了大约 90 个逻辑节点，使用到约 450 个数据。

三、变电站配置描述语言

IEC61850-6 中定义了变电站配置描述语言（Substation Configuration description Language，SCL），SCL 是一种用来描述与通信相关的智能电子设备结构和参数、通信系统结构、开关间隔（功能）结构及它们之间关系的文件格式。变电站配置描述语言适用于描述按照 IEC 61850-5 和 IEC 61850-7-x 标准实现的智能电子设备配置和通信系统，规范描述变电站自动化系统和过程间关系。

变电站配置描述语言允许将智能电子设备配置的描述传递给通信和应用系统工程工具，也可以某种兼容的方式，将整个系统的配置描述返传给智能电子设备的配置工具。主要目的就是使通信系统配置数据可在不同制造商提供的智能电子设备配置工具和系统配置工具之间实现可互操作交换。这意味着其能够描述：

（1）系统规范。依据电气主接线图以及分配给电气接线各部分及设备的逻辑节点，说明所需要的功能。

（2）有固定数量逻辑节点但没有与具体过程绑定的预配置智能电子设备。该智能电子设备可仅与非常通用的过程功能部分相关。

（3）用于一定结构的过程部分，具有预配置语义的预配置智能电子设备，如双母线采用气体绝缘组合电器的线路，或一个已经配置过程或自动化系统的部分。

（4）具有全部智能电子设备的完整过程配置。这些智能电子设备已与各个过程功能和一次设备绑定。对所有可能客户，通过访问点连接和子网中可能访问路径增强这个配置。

（5）同（4），但增加全部预定义的关联及数据对象层逻辑节点间客户服务器连接。若智能电子设备不能动态建立关联或报告连接，才需要预先建立关联（在客户端或服务器端）。

4.5.1.5 一致性测试

一致性测试是验证 IED 通信接口与标准要求的一致性。它验证串行链路上数据流与有关标准条件的一致性，如访问组织、帧格式、位顺序、时间同步、定时、信号形式和电平，以及对错误的处理。

测试方应进行以被测方提供的在 PICS（协议实现一致性陈述）、PIXIT（协议实现额外的信息）和 MICS（模型实现一致性陈述）中定义的能力为基础的一致性测试。在提交被测试设备时，被测方还应提供以下信息：

（1）PICS，对 IEC61850 标准的通信服务实现进行说明；

（2）PIXIT，包括系统特定信息，涉及被测系统的容量；

（3）MICS，对数据模型进行说明；

（4）设备安装和操作的详细的指令指南。

一致性测试的要求分为两类：① 静态一致性需求，对其测试通过静态一致性分析来实现；② 动态一致性需求，对其测试通过测试行为来进行。

静态和动态的一致性需求应该在 PICS 内，PICS 用于三种目的：

（1）适当的测试集的选择；

（2）保证执行的测试适合一致性要求；

（3）为静态一致性观察提供基础。

4.5.2 IEC 61850 标准工程继电保护应用模型

IEC 61850 标准与以前变电站内通信标准的主要不同之处在于对象建模，它以服务器（Server）、逻辑设备（Logic Device）、逻辑节点（Logic Node）、数据对象（Data Object）、数据属性（Data Attribute）为基础建立了装置和整个变电站的数据模型，并使用统一的变电站配置描述语言 SCL（Substation Configuration description Language，一种扩展标记语言）描述这些数据模型，从而使得装置和变电站的数据变得透明化，增加了数据的确定性，满足数据读取和互操作的要求。

IEC 61850 标准对公共数据类、兼容的逻辑节点类进行了描述，但是这些公共数据类、兼容的逻辑节点类依然有很多可选项供各个设备厂商自行选择，按照标准也可以由各个厂商自行扩充数据。由于国内保护的特点，IEC 61850 标准中已定义的保护逻辑节点和数据对象往往无法满足国内保护的应用要求。在国内早期 IEC 61850 标准变电站工程实施中，各二次设备制造厂商往往根据自己对标准的理解，自行扩充数据类型和数据对象，经常出现数据类型冲突，不同厂家的装置与监控系统相互配合非常困难，大大延长了工程实施的时间。不规范的装置模型文件（ICD 文件）非常难于理解，也不利于 IEC 61850 标准的进一步的应用研究和开发。因此，依据相关标准化设计规范（《线路保护及辅助装置标准化设计规范》和《变压器、高压并联电抗器和母线保护及辅助装置标准化设计规范》），对保护定值的数据类型、命名及所属逻辑节点等进行统一规范，这在 IEC 61850 标准工程化应用中是非常必要的。

IEC 61850 标准只规定了输入信号的外部引用表示方法，没有规定外部引用与装置内部信号映射的方法，采用 IEC 61850 标准进行装置间实时的开关量信号、采样值信号传输，不同厂家的数据类型定义、信号含义不同，大大增加了工程实施的复杂度。因此，有必要提出 GOOSE 和 SV 虚端子的概念，使用工具进行装置间信号连接的配置。

基于上述原因，国家电网公司制定了适用于 IEC 61850 标准工程的继电保护应用模型标准，对逻辑节点类、扩充的公共数据类、数据类型、数据属性类型、GOOSE、SV、典型装置的模型等内容进行统一规范。Q/GDW 396—2009《IEC61850 工程继电保护应用模型》于 2010 年 2 月正式发布，2012 年又进行了修编，新版现已发布。

Q/GDW 396《IEC 61850 工程继电保护应用模型》是 IEC 61850 标准的细化和补充，规范了 IEC 61850 标准中不明确的部分。Q/GDW 396 统一了 IEC 61850 标准应用的数据类型定义，避免因各制造厂商数据类型不统一引起的数据类型冲突，以及因各种数据类型支持不同导致的实施困难；还统一了几种典型类型的设备所包含的逻辑节点的列表，对于一个包含多个虚拟设备的装置，该装置的各个虚拟设备应参照对应类型设备的逻辑节点列表进行建模。Q/GDW 396 以 Q/GDW 161—2007《线路保护及辅助装置标准化设计规范》、Q/GDW175—2008《变压器、高压并联电抗器和母线保护及辅助装置标准化设计规范》为基础扩充了各种保护所包含的逻辑节点和逻辑节点中的数据对象。规范了配置的技术条款、IED 的具体应用模型、应用服务实现方式、MMS 双网冗余机制、GOOSE 模型和实施规范、SV 模型和实施规范、物理端口描述、检修处理机制。

Q/GDW 396 规定了变电站应用 IEC 61850 标准时变电站通信网络和系统的配置、模型和服务，规定了功能、语法、语义的统一性以及选用参数的规范性，并规定了在实际应用中扩充模型应遵循的原则；还规定了变电站应用 IEC 61850 标准建模原则、LN 实例化建模原则，并按设备类型分类建模，如线路保护模型、变压器保护模型等；规定了关联、数据读写、报告、控制、取代、定值、文件和日志等服务的实现原则；阐述了 MMS、GOOSE 双网机制的实现方式；对 GOOSE、SV 的配置、告警和收发机制做了明确规定；规定了装置检修的处理方法。Q/GDW 396 还给出了逻辑节点类、公用数据类统一扩充定义、统一数据类型和数据属性类型、故障报告文件格式和服务一致性要求；给出了逻辑节点前缀及命名示例、过程层虚端子 CRC 校验码生成原则和物理端口描述示例。

智能变电站继电保护设计开发中建模工作应遵循上述规定。通过规范各制造厂家 IEC 61850 标准设备的建模、提高设备模型的规范性，可以减少各厂家实现的不一致性，保证设备的互操作性，提高变电站二次设备调试的效率，减少工程实施中的协调需求，缩短基建工期；可以提高变电站扩建、技改的可维护性，使 IEC 61850 标准设备增加、更换更加容易。

4.5.3 配置工具与配置方法

IEC 61850 标准规范了数据的命名、数据定义、设备行为、设备的自描述特征和通用配置语言，能够实现不同厂家提供的智能电子设备 IED 之间的互操作和无缝连接。使用变电站配置语言对系统及设备进行统一配置，可以方便地描述变电站内设备的基本功能和可访问的信息模型，以及整个系统的组织结构和功能分布，为变电站内通信的实现做好基础性一环，对于系统互操作的实现具有重要意义。

智能（数字化）变电站工程配置工具、配置文件、配置流程应符合 DL/T 1146《DL/T 860 系列标准工程实施技术规范》。配置流程如图 4 - 50 所示。

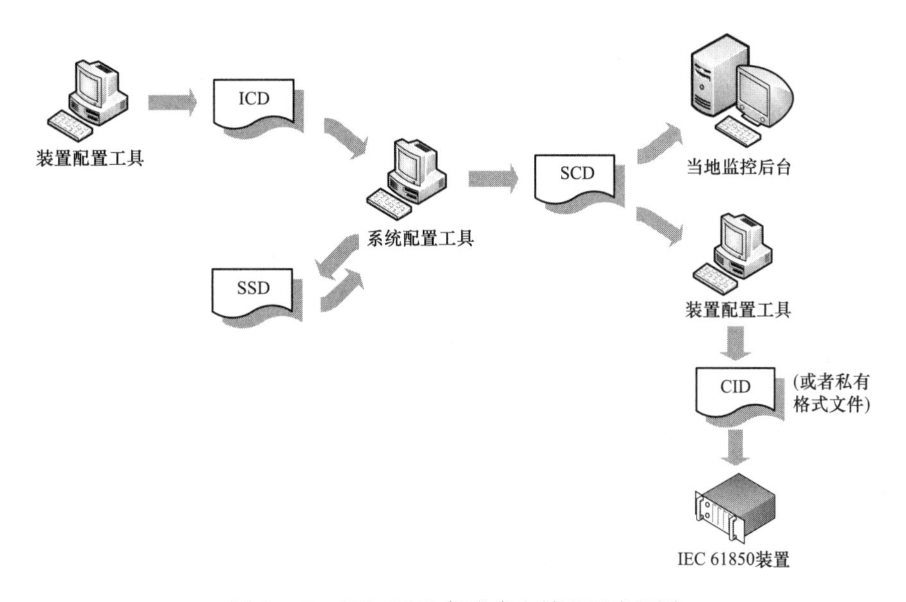

图 4 - 50 IEC 61850 标准变电站配置流程图

变电站系统在进行配置的过程中，要用到四种类型的 SCL 文件，分别为 IED 功能描述（ICD）文件、配置 IED 功能描述（CID）文件、系统规格描述（SSD）文件和变电站配置描述（SCD）文件。这四种文件本质上都是 XML 文件，只是用不同的后缀加以区别。其中 ICD 和 CID 文件主要侧重于描述 IED 部分的内容，而 SSD 和 SCD 文件则主要用于描述整个变电站的系统级功能，分别由 IED 配置工具和系统配置工具进行功能和参数的配置。

ICD 文件由装置制造厂商提供给系统集成厂商，描述了 IED 提供的基本数据模型及服务，但不包含 IED 实例名称和通信参数。ICD 文件包含模型自描述信息、版本修改信息等内容。

SCD 文件为全站统一的数据源，描述了所有 IED 的实例配置和通信参数、IED 之间的通信配置以及变电站一次系统结构，以及信号联系信息，由系统集成厂商完成。SCD 文件应包含版本修改信息，明确描述修改时间、修改版本号等内容。

SSD 文件，描述了变电站一次系统结构以及相关联的逻辑节点，最终包含在 SCD 文件中。

CID 文件，由装置制造厂商使用装置配置工具根据 SCD 文件中与特定的 IED 的相关信息自动导出生成，是具体工程实例化的装置配置文件。

IED 配置工具主要完成 CID 及相关配置文件（GOOSE 配置文件、数据集映射文件等）的生成和下载工作，可以通过 ICD 文件进行实例化生成，也可以从系统配置文件 SCD 提取相关信息获得。配置工作的本质就是根据变电站系统运行的实际情况及 61850 标准的约束规范对 SCL 文件的内容进行编辑和修改的过程。而配置工具的主要工作就是为用户提供可视化的配置界面以及对文件的编辑、修改、校验等操作功能，从而实现 IED 的自动配置。

智能变电站工程配置流程如下：

（1）产品制造商提供 IED 的出厂配置信息，即 IED 的功能描述文件 ICD。ICD 文件通常包括装置模型和数据类型模型。

（2）设计人员根据变电站系统一次接线图、功能配置，生成系统的规格描述文件 SSD。该文件描述了变电站内一次设备的连接关系以及所关联的功能逻辑节点，SSD 中功能逻辑节点尚未指定到具体的 IED。SSD 文件通常包括变电站模型。

（3）工程维护人员根据变电站现场运行情况，读取各厂家智能电子装置的 ICD 文件，对变电站内的通信信息进行配置，装置间 GOOSE/SMV 信息进行配置，描述系数信息进行配置，最后生成变电站系统配置描述 SCD 文件。该文件包含了变电站内所有的智能电子设备、通信以及变电站模型的配置。SCD 文件中的变电站功能逻辑节点已经和具体的智能电子装置关联，通过逻辑节点建立起变电站一次系统和智能电子装置之间的关系。

（4）从 SCD 文件拆分出和工程相关的实例化了的装置配置文件 CID（可能会包含一些私有文件）。

（5）使用装置配置工具将实例化的 CID 文件（及一些私有文件）一一下装到对应的保护、测控等装置中。

目前国内主流保护厂商都开发了各自的 IED 装置配置工具和系统配置工具。

系统配置工具的主要功能包括：① SCL 文件的导入、编辑、导出处理；② 简单数据检查；③ 短地址配置；④ GOOSE 配置；⑤ SMV 配置；⑥ 装置文件配置；⑦ 描述配置；⑧ 参数配置；⑨ 网络配置；⑩ 图形化的人机界面等。

利用系统配置工具进行变电站组态的过程包括三个阶段：

（1）配置前：应获知全站 IED 数目，IED 所属厂家、型号等信息；获取 IED 对应的模型文件（ICD 文件）；获知全站网络配置情况，包括 MMS 网、GOOSE 网、SV 网个数以及装置间通信方式；获取全站子网掩码、IP 地址、MAC 地址等信息；获取全站 GOOSE/SMV 收发信息，包括装置之间、控制块之间、控制块中具体数据对应关系。

（2）配置时的工作：导入 ICD 文件创建 IED 实例；配置网络信息，如装置的 IP 地址、子网掩码等信息；配置 GOOSE 收发关系；配置 SMV 收发关系；配置描述；配置装置参数。

（3）配置完成后：导出 SCD 文件、CID 文件和私有文件。

IED 配置工具的主要功能包括：① 将 CID 文件下载到 IED 装置中；② 新建 ICD 文件；③ 配置 ICD 文件；④ 生成 CID 文件；⑤ 模板维护；⑥ 协议校验；⑦ CID、ICD 文件校验；⑧ 图形化的人机界面等。

4.6 分布式母线保护实现技术

第 3 章 3.3 节和 3.4 节在介绍变压器保护和母线保护的配置原则及技术要求时，提到了分布式变压器保护和分布式母线保护，3.4 节给出了全分布式母线保护的一个示例。本节进一步介绍分布式保护的实现技术。由于分布式保护具有技术共性，介绍时以“12 × 4”方案的半分布式母线保护为例。分布式变压器保护的实现技术与之类似，不予详述。

相比于集中式母线保护，分布式母线保护的 SV 接口和 GOOSE 接口分散在多个子单元装置中配置，主单元装置设计比较容易实现，功耗、散热等问题也比较容易解决。但也需要解决两个重点问题：一是大量数据的可靠、实时传输；二是高精度的同步采样。

4.6.1 整体设计

分布式母线保护装置整体设计方案如图 4 – 51 所示。图中 BU 为从机处理单元（子单元），CU 为主机处理单元（主单元），BU 与 CU 之间通过光纤连接。负责电流采集的合并单元及点对点传输的 GOOSE 开关量通过光纤与从机单元 BU 连接，负责电压采集的合并单元及网络传输的 GOOSE 开关量通过光纤与主机单元 CU 连接。

分布式母线保护的主机单元与从机单元的硬件配置如图 4 – 52 所示。

图 4 – 52 中，CU 共有 4 种功能插件，即保护管理插件、逻辑运算插件、与从机通信插件及过程层通信插件。保护管理插件由高性能的嵌入式处理器、存储器、以太网控制器及其他外设组成，实现对整个装置的管理、人机界面、通信和录波等功能。逻辑运算插件由高性能的数字信号处理器及其他外设组成，它通过高速数据总线与从机通信插件及 CU 过程层通信插件通信，接收 SV 数据及 GOOSE 开关量数据，两块逻辑运算插件接收的 SMV 数据完全独立，以保证某一路采样数据无效的情况下可靠闭锁保护。与从机通信插件由高性能的数字信号处理器、4 组光纤收发口及其他外设组成，负责 CU 与 BU 之间通信，每块与从机通信插件可连接 4 个 BU。它接收 BU 打包上送的电流 SV 数据及点对点 GOOSE 开关量数据，解压缩后传输给 CU，并接收 CU 的跳闸命令，打包后发送给 BU。过程层通信插件由高性能的数字信号处理器、8 个百兆光纤以太网接口组成。插件支持 GOOSE 接口和 SV（IEC61850 – 9 – 2）接口，负责接收电压 SV 数据及网络传输的 GOOSE 开关量数据并传输给逻辑运算插件。

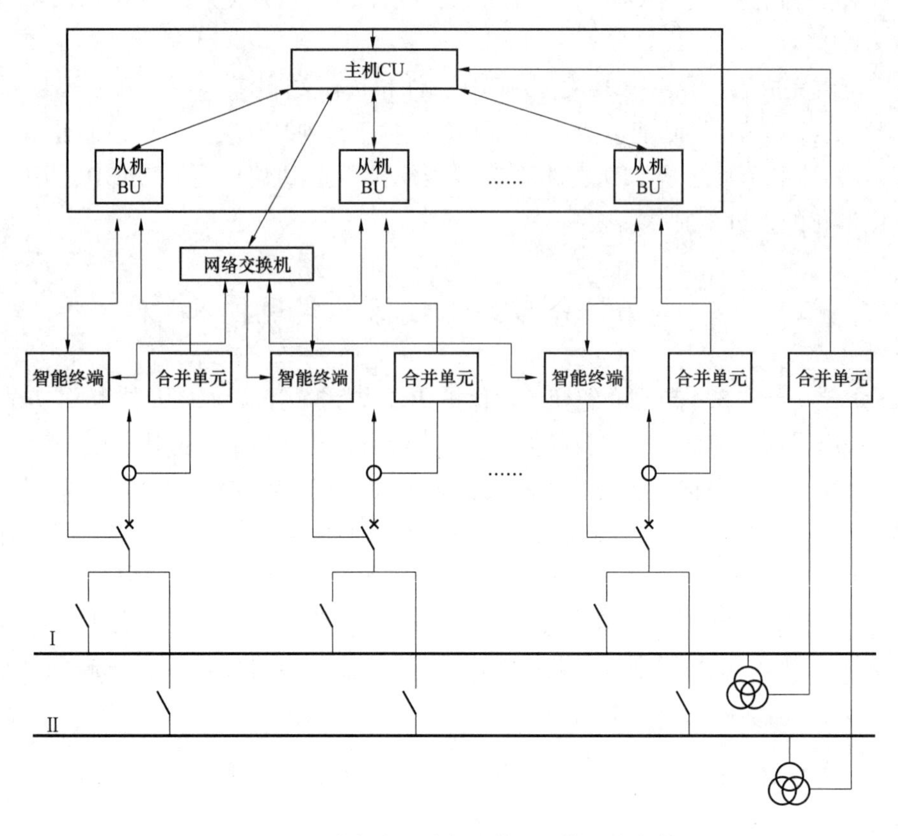

图 4－51　分布式母线保护装置整体设计方案

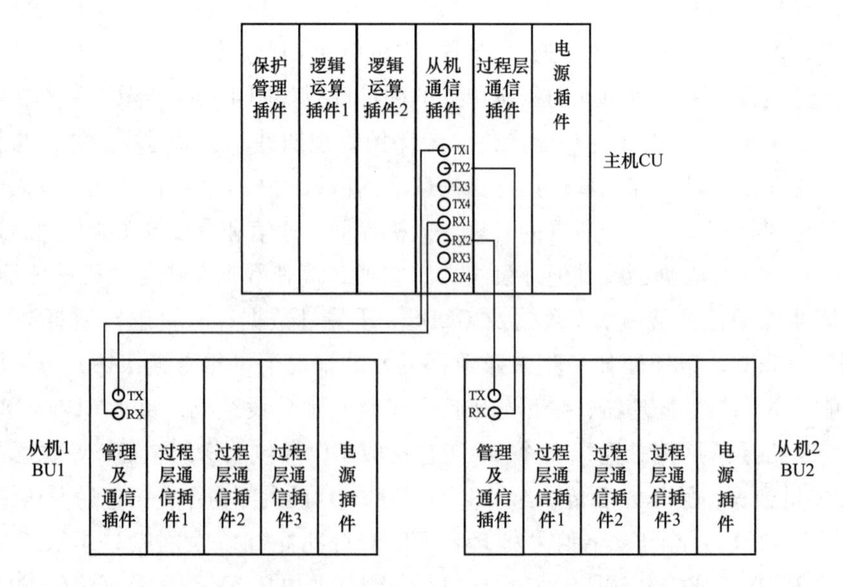

图 4－52　分布式母线保护的主机与从机单元硬件配置

BU共有两种功能插件，即管理及通信插件和过程层通信插件。管理及通信插件由高性能的数字信号处理器、一组光纤收发接口及其他外设组成，它通过光纤与CU的从机通信插件连接，完成与CU的通信，并通过高速数据总线与BU过程层通信插件通信，接收电流SV数据及点对点GOOSE开关量数据，并打包后传输给CU，接收CU下发的GOOSE跳闸命令并传输给过程层通信插件。过程层通信插件负责接收点对点采样数据，并向智能终端发送跳闸命令。每块过程层通信插件由8个百兆光纤以太网接口组成，连接4个间隔，因此每个BU可以接收共12个间隔的点对点采样数据。

4.6.2　大容量数据的可靠实时传输

应用于智能变电站的分布式母线保护的每个从机单元（BU）负责采集间隔的SV及GOOSE信号并上送给主机单元（CU）进行保护逻辑运算并接收CU下发的保护跳闸命令，实现开关跳闸，因此保证CU与BU间可靠、实时通信是分布式母线保护的关键之一。

针对SMV信号，目前MU传送给BU的采样频率广泛采用4000点/s。每间隔数字量通常包含保护用电流、电压及测量用电流、电流等12路数据，以12个间隔、4000点/s、16位数据为例，BU每秒需要传送给CU的数据量为$24 \times 12 \times 16 \times 80 \times 50$bit，约18Mbit/s；此外BU还需要将每个间隔的SV信号的品质状态上送给CU。针对GOOSE信号，从机单元负责采集每个间隔的断路器位置（动合、动断触点）及每个间隔每条母线的隔离开关位置（动合、动断触点），并将每个开入的GOOSE品质位上送给CU。以12个间隔，每个间隔传送16个GOOSE开关量及GOOSE开关量状态，BU每秒传送给CU的数据量为$12 \times 16 \times 16 \times 2 \times 50$bit，约307kbit/s。如果BU不预先对SV及GOOSE信号进行处理，将给BU和CU间的光纤传输造成很大的负担。

为解决上述问题，BU对SV及GOOSE信号进行了以下处理：

（1）BU对每个间隔的SV信号首先进行插值算法处理，即4000点/s的采样数据通过插值算法后变为1200点/s，且只上送保护用电流及测量用电流，舍弃其他不需要的数字量。

（2）BU将每个间隔的SMV品质状态按位处理，这样1个字（16bit）即可传送2个间隔采样数据的品质位。

（3）BU对每个间隔的GOOSE开关量及GOOSE开关量状态按位处理，这样2个字（16×2bit）即可传送一个间隔的GOOSE开关量及GOOSE开关量状态。

（4）BU与CU之间的数据传输采用自定义规约。

通过以上处理，BU和CU间的传输速率要求大大下降，目前BU与CU间的光纤传输速率为10Mbit/s，需要交换的数据量仅为134kbit/s，可以充分保证BU与CU间数据的实时传输。

4.6.3　采样同步

差动保护计算所需要的各个间隔的电流采样数据必须是同一时刻的值，因此必须解决各个子单元间的采样同步问题。采样同步的好坏，直接影响到差动保护的性能。采用GPS

同步时钟为每个间隔单元对时的方案在技术上是可行，但增加了硬件的复杂性，更重要的是当同步时钟受到电磁干扰或同步时钟失去时，差动保护的安全性问题更令人担忧。间隔单元采样同步时钟只要求相对时钟准确，对绝对时间没有要求，如何在不增加硬件和通信网络负担的前提下，解决间隔单元的采样同步性问题，也是分布式母线保护要解决的一个关键性技术问题。

为此，设计了不依赖于GPS的同步方案。CU通过光纤向BU发布时间基准，BU记录下CU发送过来的时间基准，并将此时间基准与BU插件自身的中断时刻作比较，将二者的差值与同步基准做比较后自动调整BU采样中断，以保证各个BU发送给CU的SV数据为同一时刻采样值，同步精度可保证为5μs，完全满足跨间隔数据采样同步的要求。

4.6.4 保护功能配置

与集中式母线保护相同，分布式母线保护装置配置了母线差动保护、母联失灵保护、母联死区保护及断路器失灵保护功能。1套分布式母差最多可接入4个BU，每个BU可接收12个间隔的SV及GOOSE信号，最大可支持48个间隔。针对不同的主接线方式只需根据实际情况对间隔单元进行配置即可，不需修改保护主程序，母线保护的差动支路构成灵活可靠，而不是只能适应已知的主接线形式。

分布式母差为每个支路提供GOOSE接收和发送软压板，用来控制每个支路的GOOSE开入开出。此外还为每个支路设置了支路使能软压板，用以控制支路的GOOSE及SV使能。当支路投入、软压板退出时，相应间隔的电流将退出差流计算，并屏蔽相关链路报警。若支路投入、软压板退出时相应间隔有电流，装置发“支路退出异常”报警信号，相应支路电流不退出差流计算。

为了防止单一通道数据异常导致保护装置被闭锁，装置按照光纤数据通道的异常状态有选择性地闭锁相关的保护元件。具体原则为：

（1）采样数据无效时采样值不清零，仍显示无效的采样值。

（2）某段母线电压通道数据异常不闭锁保护，但开放该段母线电压闭锁。

（3）支路电流通道数据异常，闭锁差动保护及相应支路的失灵保护，其他支路的失灵保护不受影响。

（4）母联支路电流通道数据异常，闭锁母联保护，母联所连接的两条母线自动置互联。

5

智能变电站继电保护相关设备与系统

5.1 网络报文记录分析及故障录波装置

在智能变电站中，以光纤为主要通信介质的网络取代了传统的电缆硬连线，简化了二次接线，提高了施工效率，但同时也给变电站二次回路调试、试验、故障排查提出了新要求。传统金属二次回路直观的硬触点、硬压板、二次连线等明显断开点被网线、光纤所代替，二次回路调试、试验、检查工作依靠传统电工仪表、机械工具等设备已不能完成。网络报文记录分析仪在此背景下应运而生，它可监视、记录全站网络报文，实现通信报文的在线分析和记录文件的离线分析，为站内调试、运行和维护提供有力的辅助手段。

故障录波器用于系统发生故障时，自动准确地记录故障前后过程的各种电气量的变化情况，通过对这些电气量进行分析和比较，判断保护是否正确动作，分析事故原因，同时也可掌握电力系统的暂态特性和有关参数。智能变电站的电气量数据采集、跳闸命令、告警信号及二次回路均已经数字化、网络化，故障录波器面临与网络记录分析仪同样的问题。

现在国内已经出现了几种智能变电站网络报文记录分析装置和录波装置。网络报文记录分析装置实现原始报文记录，录波装置实现暂态录波，但这两种装置需要分别组屏，各自实现各自的功能。报文记录分析装置主要实现对智能变电站中网络系统异常的数据记录和诊断，录波装置主要实现对一次系统异常的数据记录和诊断。当智能变电站内出现异常情况时，常常需要将两个装置记录的信息结合在一起分析，才能更快更准确地判定异常位置，分析异常原因。

当前，出现了网络报文记录分析及故障录波合一的装置，也称为网络报文记录分析系统或变电站通信在线监视系统。该系统用一套装置同时实现网络报文记录和暂态录波功能，两种记录信息共享统一的数据源和时标，不仅可以节省变电站的设备、屏柜，还能更方便地实现原始报文数据和暂态录波数据的对比组合分析。报文记录子系统对每一条异常报文均记录日志，通过日志条目可以直接快速地提取报文数据，这样就可以方便地将暂态录波数据和原始报文数据建立索引关系，实现对比组合分析功能。

以下介绍这种网络报文记录分析及故障录波功能合一的网络报文记录分析系统。

5.1.1 系统结构

网络报文记录分析系统一般由若干通信监听装置（记录单元）和一台通信监视分析终端（分析管理单元）组成。记录单元和分析管理单元单独组网，共同完成变电站通信系统的记录、分析和在线监视功能。记录单元分别从变电站通信系统各层通信接口透明接入，完整记录变电站通信系统的通信信息，同时通过对上述信息进行在线分析，实时将回路运行状态及故障报警信息上传至分析管理单元终端实现监视。

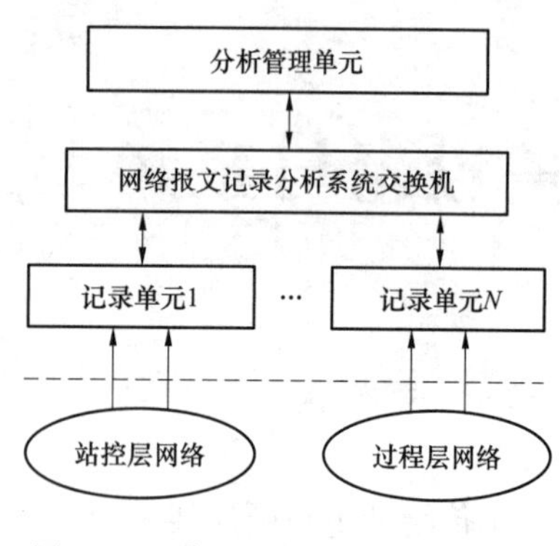

图 5 - 1　典型的网络报文记录分析系统组成框图

变电站规模不同，其网络录波分析系统的设计方案也有所区别。对于网络流量小的应用场合，记录单元和分析管理单元可配置为一台嵌入式装置；在网络流量大的应用现场，可配置多台记录单元实现全站网络通信的监视与记录，配置一台分析管理单元完成对全站报文的分析，配置一台专用交换机实现记录单元与分析管理单元间的通信。系统的组成框图如图 5 - 1 所示。

5.1.2 系统功能

网络报文记录分析系统可对网络通信状态进行在线监视，并对网络通信故障及隐患进行告警，有利于及时发现故障点并排查故障；同时能够对网络通信信息进行无损全记录，以便重现通信过程及故障。通过对数字化变电站中的所有通信信息进行实时解析，能够以可视化的方式展现数字化、网络化二次回路状态，并发现二次设备信号传输异常。另外还能够对由于通信异常引起的变电站运行故障进行分析。具体功能一般包括：

5.1.2.1 网络状态诊断

（1）网络端口通信中断报警。当报文采集单元的某个有流量的网络端口在指定时间内没有收到任何流量，则给出网络端口通信中断的告警。

（2）网络流量统计和流量异常报警。可以实现对网络端口流量统计和报文分类流量统计。当某类恒定流量的报文（如采样值）流量变化超过一定比例（增加或减少）时，系统会报告该分类流量的突增或突减告警。

（3）网络流量分类。变电站网络报文主要分为三类，即采样值报文、GOOSE 报文和 MMS 报文。记录分析仪按照报文类别分别对报文进行流量统计。

5.1.2.2 网络报文记录

装置可以记录流经报文采集单元网络端口的所有原始报文，对特定的有逻辑关系的报文（如采样值报文、GOOSE 报文、IEEE1588 报文等）进行实时解码诊断。

GOOSE 报文每发送一次，报文顺序号依次增加，此时将 GOOSE 报文按照发送顺序号进行依次记录。

采样值报文发送时，每帧报文都带有一个顺序号，记录时按照采样值报文的帧序号进行依次记录。

GOOSE 报文或采样值报文帧格式错误等异常报文按照事件顺序进行记录。

对于异常报文，在存储时即打上异常类型标记，如报文帧错误、报文错序、报文重复、报文超时等。检索时可以按照异常类型进行快速检索。

5.1.2.3 网络报文检查

（1）过程层 GOOSE 报文序列异常检查。GOOSE 报文异常主要包括：① GOOSE 报文超时，如超过 2 倍 GOOSE 报文心跳时间，则说明该 GOOSE 报文异常，需要进行记录；② GOOSE 报文丢帧，通过 GOOSE 报文帧序号的连续性可以检查 GOOSE 报文是否丢帧，如果丢帧，则帧序号是不连续的；③ GOOSE 报文错序，指由于网络传输时延影响，后发的 GOOSE 报文比先发的 GOOSE 报文要先到达装置，此时也需要进行记录，这说明 GOOSE 网络有异常；④ GOOSE 报文重复，指连续发送两帧序号相同的 GOOSE 报文，此时说明 GOOSE 报文重复。通过对 GOOSE 报文以上异常情况进行检查，将异常的 GOOSE 报文进行记录，可以分析网络的一些异常情况。

（2）过程层 GOOSE 报文内容异常检查。GOOSE 报文内容异常检查是指检查 GOOSE 报文的 APDU 和 ASDU 格式是否符合标准。GOOSE 报文中 confNo、goRef、datSet、entriesNum 等参数在装置的 CID 文件中已经进行描述，发送 GOOSE 报文的 confNo、goRef、datSet、entriesNum 必须与装置 CID 文件的配置文件相同，如果不一致，说明发送的 GOOSE 报文内容错误，需要进行记录并给出异常告警信号。

（3）过程层采样值报文序列异常检查。检查的异常状态包括超时、丢帧、错序、重复等。

1）采样值报文如果超过 2 倍发送的时间间隔，则采样值报文发送异常，此时需要将超过 2 倍发送时间间隔的采样值报文进行记录。

2）采样值报文丢帧时，采样值报文的帧序号不连续，通过检查采样值报文的帧序号可以进行采样值报文的丢帧检查。如接收到的采样值报文序号为 1、2、3、5、6、7、8，表示采样值报文的第 4 帧丢失，此时需要进行采样值报文丢失异常告警。

3）采样值报文错序是指装置接收的采样值报文不是依顺序依次到达，某些采样值报文先到。此时也是通过检查采样值报文的帧序号进行检查采样值报文错序。如接收装置收到的采样值报文的帧序号依次为 1、3、4、2、5，表示采样值报文错序，第 2 帧报文比第 4 帧报文还要晚到。

4）采样值报文重复是指连续收到相同帧序号的采样值报文。

（4）过程层采样值报文内容异常检查。检查的内容包括 APDU 和 ASDU 格式是否符合标准，confNo、svID、datSet、entriesNum 等参数是否与配置文件一致等。

（5）站控层 MMS 报文异常检查。站控层网络的 MMS 报文异常一般指 MMS 报文是否符合每种服务定义的报文格式，如果与每种服务定义的报文格式不相符合，则需要进行报错。

5.1.2.4 异常报警

异常报警分为两类：第一类是在人机主界面上提示告警情况，如报文内容错误报警、报文异常、录波启动等；第二类是通过硬触点的方式开出告警信号，该信号可接入变电站监控系统。

5.1.2.5 数据检索和提取

(1) 按照时间段、报文类型、报文特征（如异常标记、APPID）等条件检索并提取报文列表，以 HEX 码、波形、图表等形式显示报文内容。

(2) 按照时间段进行检索，如提取某个时间段的所有报文。

(3) 按照报文分类进行检索，如只需要检索采样值报文或者 GOOSE 报文或者 MMS 报文。

(4) 按照报文特征进行检索，比如通过异常标记进行检索。如通过报文超时异常标记，可以检索超时的所有报文。

5.1.2.6 数据转换

原始报文数据可导出形成需要的格式，用于在 Ethereal 和 Wireshark 等流行网络报文抓包软件、Excel 电子表格、CAAP2008 波形分析软件等软件工具中进行分析。

5.1.2.7 故障波形记录

(1) 电压、电流波形记录。对过程层网络的采样值报文进行解析，提取瞬时采样点的值，进行傅氏计算以及启动判据计算。当电力系统发生故障时，达到故障启动条件，则以 COMTRADE 格式对故障发生时的采样值和开关量进行存储记录，用图形分析软件实现系统故障波形的显示和分析。

(2) 二次设备动作行为记录。对过程层网络的 GOOSE 报文进行解析，提取 GOOSE 报文的开关量状态信息，当开关量状态发生改变时，对接入的采样值报文和 GOOSE 报文进行解析，并以 COMTRADE 格式对故障发生时的采样值和开关量进行存储记录，用图形分析软件实现系统故障波形的显示和分析。

(3) 波形分析功能。装置记录的暂态波形数据以 COMTRADE 格式输出，使用波形分析软件，能实现单端测距、双端测距、谐波分析、阻抗分析、功率分析、相量分析、差流分析、变压器过励磁分析、非周期分量分析等高级分析功能。

5.1.3 关键技术

5.1.3.1 线性均衡循环存储和分段索引技术

智能变电站过程层的报文数据信息量非常大，以 4000Hz 采样率和 10 个 MU 的规模为例，采样值传输采用 IEC61850-9-2 规范，按每个 APDU 包含 1 个 ASDU 数据，每个采样值数据集包含 12 个数据对象，则每个采样值数据包的平均大小约为 170 个字节（由于 svID/datSet 等字符串信息长度不等，可能会有所偏差），则每秒钟产生的报文数据为 $170\times4000\times10=6\ 800\ 000\text{B}=6.8\text{MB}$；每天的数据量为 $6.8\text{MB}\times60\times60\times24=587\ 520\text{MB}=587.52\text{GB}$。如此海量的数据，目前还只能用硬盘介质来存储。

较早期的网络报文记录分析仪，数据存储方式一般基于操作系统中的文件系统，以文件形式存储，如 Linux 的 ETX 文件系统或 Windows 的 FAT/NTFS 等文件系统。这类文件系统都是随机存储方式，如此海量的数据信息，必然产生频繁的读写和删除，这不仅会导致大量的磁盘碎片降低存储效率，更严重的是，由于文件系统随机存储算法的局限，可能导致硬盘上某些区域被频繁擦写（如文件分配表区域），导致硬盘局部快速损坏，使整个硬盘数据丢失。

近期研制的网络报文记录分析仪，报文记录子系统运行于 VxWorks 实时嵌入式操作系统上，没有采用现有的文件系统来存储数据，而是根据报文数据的时序性特征，专门设计了线性均衡循环存储算法，对硬盘上的所有空间进行线性规划，均衡使用，循环存储。线性规划确保硬盘上不会产生磁盘碎片，使硬盘每个扇区的擦写频率保持均衡。由于数据是线性时序相关存储的，因此无需删除数据即可实现循环存储。为了能够在海量数据中快速提取关键信息，以线性均衡存储算法为基础，建立了分段索引算法，实现用很小的内存开销即可快速索引到关键信息。

5.1.3.2 多 MU 相互间同步偏差检出技术

智能变电站中的一种严重异常就是某个或某些 MU 与其他 MU 发生了采样失步，这种失步会导致很多保护算法失效。在暂态录波中，如果完全依赖 MU 提供的采样标号来同步数据，当有 MU 失步时，会导致暂态录波波形畸变，波形相位产生严重偏差，使录波数据失去价值。

对于这种异常，可以采用标号差分算法对多个 MU 的同步特征进行阶梯分组，筛选出失步的 MU。这种算法不依赖于记录分析仪自身的时钟是否同步，不受外部时钟影响，可以快速准确地检出失步的 MU 并给出告警。

5.1.3.3 双时间坐标系的波形分析

网络记录分析仪记录的采样值报文包含两个时标信息：一是接收到该报文的时间；二是 MU 的采样时间（通过采样标号换算出）。而暂态录波数据由于受到 COMTRADE 文件格式的约束，只能显示一个时标，通常仅显示 MU 的采样时间，这样在波形中就无法还原由于 MU 失步或网络严重拥堵导致的异常。

网络记录分析仪内置的网络协议分析软件可描绘采样值报文的波形曲线，在该画面上对每个采样点均能标出记录仪记录的时标和 MU 采样的时标，给用户带来更直观的对比分析信息。

5.1.3.4 报文数据高速显示技术

在报文分析软件中，一个主要功能就是以列表形式列出所有提取出的报文摘要信息，这个功能一般都是报文分析软件的主画面。仍以 4000Hz 采样率 10 个 MU 的 10s 的数据为例，需要加入到列表中的报文条目数为：4000 × 10 × 10 = 400 000 = 40 万条。较早期的报文记录分析仪内置的报文分析软件，都是采用现成的通用列表控件实现这个功能的，如微软的 MFC 提供的列表控件。这些列表控件需要将报文的摘要信息转换成字符串，再存储到控件自身维护的数据结构中。当列表条目很多时，创建这个数据结构不仅需要很大的内存开销，还需要花费很长的时间。经过实测，40 万条的报文信息，数据大小约 70MB，采用这种通用控件显示，内存开销会超过 400MB，在 CPU 主频为 2GHz 的计算机上从打开文件到数据全部显示出来时间接近或超过 30s，使用人员有明显的等待感觉。

近期研制的网络记录分析仪针对报文数据的特征，设计了专用的列表控件，数据大小约为 70MB 的 40 万条报文信息只需占用不到 100MB 的内存，在 CPU 主频为 2GHz 的计算机上从打开文件到数据全部显示出来时间不超过 5s，分类显示时间不超过 1s，可达到几乎无等待的效果。

5.1.4 主要性能参数及指标要求

智能变电站的故障录波性能参数及指标要求与常规站基本相同；网络报文记录分析系统的性能参数主要关注报文端口接入能力、报文存储能力和对时精度，除此之外，还有一些通用性能参数及指标要求。

（1）报文端口接入能力。

1）以太网报文记录监听端口数：≥8。

2）非以太网报文监听记录端口数：≥24。

3）站内以太网通信速率：100/1000Mbit/s。

（2）数据记录与存储能力。

1）记录数据的分辨率：<1μs。

2）记录数据的完整率：100%。

3）本地高速大容量存储：速度 70MB/s，容量可达 2×500GB 以上。

4）数据保存时间：SV 连续记录存储 24h 以上；GOOSE 报文、MMS 报文连续记录存储 14 天以上；异常报文记录存储 1000 条以上。

（3）时钟精度。

1）具有 IRIG－B（DC）码或 IEEE 1588（PTP）对时功能。

2）记录单元对时精度：≤1μs。

3）分析管理单元对时精度：≤10ms。

5.1.5 智能变电站配置要求

对于 220kV 及以上的智能变电站，推荐按电压等级和网络配置故障录波装置和网络报文记录分析装置。当 SV 或 GOOSE 接入量较多时，单个网络可配置多台装置。每台故障录波装置或网络报文记录分析装置不应跨接双重化的两个网络。主变压器一般单独配置主变压器故障录波装置。

故障录波装置和网络报文记录分析装置应能记录所有 MU、过程层 GOOSE 网络的信息。录波器、网络报文记录分析装置对应 SV 网络、GOOSE 网络、MMS 网络的接口，应采用相互独立的数据接口控制器。

采样值传输可采用网络方式或点对点方式，开关量采用 IEC61850－8－1 通过过程层 GOOSE 网络传输，采样值通过 SV 网络传输时采用 IEC61850－9－2 协议。故障录波装置采用网络方式接收 SV 报文和 GOOSE 报文时，故障录波功能和网络记录分析功能可采用一体化设计。

5.2 继电保护故障信息处理系统子站

5.2.1 系统概述

继电保护故障信息处理系统（P－FIS）用于继电保护动作和运行状态信息的收集与处理，并对保护装置的动作行为进行详细分析。它是继电保护、调度及其他专业人员快速分析和判断保护动作行为、处理电网事故的技术支持系统。P－FIS 由安装在调度端的主站系统、安装在厂站端的子站系统和供信息传输用的电力系统通信网络及接口设备构成。系统典型网络拓扑如图 5－2 所示。

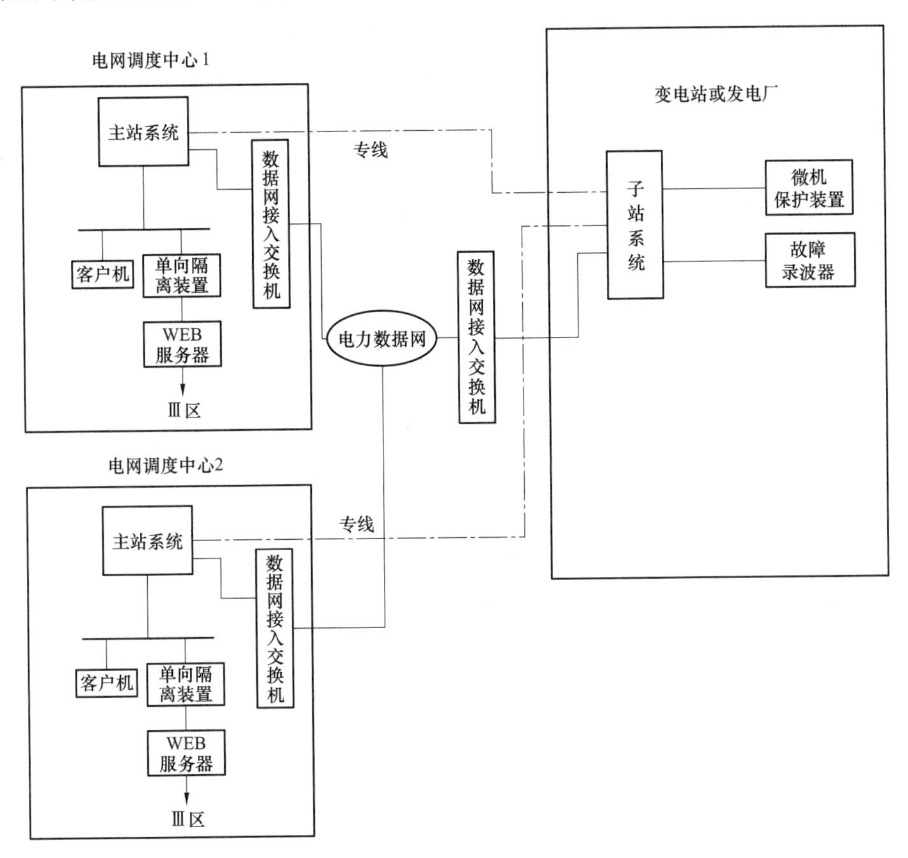

图 5－2　继电保护故障信息处理系统典型网络拓扑示意图

P－FIS 采集和处理的信息来源包括：

（1）继电保护装置的运行信息，包括设备的投/退信息、输入/输出开关量信息、模拟量输入、设备运行告警信息、定值及定值区号。

（2）继电保护动作信息，即在系统发生故障时，继电保护装置动作时产生的事件信息以及故障录波信息。

（3）故障录波器信息，即在系统发生故障时，故障录波器产生的故障录波信息。

（4）一次系统参数，含厂站、线路、变压器、发电机、高抗、断路器、滤波器、母线等一次系统参数。

（5）设备参数，含各一次设备所配置的继电保护和故障录波器设备的名称、型号、生产厂家、软件版本、通信接口型式、通信规约及有关的通信参数等。

（6）在子站或主站对信息加工处理后产生的信息，以及根据运行需要须接入子站的其他信息。

继电保护故障信息处理系统子站（P－FIS 子站），简称子站或保信子站，是指安装在厂站端负责与保护装置、故障录波器等设备通信，完成规约转换、信息收集、处理、控制、存储并按要求向主站系统发送等功能的硬件及软件系统。

220kV 及以上电压等级智能变电站，一般要求配置保信子站。保信子站功能推荐由一体化监控系统集成，必要时也可配置独立的保信子站硬件和软件。110kV 及以下电压等级智能变电站，一般不要求配置保信子站，需要时由一体化监控系统集成保信子站的全部功能，不配置独立的保信子站硬件和软件。无论哪种配置方式，保信子站完成的功能相同，区别仅在于一体化监控系统中的保信子站功能由监控主机完成。以下仍以独立配置的保信子站为例，介绍子站系统的结构、外部接口及功能。

5.2.2 子站系统结构

独立配置的子站系统总体结构如图 5－3 所示。其中，子站主机及接口设备是子站系统的主体，完成子站系统的主要功能。子站维护工作站（计算机）用于现场调试和就地显示子站系统信息，但子站主机的信息收集、处理和发送不依赖于子站维护工作站，因此后者不是系统的必需部分。子站系统可根据实际情况配置数据存储设备、通信管理设备、网络隔离设备、对时接口设备、打印机输出设备、光纤收发器、光电转换器及其他接口设备和附属设备等。子站系统一般须支持各种保护装置和故障录波器的通信接口，包括电口以太网、光纤以太网及 RS232、RS485 串口等形式。子站系统还可与监控系统互连，接口形式一般为以太网接口或串口。

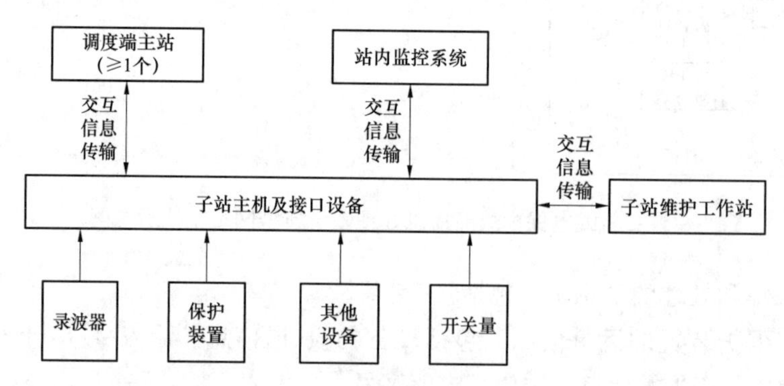

图 5－3　继电保护故障信息处理子站系统总体结构图

为满足系统长期带电运行的要求，并保证系统工作的可靠性，当前的子站主机普遍采用嵌入式操作系统、装置化结构以及互相独立的以太网接口接入到电力数据网。

子站系统能同时向多个主站传送信息，传送到不同级别主站的信息能根据要求定制。子站系统具有向站内监控系统传送信息的功能，并能适应监控系统要求的接口型式和通信规约。为了减少信息传送环节，提高系统可靠性，子站与所有保护装置和故障录波器应采用直接连接方式，不宜经过保护管理机转接。在适应保护提供的接口基础上，优先采用光纤连接方式，以提高抗干扰能力。

(1) 与保护装置的接口。保信子站可适应各种型号的保护装置的各种接口形式。传统变电站保护装置有的提供网络接口，有的提供串行接口，接口协议多以 IEC 60870－5－103 和网络 103 协议为主，通信介质有网线、RS485 总线和光纤等。智能变电站保护装置基本上全部为光纤网络接口，采用 IEC 61850（DL/T 860）标准，以 MMS 协议与保信子站（集成在一体化监控系统中）通信。

网络型设备接入子站系统时，一般使用变电站内部网络地址，通过逻辑隔离措施接到子站主机的单独网卡上。同一通信规约的网络型设备可以先适当连接成网，然后连接到子站系统。

对串口型设备接口，子站主机通过自身提供的串口或经串口服务器扩展的串口以 RS232 或 RS485 方式与保护装置相连。由于采用 RS485 总线形式通信的规约一般都以轮询方式工作，为保证通信质量和实时性，每个 RS485 通信口接入的设备数量一般不超过 8 个。

(2) 与故障录波器的接口。子站系统与故障录波器通过以太网或者串口连接，推荐采用以太网。多台录波器单独组网，不与保护装置共网。智能变电站中故障录波器基本上全部为以太网接口，与含保信子站（集成在一体化监控系统中）的通信采用 IEC 61850（DL/T 860）标准，采用 MMS 协议与监控系统通信。

(3) 与外部硬触点接口。子站系统具备开入/开出接口，在需要时接入外部硬触点。开入信号直流电源由子站系统自身提供，开出为空触点。

(4) 与子站维护工作站的接口。子站主机与维护工作站通过以太网直接连接。维护工作站仅与子站系统连接，不与站内外其他设备有通信连接。

(5) 与监控系统的接口。当需子站系统向监控系统转发保护信息时，子站系统与监控系统之间通过以太网或串口连接，优先采用以太网连接。工程中建议优先采用保护装置直接向监控系统发送信息的方式。

另外要指出，现有保护装置通常同时具备监控系统接口（一般 2 个）和保信子站接口。其中，监控系统接口为保护装置必备，而保信子站接口在一体化监控系统集成保信子站功能时，就不再是必需的了。

(6) 对外传输通道的接口。子站系统可支持同时向不少于 4 个主站系统传送信息。子站系统向主站传输信息优先采用电力数据网信道，一般不采用网络拨号方式，在无电力数据网的厂站使用 2M 专线方式。采用电力数据网通道时，要求电力数据网系统能够根据子站数量配置相应的 IP 地址和端口。

子站系统接入主站时，通信环境、通信接口以及通信的报文要遵循相应的技术规范。国家电网公司要求子站向主站传送信息遵循 Q/GDW 273—2009《继电保护故障信息处理系统技术规范》中的附录A《国家电网公司继电保护故障信息处理系统主—子站系统通信接口规范》，并保证传送的信息内容与对应的接入设备内信息内容保持一致。南方电网公司则要求遵循《中国南方电网继电保护故障信息系统主站—子站通信与接口规范》。

5.2.3 子站系统功能

无论是独立配置子站还是集成在一体化监控系统中的子站，均具备下列功能：

（1）信息收集。子站能够接入不同厂家、不同型号、不同版本的微机保护装置、故障录波器以及系统有必要管理的其他IED设备，收集装置的各种信息。支持目前电力系统中使用的各种主要介质和规约，并可根据需要方便灵活地增加对新通信介质、新规约的支持。

保护装置信息包括装置通信状态、保护测量量、开关量、压板投切状态、异常告警信息、保护定值区号及定值、动作事件及参数、保护录波、保护上送的故障简报等数据。故障录波器信息包括录波文件列表、录波文件、录波器工作状态和录波器定值。

（2）信息处理。子站系统能够对收集到的数据进行必要的处理，进行过滤、分类、存储等，并能按照定制原则上送到各调度中心的主站系统，由主站系统对数据进行集中分析处理，从而实现全局范围的故障诊断、测距、波形分析、历史查询等高级功能。

1）规约转换。为了保证信息传送的准确性和快速性，允许保护装置和故障录波器接入子站主机时使用原保护和故障录波器厂家的原始传送规约接收数据。工程中鼓励有条件的地区统一保护装置和故障录波器接入子站系统时的规约，以提高子站系统的处理效率，并保证传输信息的完整性。

2）数据的存储。子站系统的数据存储能力可保证在主站与子站通信短时中断时不丢失任何数据，长时间中断时不丢失重要事件。

3）信息分类。子站系统支持对装置信息的优先级划分。信息分级原则可配置，提供配置手段。当保护装置处于检修或调试时，子站系统可对相应保护信息增加特殊标记再上送主站系统。

（3）信息发送。子站系统可按照不同主站定制信息的要求向主站发送不同信息，支持定制信息的优先级；向监控系统传送所需信息，具有比向故障信息主站传送信息更高的优先级，以保证监控系统工作的实时性。

（4）通信监视功能。子站系统能够监视与各个主站系统的通信状态，以及与保护装置和录波器装置的通信状态。当发生通信异常时，能给出提示，并上送主站系统和监控系统。

（5）自检和自恢复功能。子站系统在运行过程中随时对自身工作状态进行巡检，如发现异常，主动上送主站系统和监控系统，并采取一定的自恢复措施。

（6）远程维护支持功能。子站系统支持远程维护功能，通过网络远程对子站系统进行配置、调试、复位等。子站系统进入远程维护状态时，允许短时退出正常运行状态，但不会影响到各个接入设备的正常工作。

（7）时间同步。子站系统能够接收串口、脉冲、IRIG－B等各种形式的时间同步信号，并可根据需要对所接保护装置和故障录波器等智能设备完成软件对时。

（8）人机接口。以图形化方式显示子站系统信息，并提供友好的人机交互界面，通常由子站维护工作站完成。

（9）信息安全分区和防护。按《电力二次系统安全防护总体方案》（国家电力监管委员会第34号文，2006年2月）的要求，独立的保信子站置于安全防护Ⅱ区，此时处于安全Ⅰ区的继电保护设备不许通过网络口直接连接到子站，必须采取逻辑隔离措施方可接入。当保信子站与安全Ⅰ区的各应用系统（如监控系统等）之间网络互联时，应实施逻辑隔离。对于与监控系统一体化设计的保信子站，安全防护级别遵循就高不就低的原则，按安全Ⅰ区防护。

采用嵌入式操作系统的子站主机可以直接接入数据网，采用Windows操作系统的工控机子站需满足数据网关于安全防护的规定。

子站维护工作站应具有严格的权限管理，支持用户按照需要设置具有不同权限的用户及用户组。所有的登录、查询、召唤、配置等功能都需有相应权限才能执行。

（10）高级应用功能。除以上功能外，有些子站还具备以下高级应用功能。高级应用一般作为可选项目，不作强制要求。

1）故障报告的形成。保护动作时，子站系统根据收集的信息自动整理故障报告，内容包括一次及二次设备名称、故障时间、故障序号、故障区域、故障相别、录波文件名称等。故障报告以文本文件（.txt）格式保存，并通知到主站系统，在主站系统召唤时按照通用文件上送。

2）简化故障录波功能。子站系统通过分析收集到的故障录波器的波形文件，判断出故障组件，将其对应的电压、电流和原波形中的开关量重新形成一个新的简化波形文件。

3）时间补偿功能。对支持召唤时标的保护装置，为防止保护设备的时间误差过大，子站系统应能根据保护装置与子站系统的时间差对接收到的保护事件和波形的时间进行调整。

4）接受来自于主站系统的强制召唤命令。子站系统接受到主站系统发出的对接入设备的强制召唤命令后，应中断当前的处理过程，立即执行该命令。

5）通过开关变位信息触发子站系统与保护通信。在总线型通信方式下，子站系统应能通过获取断路器等一次设备的开关位置变化信息，进而触发子站系统与相应保护进行通信，提高子站系统获取信息的有效性。

6）通过波形文件触发子站系统与保护通信。子站系统应能从录波器的波形信息中获取开关变位信息，进而触发子站系统与相应保护进行通信，提高子站系统获取信息的快速性。

7）定值比对。子站系统应具备召唤定值并自动进行定值比对功能，当发现定值不一致时，给出相应的提示。

8）接入设备状态监视。子站系统对接入设备运行状态进行监视，在检测出接入设备异常时，给出相应的提示信息。

9）远程控制。子站系统可根据需要，对接入设备进行远程控制，通常包括以下3种：

a. 定值区切换：能够通过必要的校验、返校步骤，完成远方对指定接入设备的定值区切换操作，使其工作的当前定值区实时改变。

b. 定值修改：能够通过必要的校验、返校步骤，完成远方对指定接入设备的定值修改操作，使其保存的定值实时改变。应支持批量的定值返校和批量的定值修改操作。

c. 软压板投退：能够通过必要的校验、返校步骤，完成远方对指定装置的软压板投退操作，使其软压板状态实时改变。应支持批量的软压板返校和批量的软压板投退操作。

5.2.4 智能变电站保信子站与传统站的区别

（1）智能变电站保信子站功能一般由一体化监控系统集成，不配置独立的保信子站硬件和软件。

（2）智能变电站一体化监控系统（含保信子站功能）与保护装置、故障录波器接口基本全部为光纤以太网接口，采用 IEC 61850（DL/T 860）标准以 MMS 协议通信。

（3）保信子站功能不再要求保护装置具备独立的保信子站接口。现有保护装置通常同时具备监控系统接口和保信子站接口，但保信子站接口在一体化监控系统集成保信子站功能时，就不再需要了。

6

保护装置就地化技术

随着智能电网建设的快速推进，变电站一、二次设备正进行着重要的技术变革。智能变电站技术导则及继电保护技术规范中强调，保护装置宜独立分散、就地安装。在智能变电站建设初期，电力系统已开展了不少有关保护装置就地化安装的试点应用。保护装置就地化技术已成为智能变电站技术的一个重要分支。本章介绍保护装置（包含其他二次设备）就地化安装技术的发展过程、现状、安装方式及关键实现技术。

6.1 保护装置就地化技术发展与现状

6.1.1 保护装置就地化的概念

保护装置就地化，即保护装置下放到相应的一次设备附近就地安装。保护装置就地化具备以下优点：

（1）有利于简化二次回路，降低TA负载，提高保护可靠性。对于使用电磁式TA和二次电缆接线的变电站或间隔，TA二次电缆长、负担重，导致TA容易饱和；二次电缆长、分布区域大、路径复杂，导致故障概率大、对地电容大、干扰和绝缘问题突出，设计、安装、调试、维护、检修、改扩建工作量大、难度高。对上述问题，最有效的解决办法之一是保护装置的就地化（即保护下放）。对于户内GIS布置的电气设备，就地化环境条件良好，继电保护与GIS汇控柜集成安装，结构易标准化，运维方便、安全；对于户外GIS和敞开式布置的电气设备，在解决户外柜的安全防护和内部温、湿度控制等问题的前提下，可将继电保护设备就地化安装，以提高继电保护的可靠性。

对于采用电子式互感器的变电站或间隔，若本间隔继电保护装置就地安装并采用直接电缆跳闸方式，同样具备就地化的优势，保证本间隔主保护跳闸的安全性与可靠性。对于户内GIS布置的电气设备，采用汇控柜结合就地安装的方式，可简化光纤敷设，同时不增加其他投入。

（2）有利于一次设备智能化。保护装置就地化也符合一次设备智能化的发展趋势。目前一次设备智能化是通过外附智能组件实现的，智能组件由测量、控制、监测、保护（满足相关标准要求时）等智能电子设备组成，就近安装于宿主设备旁。随着智能一次设备技术发展和推广应用，作为智能组件之一，保护装置的就地化也是一种必然趋势。

（3）有利于降低占地及建筑面积。保护装置就地化可以减少用地和建筑面积、节省投资，这在土地或建筑条件受限的变电站很具优势。

总体来说，保护装置就地化是必要的。同时要注意到，对于跨间隔的继电保护设备，由于电气传输距离不确定，不能完全具备就地化所带来的优势。另外，如果保护装置交流量采样与开入/开出全部采用数字化接口，就地安装仅节省和优化了光缆的敷设，并不能显著提高保护的安全性与可靠性。

保护装置就地化的可行性表现在以下两个方面：

（1）智能终端等二次设备已开始就地化，积累了电子设备就地化安装的经验。对室外 GIS 或敞开式布置的电气设备，保护装置就地化，可由户外柜解决保护装置的安全防护和内部温湿度控制等问题，从而对装置本身的要求大大降低。目前，国内已有多个厂家生产出了符合标准要求的户外智能控制柜产品并投入工程使用。同时，有多个试点工程采用将智能终端下放到户外柜就地化布置，智能终端作为保护信息采集的源端和控制出口，为保护装置就地化积累了经验。对室内 GIS 站的就地柜方式，保护装置运行环境较好，实现上无太大困难。总体来说，就地柜方式技术上已逐步成熟。

保护装置安装于继保小室方式在常规变电站应用已久，技术成熟，不存在需要特别关注的问题。保护装置安装于集装箱方式，与继保小室方式基本相同，且占地和建筑面积要小很多。它提供给保护装置的环境与小室类似，对保护装置要求与小室相同。集装箱本身制作工艺难度不大，技术要求不太高。试点工程已经验证了其可行性。

（2）嵌入式硬件技术的发展，为保护装置的就地化奠定了基础。随着嵌入式硬件技术的快速发展，适用于保护装置就地化的芯片越来越多，芯片功能和性能也越来越稳定。保护装置可选用工作温度在 -40 ~ 85℃之间的工业级集成电路芯片，来提高对温度的适应性。同时采用“三防”（防盐雾、防霉变、防潮湿）工艺，来保护电路板及其相关设备免受环境的侵蚀，从而延长它们的使用寿命，确保装置使用的安全性和可靠性。

6.1.2 保护装置就地化发展过程

保护装置就地下放，从 20 世纪 90 年代中期就已经提出并开始实施。最初是在一次配电装置附近建设继电器保护小室（又称继保小室），保护装置及相关二次设备屏柜安装于小室内，这种方式应用至今。对中低压开关柜间隔，保护装置则直接安装在开关柜内。近期又在智能变电站试点工程中出现了预制小室（集装箱、简易板房等）安装、就地柜安装等方式。预制小室方式按一个或多个设备间隔建设类似集装箱的简单小室，箱体采用角钢、不锈钢和彩钢板预制，箱内安装空调等设备，保护装置及相关二次设备屏柜安装于箱内；就地柜方式不需建设任何建筑物，保护装置安装于智能控制柜或 GIS 汇控柜内，柜体按间隔分散布置于相应的一次设备附近。

除上述介绍的就地化安装方式外，目前还出现了保护装置直接就地无防护安装、与一次设备集成安装等方式。

1996 年颁布的 DL/T 5056—1996《变电所总布置设计技术规程》中，已经有对继电器小室的相关规定。2001 年颁布的 DL/T 5149—2001《220～500kV 变电所计算机监控系统设计技术规程》中有针对监控系统间隔层设备、保护装置、继电器小室的专项技术要求。2005 年颁布的 DL/T 5218—2005《220kV～500kV 变电所设计技术规程》对继电器小室的设置方式进行了明确、规范的规定。

在国家电网公司第一批变电站智能化改造试点工程中，浙江 500kV 芝堰（兰溪）变电站采用了保护装置安装于就地布置预制小室（简易板房）的方式；河南 110kV 金谷园变电站采用了保护装置安装于就地布置智能控制柜的方式；另有不少室内 GIS 站采用了保护装置安装于 GIS 汇控柜或独立的智能控制柜的方式。

芝堰变电站的简易板房式预制小室如图 6－1 所示，采用槽钢为底座，角钢为骨架，不锈钢为顶盖，复合不锈钢彩钢板为墙壁的一个坡顶房屋形结构，内置若干面控制保护屏柜，另配置专用电源配电箱、空气调节装置（空调）。控制保护站具有结构紧凑、成套性强、运行可靠、维护方便、造型美观、占地面积小、选址灵活、移动方便、建站周期短、投资小等优点。图 6－2 所示为某新型集装箱式预制小室，其特点与简易板房式预制小室类似，但工业化程度更高，更易于工厂化预装、现场快速装配式施工。

图 6－1 浙江 500kV 芝堰（兰溪）变电站的集装箱（简易板房）

图 6－2 某新型集装箱式预制小室

智能控制柜具备温、湿度自动调节和就地远方监测功能。通过热交换器和散热片实现温度调节。安装在一次设备旁的智能控制柜如图 6－3 所示。户外柜的技术参数如下：

（1）IP 防护等级为 IP54（户外标准）。

（2）内部安装19英寸标准工业装置。

（3）内部配有温、湿度控制器，加热器，空气外循环模块化风扇装置。

（4）材料为1.5mm不锈钢，外壳及门板均为双层防辐射结构（包括四周及顶壳），底部带底框，并附带安装槽钢。

（5）柜内温度不超过-20～+55℃。

国外已出现了就地直接无防护安装的二次设备，如图6-4所示的GE公司过程层接口装置（GE BRICK）。无防护安装的装置体型更小，对安装面积及环境条件要求低，但对设备本身的环境适应能力要求更高。

图6-3 安装在一次设备旁的智能控制柜

图6-4 无防护安装的过程层接口装置（GE BRICK）

将来保护装置也可能与一次设备集成，这样保护装置与一次设备的联调可以在出厂前完成，减少现场安装调试工作量，方便现场运行维护。

保护装置就地化技术的发展过程可以用图6-5表示。

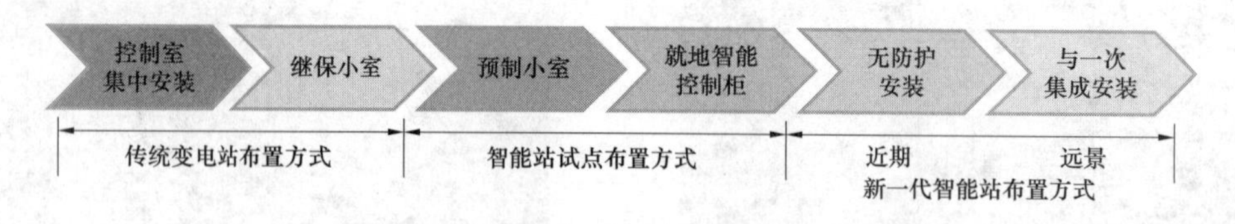

图6-5 保护装置就地化技术的发展过程

各种就地化安装方式都旨在简化二次回路设计，提高保护系统的可靠性。其中，就地柜方式、无防护安装方式保护离一次设备最近，下放最彻底，当前阶段讨论的保护装置就地化，主要是指就地柜方式。预制小室方式是介于传统继保小室和就地柜两者之间的一种方式，其二次电缆长度一般比小室方式短，但比就地柜方式要长。随着一次设备智能化的发展，保护装置未来也可能与一次设备集成安装。

6.1.3 现有技术标准

目前与保护装置就地化直接相关的技术标准有：

（1）Q/GDW 441—2010《智能变电站继电保护技术规范》，规范了继电保护就地化实施原则，包括安装方式、环境要求、与其他设备的配合关系以及对保护装置及相关设备的技术要求等。该标准还提出了保护装置无防护直接就地安装的环境条件。

（2）Q/GDW 430—2010《智能变电站智能控制柜技术规范》，规定了智能变电站中智能控制柜的功能要求、安装要求和技术服务等内容。

（3）DL/T 5218—2005《220kV～500kV 变电所设计技术规程》，规范了继电器小室的布置方式以及防火、安全间距等具体要求等，同时提出了对保护装置的抗干扰要求。

除上述标准外，另有一些基础性标准，如 IEC 61000 系列电磁兼容标准、IEC 60529（GB 4208—2008）《外壳防护等级（IP 代码）》等，与保护装置就地化技术密切相关。

6.1.4 当前保护装置就地化存在的主要问题

对于室外敞开式 AIS 或室外 GIS 变电站，保护装置就地化采用就地柜方式时，对保护的调试和检修影响较大。

（1）恶劣天气对调试和检修的影响。由于保护装置分散就地安装在露天的智能控制柜中，雨、雪、风、雾等恶劣天气将极大地影响调试和检修工作，主要包括三个方面：

1）恶劣天气下进行调试和检修，保护装置将直接承受潮湿、风沙或雨水的考验，将对保护装置的长久可靠运行产生不利影响。

2）在高温、低温或雨雪中，作业人员很难长时间保持注意力，作业人员视线和手脚的灵活性会随之下降，人身安全风险大大增加。

3）恶劣天气下进行调试和检修需要重新制定作业流程，补充相应的安全措施和管理规定，保证检修工作安全可控。

（2）保护装置就地化影响检修和调试的工作方式。保护装置就地化后，跨间隔的保护联调（如断路器失灵、母差保护等）需要在一次配电场的多个工作地点同时作业，作业时沟通难度和安全风险加大。这需要修订已有的检修作业流程，完善在多个工作地点同时工作的安全措施。

就地柜安装地点场地条件较为简陋，变电站设计时需考虑配建现场检修工作平台、检修工作电源和工作照明等。

就地安装的保护装置若集成测控功能，带来多专业融合问题，检修难度有所增加。

6.2 保护就地化安装方式及特点

保护就地化与一次设备是否在室内关系密切。对室内 GIS 站或部分一次设备在室内的变电站，保护就地化安装难度不大，保护装置可就地安装于室内 GIS 设备附近的汇控柜或单独的智能控制柜。采用开关柜方式的 10～35kV 设备间隔，保护装置安装于开关柜中。

对无人值班的室外敞开式 AIS 或室外 GIS 变电站，保护就地化应用较多的有三种方式，即继保小室方式、预制小室方式和就地柜（智能控制柜或 GIS 汇控柜）方式。这三种就地化安装方式的对比分析详见表 6－1。

表 6－1　三种就地化安装方式对比分析

项目	继保小室方式	预制小室方式	就地柜方式
安装方式（定义）	在一次配电装置附近建筑继电器小室（又称继保小室），保护装置及相关二次设备屏柜安装于该小室内	按一个或多个设备间隔，采用角钢、不锈钢和彩钢板等材料建设类似集装箱的简单小室，箱内安装空调等设备，保护装置及相关二次设备屏柜安装于箱内	不需建筑物，保护装置安装于智能控制柜或 GIS 汇控柜，柜体按间隔分散布置于一次设备附近
技术性能与要求	使用普通屏柜	使用普通屏柜	使用智能控制柜
	装置工作环境好	装置工作环境较好	装置工作环境取决于智能柜，相对较差
	对装置、屏柜无特别要求	对装置无特别要求，对屏柜有一定要求	对柜体要求高。控制柜故障时对装置有影响，可能提高要求
	适用电子式、常规互感器	适用电子式、常规互感器	适用电子式、常规互感器
	使用常规互感器时，TA 负担重，存在饱和问题	使用常规互感器时，TA 负担变轻，饱和问题减轻	使用常规互感器时，TA 负担轻，饱和问题大大改善
	使用电子式互感器时，装置功耗和发热量大，但工作环境好，影响不大	同继保小室方式	使用电子式互感器时，装置功耗和发热量大，对控制柜要求高
可靠性	设备可靠性高。已经实践检验	设备可靠性高，与继保小室方式差别不大	设备可靠性较高。应用了新型屏柜与设备，运行时间不长，未经充分考验
	系统可靠性较高	系统可靠性比继保小室方式高	系统可靠性可能比预制小室方式高
经济性	占地面积多	占地面积少	占地面积最少。 基本不增加占地面积
	建筑面积多	建筑面积少 （集装箱是简易建筑）	无建筑面积
	电/光缆长度最长，但比到主控室短	电/光缆长度比第 1 种短，仍较长	电/光缆长度最短
	设备成本低	设备成本低	设备成本高（智能柜＋设备）
	施工成本最高	施工成本比第 1 种低	施工成本最低
	静态、动态总投资最大	总投资比第 1 种少	总投资比第 1 种少，比第 2 种大
对运维影响	传统运维模式。检修维护方便，设备操作方便，安全性高，工作环境好	接近传统运维模式。检修维护方便，安全性高，设备操作方便，工作环境较好	恶劣天气检修不方便，设备操作不方便，需要安全措施多，工作环境较差，需要移动检修设备

续表

项目	继保小室方式	预制小室方式	就地柜方式
适用范围	适用于220kV及以上电压等级，用地条件宽裕的变电站	适用于各种电压等级用地条件受限的变电站	适用于各电压等级用地非常受限的变电站
	不受气候条件限制	不受气候条件限制	受气候条件限制因素多。适用范围取决于智能控制柜性能及装置的稳定性
技术成熟度	成熟技术，工程应用最多	成熟技术，有所创新，工程应用较少	技术先进，智能柜、智能终端下放已在数字化变电站、智能变电站试点工程中应用

由表6-1可见，继保小室方式的优点在于技术比较成熟，不改变现有运行、维护、检修模式，基本不受气候环境条件限制，缺点在于电/光缆长，占地和建筑面积大，投资成本高，适用于用地条件较宽裕的220kV及以上变电站；预制小室方式与继保小室方式优缺点基本相同，基本也不受气候环境条件限制，同时占地和建筑面积较少，电/光缆长度也有所减少，适用范围广，从工程应用的情况来看，效果不错；就地柜方式大大缩短了电、光缆长度，简化了二次回路，基本不增加占地和建设面积，缺点在于对设备技术要求高，要考虑气候环境条件对设备的影响，严寒、炎热、多雨、污秽、风沙等不同地区需要使用不同规格的设备，同时在恶劣天气下设备维护检修不方便。

6.3 保护就地化相关关键技术

保护就地化相关的关键技术主要包括保护装置设计关键技术、户外智能柜关键技术和预制小室设计制造技术三个方面。

6.3.1 保护装置设计关键技术

继保小室和预制小室方式实现保护就地化，保护装置受环境变化影响不大。就地柜安装方式，保护装置所处环境仍较为恶劣，虽然智能控制柜已具备环境调节能力，但是在智能柜功能异常时，装置运行条件尤为严酷。无防护安装方式对保护装置的环境适应能力有更为严苛的要求。因此，就地化安装保护装置设计的关键是提高装置适应环境的能力以及装置的稳定性。相关关键技术主要有：

（1）装置的低功耗设计；

（2）高效电源设计；

（3）热设计；

（4）IP防护设计（装置结构设计）；

（5）电磁兼容设计；

（6）装置接口标准化设计；

（7）二次设备状态监测与远程校验技术。

各项关键技术的详细介绍见6.4节。

6.3.2 户外智能柜关键技术

就地柜安装方式中，智能控制柜的性能至关重要。就地智能控制柜要为保护装置提供适宜的工作环境，其防水、防尘、防震、防腐蚀、抗干扰、耐高低温及柜内环境自动调节能力要求极高。相关关键技术包括：

（1）机柜的IP防护技术。提升机柜密封性能，使之有效地防止尘埃和雨水，适应潮湿、粉尘多的恶劣工作环境，为保护、测控等电子设备提供一个良好的内部工作环境。

（2）可靠的机柜温、湿度控制技术。有效解决好机柜对极限低温、极限高温的适应能力，在结构设计及处理工艺上将太阳辐射的影响降至最低，使机柜对柜内温、湿度具有控制能力。通过加热器、热交换器等设施，调节温、湿度，以满足设备正常工作的环境条件要求，避免大气环境的恶劣导致的设备误动或拒动行为。

6.3.3 预制小室设计制造技术

预制小室设计制造技术总体来讲难度不大，但也有不少需要关注的问题，主要包括：

（1）防锈措施；

（2）隔热措施；

（3）空气调节装置；

（4）防震设计；

（5）设计使用寿命；

（6）内部通风；

（7）照明措施；

（8）结构外形尺寸设计；

（9）土建基础设计；

（10）管道与内部电缆布置及走向设计等。

6.4 就地安装保护装置设计关键技术

6.4.1 装置的低功耗设计

装置的低功耗设计主要涉及微处理器、接口芯片、DC/DC转换器等电子器件的低功耗选型。在满足功能、性能要求的前提下，可以选择具有低功耗特点的处理器。同时尽可能优化软件设计和算法，降低对处理器的性能要求，从而可以通过适当降低主频来降低功耗。进行低功耗设计可能需要重新设计装置硬件，重新修改软件，以及引入新技术。已有成熟稳定产品在降低功耗过程中有可能引入新的软硬件缺陷风险。

目前主流厂家的保护装置在设计时一定程度上已经考虑降功耗设计，如果要进一步进行低功耗改进，估计单块主板还可以降低 5% ~15% ，具体视原设计选型，装置模件配置，软件功能、性能及代码优化情况而不同。整机装置功耗估计可以降低 5% ~12% ，按装置功耗 40W 计算，为 2 ~5W。

6.4.2 高效电源设计

提高装置电源的效率，可降低电源模块的发热，增强整机对环境温度的适应性，并提高电源和整机的可靠性。

智能变电站中保护装置功能集成度在增加，性能在提升，对装置的处理能力要求在提高。另外，保护装置要求具有数量可观的光纤接口。这些因素均要求装置开关电源的功率增大。在电源功率要求增大以及保护装置就地工作环境要求功耗减小的双重压力下，必然要提高电源的效率。同时，开关电源的可靠性一直是继电保护装置中的薄弱环节，如何提高电源的可靠性，也需要下大力气研究。

目前保护装置广泛采用反激式开关电源。反激式电源的优点在于能够方便地实现多路小电流输出。一般保护装置电源功率大都在 30 ~45W，其功耗的主要部分在于主路 5V 输出，输出电流范围最大可至 6A。辅路输出功率都不是太大，但是对辅路输出精度要求高的地方，就必须采取牺牲电源的整体效率的方法来完成，如采用三端稳压器来改善辅路的输出精度。不过这种功率的损耗是可控的，一般不会对电源的整体寿命有太大影响。

针对目前多路输出的电源，提高电源效率的途径有以下几种：

（1）对于需要启动电阻来完成启动的电源，可以在电源正常工作后切断启动电阻，减小启动电阻对电源功率的消耗（正常工作情况下约有 0.5W）。若电源总功率为 40W，则此处功耗的减小就相当于 1.25% 的效率提升。但是这样会增加相应的电路，提高成本。

（2）对初级 MOS 管来说，采用一些软开关控制等先进技术来降低开通损耗，也可以提升电源的效率。但对于小功率的电源来说，效果不是太明显。

（3）对于辅路输出电流比较小的电源，如 ±12V、200mA 左右的输出，可以采用超低压差的三端稳压器，对提升电源效率和降低输出侧发热量都有很大的好处。

（4）对于常用的 5V 主路来说，采用同步整流的方案可以有效降低输出整流回路的热量。相对于用肖特基二极管整流的电路来说，会有约 2% 的效率提升。但是在可靠性方面，肖特基二极管要可靠得多。

（5）对于主路、辅路精度要求都高的场合，通常采用两组或多组单独的电源组合的方式。这种方式的优点是可以很好地满足各路输出电压的精度，可以很好地分散电源的发热量；缺点是成本提升明显，同时可靠性也有所降低。

（6）使用高效的电源控制芯片。

由于装置开关电源的功率要求越来越大，整体趋势应该是分布式电源设计思想，即电源模块能提供单路大电流输出，然后在单板内由高效率的 DC/DC 芯片来完成各等级电压的需求。这样做的优势是提高电源的效率和可靠性。对于整体装置而言，虽然功耗没有降低，但是可以有效地分散产生的热量，对整体的可靠性有很大的提高。

对于单路大电流输出电源而言，可以产生 5V 或 12V 等电压输出，电压输出越高，电源的效率会越高。例如，同为75W左右功率，5V/15A的电源的效率最高可到85%，而12V/6.5A输出的效率最高可达88%。

对于5V/15A电源设计而言，为了提高电源的效率，必须采用“初级正激式电源 + 输出同步整流”的方式。为进一步降低初级侧的功耗，可以采用有源钳位正激式设计。有源钳位正激式电源控制方式是一种优于正激式的电源控制方式，它可以有效地降低初级MOS的电压应力，同时有效降低吸收电路的功耗，方便地实现输出侧的自驱动同步整流，提升电源的效率。此控制方式的难点在于模拟器件（如驱动变压器、功率变压器）的离散性对电源可靠控制有影响。但是这一控制方式应该是一种趋势。

因此，在提高电源效率和实现功能、性能方面需要权衡，以满足整体最优。应注意新的设计同样可能引入新的缺陷风险。

6.4.3 热设计

热设计通过选用高效能、耐高温器件并采用热控制方法（热仿真及PCB设计技术）来实现。采用热控制的设计方法，是使用热分析软件，对机壳、印制板、元器件建立计算物理模型，模拟出设备的温度场分布，从而使设计者对设备的散热能力有直观、准确的了解，及时发现设计问题并修改，可提高可靠性，缩短开发周期。PCB设计中涉及印制板基材选择，合理布局、布线及利用散热孔、散热器等建立合理有效的低热阻通道。目前装置的IC（集成电路）器件工作环境温度大都在-40~85℃，若装置内部温升为15~25℃，装置长期可靠的最高工作环境温度应该在60~70℃以下。机箱内部温度超过70℃时，温度每升高1℃，电解电容等不耐高温器件的可靠性下降5%，寿命也大幅降低。若要长期工作于70℃环境温度，则必须通过低功耗设计、热设计进一步降低装置内部温升，或（和）选用工作温度高的器件。

良好的热设计可以有效降低装置内部温升以及装置内部不同点的温差，控制装置内部最热点的温度，有效提高装置的可靠性和寿命。主流厂家的保护装置，在设计时一定程度上已经考虑热设计，若进一步改进热设计，预计还能降低装置内部温升1~4℃。热设计改进所花成本可能大幅增加，估计可能增加5%~15%。另外，也可能增加装置的装配难度，降低装置的可维护性。

6.4.4 IP防护设计（装置外壳结构设计）

电气设备外壳对水、灰尘或其他外来物（包括人体）的防护等级通常用IP代码表示。GB 4208—2008《外壳防护等级（IP代码）》（等同采用IEC60529：2001）规定了借助外壳防护的电气设备的防护等级。外壳提供的防护等级用IP代码以下述方式表示，见图6-6。

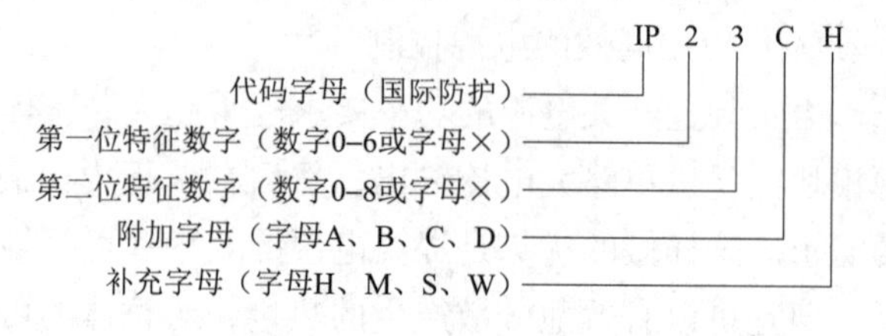

图6-6 IP代码的结构

IP是International Protection（国际防护）的缩写，后面一般跟随两个特征数字，有的还跟随一个附加字母和（或）一个补充字母，附加字母和（或）补充字母可省略，不要求规定特征数字时，由字母“X”代替。例如某设备的防护等级为IP54，IP为标记字母，数字5为第一位特征数字，数字4为第二位特征数字。

第一位特征数字表示防止人接触危险部件和防止固体异物进入的保护等级，共分为7个等级，如表6－2所示。

表6－2　　第一位特征数字表示的防护等级

<table>
<tr><th rowspan="2">第一特征数字</th><th colspan="2">简要说明</th><th colspan="2">含　义</th></tr>
<tr><th>对设备防护</th><th>对人员防护</th><th>对设备防护</th><th>对人员防护</th></tr>
<tr><td>0</td><td>无防护</td><td>无防护</td><td>—</td><td>—</td></tr>
<tr><td>1</td><td>防止直径不小于50mm的固体异物</td><td>防止手背接近危险部件</td><td>直径50mm的球形物体试具不得完全进入壳内。直径部分不得进入外壳的开口</td><td>直径50mm的球形物体试具应与危险部件有足够的间隙</td></tr>
<tr><td>2</td><td>防止直径不小于12.5mm的固体异物</td><td>防止手指接近危险部件</td><td>直径12.5mm的球形物体试具不得完全进入壳内。直径部分不得进入外壳的开口</td><td>直径12mm，长80mm的铰接试指应与危险部件有足够的间隙</td></tr>
<tr><td>3</td><td>防止直径不小于2.5mm的固体异物</td><td>防止工具接近危险部件</td><td>直径2.5mm的球形物体试具不得完全进入壳内。直径部分不得进入外壳的开口</td><td>直径2.5mm的试具不得进入壳内</td></tr>
<tr><td>4</td><td>防止直径不小于1.0mm的固体异物</td><td rowspan="3">防止金属线接近危险部件</td><td>直径1.0mm的球形物体试具不得完全进入壳内。直径部分不得进入外壳的开口</td><td rowspan="3">直径1.0mm的试具不得进入壳内</td></tr>
<tr><td>5</td><td>防尘</td><td>不能完全防止灰尘埃进入，但进入的灰尘量不得影响电器的正常运行，不得影响安全</td></tr>
<tr><td>6</td><td>尘密</td><td>无灰尘进入</td></tr>
</table>

第二位特征数字表示防止水进入的保护等级，共分为9个等级，如表6－3所示。

表 6－3　　第二位特征数字表示的防护等级（防水）

第二特征数字	简要说明	含　义
0	无防护	—
1	防止垂直方向滴水	垂直方向滴水应无有害影响
2	防止当外壳在 15 度范围内倾斜时垂直方向滴水	当外壳的各垂直面在 15°范围内倾斜时，垂直滴水应无有害影响
3	防淋水	各垂直面在 60°范围内淋水，无有害影响
4	防溅水	向外壳各方向溅水无有害影响
5	防喷水	向外壳各方向喷水无有害影响
6	防强烈喷水	向外壳各方向强烈喷水无有害影响
7	防短时间浸水影响	浸入规定压力的水中经规定时间后外壳进水量不致达到有害程度
8	防止持续潜水影响	按生产厂和用户双方同意的条件（应比 7 严格）持续潜水后外壳进水量不致达到有害程度

参照智能变电站相关技术规范要求，二次装置安装于户内柜时，要求外壳防护等级为 IP40，而安装在户外柜时，要求防护等级为 IP42 或更高。传统保护装置 IP 防护等级的要求为装置正面 IP40，装置背面 IP20。若要求保护装置的防护等级达到 IP42，现有大多数常规装置所用的电流和电压端子无法满足要求，需要重新设计。IP 防护等级提高对装置的散热也不利，需要采取相应的措施。

在安装设备的控制柜本身能达到相应或更高（IP54）防护等级的前提下，保护装置的防护等级可维持现状（正面 IP40，背面 IP20）。

若装置直接就地化安装，其整体 IP 防护等级应不低于 IP65。GE BRICK 过程层接口设备的防护等级为 IP66。

6.4.5　电磁兼容设计

电磁兼容设计是系统性设计，包括装置结构设计、硬件设计和软件设计等方面。结构设计包括屏蔽、接地等；硬件设计包括电子电路原理、端口防护、器件选型和 PCB 设计等，其中需要对电路板的信号完整性和电源完整性进行仿真分析和测试；软件设计包括滤波、冗余、复判、监视和自检等。

装置就地化安装，所处的电磁环境较为恶劣，但具体强度还需进一步探究。从目前就地化装置应用来看，装置的电磁兼容性能达到 GB/T 14598 规定的最高等级，如 GB/T 14598.18—2007 浪涌 IV 等级、GB/T 14598.10—2007 电快速瞬变脉冲群 IV（A）级、GB/T 14598.14 静电放电 IV 级等抗干扰水平，现场运行情况都较好。

装置内部通信尽量降低速率，如果需要高速率，可以考虑将信号变成差分信号来提高抗干扰能力。

如果要进一步提高电磁兼容水平，超过 GB/T 14598 规定的最高等级，可能需要增加约 10% 的综合成本。

6.4.6 装置接口标准化设计

接口标准化方便现场装置与其他设备的互连，也有利于互连接口的长期可靠性。接口标准化要规范接口的规格和参数。

就地安装的保护装置所处电磁环境更严酷，装置对外通信接口一般考虑通过光纤通信来实现。对于电子式互感器，保护装置过程层通信采用光纤接口实现。对于常规互感器，保护装置宜直接接入 TA、TV 的二次电缆，也可以通过模拟合并单元先进行采样，然后将采样值通过光纤接口发送给保护装置。保护装置的开关量输入及跳合闸回路也可以通过智能终端数字化后进行。装置与站控层的通信采用光纤以太网实现。由于光纤接口的光功率等都是由器件本身决定的，因此在现场各厂家设备互联时不易遇到问题。当然，使用了大量光纤接口后，要注意解决装置散热问题。

考虑就地安装的保护装置调试方便性，装置应具备就地和远程调试接口。调试接口宜采用光或电以太网接口。在条件允许时，宜设置专用调试以太网接口，如不能提供，可以复用站控层以太网接口。调试软件工具宜使用统一标准接口，方便使用一套调试工具调试多家保护装置及进行远程调试。

智能控制柜内的端子定义宜标准化，便于简化现场安装和调试。

6.4.7 二次设备状态监测技术

为保证设备的可靠运行，电力系统中必须经常进行二次设备检修，检修时需要测试系统的交流测量系统、直流操作、信号系统、通信系统、二次回路绝缘性能、保护逻辑功能等。

设备检测的工作量比较繁重，保护装置就地化可能会加大设备检测的工作量。因此，保护及相关二次设备需要加强状态监测等方面的性能，实现各环节的在线监测，实时地监视设备的状态，及时地发现各种故障。一次设备在线监测一直是电力系统的热点，保护装置就地化后，二次设备的在线监测也将成为新的热点。二次设备自身如果能够提供完备可靠的在线监测功能，则可减少二次设备的检修工作量。

二次设备的在线监测包括较多的内容，设备不但要能够全面地监视自身的工作状态，它还需要监视外部回路是否正常。装置必须系统地考虑检修时各装置之间的相互配合问题，同时还要能够提供完善的自动化检测接口，降低现场检修的工作量。

6.4.8 其他可靠性设计

为了进一步延长装置的使用寿命及提高装置的抗干扰能力，就地化的保护装置可以考虑取消液晶显示屏，但保留并增加一定数量的指示灯。

7 继电保护及相关设备的检验测试

7.1 概　　述

7.1.1 智能变电站继电保护检验测试工作的特点

智能变电站继电保护及相关设备的检测测试，从测试阶段来看包括现场测试、工厂检验；从测试范围来看包括单装置测试和系统级测试。继电保护及相关设备的检验测试内容与传统变电站相比具有明显的不同，主要表现在以下两个方面：

（1）测试内容的变化。智能变电站采用统一的 IEC 61850 标准，装置之间的通信、互操作的规范性需要通过 IEC61850 标准的一致性测试来验证。智能变电站实现一次设备智能化，保护交流量和开关量输入以数字化方式提供，其控制命令、告警信号也采用数字化的方式输出。测试对象扩大到合并单元、智能终端，内容侧重于对合并单元、智能终端等装置的精度、动作时间及同步性能的测试。

智能变电站实现了二次设备及回路网络化，网络通信设备（主要是交换机）具有非常重要的地位，对其功能和性能要求均非常高。测试内容不仅包括时延、吞吐量、丢帧率等基本性能测试，还包括多层级联后性能及 VLAN 划分、优先级处理、端口镜像、广播风暴抑制、自检告警等功能要求。

正是由于统一的通信规约、一次设备智能化，二次设备及回路网络化带来的变化，使得智能化变电站的测试内容和要求由传统的硬触点测试转为软触点（动作信息报文）测试。

（2）测试工具的变化。对应于测试内容的变化，智能化变电站中出现了 IEC 61850 测试工具、数字化保护测试仪、网络报文记录分析仪、GOOSE 报文模拟仪等新型测试设备及工具，大大丰富了变电站的测试手段。多种工具的应用还可实现监控系统对间隔层和过程层设备的遥信、遥测、遥控以及装置之间的信息交互、操作交互等多种功能。

7.1.2 继电保护测试系统构成

智能变电站数字化继电保护系统由常规或电子式互感器、合并单元、保护设备、智能终端、断路器及光纤通信回路或电缆连接回路共同构成，如图7－1所示。

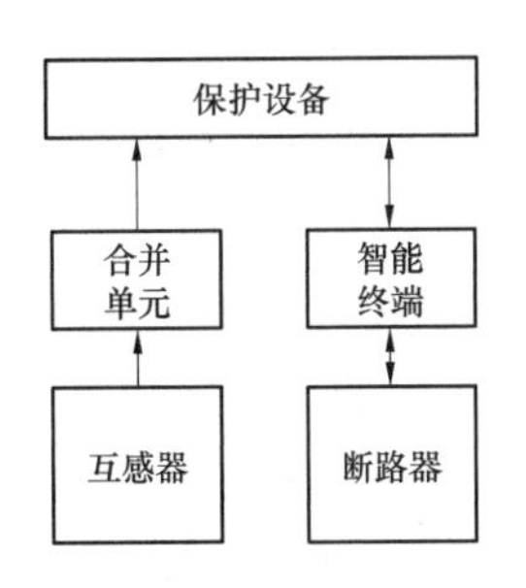

图7－1 智能变电站的继电保护系统构成

基于IEC61850标准的继电保护和安全自动装置检验，测试系统有多种构成方式，如图7－2所示。根据现场情况和试验条件，图7－2所示4种方式可以灵活选用。

方式1［见图7－2（a）］采用数字继电保护测试仪进行继电保护设备的检验，保护设备和数字继电保护测试仪之间采用光纤点对点连接，通过光纤传送采样值和跳合闸信号。

方式2［见图7－2（b）］采用数字继电保护测试仪进行继电保护设备的检验。保护设备通过点对点光纤连接数字继电保护测试仪和智能终端，智能终端通过电缆连接数字继电保护测试仪。

方式3［见图7－2（c）］针对采用电子式互感器的场合，采用传统继电保护测试仪进行继电保护设备的检验，需要和现场所用的电子式互感器模拟仪配合使用。保护设备通过点对点光纤连接合并单元和智能终端，合并单元通过点对点光纤连接电子式互感器模拟仪，电子式互感器模拟仪和智能终端通过电缆连接传统继电保护测试仪。

方式4［见图7－2（d）］针对采用电磁式互感器的场合，采用传统继电保护测试仪进行继电保护设备的检验。保护设备通过点对点光纤连接合并单元和智能终端，合并单元和智能终端通过电缆连接传统继电保护测试仪。

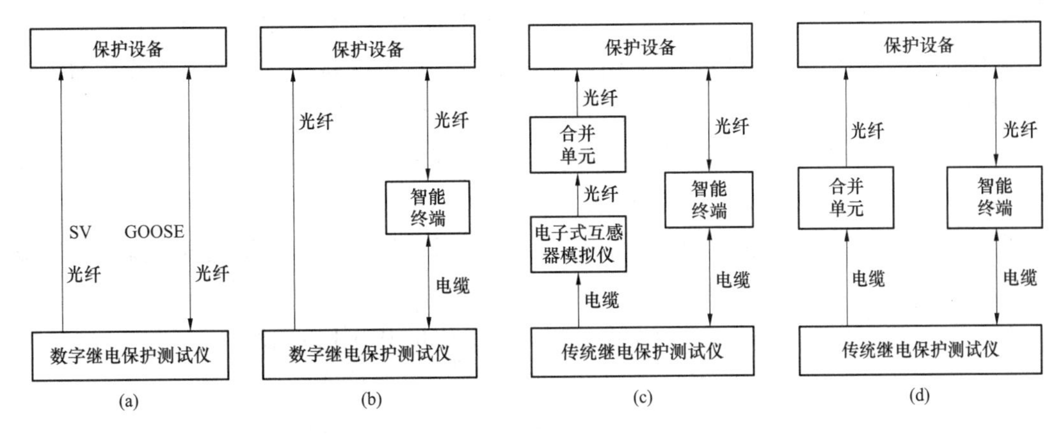

图7－2 继电保护测试系统
（a）方式1；（b）方式2；（c）方式3；（d）方式4

7.1.3 测试前的准备工作

在对数字化继电保护及相关设备进行检验前，应熟悉全站SCD文件和装置的CID文件；掌握采样值报文的格式（每个通道的具体定义），掌握GOOSE报文的格式（虚端子数据集的定义及对应关系)；掌握全站网络结构和交换机配置；配备合适的仪器仪表并掌握电子互感器、智能二次设备等新型设备的试验仪器仪表的使用。

(1) 仪器仪表配置。要求如下：

1) 应配置数字继电保护测试仪、光电转换器、模拟式继电保护测试仪。

2) 若调试电子式互感器及合并单元，则应配置电子互感器校验仪、标准时钟源、时钟测试仪。

3) 若调试光纤通信通道（包括光纤纵联保护通道和变电站内的光纤回路)，应配置光源、光功率计、激光笔、误码仪、可变光衰耗器、法兰盘（各种光纤头转换，如 LC 转 ST 等)、光纤头清洁器等仪器。

4) 推荐配置便携式录波器、便携式电脑、网络记录分析仪、网络测试仪、模拟断路器、电子式互感器模拟仪、分光器、数字式相位表、数字式万用表、光纤线序查找器等。

(2) 试验用仪器仪表性能。应满足以下要求：

1) 装置检验所使用的仪器、仪表必须经过检验合格，并应满足 GB/T 7261—2008《继电器及继电保护装置基本试验方法》的规定，定值检验所使用的仪器、仪表的准确级应不低于 0.5 级。

2) 数字化继电保护测试仪应具备至少 6 对光纤以太网接口，每个接口参数可独立配置。每对光纤以太网接口均可独立设置为只发送 SV 或收发 GOOSE 信息，也可既发送 SV 又可收发 GOOSE 信息。应具备至少 3 个 FT3 光纤接口，用于 SV 报文发送；至少 8 对硬触点输入接口和 4 对硬触点输出接口，用于实现对智能装置的开入、开出硬端子进行检查。软件功能应满足对保护功能测试及 SV、GOOSE 报文测试的要求。

3) 电子互感器校验仪应具备模拟量输入端口和数字量输入光纤接口，适应输出为模拟量和数字量的电子式互感器；可以接收不同格式的 SV 报文（IEC60044－8 扩展协议 FT3 帧格式、IEC61850－9－2)；提供时钟输出端口，适应需要外同步的电子互感器；具有准确度测量、额定延时测量、极性测试和 SV 报文离散性测试功能。

4) 网络记录分析仪可实时抓捕网络报文，对 MMS、GOOSE、SV 报文进行解析，并能根据 SV 报文绘制模拟量波形，且可另存为 COMTRADE 格式文件。

5) 网络测试仪可对交换机进行性能测试，同时可以模拟网络背景流量，流量报文格式、大小、发送频率可以手工配置。

6) 检验专用便携式电脑应具有 1 个及以上的 100M/1000M 以太网口。

7.2 通用项目检验测试

7.2.1 设备光纤通信接口检查

7.2.1.1 检验内容及要求

检查通信接口种类和数量是否满足要求，检查光纤端口发送功率、接收功率、最小接收功率。指标要求如下：

（1）光波长 1310nm 光纤：光纤发送功率为 -20 ~ -14dBm；光接收灵敏度为 -31 ~ -14dBm。

（2）光波长 850nm 光纤：光纤发送功率为 -19 ~ -10dBm；光接收灵敏度：-24 ~ -10dBm。

7.2.1.2 检查方法

（1）发送功率测试。如图 7-3 所示，用一根尾纤跳线（衰耗小于 0.5dB）连接设备光纤发送端口和光功率计接收端口，读取光功率计上的功率值，即为光纤端口的发送功率。

（2）接收功率测试。如图 7-4 所示，将待测设备光纤接收端口的尾纤拔下，插入到光功率计接收端口，读取光读取光功率计上的功率值，即为光纤端口的接收功率。

图 7-3 光纤端口发送功率检验方法

图 7-4 光纤端口接收功率检验方法

（3）最小接收功率测试。如图 7-5 所示，用一根尾纤跳线连接数字信号输出设备（如数字继电保护测试仪）的输出光口与光衰耗计，再用一根尾纤跳线连接光衰耗计和待测设备的对应光口。数字信号输出设备光口输出报文包含有效数据（采样值报文数据为额定值，GOOSE 报文为开关位置）。从 0 开始缓慢增大调节光衰耗计的衰耗，观察待测设备液晶面板（指示灯）或光口指示灯。优先观察液晶面板的报文数值显示；如设备液晶面板不能显示报文数值，观察液晶面板的通信状态显示或通信状态指示灯；如设备面板没有通信状态显示，观察通信网口的物理连接指示灯。

当上述显示出现异常时，停止调节光衰耗计，将待测设备光口尾纤接头拔下，插到光功率计上，读出此时的功率值，即为待测设备光口的最小接收功率，如图 7-5（b）所示。

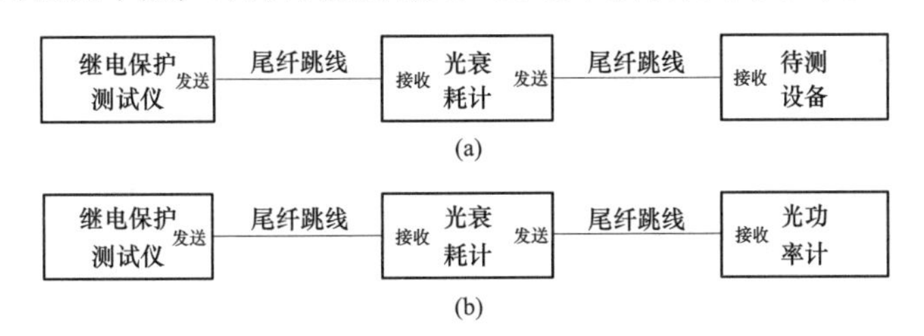

图 7-5 光纤端口最小接收功率检验方法

7.2.2 设备软件和通信报文检查

7.2.2.1 检验内容及要求

（1）检查设备保护程序/通信程序/CID 文件版本号、生成时间、CRC 校验码，应与历史文件比对，核对无误。

(2) 检查设备过程层网络接口 SV 和 GOOSE 通信源 MAC 地址、目的 MAC 地址、VLAN ID、APPID、优先级是否正确。

(3) 检查设备站控层 MMS 通信的 IP 地址、子网掩码是否正确，检查站控层 GOOSE 通信的源 MAC 地址、目的 MAC 地址、VLAN ID、APPID、优先级是否正确。

(4) 检查 GOOSE 报文的时间间隔。首次触发时间 T_1 宜不大于 2ms，心跳时间 T_0 宜为 1～5s。

(5) 检查 GOOSE 存活时间，应为当前 2 倍 T_0 时间；检查 GOOSE 的 STNUM，SQNUM。

7.2.2.2 检验方法

若现场故障录波器/网络报文记录分析仪的接线和调试已完成，可以通过故障录波器/网络报文记录分析仪抓取通信报文来检查相关内容。若设备液晶面板能够显示上述检查内容，则可通过液晶面板读取相关信息；若液晶面板不能显示检查内容，则可通过便携式电脑抓取通信报文的方法来检查相关内容。如图 7－6 所示，将便携式电脑与待测设备连接好后，抓取需要检查的通信报文并进行分析。

图 7－6　通信报文内容检查方法

7.3 继电保护装置检验测试

数字化继电保护装置检验测试项目与检验测试方法与常规保护相比有较大的区别。主要项目包括：

(1) 交流量精度检查；

(2) 采样值品质位无效测试；

(3) 采样值畸变测试；

(4) 通信断续测试；

(5) 采样值传输异常测试；

(6) 检修状态测试；

(7) 软压板检查；

(8) 开入/开出端子信号检查；

(9) 虚端子信号检查；

(10) 保护 SOE 报文检查；

(11) 整定值的整定及检验。

下面逐一介绍具体检测内容、要求和方法。

7.3.1 交流量精度检查

7.3.1.1 检验内容及要求

(1) 各电流、电压输入的幅值和相位精度检验。检查各通道采样值的幅值、相角和频率的精度误差，应满足技术条件的要求。

（2）零点漂移检查。模拟量输入的保护装置零点漂移应满足装置技术条件的要求。

（3）同步性能测试。检查保护装置不同间隔电流、电压信号的采样同步性能，应满足技术条件的要求。

7.3.1.2　检验方法

采用7.1节的继电保护测试系统，通过继电保护测试仪给保护装置输入电流、电压值。

（1）零点漂移检查。保护装置不输入交流电流、电压量，观察装置在一段时间内的零漂值是否满足要求。

（2）各电流、电压输入的幅值和相位精度检验。新安装装置检验时，按照装置技术说明书规定的试验方法，分别输入不同幅值和相位的电流、电压量，检查各通道采样值的幅值、相角和频率的精度误差。

（3）同步性能测试。通过继电保护测试仪加几个间隔的电流、电压信号给保护，观察保护的同步性能。

7.3.2　采样值品质位无效测试

7.3.2.1　检验内容及要求

SV报文中采样值无效标识累计数量或无效频率超过保护允许范围时，可能误动的保护功能应瞬时可靠闭锁，与该异常无关的保护功能应正常投入；采样值恢复正常后，被闭锁的保护功能应及时开放。

采样值数据标识异常应有相应的掉电不丢失的统计信息，装置应瞬时闭锁延时报警。

7.3.2.2　检验方法

如图7－7所示，通过数字继电保护测试仪，按不同的频率将采样值中部分数据品质位设置为无效，模拟MU发送采样值出现品质位无效的情况。

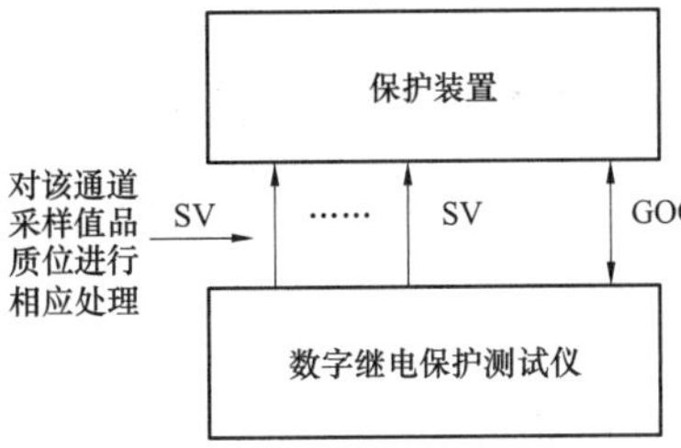

图7－7　采样值数据标识异常测试接线图

7.3.3　采样值畸变测试

7.3.3.1　检验内容及要求

对于电子式互感器采用双A/D的情况，一路采样值畸变时，保护装置不应误动作，同时应发告警信号。

7.3.3.2　检验方法

通过数字继电保护测试仪模拟电子式互感器双A/D中保护采样值部分数据畸变放大，畸变数值大于保护动作定值，同时品质位有效，模拟一路采样值出现数据畸变的情况。测试接线如图7－8所示。

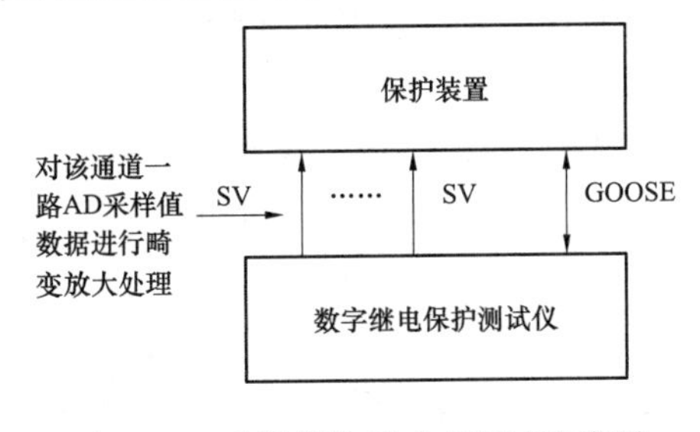

图7－8　采样值数据畸变测试接线图

7.3.4 通信断续测试

7.3.4.1 检验内容及要求

（1）MU与保护装置之间的通信断续测试。MU与保护装置之间SV通信中断后，保护装置应可靠闭锁，保护装置液晶面板应提示“SV通信中断”且告警灯亮，同时后台应接收到“SV通信中断”告警信号；通信恢复后，保护功能应恢复正常，保护区内故障保护装置可靠动作并发送跳闸报文，区外故障保护装置不应误动，保护装置液晶面板的“SV通信中断”报警消失，同时后台的“SV通信中断”告警信号消失。

（2）智能终端与保护装置之间的通信断续测试。保护装置与智能终端的GOOSE通信中断后，保护装置不应误动作，保护装置液晶面板应提示“GOOSE通信中断”且告警灯亮，同时后台应接收到“GOOSE通信中断”告警信号；当保护装置与智能终端的GOOSE通信恢复后，保护装置不应误动作，保护装置液晶面板的“GOOSE通信中断”消失，同时后台的“GOOSE通信中断”告警信号消失。

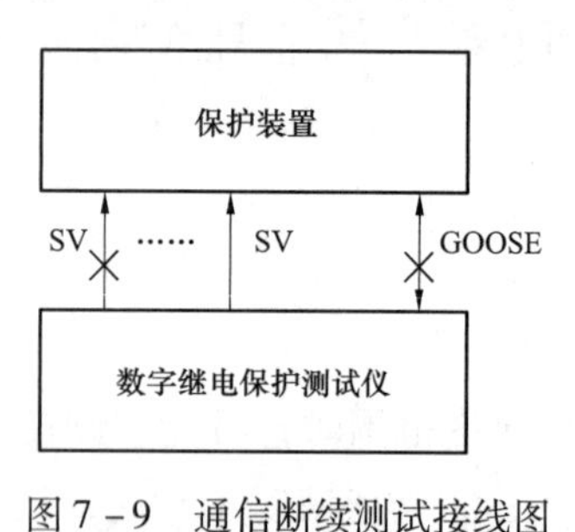

图7-9 通信断续测试接线图

7.3.4.2 检验方法

通过数字继电保护测试仪模拟MU与保护装置及保护装置与智能终端之间通信中断、通信恢复，并在通信恢复后模拟保护区内外故障。测试接线如图7-9所示。

7.3.5 采样值传输异常测试

7.3.5.1 检验内容及要求

采样值传输异常导致保护装置接收采样值通信延迟、采样序号不连续、采样值错序及采样值丢失数量超过保护设定范围时，相应保护功能应可靠闭锁；以上异常未超出保护设定范围或恢复正常后，保护区内故障保护装置应可靠动作并发送跳闸报文，区外故障保护装置不应误动。

7.3.5.2 检验方法

通过数字继电保护测试仪调整采样值数据发送延时、采样值序号等方法模拟保护装置接收采样值通信延时增大、发送间隔抖动大于10μs、采样序号不连续、采样值错序及采样值丢失等异常情况，并模拟保护区内外故障。测试接线如图7-10所示。

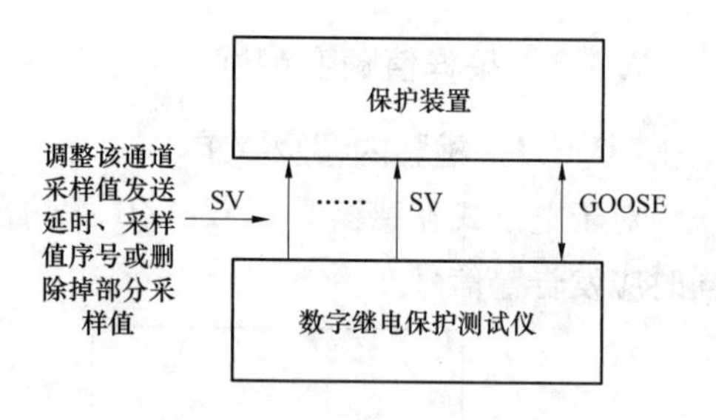

图7-10 采样值传输异常测试接线图

7.3.6 检修状态测试

7.3.6.1 检验内容及要求

保护装置输出报文的检修品质位应能正确反映保护装置检修压板的投退。保护装置检修压板投入后，发送的MMS和GOOSE报文检修品质位应置位，同时面板应有显示；保护装置检修压板打开后，发送的 MMS 和 GOOSE 报文检修品质位应不置位，同时面板应有显示。

输入的 GOOSE 信号检修品质与保护装置检修状态不对应时，保护装置应正确处理该 GOOSE 信号，同时不影响运行设备的正常运行。

在测试仪与保护检修状态一致的情况下，保护动作行应正常。

输入的 SV 报文检修品质与保护装置检修状态不对应时，保护应闭锁。

7.3.6.2　检验方法

通过投退保护装置检修压板控制保护装置 GOOSE 输出信号的检修品质，通过抓包报文分析确定保护发出 GOOSE 信号的检修品质的正确性。测试接线如图 7－11 所示。

通过数字继电保护测试仪控制输入给保护装置的 SV 和 GOOSE 信号检修品质。

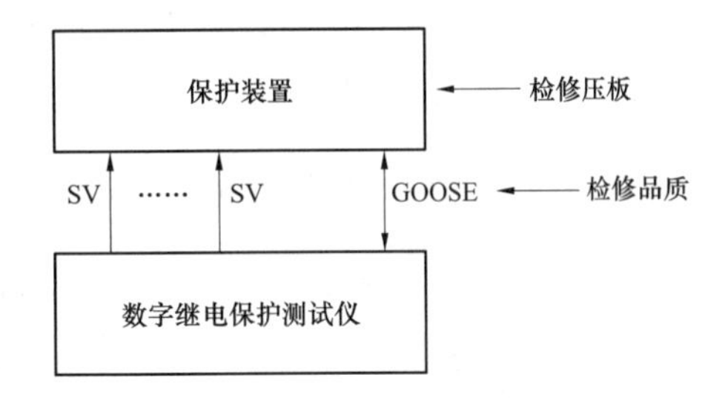

图 7－11　GOOSE 检修状态测试接线图

7.3.7　软压板检查

7.3.7.1　检查内容及要求

检查设备的软压板设置是否正确，软压板功能是否正常。软压板包括 SV 接收软压板、GOOSE 接收/出口压板、保护功能压板等。

7.3.7.2　检查方法

（1）SV 接收软压板检查。通过数字继电保护测试仪输入 SV 信号给设备，投入 SV 接收压板，设备显示 SV 数值精度应满足要求；退出 SV 接收压板，设备显示 SV 数值应为 0，无零漂。

（2）GOOSE 接收压板检查。通过数字继电保护测试仪输入 GOOSE 信号给设备，投入 GOOSE 接收压板，设备显示 GOOSE 数据正确；退出 GOOSE 接收压板，设备不接收 GOOSE 数据。

（3）GOOSE 发送压板检查。投入 GOOSE 发送压板，设备发送相应 GOOSE 信号；推出 GOOSE 发送压板，设备不发送相应 GOOSE 信号。

（4）保护功能及其他压板。投入/退出相应软压板，结合其他试验检查压板的投退效果。

7.3.8　开入/开出端子信号检查

根据设计图纸，投入、退出各个操作按钮或把手等，查看各个开入/开出量状态。

7.3.9　虚端子信号检查

7.3.9.1　检查内容及要求

检查设备的虚端子（SV/GOOSE）是否按照设计图纸正确配置。

7.3.9.2 检查方法

通过数字继电保护测试仪加输入量或通过模拟开出功能使保护设备发出 GOOSE 开出虚端子信号，抓取相应的 GOOSE 发送报文分析或通过保护测试仪接收相应 GOOSE 开出，以判断 GOOSE 虚端子信号是否能正确发送。

通过数字继电保护测试仪发出 GOOSE 开出信号，通过待测保护设备的面板显示来判断 GOOSE 虚端子信号是否能正确接收。

通过数字继电保护测试仪发出 SV 信号，通过待测保护设备的面板显示来判断 SV 虚端子信号是否能正确接收。

7.3.10 保护 SOE 报文的检查

传动继电保护使之动作，在变电站后台和调度端读取继电保护装置报文的内容和时标是否与继电保护装置发出的报文一致，注意传动继电保护使之动作逐一发出单个报文进行检查。

7.3.11 整定值的整定及检验

设置好待测设备的定值，通过测试仪给设备加入电流、电压量，观察待测设备面板显示和保护测试仪显示，记录设备动作情况和动作时间。检查设备的定值设置以及相应的保护功能、安全自动功能是否正常。

各类保护装置的具体检测内容参照 DL/T 995—2006《继电保护和电网安全自动装置检验规程》。

7.3.12 与站控层、调控系统的配合检验

7.3.12.1 检验前的准备

检验人员在与厂站自动化系统、继电保护故障信息处理系统的配合检验前应熟悉图纸，了解各传输量的具体定义，并与厂站自动化系统、继电保护故障信息处理系统的信息表进行核对。通过 SCD 文件检查各种继电保护装置的动作信息、告警信息、状态信息、录波信息和定值信息的传输正确性。现场应制订配合检验的传动方案。

7.3.12.2 检验内容及要求

继电保护装置的离线获取模型和在线召唤模型，两者应该一致，且应符合 Q/GDW 396《IEC 61850 工程继电保护应用模型》的规定。重点检查各种信息描述名称、数据类型、定值描述范围。

检查继电保护发送给站控层网络的动作信息、告警信息、保护状态信息、录波信息及定值信息的传输正确性。

(1) 继电保护设备应能支持不小于 16 个客户端的 TCP/IP 访问连接；报告实例数应不小于 12 个。

(2) 继电保护设备应支持上送采样值、开关量、压板状态、设备参数、定值区号及定值、自检信息、异常告警信息、保护动作事件及参数（故障相别、跳闸相别和测距）、

录波报告信息、装置硬件信息、装置软件版本信息、装置日志信息等数据。

（3）继电保护设备主动上送的信息应包括开关量变位信息、异常告警信息和保护动作事件信息等。

（4）继电保护设备应支持远方投退压板、修改定值、切换定值区、设备复归功能，并具备权限管理功能。

（5）继电保护设备的自检信息应包括硬件损坏、功能异常、与过程层设备通信状况等。

（6）继电保护设备应支持远方召唤所有录波报告的功能。

（7）继电保护设备应将检修压板状态上送站控层设备。当继电保护设备检修压板投入时，上送报文中信号的品质 q 的 Test 位应置位。

7.3.12.3　检验方法

（1）继电保护模型离线获取方法：设计单位或集成商将 SCD 文件提交变电站检验测试人员。

（2）继电保护模型在线召唤方法：站控层设备通过召唤命令在线读取继电保护装置的模型。

（3）继电保护信息发送方法：通过各种继电保护试验、模拟传动功能、响应站控层设备的召唤读取等命令检验继电器保护信息发送。

7.4　智能终端检验测试

在 DL/T 995—2006《继电保护和电网安全自动装置检验规程》对操作箱的检验要求基础上进行如下试验。

7.4.1　动作时间测试

7.4.1.1　检验内容及要求

检查智能终端响应 GOOSE 命令的动作时间。测试仪发送一组 GOOSE 跳、合闸命令，智能终端应在 7ms 内可靠动作。

7.4.1.2　检验方法

采用图 7－12 所示方法进行测试，由测试仪分别发送一组 GOOSE 跳、合闸命令，并接收跳、合闸的触点信息，记录报文发送与硬触点输入时间差。

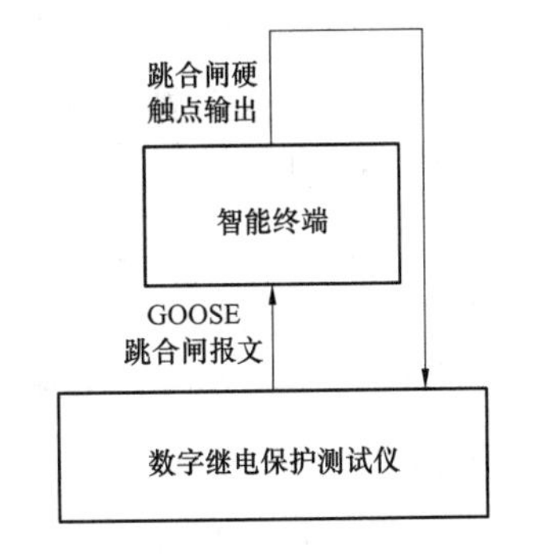

图 7－12　智能终端动作时间测试接线图

7.4.2　传送位置信号测试

智能终端应能通过 GOOSE 报文准确传送开关位置信息。采用图 7－13 所示方法进行测试，通过数字继电保护测试仪分别输出相应的电缆分、合信号给智能终端，再接收智能终端发出的 GOOSE 报文，解析相应的虚端子位置信号，观察是否与实端子信号一致，并通过继电保护测试仪记录开入时间。开入时间应满足技术条件要求。

7.4.3 SOE 精度测试

使用时钟源给智能终端对时，同时将 GPS 输出的分脉冲或秒脉冲接到智能终端的开入，通过 GOOSE 报文观察智能终端发送的 SOE。智能终端的 SOE 精度应优于 1ms。

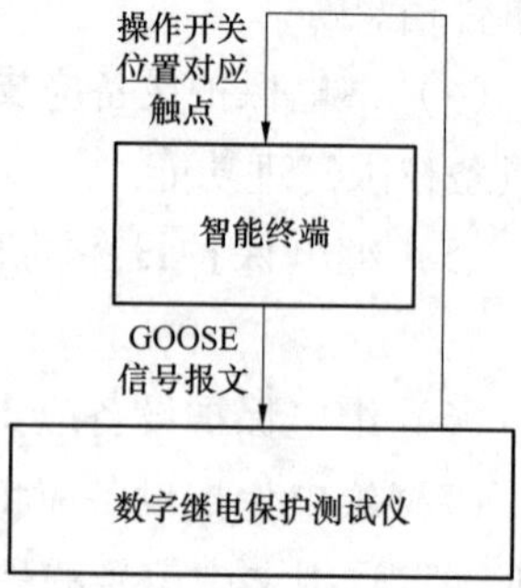

图 7-13 智能终端传送位置信号测试接线图

7.4.4 智能终端检修测试

7.4.4.1 检验内容及要求

智能终端检修置位时，发送的 GOOSE 报文“TEST”位应为 1，应响应“TEST”为 1 的 GOOSE 跳、合闸报文，不响应“TEST”为 0 的 GOOSE 跳、合闸报文。

7.4.4.2 检验方法

投退智能终端“检修压板”，察看智能终端发送的 GOOSE 报文，同时由测试仪分别发送“TEST”为 1 和“TEST”为 0 的 GOOSE 跳、合闸报文。

7.5 合并单元检验测试

本节所述内容既适用于电子式互感器的合并单元，也适用于传统互感器的模拟式合并单元。合并单元的主要检测项目包括：① 发送 SV 报文检验；② 对时误差测试；③ 失步再同步性能检验；④ 检修状态测试；⑤ 电压合并单元的电压切换/并列功能检验。这些项目与电子式互感器本体关系不大。由于合并单元是电子式互感器的一部分，在 7.6 节介绍“电子式互感器检验测试”时，也会提到与合并单元相关的检测项目。

7.5.1 合并单元发送 SV 报文检验

7.5.1.1 检验内容及要求

（1）SV 报文丢帧率测试。检验 SV 报文的丢帧率，应满足 10min 内不丢帧。

（2）SV 报文完整性测试。检验 SV 报文中序号的连续性。SV 报文的序号应从 0 连续增加到 $50N-1$（N 为每工频周期采样点数，一般为 80），再恢复到 0，任意相邻两帧 SV 报文的序号应连续。

（3）SV 报文发送频率测试。80 点采样时，SV 报文应每一个采样点一帧报文，SV 报文的发送频率应与采样点频率一致，即 1 个 APDU 包含 1 个 ASDU。

（4）SV 报文发送间隔离散度检查。检验 SV 报文发送间隔离散度是否等于理论值（$20/N$ms，N 为每工频周期采样点数）。测出的间隔抖动应在 ±10μs 之内。

（5）SV 报文品质位检查。在电子式互感器工作正常时，SV 报文品质位应无置位；在电子式互感器工作异常时，SV 报文品质位应不附加任何延时正确置位。

7.5.1.2　检验方法

将合并单元输出 SV 报文接入便携式电脑、网络报文记录分析仪、故障录波器等具有 SV 报文接收和分析功能的装置（图见 7－14），进行 SV 报文的检验。

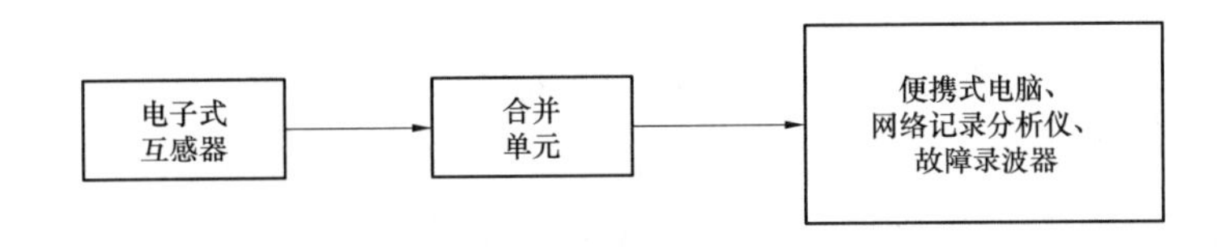

图 7－14　合并单元发送 SV 报文测试系统图

采用图 7－14 所示系统抓取 SV 报文并进行分析。

（1）SV 报文丢帧率测试方法。用图 7－14 所示系统抓取 SV 报文并进行分析，试验时间大于 10min。丢帧率计算如下

丢帧率＝(应该接收到的报文帧数－实际接收到的报文帧数)/应该接收到的报文帧数

（2）SV 报文完整性测试方法。用图 7－14 所示系统抓取 SV 报文并进行分析，试验时间大于 10min。检查抓取到 SV 报文的序号。

（3）SV 报文发送频率测试方法。用图 7－14 所示系统抓取 SV 报文并进行分析，试验时间大于 10min。检查抓取到 SV 报文的频率。

（4）SV 报文发送间隔离散度检查方法。用图 7－14 所示系统抓取 SV 报文并进行分析，试验时间大于 10min。检查抓取到 SV 报文的发送间隔离散度。

（5）SV 报文品质位检查方法。在无一次电流或电压时，SV 报文数据应为白噪声序列，且互感器自诊断状态位无置位；在施加一次电流或电压时，互感器输出应为无畸变波形，且互感器自诊断状态位无置位。断开互感器本体与合并单元的光纤，SV 报文品质位（错误标）应不附加任何延时正确置位。当异常消失时，SV 报文品质位（错误标）应无置位。

7.5.2　合并单元准确度测试

本测试针对电磁式互感器配置的合并单元。

用继电保护测试仪给合并单元输入额定交流模拟量（电流、电压），读取合并单元输出数值，与继电保护测试仪输入数值比较计算精度。检查合并单元的零漂，通过低值、高值、不同相位等采样点检查合并单元的精度是否满足技术条件的要求。

7.5.3　合并单元传输延时测试

本测试针对电磁式互感器配置的合并单元。

用继电保护测试仪给合并单元输入交流模拟量（电流、电压），通过电子式互感器校验仪或故障录波器同时接收合并单元输出数字信号与继电保护测试仪输出模拟信号，计算合并单元传输延时。检查合并单元接收交流模拟量到输出交流数字量的时间，要求同电子

式互感器采样延时测试。详见 7.6.3。

7.5.4 合并单元对时与守时精度测试

7.5.4.1 检验方法

（1）时间同步误差的测试。通过合并单元输出的 1PPS 信号与参考时钟源信号比较获得。标准时钟源给合并单元授时，待合并单元对时稳定后，利用时间测试仪以每秒测量 1 次的频率测量合并单元和标准时钟源各自输出的 1PPS 信号有效沿之间的时间差的绝对值 Δt，Δt 的最大值即为最终测试结果示。测试时间应持续 10min 以上。

（2）守时误差的测试。合并单元先接受标准时钟源的授时，待合并单元输出的 1PPS 信号与标准时钟源的 1PPS 的有效沿时间差稳定在同步误差阀值 Δt 之后，撤销标准时钟源对合并单元的授时，测试过程中合并单元输出的 1PPS 信号与标准时钟源的 1PPS 的有效沿时间差的绝对值的最大值即为测试时间内的守时误差。测试时间应持续 10 min 以上。

7.5.4.2 技术要求

（1）合并单元应能接收 IRIG－B 码（或 IEC 61588、1PPS）同步对时信号。合并单元应能够实现采集单元间的采样同步功能，采样的同步精度误差不应超过 ±1μs。

（2）合并单元在外部同步信号消失后，至少能在 10 min 内继续满足 4μs 同步精度要求。

7.5.5 合并单元失步再同步性能测试

检查合并单元失去同步信号再获得同步信号后，合并单元传输 SV 报文的误差。将合并单元的外部对时信号断开，经过 10min 再将外部对时信号接上。通过图 7－14 所示系统进行 SV 报文的记录和分析。在该过程中，SV 报文的抖动应小于 10μs（采样率为 4000Hz）。

7.5.6 合并单元的电压切换功能测试

7.5.6.1 检验内容及要求

检验合并单元的电压切换功能是否正常。电压切换的工作原理参见 3.10 节，具体切换逻辑依照装置说明书。前面表 3－2 给出了某型号装置的电压切换逻辑，可供参考。

7.5.6.2 检验方法

（1）自动电压切换检查方法：将切换把手打到自动状态，给合并单元加上两组母线电压，通过 GOOSE 网给合并单元发送不同的隔离开关位置信号，检查切换功能是否正确。

（2）手动电压切换检查方法：将切换把手打到强制Ⅰ母电压或强制Ⅱ母电压状态，分别在有 GOOSE 隔离开关位置信号和无 GOOSE 隔离开关位置信号的情况下检查切换功能是否正确。

7.5.7 合并单元的电压并列功能测试

试验目的主要为测试电压 MU 的电压并列功能是否正常。电压并列的工作原理参见 3.10 节，合并单元的具体并列逻辑依照装置说明书。给电压间隔合并单元接入 2（3）组母线电压，同时将电压并列把手拨到Ⅰ母、Ⅱ母（Ⅱ母、Ⅲ母）并列状态，观察液晶面板是否同时显示 2（3）组母线电压且幅值、相位和频率均一致。其他并列方式与此类似，不再详述。

7.5.8 合并单元级联测试

7.5.8.1 检验方法

（1）母线电压合并单元输出的采样值给按间隔配置的合并单元，测试按间隔配置的合并单元输出母线电压采样值及品质位。

（2）模拟母线电压合并单元延时大于 2ms，查看按线路间隔配置的合并单元对母线合并单元数据的处理。

7.5.8.2 技术要求

（1）按间隔配置的合并单元应提供足够的输入接口，接收来自本间隔电流互感器的电流信号；若间隔设置有电压互感器，还应接入间隔的电压信号；若本间隔的二次设备需要母线电压，还应接收母线电压合并单元的母线电压信号。

（2）按间隔配置的合并单元接收到母线电压合并单元采样数据延时应该在一定的范围（0～2ms）内，若采样数据延时超出此范围，按间隔配置的合并单元应报警。

7.5.9 合并单元检修状态测试

合并单元发送 SV 报文检修品质应能正确反映合并单元装置检修压板的投退。投退合并单元装置检修压板，通过图 7-14 所示系统抓取 SV 报文并分析"test"是否正确置位，并通过装置面板观察指示信号。当检修压板投入时，SV 报文中的"test"位应置 1，装置面板应显示检修状态；当检修压板退出时，SV 报文中的"test"位应置 0，装置面板应显示非检修状态。

7.6 电子式互感器检验测试

互感器历来是继电保护系统的关键组成部分，对电子式互感器的检验测试是继电保护专业必须关注的工作内容。本节主要介绍电子式互感器本体和整体的测试项目，关于电子式互感器的合并单元的检测已在 7.5 节中介绍。电子式互感器本体和整体的测试项目，与继电保护相关的主要包括：① 互感器及其回路的验收检验；② 稳态准确度试验；③ 输出绝对延时测试；④ 输出电流、电压信号的同步检验；⑤ 极性检验；⑥ 供电电源切换检验等。

7.6.1 新安装电流、电压互感器及其回路的验收检验

检查电流、电压互感器的铭牌参数是否完整，出厂合格证及试验资料是否齐全。应由有关制造厂或基建、生产单位的试验部门提供下列试验资料：

（1）所有绕组的额定一次值。

（2）绕组的准确级、内部安装位置。

（3）模拟量输出绕组的变比。

（4）绕组的极性。

电流、电压互感器安装竣工后，继电保护检验人员应进行下列检查：

（1）电流、电压互感器型号、准确级，模拟量输出绕组的变比必须符合设计要求。

（2）测试互感器各绕组间的极性关系，核对铭牌上的极性标志是否正确。检查互感器各次绕组的连接方式及其极性关系是否与设计符合，相别标识是否正确。

（3）有条件时，同时自电流互感器的一次分相通入电流，自电压互感器的一次分相施加电压，检查变比及回路是否正确。

7.6.2 电子式互感器稳态准确度试验

7.6.2.1 检查内容及要求

电子式互感器的精度应满足表7－1和表7－2的要求，试验进行5次，每次试验结果均应满足要求。

电子式电流互感器误差限值应满足GB/T 20840.8—2007（IEC 60044－8）《电子式电流互感器》中13.1.3的要求，见表7－1。

表7－1　保护用电子式电流互感器的误差限值

准确级	电流误差（额定一次电流下，%）	相位误差（额定一次电流下）		复合误差（在额定准确限值一次电流下，%）	最大峰值瞬时误差（准确限值条件下，%）
		(′)	crad		
5TPE	±1	±60	±1.8	5	10
5P	±1	±60	±1.8	5	—
10P	±3	—	—	10	—

注　对TPE级和GB 1208—2006规定的各级（PR和PX）以及GB 16847规定的其他各级（TPS，TPX，TPY，TPZ），有关暂态的信息详见GB/T 20840.8—2007附录H。

对模拟量输出型电子式电流互感器，试验所用二次负荷应按有关条款的规定选取。现场校验中保护用电子式电流互感器输出幅值及角度误差除满足表7－1所列要求外，还应满足在额定准确限值一次电流下的复合误差及峰值瞬时误差的要求。现场不做强制试验要求，需要时可查看电子式互感器的型式试验报告。

电子式电压互感器误差限值应满足GB/T 20840.7—2007（IEC 60044－7）《电子式电压互感器》中13.5的要求，见表7－2。

表 7-2　　保护用电子式电压互感器的误差限值

<table>
<tr><th rowspan="4">准确级</th><th colspan="9">在下列额定电压 Up/Upr（%）下的电压误差和相位误差限值</th></tr>
<tr><th colspan="3">2</th><th colspan="3">5</th><th colspan="3">X*</th></tr>
<tr><th>电压误差</th><th colspan="2">相位误差</th><th>电压误差</th><th colspan="2">相位误差</th><th>电压误差</th><th colspan="2">相位误差</th></tr>
<tr><th>ε_u
±1%</th><th>φ_e
±（′）</th><th>φ_e
±crad</th><th>ε_u
±1%</th><th>φ_e
±（′）</th><th>φ_e
±crad</th><th>ε_u
±1%</th><th>φ_e
±（′）</th><th>φ_e
±crad</th></tr>
<tr><td>3P</td><td>6</td><td>240</td><td>7</td><td>3</td><td>120</td><td>3.5</td><td>3</td><td>120</td><td>3.5</td></tr>
<tr><td>6P</td><td>12</td><td>480</td><td>14</td><td>6</td><td>240</td><td>7</td><td>6</td><td>240</td><td>7</td></tr>
</table>

注　1. 额定相位偏移 φ_{0r} 的正常值应为零，但在电子式电压互感器必须与其他 EVT 或 ECT 组合使用时，为了具有一个公共值，可以规定其他值。

2. 延迟时间的影响见 GB/T 20840.7—2007 附录 C5.1。

* X 为额定电压因数乘以 100

7.6.2.2　检查方法

数字输出的电子式电流、电压互感器准确度测试方法分别如图 7-15、图 7-16 所示，模拟量输出的电子式电流互感器准确度测试方法如图 7-17 所示。

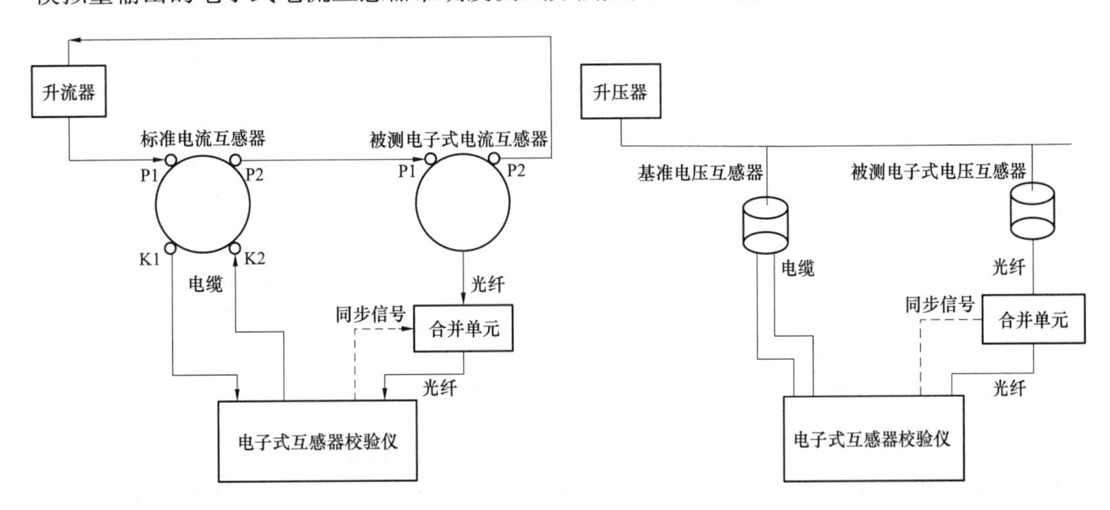

图 7-15　数字输出的 ECT 准确度测试方法　　　图 7-16　数字输出的 EVT 准确度测试方法

7.6.3　电子式互感器采样延时测试

7.6.3.1　检验内容及要求

本测试仅针对数字输出的电子式互感器，模拟量输出的电子式互感器不需进行该项测试。电子式互感器采样延时应稳定且准确。做 5 次试验，最大值、最小值与厂家提供数据的误差不超过 20μs。采样延时的绝对值要求小于 2ms。MU 级联后的采样延时也应满足上述要求。

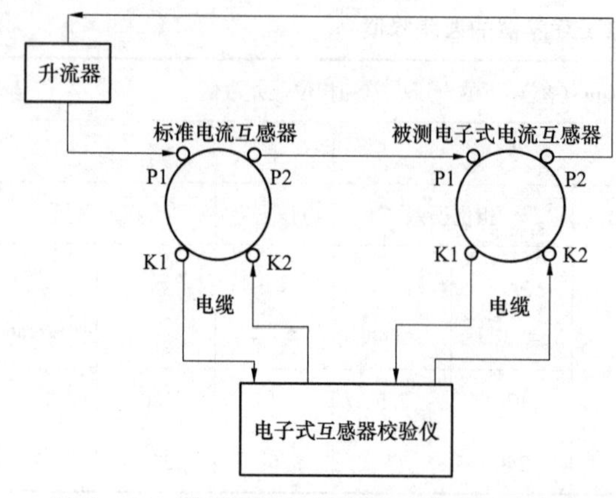

图 7－17　模拟量输出的 ECT 准确度测试方法

7.6.3.2　检验方法

输出绝对延时测试系统与准确度测试系统类似，接入一次额定电流电压，但合并单元不接收电子式互感器校验仪的同步信号，由电子式互感器校验仪测出基波的角度差，该角度差折算到时间即为电子式互感器输出绝对延时。电子式电流、电压互感器额定延时检验方法分别如图 7－18、图 7－19 所示。

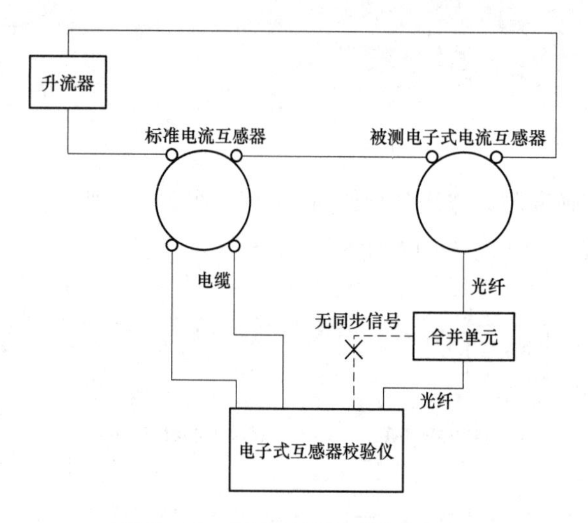

图 7－18　ECT 额定延时测试方法

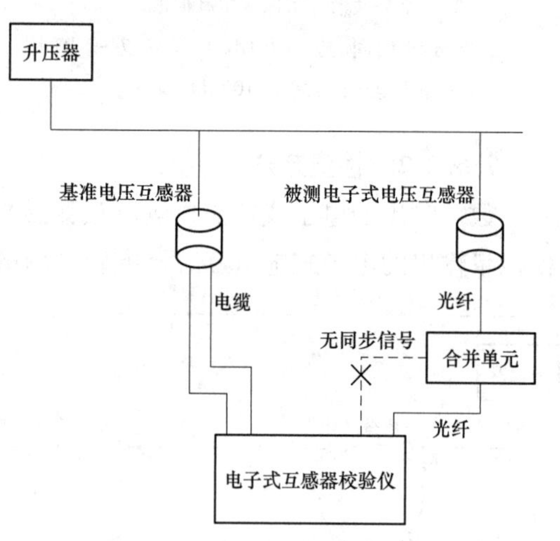

图 7－19　EVT 额定延时测试方法

7.6.4　电子式互感器输出电流、电压信号的同步检验

对单个合并单元输入的每相电流互感器和电压互感器进行输出绝对延时测试，用相互两相互感器的输出绝对延时相减即得到合并单元同步误差，同步误差应满足相关技术要求。对于电压合并单元级联到电流合并单元的电流、电压同步误差检验，应以电流合并单元输出的电压、电流数据作为检测数据。

7.6.5　电子式互感器极性检验

7.6.5.1　检验内容及要求

检验电子式互感器合并单元输出 SV 报文中电流、电压数据的方向。

7.6.5.2　检验方法

（1）电子式电流互感器检验方法。极性检验可以采用直流法和精度校验法。其中直流法要求电子式互感器校验仪具备极性检验的功能；精度校验方法是对电子式互感器进行角差准确度校验时，检验电子式互感器的极性。

对电子式电流互感器一次绕组通以直流电流，如图 7－20 所示，通过电子式互感器校验仪来实现极性检验。测试时，闭合开关 S，随即快速断开，通过电子式互感器校验仪观察电流方向。

精度校验法极性检验参照图 7－15、图7－17 进行。按照电子式互感器标志的 P1、P2 端进行接线，加入稳定额定一次电流，比较校验仪显示的电子式互感器电流与基准互感器电流相位是否相同。

（2）电子式电压互感器检验方法。对于电感分压的电子式电压互感器，极性检验可采用直流法和精度校验法；对于电容和电阻分压原理的电子式电压互感器，极性检验采用精度校验法。

采用直流法时，对电子式电压互感器一次绕组加以直流电压，如图 7－21 所示，通过电子式互感器校验仪来实现极性校验。测试时，闭合开关 S，随即快速断开，通过电子式互感器校验仪观察电压方向。

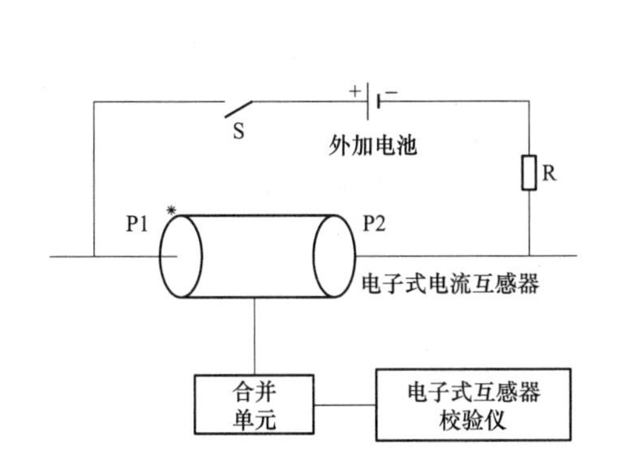

图 7－20　ECT 直流法极性校验

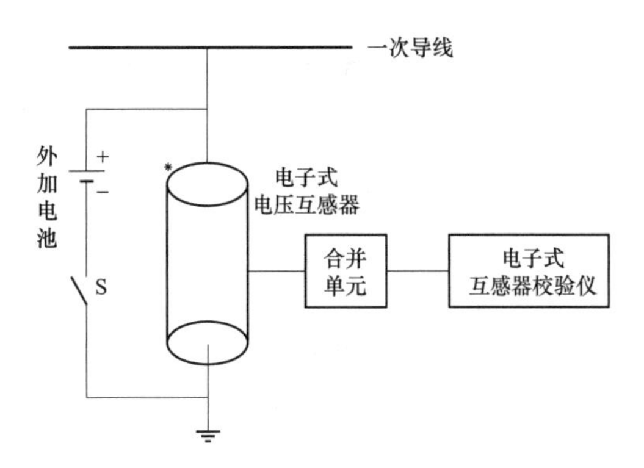

图 7－21　电感分压的 EVT 直流法极性校验

精度校验法极性检验参照图 7－16 进行。给电子式电压互感器一次绕组加入稳定额定一次电压，比较校验仪显示的电子式互感器电压与基准互感器电压相位是否相同。

7.6.6　供电电源切换检验

7.6.6.1　检验内容及要求

本测试适用于需要供电电源切换的有源式电子式互感器，检验电子式互感器本体中采集器双路电源（1 路外接电源，1 路从一次电流或电压取能电源）的无缝切换性能和供电稳定性。

双路电源的无缝切换性能要求：一次电流、电压在切换值附近往复波动时，采集器双路电源应能无缝切换，采集器应正常工作。

一次电流、电压切换值由厂家提供。

7.6.6.2　检验方法

（1）电子式电流互感器。先断开激光电源，一次通流，从零升高，当合并单元正常工作时，记录下此时的一次电流，以此电流作为电子式电流互感器的一次电流切换值。此电流切换值与厂家提供的切换值误差应小于5%。

接通激光电源，一次电流在切换值附近快速往复5次（往复1次是指一次电流、电压从切换值下20%处升高到切换值上20%处，再从切换值上20%处降低到切换值下20%处），如图7-22所示。观察双路电源及采集器的工作状态。

（2）电子式电压互感器。先断开直流电源，一次加压，从零升高，当合并单元正常工作时，记录下此时的一次电压，以此电压作为电子式电压互感器的一次电压切换值。此电压切换值与厂家提供的切换值误差应小于5%。

接通直流电源，一次电压在切换值附近快速往复5次（往复1次是指一次电流电压从切换值下20%处升高到切换值上20%处，再从切换值上20%处降低到切换值下20%处），如图7-23所示。观察双路电源及采集器的工作状态。

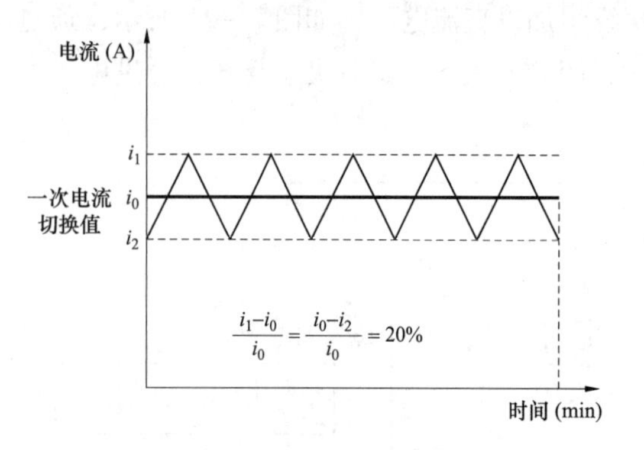

图7-22　电子式电流互感器一次通流值

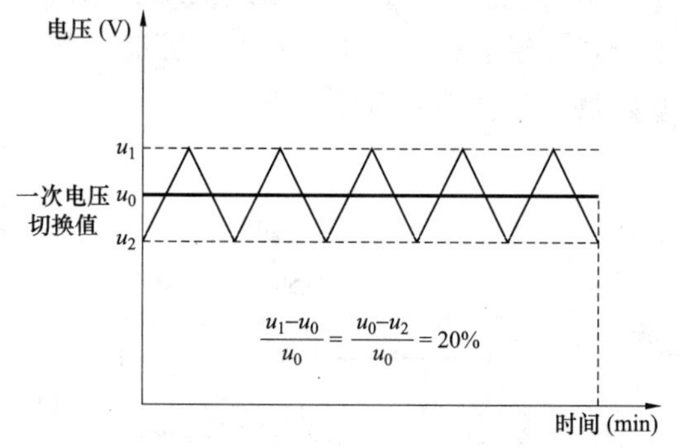

图7-23　电子式电压互感器一次通压值

7.7　网络与交换机检验测试

7.7.1　光纤回路检测

7.7.1.1　光纤回路正确性检查

按照设计图纸检查光纤回路的正确性，包括保护设备、合并单元、交换机、智能终端之间的光纤回路。可通过装置面板的通信状态检查光纤通道连接准确性，也可采用激光笔照亮光纤的一侧，在另外一侧检查正确性。

7.7.1.2　光纤回路外观检查

打开屏柜前后门，观察待检查尾纤的各处外观。光纤尾纤应呈现自然弯曲（弯曲半径大于3cm），不应存在弯折、窝折的现象，不应承受任何外重，尾纤表皮应完好无损。尾纤接头应干净无异物，如有污染应立即清洁干净。尾纤接头连接应牢靠，不应有松动现象。尾纤接头的检查应结合其他试验（如光纤接口发送功率检查）进行，不应单独进行。

7.7.1.3　光纤衰耗检测

首先用一根尾纤跳线（衰耗小于0.5dB）连接光源和光功率计，记录下此时光功率计读数，可认为是光源发送功率，如图 7－24。

然后将待测试光纤分别连接光源和光功率计，记录下此时光功率计的功率值，见图 7－25。用光源发送功率减去此时光功率计读数，得到测试光纤的衰耗值。

图 7－24　光源功率测试方法　　　图 7－25　光源功率测试方法

检查光纤回路的衰耗是否正常。1310nm 和 850nm 光纤回路（包括光纤熔接盒）的衰耗不应大于 3dB。

7.7.2　网络与交换机检测

网络与交换机的检测项目主要包括：① 配置文件检查；② 以太网端口检查；③ 生成树协议检查；④ VLAN 设置检查；⑤ 网络流量检查；⑥ 数据转发延时检验；⑦ 丢包率检验等。

（1）配置文件检查。读取交换机的配置文件及文件信息，并与历史文件比对。检查交换机的配置文件，包括版本号、生成时间等，注意是否有变更。

（2）以太网端口检查。通过笔记本电脑读取交换机端口设置。通过以太网抓包工具检查端口各种报文的流量是否与设置相符。连接源端口和镜像端口，检查两个端口报文的一致性。检查交换机以太网端口设置、速率、镜像是否正确。

（3）生成树协议检查。读取交换机生成树协议的配置，检查交换机内部的生成树协议是否与设计要求一致。当采用星形网络时，生成树协议应关闭。

（4）VLAN 设置检查。通过客户端工具或者其他可以发送带 VLAN 标记报文的软件工具，从交换机的各个口输入 GOOSE 报文，检查其他端口的报文输出。读取交换机 VLAN 配置，检查交换机内部的 VLAN 设置是否与设计要求一致。

（5）网络流量检查。通过网络报文分析仪或笔记本电脑读取交换机的网络流量。对过程层网络，根据 VLAN 划分选择交换机端口读取网络流量；对站控层网络，根据选择镜像端口读取网络流量。检查交换机的网络流量是否符合技术要求。

（6）数据转发延时检验。采用网络测试仪进行测试。传输各种帧长数据时，交换机正常交换延时应小于 10μs。

（7）丢包率检验。采用网络测试仪进行测试。交换机在全线速转发条件下，丢包（帧）率应为零。

7.8　系统级测试

数字化技术的应用迫切需要从全站角度来探索对保护、测控等设备的系统级测试手段及相应的测试方法，并建立对智能变电站整体性能与功能的评价体系。对智能变电站设备的测试，若仅停留在单装置测试，就无法检测装置间以及整个变电站系统的功能和性能可否满足设计要求。智能变电站建设初期，其安全稳定性倍受重视，系统级测试是变电站按时按质顺利投运的有力保证。

系统级测试通常在具备条件的检测机构或智能变电站工程自动化系统集成商的工厂内进行。智能变电站工程所有厂家的二次设备及部分电子式互感器在检测机构或工厂内按实际工程设计要求接线、连接光纤、集成，然后进行系统级测试。测试完成后，设备运往现场安装接线，因已经进行过系统联调，现场调试工作量大大减少。

总结以往经验，系统级测试项目一般包括 5 个方面：① 通信协议；② 网络系统；③ 信息安全；④ 时间同步；⑤ 数字动模。以下分别介绍。

7.8.1 通信协议测试

7.8.1.1 测试目的和意义

保证智能变电站中多厂家多型号装置的通信协议实现的一致性，全站配置文件的一致性、可读性及可靠性，信息共享的标准化，装置间无缝通信，实现互操作，满足用户期待的互换性。

通信协议的统一解释非常关键，通常标准通信协议文本仅定义了 90%，剩余的 10% 是选择项。各个厂家的实施实现程度也不相同，这就需要第三方测试机构来进行规范。测试经验表明：早期单装置的一致性测试，80% 不能一次性通过，在工程集成的过程中，要多厂家协调，重新实例化配置文件、通信网络，以及根据不同地区特点实现变电站功能，因此也可见系统级测试的必要性。

7.8.1.2 测试依据

（1）IEC 61850－6、IEC 61850－7－1、IEC 61850－7－3、IEC 61850－7－4、IEC 61850－8－1、IEC 61850－10。

（2）上述标准对应的 DL/T 860《变电站通信网络和系统》相应部分。

（3）Q/GDW 396《IEC 61850 工程继电保护应用模型》。

7.8.1.3 测试流程

通信协议测试对采用 IEC 61850 标准协议的变电站二次装置或站控层设备进行通信规约的测试分析，最终给出一致性评估报告，流程如图 7－26 所示。

7.8.1.4 测试内容

通信协议测试内容包括数据模型测试和通信模型测试两部分。

智能变电站的全站配置文件是实现功能的基础，是联调和测试的第一步，最终版本的 CID 文件和 SCD 文件需要根据变电站设计单位的要求，由装置厂家和集成商经过多次交互才能确保完整有效，因此，其最终版本的正确性和有效性必须进行验证。智能变电站的配置文件与配置过程如图 4－50 所示。

通信模型测试主要是 ACSI 模型和服务的测试。ACSI 服务模型包括应用关联模型，服务器、逻辑设备、逻辑节点和数据模型定值组控制模型，报告模型，通用变电站事件模型，采样值传输模型，控制模型，时间和时间同步模型，文件传输模型等。

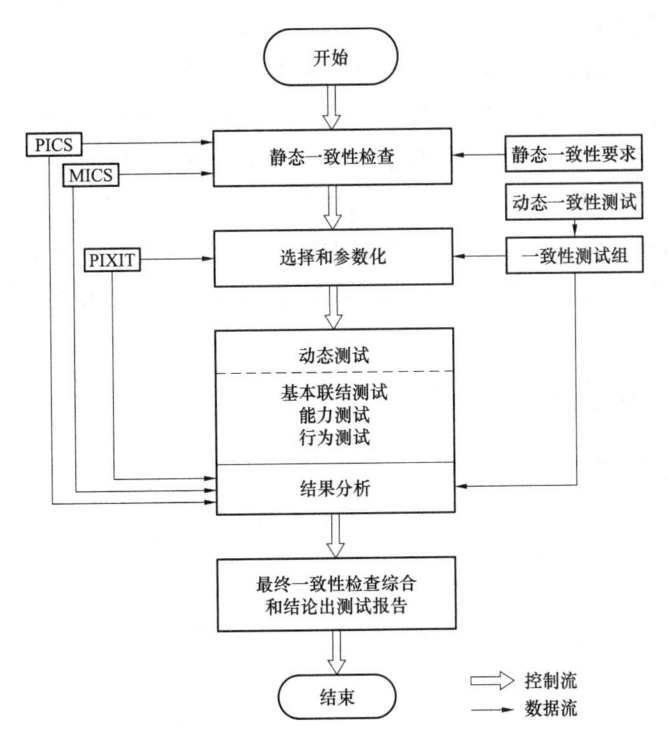

图 7－26 通信协议测试流程

7.8.2 网络系统测试

7.8.2.1 测试目的和意义

对智能变电站的网络系统进行功能和性能测试以及网络流量测试，检验智能变电站的网络节点（工业以太网交换机）的功能、性能是否满足需求，验证整站运行后的网络流量是否正常，同时保证网络系统为今后的变电站升级做好性能和功能冗余。通过本项测试分析网络性能瓶颈，改善网络性能；测试网络功能，确保满足智能变电站需求；模拟极限情况，规避网络风险；为运维、升级等操作进行技术准备；从整体上掌握整站的网络运行情况。

7.8.2.2 测试依据

（1）DL/T 860《变电站通信网络和系统》。

（2）IEC 61850－10《变电站通信网络和系统第 10 部分：一致性测试》。

（3）RFC 2544 1999《网络互联设备基准测试方法》。

（4）RFC 2889 2000《局域网交换设备基准测试方法》。

（5）Q/GDW 429—2010《智能变电站网络交换机技术规范》。

（6）Q/GDW 394—2009《330kV～750kV 智能变电站设计规范》。

（7）Q/GDW 393—2009《110（66）kV～220kV 智能变电站设计规范》。

（8）Q/GDW 441—2010《智能变电站继电保护技术规范》。

7.8.2.3 测试内容

本项测试内容包括网络功能和性能测试、网络流量测试。

对应用于智能变电站网络的工业以太网交换机按照变电站实际配置和运行情况进行功能和性能测试。功能、性能测试内容包括网络功能与性能、错误描述、颗粒分布。

流量测试含正常和非正常情况下网络的流量，包括网络利用率、网络数据包传输率、错误率等，并且能够对整站 VLAN 划分情况进行严格验证。测试项目包括外观和一般技术功能测试、吞吐量测试、延时测试、帧丢失率测试、GOOSE 传输功能测试、VLAN 功能测试等。

7.8.3 信息安全评测

7.8.3.1 目的和意义

国家电网调〔2006〕1167 号文印发了关于贯彻落实电监会《电力二次系统安全防护总体方案》(简称《方案》) 等安全防护方案的通知，提出各研究、开发单位要按《方案》要求，尽快改进或完善所提供的电力二次系统或设备的安全特性；凡 2008 年 1 月 1 日以后投入运行的调度自动化系统和变电站自动化系统应符合《方案》要求并通过安全测试认证，2009 年 1 月 1 日以后投入运行的电力二次系统或设备都应符合《方案》要求并通过安全测试认证。国家电网公司和电监会定期对下属单位进行信息安全督查，要求不符合的单位进行整改。评估安全问题的危害性，为整改工作提供指导建议。

信息安全评测全面测试变电站综合自动化系统的安全机制和安全功能，发现其中存在的安全缺陷和漏洞；作为应用系统第三方信息安全认证测试，通过安全整改及验证测试，评估残余风险，确认系统安全状态可以满足安全运行的基本要求。分析和总结发现的安全问题，形成《系统安全性测评报告》。联调过程中对系统功能和安全性进行测试，可弥补传统联调过程中对系统安全性、应用系统及整站网络架构安全考虑不足的缺点。

7.8.3.2 测试依据

（1）国家电力监管委员会 5 号令《电力二次系统安全防护规定》。

（2）国家电力监管委员会〔2006〕34 号文附件 4《变电站二次系统安全防护方案》。

（3）国网公司标准《电网企业信息系统安全等级保护技术要求》。

（4）GB/T 22239—2008《信息安全技术 信息系统安全等级保护基本要求》。

（5）GB/T 18336.2—2001《信息技术 安全技术 信息技术安全性评估准则 第 2 部分：安全功能要求》。

（6）国家电力监管委员会《电力行业信息系统安全等级保护定级工作指导意见》。

（7）GB/T 20281—2006《信息安全技术 防火墙技术要求和测试评价方法》。

7.8.3.3 测评内容

根据相关规定和工程经验，评测内容一般包括五个方面：① 整体架构；② 应用系统安全；③ 系统安全性；④ 网络风暴测试；⑤ 电力安全装置测试。

7.8.4 时间同步测试

7.8.4.1 目的和意义

时间同步系统为智能变电站系统提供统一的、准确的时钟源，对智能变电站的运行具有重要意义。站内信息如 GOOSE、SV 和 MMS 等报文均对时间信息有较高要求，广域相量测量和行波测距更是依赖于时间系统才能正常工作。时间准确度直接影响智能电子设备的数据采集与计算，影响计算精度，同时时间准确性会影响故障测距的精度、同步相量测量精度。各装置的时间一致性、准确性关系到整个变电站安全可靠运行。

另外，部分智能变电站采用的 IEEE1588 技术还不太成熟，产品性能还存在很多缺陷，系统设计不尽合理，有必要加强测试。

7.8.4.2 测试依据

（1）DL/T 1100.1—2009《电力系统时间同步系统　第 1 部分：技术规范》。

（2）Q/GDW 426—2010《智能变电站合并单元技术规范》。

（3）IEEE1588—2008《网络测控系统精确时钟同步协议》。

7.8.4.3 测试内容

测试原理如图 7－27 所示，各类设备的时间同步要求如下：

（1）同步准确度优于 1μs 的，包括线路行波故障测距装置、同步相量测量装置、电子式互感器的合并单元等。

（2）时间同步准确度优于 1ms 的，包括故障录波器、SOE 装置、电气测控单元，远程终端装置（RTU）等。

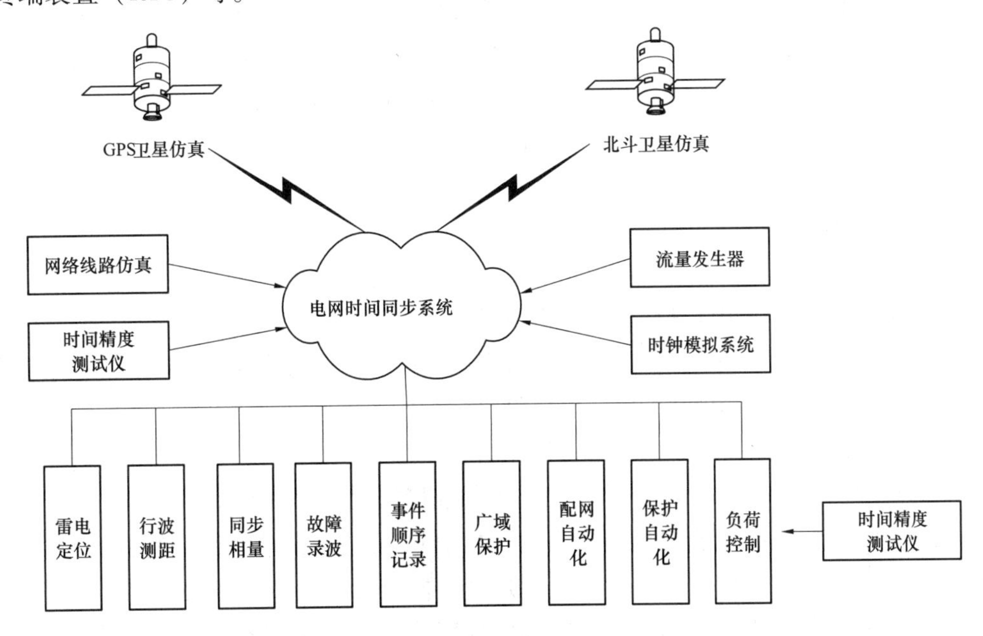

图 7－27　时间同步系统测试原理图

（3）时间同步准确度优于10ms的，包括微机保护装置、安全自动装置、馈线终端装置（FTU）、配电网自动化系统等。

（4）时间同步准确度优于1s的，包括电能量采集装置、电气设备在线状态检测终端装置或自动记录仪、变电站计算机监控系统、监控与数据采集（SCADA）/EMS、继电保护及保障信息管理系统主站等。

智能变电站时间同步的测试项目包括：① 定量测试；② 配置核查；③ 授时系统准确性测试；④ 被授时系统准确性测试；⑤ 基于GPS对时的安全性测试；⑥ 被授时系统（包括继电保护）对授时系统的依赖性；⑦ IEEE 1588相关测试等。

7.8.5 数字动模测试

7.8.5.1 测试目的和意义

进行全站系统级测试，保证全站设备在各种运行状态下均工作正常，动作正确。全站设备包括站控层监控后台、远动机、保信子站；间隔层各电压等级的保护装置、测控装置、故障录波装置；过程层互感器、合并单元、智能终端。

模拟变电站各种运行状态下发生故障，考核变电站保护装置的动作逻辑以及动作的正确性；验证智能电子设备相互间的配合关系；验证相关设备动作后，站控层系统响应正确性；模拟雪崩，考核监控系统上送事件的正确性；模拟网络风暴，考核风暴对GOOSE网及保护装置动作的正确性。

通过测试，全面评估智能变电站系统是否满足设计的功能、性能要求，指出其中存在的问题，给出相应的整改措施。

7.8.5.2 测试原理

实时数字仿真系统是数字动模测试的关键设备，其优点是能够仿真全站系统的实际运行工况，接入所有的智能设备，考察各装置之间的配合及动作情况。其主要功能有：① 电力系统电磁暂态实时仿真；② 通过配置相应的输入/输出接口，完成控制、保护设备闭环试验；③ 变电站自动化系统的闭环测试；④ 实现一定规模电力系统的运行特性分析。

7.8.5.3 测试依据

（1）GB/T 14285—2006《继电保护与安全自动装置技术规程》。

（2）GB/T 26864—2011《电力系统继电保护产品动模试验》。

（3）DL/T 478—2001《静态继电保护及安全自动装置通用技术条件》。

（4）Q/GDW 441—2010《智能变电站继电保护技术规范》。

7.8.5.4 测试内容

数字动模的测试环境及其与一次仿真系统的连接如图7－28所示。

测试项目包括：① 电子式互感器传变特性测试（稳态校验、暂态特性）；② 合并单元传变性能测试（稳态校验比差、角差）；③ 智能变电站二次系统测试；④ 保护装置的测试；⑤ 智能变电站自动化系统的操作控制测试；⑥ 智能变电站自动化系统的顺序控制测试；⑦ 网络风暴试验；⑧ 雪崩试验；⑨“五防”操作测试；⑩ VQC控制测试。

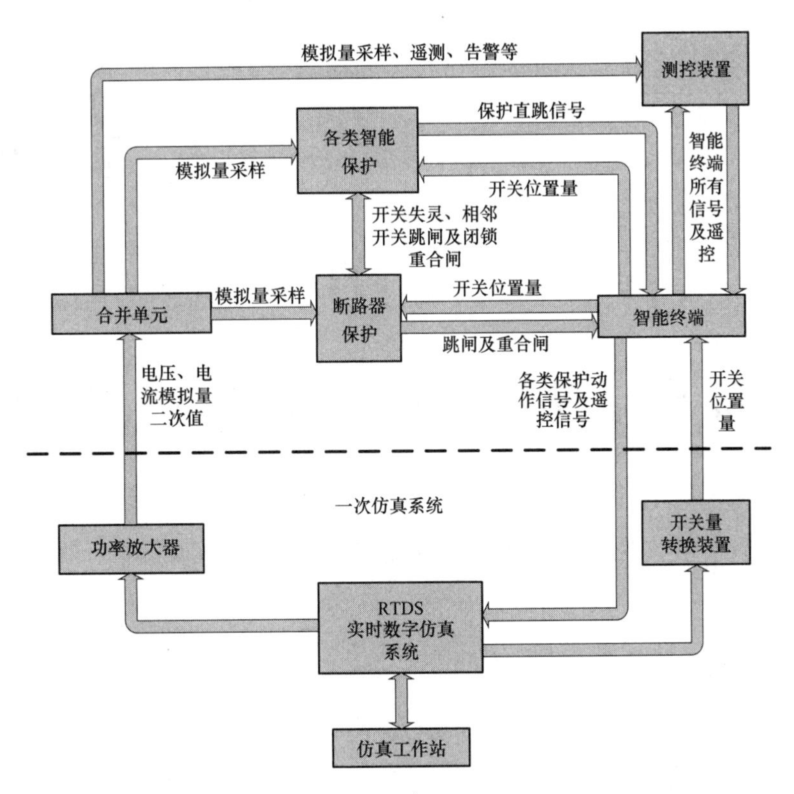

图 7－28　数字动模的测试环境及其与一次仿真系统的连接示意图

8

智能变电站继电保护工程应用实例

8.1 110kV 智能变电站工程实例

8.1.1 工程规模

某新建110kV智能变电站于2010年9月投产。工程建设规模如下：

（1）主变压器采用三相双绕组有载调压变压器，额定电压110±8×1.25%/10.5kV，最终容量2×50MVA，本期容量2×50MVA。

（2）110kV线路间隔最终2回，本期2回，内桥接线。110kV电气设备选用SF_6气体绝缘户外三相共体GIS组合电器。

（3）10kV出线最终24回，本期18回，单母线分段接线，本期每段出线9回。

（4）10kV电容器最终4组，每组4008kvar。本期4组全上，每段母线2组。

（5）10kV接地变压器终期2×400kVA，本期2×400kVA，分别接于Ⅰ、Ⅱ段母线，每台二次侧容量100kVA。每台接地变压器10kV侧中性点接自动跟踪补偿消弧线圈1套，消弧线圈容量为300kVA。

（6）全站互感器均采用电子式互感器。

8.1.2 电子式互感器及合并单元配置

全站各类互感器均采用基于罗戈夫斯基线圈（罗氏线圈）的电子式互感器，三相配置。110kV互感器与GIS设备一体化设计，安装于GIS内部，采用站用直流供能方式。110kV线路采用组合电子式电流、电压互感器，电子式电压互感器采用电阻分压原理。中性点电流互感器独立配置，采用激光供能方式。10kV馈线、电容器、接地变压器等互感器采用模拟量小信号输出电子互感器。110kV各类互感器、主变压器中性点互感器以及10kV进线互感器输出数字量采样值通过光缆传送至二次设备，精度较高且不受外部影响，彻底解决了干扰问题。

互感器具体配置见表 8－1。

表 8－1　　110kV 智能变电站电子式互感器配置

设备名称	型号规格	型号规格	数量	安装位置
110kV 组合电子式电流、电压互感器	GIS 内，110kV，600A，0. 1/5TPE，0. 2/3P	OET711ACVTG	6 台	110kV 进线间隔
110kV 电子式电流互感器	GIS 内，110kV，600A，0. 1/5TPE	OET711ACTG	3 台	110kV 内桥间隔
10kV 电子式电流互感器	中置式开关柜内，10kV，3150A，0. 1/5TPE	OET701ACTJ	6 台	10kV 总路
10kV 组合电子式电流电压互感器	中置式开关柜内，10kV，400A，0. 1/5TPE	OET701ACVTJ	12 台	10kV 电容器
10kV 组合电子式电流电压互感器	中置式开关柜内，10kV，600A，0. 1/5TPE	OET701ACVTJ	57 台	10kV 馈线及分段
10kV 组合电子式电流电压互感器	中置式开关柜内，10kV，100A，0. 1/5TPE	OET701ACVTJ	6 台	10kV 站用变柜
10kV 电子式电压互感器	中置式开关柜内，10kV，0. 2/3P	OET701AVTJ	6 台	10kVPT 柜
主变压器中性点电子式电流互感器	支柱式，户外布置，72. 5kV 零序电子式电流互感器 200A 0. 1/5TPE	OET700ACTZL	2 台	主变压器中心点

全站合并单元与电子式互感器配套供货。合并单元配置见图 8－1。

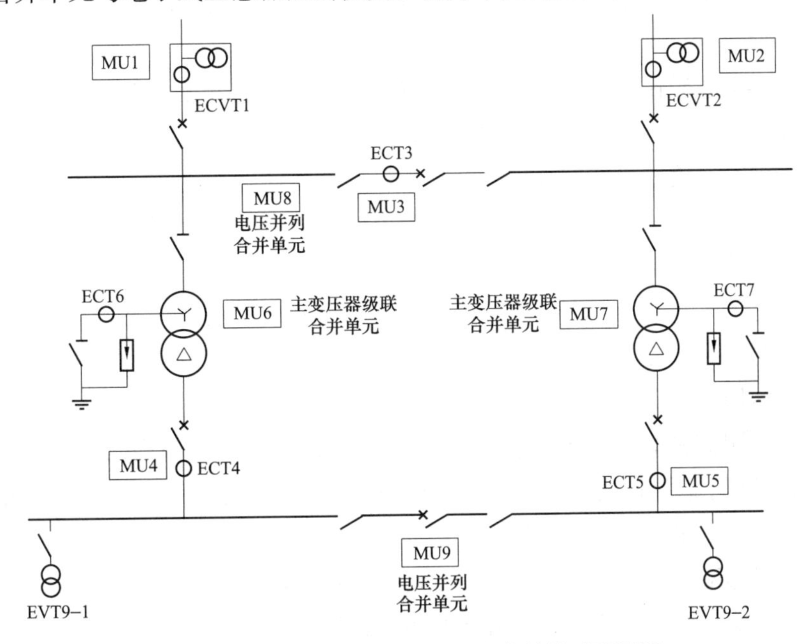

图 8－1　实例 110kV 智能变电站合并单元配置图

间隔合并单元接收来自最多 9 路采集器的采样光信号和两路母线电压合并单元的数字信号，对原始数据处理之后按照 IEC 61850 标准以光信号形式对外提供采集数据。母线电压合并单元接收两组母线电压互感器的采集器的光信号，按照 IEC 60044－8 的 FT3

格式以光信号形式向其他合并单元提供母线电压数据，并根据需求提供电压切换/并列功能。合并单元还接收来自站级或继电保护装置的同步光信号，实现采集器间的采样同步功能。合并单元具体配置见表8-2。

表8-2　　实例110kV智能变电站MU配置

设备名称	型号规格	数　量
110kV线路间隔合并单元	OEMU702	2台
110kV内桥间隔合并单元	OEMU702	1台
110kV电压合并单元	OEMU702PT	1台
主变压器低压侧合并单元	OEMU702	2台
10kV母线电压合并单元	OEMU702PT	1台
主变压器级联合并单元	OEMU702	2台

注　该合并单元采集主变压器两侧各间隔电子互感器的FT3数据，合并后以IEC 61850-9-1方式传送给主变压器保护装置。

8.1.3　变电站自动化系统与保护配置

8.1.3.1　变电站自动化系统概况

一、系统构成

变电站自动化系统由站控层、间隔层和过程层三层设备组成，并用分层、分布、开放式网络系统实现连接。

站控层由主机兼操作员站、远动通信装置及其他各种二次功能站构成，提供站内运行的人机联系界面，实现管理控制间隔层、过程层设备等功能，形成全站监控、管理中心，并与调度通信中心通信。本期站控层设备按最终规模配置。

间隔层由若干个二次子系统组成，在站控层设备网络失效的情况下，仍能独立完成间隔层设备的就地监控功能，本期间隔层设备按本期规模配置。

过程层由电子式互感器、合并单元、智能终端等构成，完成实时运行电气量的采集、设备运行状态的监测、控制命令的执行等。本期过程层设备按本期规模配置。

二、网络结构

全站网络采用高速以太网组成，通信规约采用IEC 61850标准，传输速率不低于100Mbit/s。网络结构采用三层设备两层网络结构，两层网络是指站控层网络和过程层网络。其中站控层网络采用单星形网络拓扑结构，传输MMS报文；过程层GOOSE网络采用冗余配置，双星形网络拓扑结构；采样值采用点对点传输方式，规约采用IEC 61850-9-1标准（该标准现已废止，可由IEC 61850-9-2代替）。

交换机满足IEC 61850标准和IEEE 1613标准。本站的交换机配置如下：

站控层交换机接口数量满足站控层、间隔层设备终期接入要求，单网设置2台20电口4光口交换机；在10kV配电装置就地处设置2台20电口4光口交换机，将10kV部分保护测控合一装置接入站控层。GOOSE网络交换机接口数量满足终期接入要求，双网设置2台22光口2电口交换机，每个单网1台。除10kV部分交换机安装于配电装置室以外，其余交换机组屏安装于主控继电器室。

主控继电器室内合并单元、GOOSE网交换机至保护测控装置的网络通信介质采用非金属阻燃增强型光缆，其余网络通信介质均采用屏蔽双绞线。通向户外的通信介质采用铠装光缆。

三、设备配置

（1）站控层设备。包括1套主机兼操作员工作站、2套远动通信装置、1套网络报文记录分析仪、1台全站打印机以及智能接口设备等。

（2）间隔层设备。包括测控装置、保护装置、备自投装置等。

（3）过程层设备。包括电子式互感器和合并单元、智能终端。

（4）网络通信设备。包括网络交换机以及网络通信介质。

具体设备配置见表8-3～表8-5。

表8-3　站控层及其他设备配置

设备名称	设备型号	数量
监控主机兼操作员工作站	浪潮NP3560服务器	1
显示器	DELL 22in（英寸）显示器	1
远动通信装置	ISA—301D	2
站控层交换机	SICOM3024P	4
网络分析仪		1
GPS校时系统	HY—8000	1
全站同步时钟	PRS7391	1
规约转换器	ISA—301D	2

表8-4　间隔层设备配置

设备名称	设备型号	数量
主变压器主后一体化保护测控装置	PRS7378	4
主变压器非电量保护测控装置	ISA361GO	2
110kV线路测控装置	ISA—341GO	2
110kV内桥测控装置	ISA—341GO	1
110kV内桥备自投装置	ISA—358GO	1
公用测控装置	ISA—342GO	1
10kV母线测控装置	ISA—371GO	1
10kV电容器保护测控装置	X7400	4
10kV线路保护测控装置	X7101	18
10kV分段保护测控备自投装置	X7506	1
10kV接地变压器保护测控装置	X7204	2

表8-5　过程层设备

设备名称	设备型号	数量
110kV线路智能终端	PRS7389	2
110kV内桥智能终端	PRS7389	1
主变压器低压侧智能终端	PRS7389	2
主变压器本体智能终端	ISA341G	2
间隔合并单元	OEMU702	9
电压合并单元	OEMU702PT	2
过程层交换机	SICOM3024PT	2

8.1.3.2　继电保护配置

本站继电保护配置严格按照直采直跳方式，对于单间隔及需要快速动作的保护直接跳闸。各类保护配置如下：

（1）主变压器。本站每台主变压器配置2套主、后备保护一体，保护测控合一装置，一套装置投主保护，另一套装置投后备保护。

主变压器各类非电量信息由本体智能终端和主变压器非电量保护测控装置实现主变压器温度、挡位、中性点隔离开关位置等信息采集。非电量瓦斯保护采用直采直跳方式，不经GOOSE网络，采用传统电缆连接方式直接完成主变压器各侧跳闸。

（2）110kV线路。本站为终端站，110kV线路不配置保护，分别配置1套测控装置。

（3）110kV内桥。110kV内桥配置1套测控装置和1套备用电源自动投入装置。

（4）10kV部分。本站10kV部分每间隔配置一台保护测控合一装置。保护装置均就地安装在10kV高压开关柜内。

1）10kV线路采用测控保护合一装置，保护配置三段式相间电流保护和低频减载功能。

2）10kV并联电容器组采用测控保护合一装置，保护配置限时电流速断保护、过电流保护、不平衡电压保护、母线失压保护、母线过电压保护。

3）10kV接地变压器采用测控保护合一装置，保护配置限时电流速断保护、过电流保护、零序电流保护。

4）10kV分段采用测控保护合一装置，保护配置限时电流速断保护、过电流保护、零序电流保护、备用电源自动投入装置。

5）低压无功自动投切功能和10kV小电流接地选线由监控系统实现。

8.1.3.3　全站时间同步系统

本站配置一套公用的时间同步系统，高精度时钟源单套配置，采用GPS系统标准授时信号进行时钟校正，确保系统时钟的一致。对时范围为全站的站控层、间隔层设备，其中站控层设备采用SNTP网络对时方式，间隔层设备采用IRIG-B码对时方式。过程层设备由同步时钟源采用IEEE 1588通信协议进行同步。同时主时钟源提供IEC 61850通信标准的接口，直接与自动化系统连接，将装置的运行情况、锁定卫星数量、同步或失步状态等信息传输至站控层。

8.1.3.4 网络报文记录分析系统

配置一套网络报文记录分析系统，配置规约分析软件，可对网络通信状态进行在线监视，并对网络通信故障及隐患进行告警，有利于及时发现故障点并排查故障；同时能够对网络通信信息进行无损失全记录，以便于重现通信过程及故障。具体功能包括：

（1）解析各以太网报文，分析所有链路通信过程，对各种异常报文、异常过程进行详细分析并提交详细分析结果。

（2）对网络结构、网络数据流量、报文统计信息等进行综合分析，对网络状况进行全面评估。

（3）MMS 报文解析、MMS 过程分析。

（4）GOOSE 报文解析、GOOSE 过程分析，能够快速准确定位各种故障点和故障原因。

（5）SMV 报文解析、SMV 完整性分析、频率分析等。

（6）将各种信息与应用数据和应用功能相对应，还原各种应用过程以及通信网络对应用过程的影响。

（7）通过对各种应用数据进行详细解析，并详细分析各信息或信号的所有属性，对各种应用故障进行定位。

8.1.4 建设运行经验与建议

本工程在方案编制、安装调试以及投运后运行维护方面积累了大量经验，但在实施工程中也存在很多问题和不足。

8.1.4.1 存在问题与不足

由于智能变电站技术新，研发时间短，厂家产品不够成熟，需进一步加快智能变电站设备研发及成熟度。电子式互感器厂家需提高高电压试验能力。目前电子式互感器的角差和比差通过修正合并单元参数来调整，需要在现场用不同比例额定电压（电流）进行，调整过程复杂、缓慢，大大增加现场调试的难度，并且严重影响工程进度。

8.1.4.2 推广应用建议

建设运行单位认为，当前智能变电站的运行维护相关标准和设备本身尚有不足，提出如下建议：

（1）尽快出台智能变电站相关规程标准。智能变电站的安装、调试以及验收投运过程是系统网络化和数字化的过程，IEC 61850 标准的使用为这些过程赋予了新的工作内涵，需要针对 IEC 61850 标准的特点和需要及时修改、补充和完善现有的工作方式，以适应新系统的要求。特别是验收环节，不仅要验收系统中的硬件、软件，还包括系统中使用的说明文档、设备的配置参数文档、系统数据和信息模型文档、系统和设备的配置文件等项目。应尽快出台针对智能变电站运行维护的相关规程和验收标准。特别是智能设备的检验规程和检验标准（包括检验设备标准）。

（2）网络报文记录分析系统待完善。智能变电站以信息传输数字化、通信平台网络化、信息共享标准化为基本要求，信息集成化程度高，为全面监视操作运行指令的执行情况提供了前提。为了更好地体现智能变电站的技术优势，方便运行维护，提高运行人员从海量信息中快速捕捉关键信息的能力，建议增加信息的分类查找功能和指令追踪功能。该功能的实现可极大地提高运行维护人员的工作效率，减少检修维护查找问题的时间，使得关键信息捕捉快速化、智能化变电站指令执行可视化。

（3）监控后台网络故障监视功能待完善。智能变电站可方便地传输设备的状态信息和通信网络的状态，为站控层设备监视网络信息链接状态提供了可能。为更加全面地监控系统网络的状态，建议在不影响监控后台系统的前提下，增加独立的具备网络故障定位功能的模块，对通信网络的链接状态监视进行监视，从而提高二次系统运行的可靠性。

（4）促进二次专业全面整合。在智能变电站，继电保护、远动、自动化和通信专业大量融合，随着智能电网深入推广，各二次专业之间难以划分，需要从设计、设备厂家、调试、生产运行等各方面充分整合。

（5）统一互感器通信规约标准。目前国内主要电子互感器厂家，电子互感器至合并单元之间的通信接口均采用厂家内部私有规约，无法满足基于 IEC 61850 标准智能设备互操作的要求，在运行维护中，一旦电子互感器出现问题，只能依靠原厂家解决。为此建议统一上述规约，实现各主要厂家电子互感器均能互通互融。

8.2 220kV 智能变电站工程实例

8.2.1 工程概况

某 220kV 变电站原为一常规变电站，2012 年进行全站智能化（数字化）改造。该站主变压器为 220kV/66kV 双绕组变压器，共 2 台。220kV 母线为双母带专用旁母接线，旁路不兼母联，母联不兼旁路，连接 220kV 出线 6 回。66kV 母线为双母带旁路接线，连接进线 2 回、出线 15 回、母联 1 台、旁路 1 台、站用变压器 1 台（另有 1 台挂接于出线上）、补偿电容器 2 组。

全站 TA 采用常规 TA，二次额定电流为 5A；TV 采用常规 TV，二次额定线电压为 100V。互感器通过接入模拟量合并单元实现数字化输出。

220kV 电压等级的保护装置、合并单元、智能终端均采用双重化配置，220kV 母线保护采用 IEC 60044－8 点对点扩展协议，其他保护装置采用 IEC 61850－9－2 协议进行点对点采样，所有保护均采用点对点 GOOSE 进行跳闸。220kV 测控装置为单套配置，单 SV 网（A 网）采样，单 GOOSE 网跳合断路器。220kV 电压等级采用 SV 双网、GOOSE 双网的组网方案。

66kV 电压等级采用保护测控一体装置，为单套配置。66kV 母线保护采用 IEC 60044－8 扩展协议，其他保护测控装置采用 IEC 61850－9－2 协议进行点对点采样，所有保护测控装置均采用单 GOOSE 进行点对点跳闸。66kV 智能终端和合并单元集中由 1 台装置实现，包括主变压器低压侧。合智一体装置中的 SV 接口和 GOOSE 接口依然是独立的。

过程层网络架构如图 8 -2 所示。

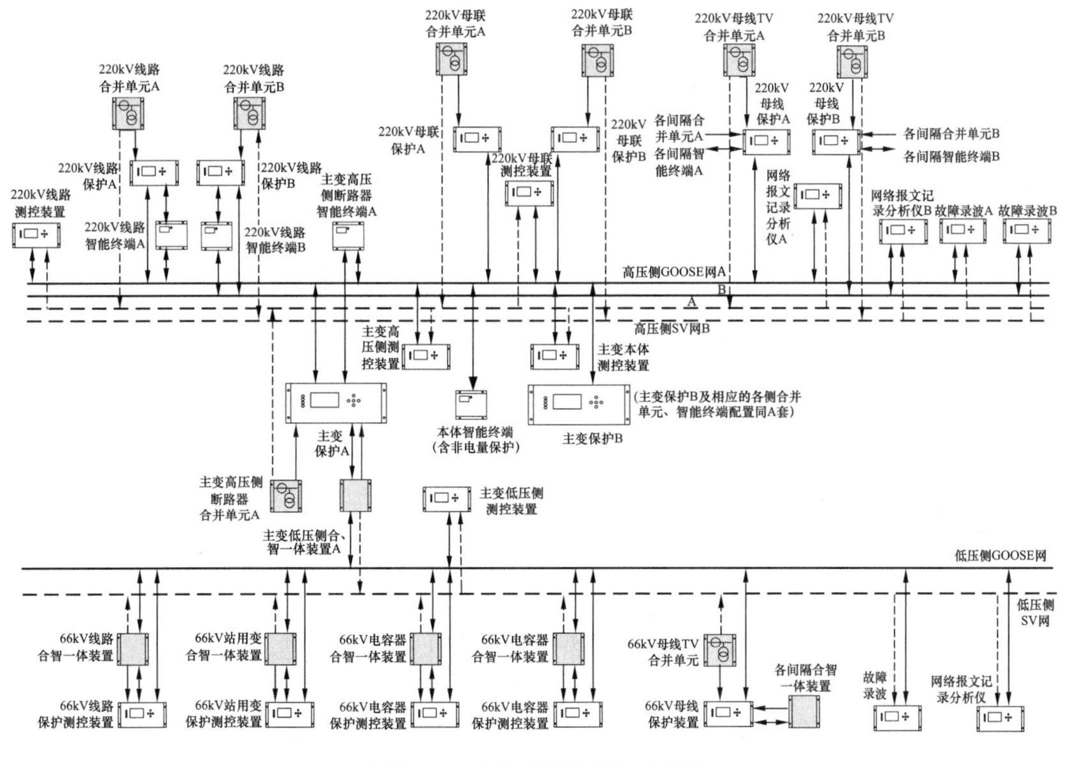

图 8 -2 过程层网络架构示意图

8.2.2 220kV 电压等级配置方案

8.2.2.1 线路间隔配置方案

每回线路配置 2 套包含有完整的主、后备保护功能的线路保护装置，各自独立组屏。合并单元、智能终端均采用双套配置，保护采用安装在线路上的传统 TA、TV 获取电流、电压。用于检同期的母线电压由母线电压合并单元采用 IEC60044 -8 扩展协议点对点接入间隔合并单元转接给各间隔线路保护装置。电压切换由各间隔合并单元实现。

线路保护直接采样，与智能终端之间采用点对点直接跳闸方式。跨间隔信息（启动母差失灵功能和母差保护动作远跳功能等）采用 GOOSE 网络传输方式。测控装置采用单 SV 网进行采样，通过单 GOOSE 网操作断路器。

8.2.2.2 变压器间隔配置方案

变压器保护按双重化进行配置，各侧合并单元、智能终端均采用双套配置，66kV 母联终端采用双套配置。本体智能终端中包含非电量保护，采用就地安装的方式，其中“冷却器全停”非电量保护放置在 A 套变压器保护装置中，通过 GOOSE 点对点进行跳闸。

220kV 变压器保护、测控装置配置方案如图 8 -3 所示。

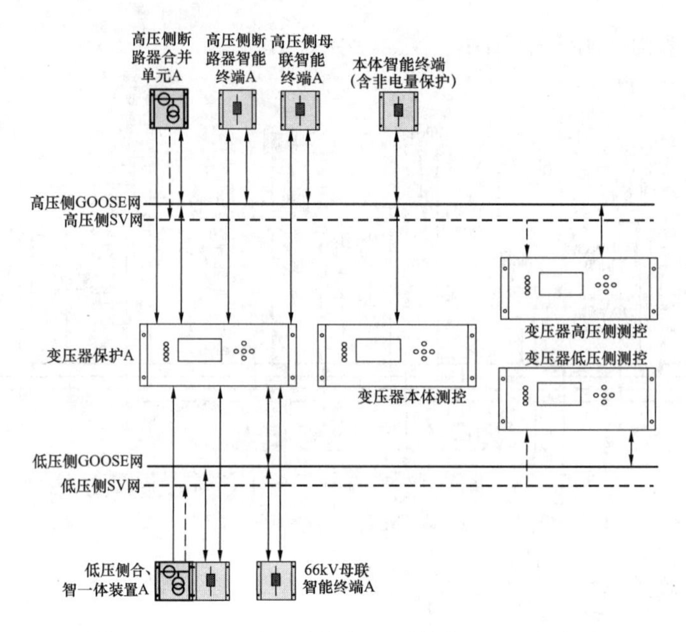

图 8－3　220kV 变压器保护、测控装置配置方案图

主变压器低压侧的合并单元和智能终端一体装置为双套配置，且 66kV 母联智能终端、66kV 母线 TV 合并单元均为双套配置。66kV 母联智能终端采用双套配置，B 套跳闸输出触点直接并入 A 套跳闸保持回路中。变压器保护通过 GOOSE 网络跳开各电压等级的母联。

变压器高压侧间隙和零序电流、母线电压采用单独的中性点合并单元进行采集。旁路带主变压器高压侧时，这些电流、电压量不用进行切换。

8.2.2.3　母线保护、母线测控配置方案

母线保护按双重化进行配置，每套保护独立组屏。各间隔合并单元、智能终端均采用双重化配置。开入量（失灵启动、隔离开关位置、母联断路器过电流保护启动失灵、主变压器保护动作解除电压闭锁等信号）采用 GOOSE 网络传输。220kV 和 66kV 母线电压分别由 220kV 母线测控装置和 66kV 母线测控装置采集，220kV 母线测控装置除采集 220kV 母线电压外，还采集母线 TV 隔离开关位置等信号。220kV 母线保护、测控装置配置方案如图 8－4 所示。

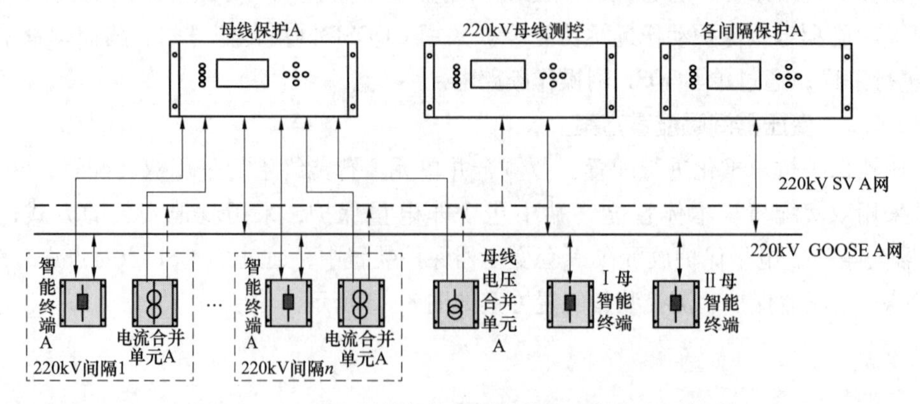

图 8－4　220kV 母线保护、测控装置配置方案示意图

本站中 220、66kV 母线 TV 合并单元需要采集计量用 TV 电压，并在间隔合并单元中进行计量用 TV 电压的切换，间隔合并单元和电能表之间采用 IEC 60044－8 扩展协议进行通信。

8.2.2.4 母联（分段）间隔配置方案

母联（分段）间隔保护按双重化进行配置，每套保护独立组屏。220kV 的母联（分段）间隔合并单元不接入母线电压。

8.2.2.5 旁路间隔配置方案

旁路间隔保护按双重化进行配置，每套保护独立组屏。旁路间隔旁带主变压器高压侧支路时，变压器保护须采集旁路间隔的电流，从安全可靠的角度出发，变压器保护和旁路间隔合并单元进行 IEC 61850－9－2 协议点对点采样，和旁路间隔智能终端进行 GOOSE 点对点跳闸。旁路间隔配置方案如图 8－5 所示。

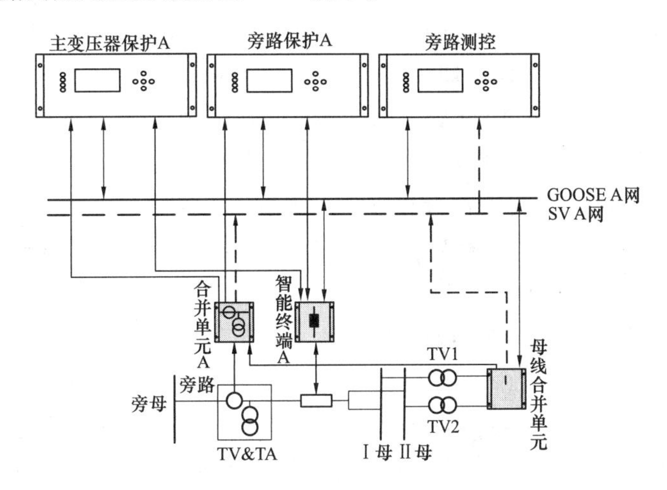

图 8－5 旁路间隔配置方案示意图

旁路代主变压器高压侧的操作方案如下：

（1）投入“旁路出口 GOOSE 软压板”。

（2）投入“旁路 MU 软压板”。

（3）现场进行实际的倒闸操作。

（4）旁带主变压器高压侧成功后，退出“高压侧 MU 软压板”。

（5）退出“高压侧出口 GOOSE 软压板”。

旁路代主变压器高压侧时，非电量保护跳闸回路需要进行相应的切换，由此在变压器本体智能终端汇控柜上共设置 3 个出口硬压板，主变压器高压侧、主变压器低压侧、旁路间隔各一个。旁代主变压器高压侧时，本体智能终端汇控柜上投入旁路间隔跳闸硬压板。主变压器高压侧没有被旁代时，退出旁路间隔跳闸硬压板。

旁代线路支路时，旁路间隔合并单元进行本间隔的电压切换。旁代主变压器高压侧时，主变压器高侧电压切换在中性点合并单元中实现，前文已提及，变压器高压侧间隙和零序电流、母线电压采用单独的中性点合并单元进行采集。

中性点隔离开关位置由本体智能终端来进行采集。

8.2.2.6 公共测控装置接入方案

全站共3台公共测控装置，分别连接在220kV GOOSE A网、220kV GOOSE B网、66kV GOOSE网上。所有A套智能终端、合并单元的GOOSE链路告警信息通过各自GOOSE网送给对应的间隔测控装置；B套智能终端、合并单元的GOOSE链路告警信息上送至对应GOOSE网络上公共测控装置。公共测控装置采集全站的直流测量量等，并通过MMS网上送相关测量量。

各间隔A、B套合并单元和智能终端的KBSJ（闭锁继电器）和KBJJ（报警继电器）硬触点均由各间隔测控装置进行采集。

8.2.3 66kV电压等级配置方案

8.2.3.1 线路、电容器、站用变压器间隔配置方案

66kV线路间隔采用保护测控一体，单套配置，采用IEC61850－9－2点对点采样，GOOSE点对点跳闸。用于检同期的母线电压由母线合并单元点对点通过间隔合并单元转接给各间隔线路保护装置（包括66kV母联间隔）。电容器、站用变压器、备用间隔的配置方案与66kV线路间隔配置方案一致。

本站站用变压器非电量保护包含重瓦斯（跳闸）、轻瓦斯（信号）、压力释放（信号）、油温高（信号）、高油位（信号）、低油位（信号），由66kV站用变压器间隔的合并单元智能终端一体装置实现。

8.2.3.2 母线保护、母线测控配置方案

66kV母线保护采用IEC60044－8协议进行点对点采样，采用GOOSE点对点跳闸。由于主变压器低压侧的合并单元和智能终端为双套配置，且66kV母联终端、66kV母线TV合并单元均为双套配置，母线保护固定和A套合并单元和智能终端进行配合。

8.2.3.3 其他辅助功能

（1）备自投功能。备自投功能由独立装置来实现，包含变压器、母联备投逻辑功能，采用IEC61850－9－2点对点采样，通过GOOSE网进行跳闸。

（2）低频减载功能。低频减载功能由独立装置实现，采用IEC61850－9－2点对点采样，采用GOOSE网进行跳闸。低频减载功能根据220kV母线电压进行66kV线路负荷的切除。备自投装置和低频减载装置组在同一屏柜内。

（3）小电流接地选线功能。66kV小电流接地选线功能由监控系统实现。

8.2.4 全站故障录波装置、网络报文记录分析仪配置方案

每个SV网和GOOSE网均接入故障录波装置和网络报文记录分析仪，其中故障录波装置不跨接双重化的两个网络。220kV故障录波系统为双重化配置，变压器采用独立的故障录波采集器（A、B套），公用1套管理单元。66kV则为单套配置，配置1套管理单元。故障录波系统接入方案如图8－6所示。

故障录波管理单元主要功能为参数和定值设置、实时数据显示、录波文件查看分析等。录波管理单元与采集器之间通过RJ45 100Mbit/s以太网通信，采用自定义规约，不与

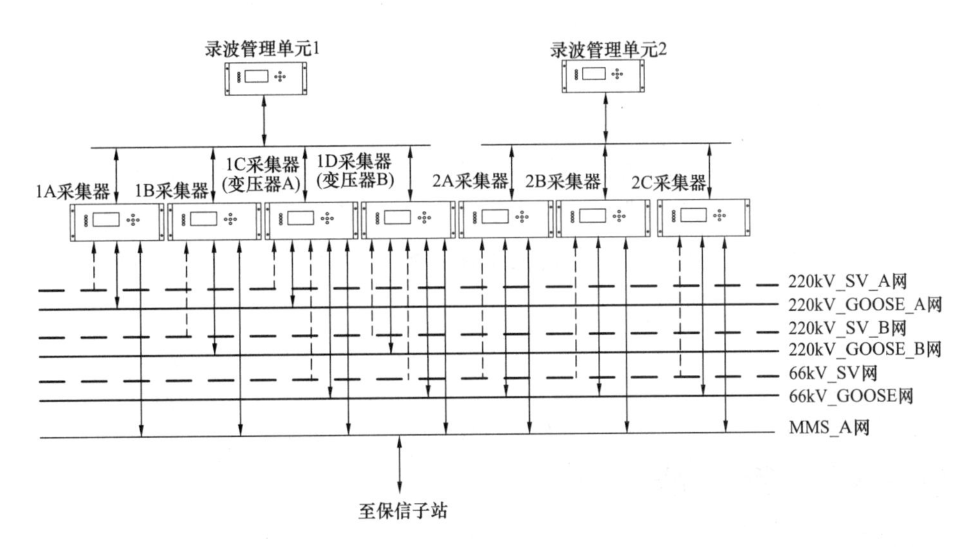

图 8-6　故障录波系统接入方案示意图

外部任何网络发生通信。屏内交换机无需划分 VLAN，220kV 的故障录波采集器 A 和 B 共用 1 台交换机。每台采集器直接通过 MMS A 网（电口）与保信子站通信。

故障录波系统采用电 IRIG-B 码进行对时，每台故障录波采集器分配 1 个电 IRIG-B 码对时口。监控系统采集故障录波器输出硬触点，对其状态进行监视。

全站配置 2 套网络报文记录分析系统，不跨接双重化的两个网络，不分电压等级。每套网络报文记录分析系统各配置 1 套分析管理单元。系统接入方案如图 8-7 所示。采用镜像的方式对交换机（中心交换机和间隔交换机）各 100Mbit/s 端口进行以太网报文的监视。

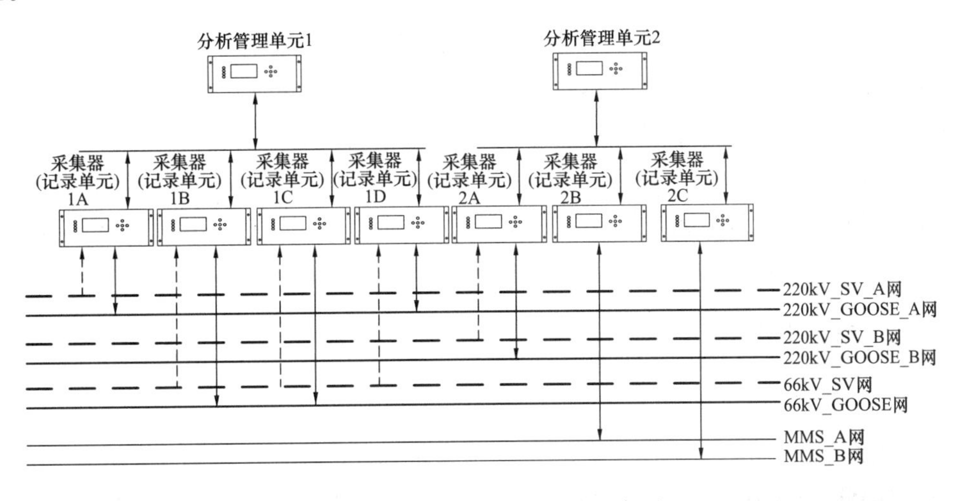

图 8-7　网络记录分析系统示意图

采集器（记录单元）与分析管理单元装置之间通过 RJ45 100Mbit/s 以太网通信，采用自定义规约，不与外部任何网络发生通信，屏内交换机无需划分 VLAN。每个网络记录分析屏柜分配 1 个电 IRIG-B 码对时口，由内部转为 IEEE1588 提供给各个网络记录单元。

8.2.5 监控系统配置方案

变电站自动化系统采用NS3000S型智能变电站自动化系统，配置如图8-8所示。

站控层包括监控主机（兼操作员/工程师站）A/B（集合一体化信息平台功能，采用Linux操作系统）、“五防”工作站、远动工作站（数据通信网关机）A/B、保信子站、远动系统。

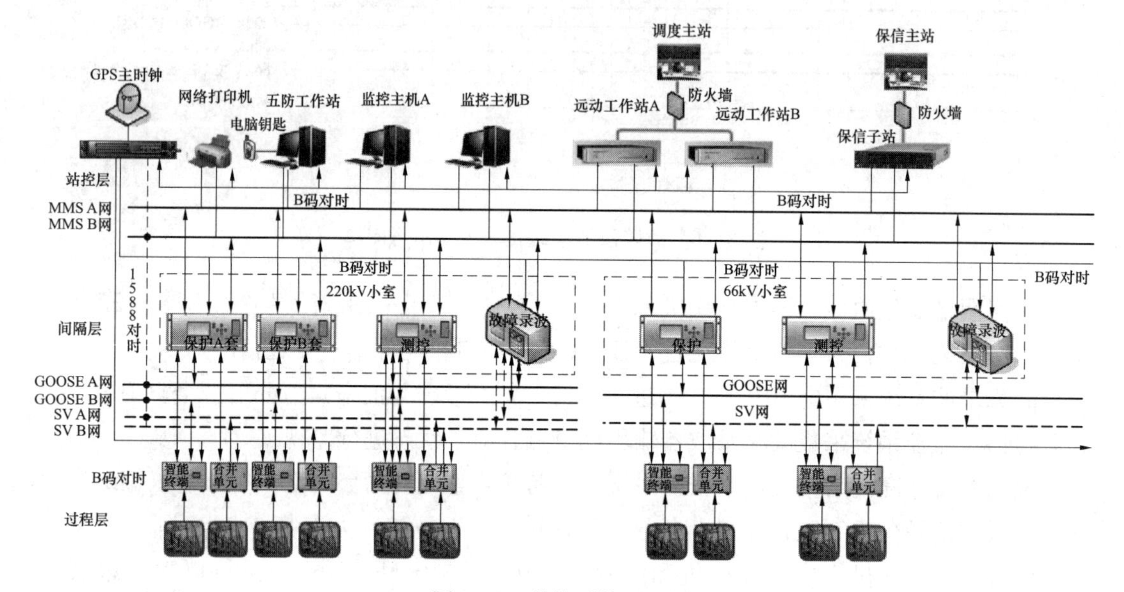

图8-8 监控系统配置图

全站设置一个独立的MMS网（双网配置），保护装置、测控装置、保护测控装置、备自投装置、低频减载装置、远动工作站、保信子站、监控主机连接在MMS网上。不设置独立的保护故障信息子网，故障录波系统采用MMS的A网与保信子站通信。保信子站为单套服务器，通过路由器与调度端保护主站进行通信。本站配置“五防”工作站1台，采用Linux操作系统，完成系统防误操作功能，通过串口连接电脑钥匙，进行逻辑闭锁、锁具解锁等。

8.2.6 组网方案

8.2.6.1 网络划分

全站网络按电压等级及SV网与GOOSE网完全独立的原则进行划分，其中220kV的SV网和GOOSE网均为双网配置（A网和B网），66kV的SV网和GOOSE网为单网配置。在组网方案中考虑了所有间隔保护装置、测控装置的接入。

8.2.6.2 220kV SV双网及交换机配置方案

220kV SV网包括2类交换机，一类为中心交换机（A网、B网各1台），另一类为220kV间隔交换机。SV网中心交换机和间隔交换机采用星形连接，间隔交换机连接测控装置、合并单元、故障录波装置、网络报文记录分析仪，各间隔交换机之间不直接进行互连。

220kV SV 网交换机配置方案（A 网）如图 8－9 所示，B 网配置方案同 A 网。

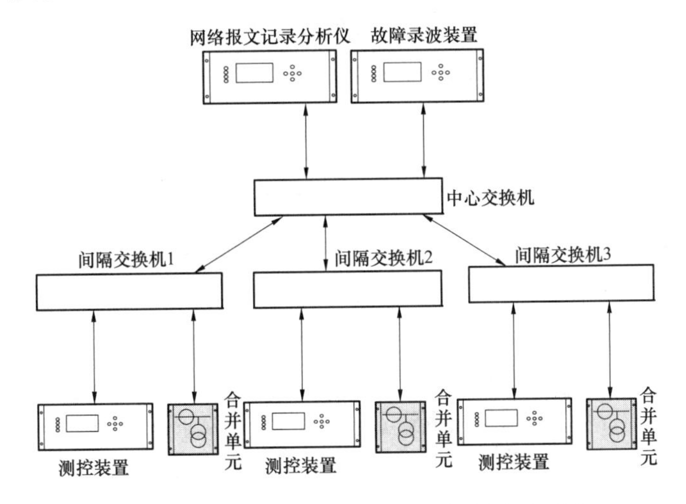

图 8－9 220kV SV 网交换机配置方案图（A 网）

8.2.6.3 220kV GOOSE 双网及交换机配置方案

220kV GOOSE 网包括 2 类交换机，一类为中心交换机（A 网、B 网各 1 台），另一类为 220kV 间隔交换机。GOOSE 中心交换机和间隔交换机采用星形连接，间隔交换机连接保护装置、测控装置、智能终端、故障录波器、网络报文记录分析仪，各间隔交换机之间不直接进行互连。

220kV GOOSE 网（A 网）交换机配置方案如图 8－10 所示，B 网配置方案同 A 网。

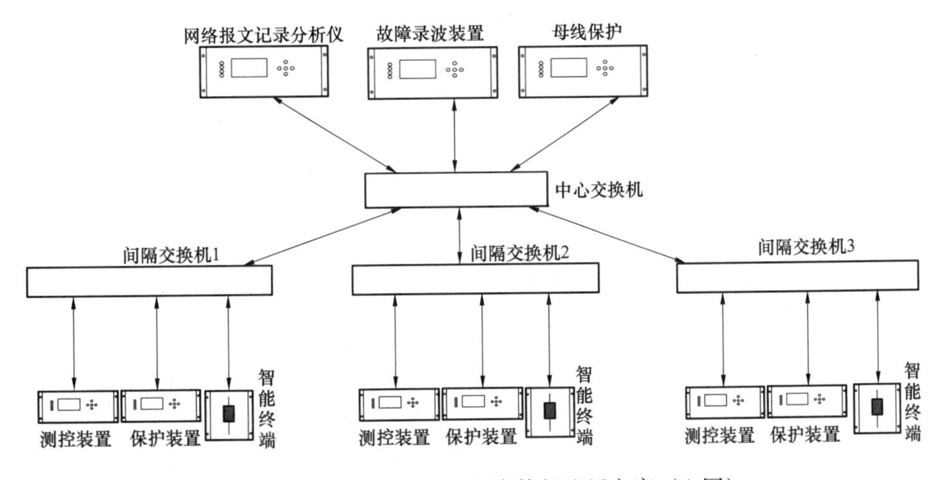

图 8－10 220kV GOOSE 网交换机配置方案（A 网）

8.2.6.4 66kV SV 单网及交换机配置方案

66kV SV 包括 2 类交换机，一类为中心交换机，另一类为 66kV 间隔交换机。SV 网中心交换机和间隔交换机采用星形连接，间隔交换机连接保护测控装置、合并单元智能终端一体装置、故障录波装置、网络报文记录分析仪，各间隔之间不直接进行互连。66kV SV单网交换机配置方案如图8－11 所示。

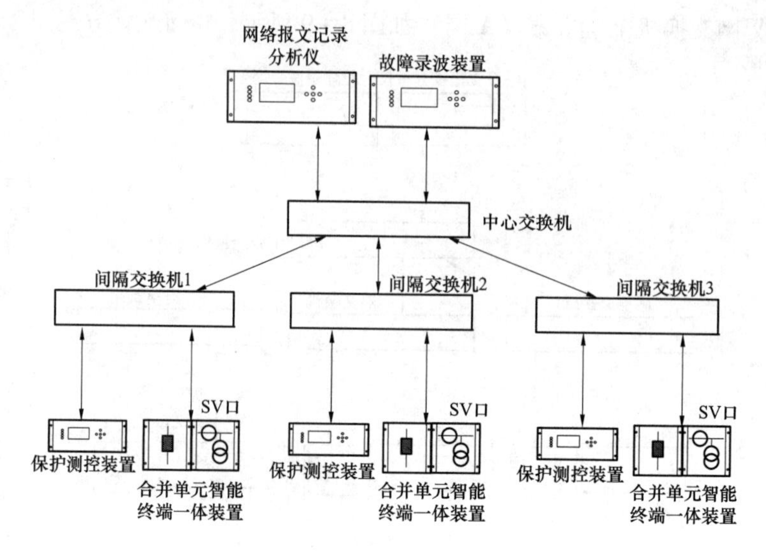

图 8－11　66kV SV 网交换机配置方案图

8.2.6.5　66kV GOOSE 单网及交换机配置方案

66kV GOOSE 包括 2 类交换机，一类为中心交换机，另一类为 66kV 间隔交换机。GOOSE 中心交换机和间隔交换机采用星形连接，间隔交换机连接保护测控、智能终端、故障录波装置、网络报文记录分析仪，各间隔之间不直接进行互连。66kV GOOSE 网交换机配置方案如图 8－12 所示。

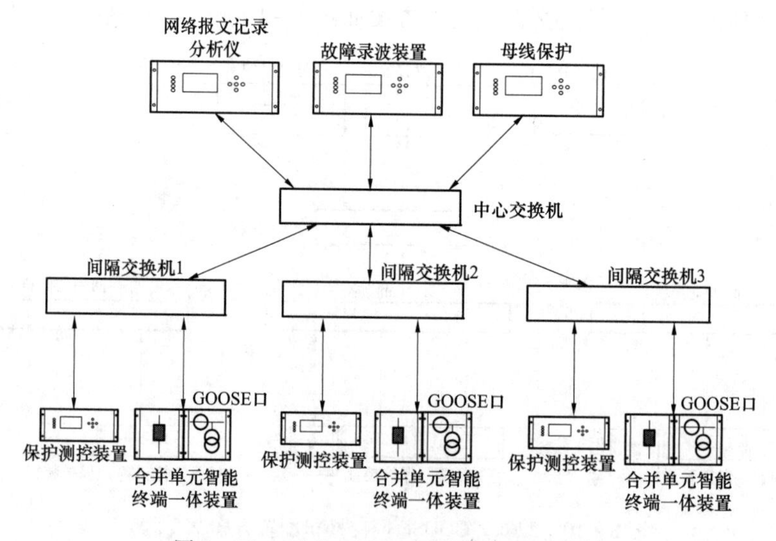

图 8－12　66kV GOOSE 网交换机配置方案

8.2.6.6　MMS 组网配置方案

全站 MMS 网分 A、B 双网，每个 MMS 网内各配置中心交换机和间隔交换机，星形连接，连接在 MMS 网上的设备采用 RJ45 以太网电口。

8.2.6.7 交换机组屏方案

交换机组屏方案主要从以下两点来考虑:

(1) 平均分配交换机端口。各网络中除中心交换机外，其余交换机负载应保持均匀，防止部分交换机负载过重影响正常工作。

(2) 尽量避免屏间走线。屏间走线为交换机的级联线。

8.2.7 对时系统

站内配置1套全站公用的时间同步系统，主时钟双重化配置，支持北斗系统和GPS系统单向标准授时，优先采用北斗系统，时钟同步精度和守时精度满足站内所有设备的对时精度要求。站控层设备采用SNTP网络对时方式；间隔层和过程层设备采用IRIG-B对时方式。

全站需要对时的装置光口数为77个，电口数为71个，见表8-6。为此对站内主时钟输出接口做扩展，配置2台时钟扩展装置。主时钟、时钟扩展装置每个输出对时信号的电口上并接的设备总数控制在10个以内。

表8-6 二次设备对时接口统计

装置类型	装置型号	装置数量	对时口类型	对时口数量
220kV 变压器保护	NSR-378S	4	电口	4
220kV 变压器本体智能终端（含非电量保护）	NSR-384B	2	光口	2
220kV 母联/分段保护	NSR-322C	2	电口	2
220kV 母线保护	NSR-371A	2	电口	2
220kV 线路保护	NSR-302GQ	12	电口	12
66kV 站用变保护测控装置	NS3697-A4	1	电口	1
66kV 母联保护测控装置	NSR-322CM	1	电口	1
66kV 母线保护装置	NSR-371A	1	电口	1
66kV 线路保护测控装置	NSR-305AM	15	电口	15
66kV 电容器保护测控装置	NS3620-A4	2	电口	2
断路器智能终端（分相）	NSR-385A	4	光口	4
断路器智能终端（不分相）	NSR-385B	11	光口	11
其他智能终端	—	10	光口	10
间隔合并单元	NSR-386A	21	光口	21
母线电压合并单元	NSR-386B	4	光口	4
66kV 合并单元智能终端一体装置	NSR-387B	23	光口	23
综合测控装置	NS3560DD1	16	电口	16
公共测控装置	NS3560DD5	3	电口	3
网络报文记录分析仪	DNR-321	7	电口	2
故障录波器	DPR-342	7	电口	7
备自投装置	NS3641-A4	1	光口	1
低频减载装置	SCS-600	1	光口	1

8.3 500kV智能变电站工程实例

8.3.1 工程概况

某500kV智能变电站包括500kV/220kV/35kV主变压器2台，500kV部分采用3/2接线；220kV部分采用双母双分段接线方式，为GIS设备；35kV为单母线分段接线。

变电站自动化系统采用“三层两网”的网络结构，各IED设备之间信息交互采用IEC61850标准的MMS和GOOSE技术。首次在500kV变电站间隔层、过程层中应用GOOSE跳闸，首次将断路器智能终端下放至开关场，首次实现对一、二次设备联合程序化顺控操作。

2010年1月开始进行智能化改造，11月改造完成，改造主要内容包括信息一体化平台、高级应用、一次设备智能化、智能巡视、辅助设备智能化、绿色能源6大部分。

2011年12月，扩建投产5013断路器；2012年1月扩建投产5033断路器；2012年6月5869线路、5870线路投产。

该站采用常规一次设备；220kV线路及主变压器220kV侧采用三相电压互感器；采用符合IEC 61850标准的智能化、网络化的二次设备及GOOSE跳闸机制，智能终端装置放置户外开关场。装置直流电源、二次电压、二次电流仍保持常规的二次电缆接线；取消220kV母线电压并列回路和切换回路；保护装置间的相互联系通过GOOSE报文通信实现，首次采用了二次回路虚端子。

该工程取消了传统保护屏上的功能硬压板、出口硬压板，采用软压板方式实现，仅保留一块“检修状态硬压板”。GOOSE报文中带入装置检修状态位，接收方接收报文中的检修位与自身的检修压板状态一致则动作，不一致则不动作，只做事件记录和状态显示，可用于回路检查；实现了运行状态装置和检修状态装置的有效隔离。

该站500kV、220kV及主变压器电气量保护（包括断路器失灵保护及重合闸功能）全部按双重化配置，所有220kV断路器失灵判别功能在220kV母差保护中实现（主变压器220kV断路器失灵判别功能还可在主变压器保护内实现）；主变压器非电量保护单套配置，放置户外智能终端柜中；母联（分段）断路器充电过电流保护仍按传统单套配置。

8.3.2 过程层设备配置

2009年投产设备及新扩建的两回线路保护设备，全部采用常规电流、电压互感器，通过二次电缆接入保护及测控装置。

2010年智能化改造期间，5803线新上一套线路保护PCS－931GM、线路电压合并单元PCS－220MA、GOOSE交换机，组成线路智能组件柜；5031断路器新上一套断路器保护测控装置PCS－921、智能终端装置PCS－222（含合并单元、智能终端功能）、5031断路器在线监测装置PCS－223A，组成5031断路器智能组件柜；5032断路器新上一套断路器保护测控装置PCS－921、智能终端装置PCS－222（含合并单元、智能终端功能）、5032断路器在线监测装置PCS－223A，组成5032断路器智能组件柜。5803线新上第二套线路保护 L90、两套断路器及母线电压接口装置 BRICK、一套智能数据录波及分析装置 SHR－2000。

220kV 4011 线路隔离开关与原常规电流互感器之间新安装一组光学电子式互感器，新上两个户外智能组件柜，新上两套线路保护。一套为线路保护测控装置 PSL－603U、智能终端 PSIU－601、合并单元 PCS－221；另一套为线路保护测控装置 CSC－103BE、智能终端 JFZ－600F、合并单元 PCS－221、4011 断路器在线监测装置 PCS－223A。

35kV 侧新上 3 号主变压器 2 号低压电抗器本体、一次高压组合电器（含智能断路器、隔离开关、接地开关、电子式互感器）（3 号主变压器 2 号低压电抗器 332 断路器、3 号主变压器 2 号低压电抗器电子式互感器）、电抗器保护测控装置 PCS－9611、在线监测装置 PCS－223A。

8.3.3 继电保护配置

各元件与线路的保护配置如图 8－13 所示。

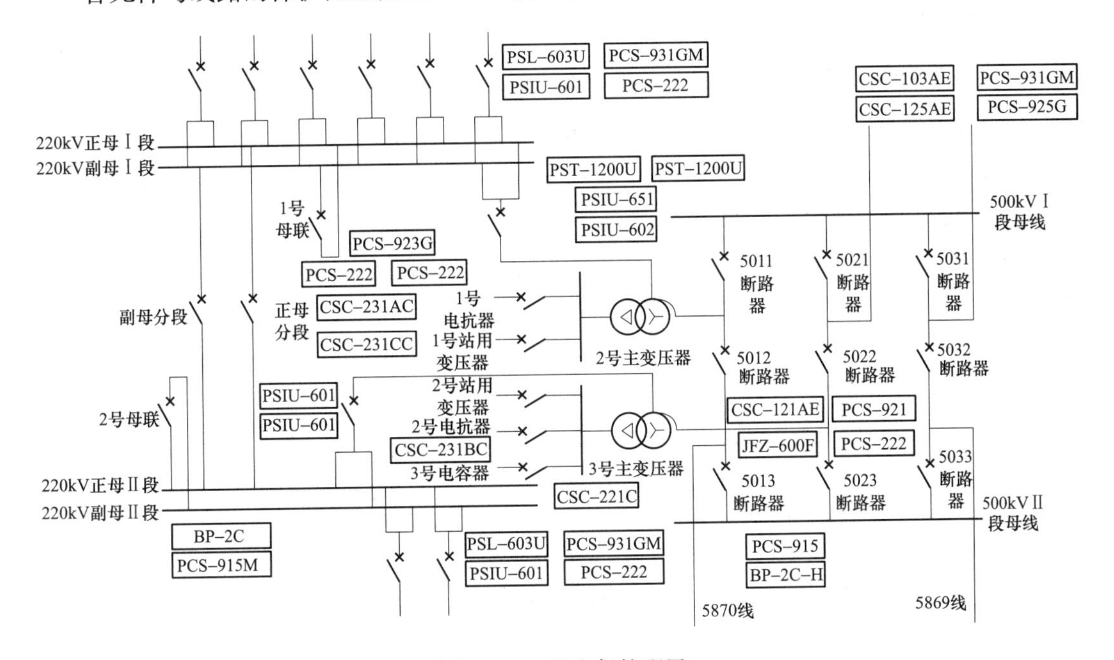

图 8－13 继电保护配置

500kV 主变压器两套电气量保护采用 PST－1200U，非电量保护采用 PST－1210B1。

500kV 线路保护第一套为 CSC－103AE，第一套远跳就地判别装置 CSC－125AE，第一套断路器保护为 CSC－121AE；500kV 线路保护第二套为 PCS－931GM，第二套远跳就地判别装置 PCS－925G，第二套断路器保护为 PCS－921。

500kV 第一套母差保护为 PCS－915，第二套母差保护为 BP－2C。

220kV 线路第一套保护为 PSL－603U，第二套保护为 PCS－931GM；母联（分段）断路器保护为 PCS－923G。

220kV 第一套母差保护为 BP－2C，第二套母差保护为 PCS－915M。

220kV 及以上保护采用常规采样，网络跳闸方式。

低压电抗器保护采用 CSC－231AC，电容器保护采用 CSC－231BC，所用变压器保护采用 CSC－231CC。

35kV 保护采用常规采样、常规跳闸。

过程层采用智能终端，按照保护双重化配置，与对应的保护装置采用同一厂家的设备。500kV 系统第一套智能终端采用 JFZ－600，第二套智能终端采用 PCS－222B。220kV 系统第一套智能终端采用 PSIU－601，第二套智能终端采用 PCS－222B。

500kV 线路、220kV 线路、主变压器 500kV 侧和 220kV 侧均配置三相电压互感器，母线也配置三相电压互感器，线路、主变压器保护用的电压直接取自三相电压互感器。在 220kV 母差保护屏上有一个电压并列切换开关，母线电压互感器运行时，投入“正常”位置，当一组母线电压互感器退出运行时，根据情况人工切至“强制正母”或“强制副母”位置。本站未配置电压切换与并列装置。

8.3.4 网络架构

500kV GOOSE 网络总体结构为单星形网，双重化的两套保护分别接入 2 个独立的 GOOSE 网。GOOSE 交换机按出线、主变压器、母线等间隔配置，同一串的第 1、2 套保护分别配置 2 台交换机，2 套保护 GOOSE 网相互独立；中断路器保护、智能终端及测控出 2 个 GOOSE 口分别接到同一串的 2 个间隔交换机，利用装置原来的双 GOOSE 口配置，不再另配 GOOSE 口。除母差保护外，所有间隔之间没有保护 GOOSE 联系，任意一台交换机故障不影响其他间隔运行，如图 8－14、图 8－15 所示。

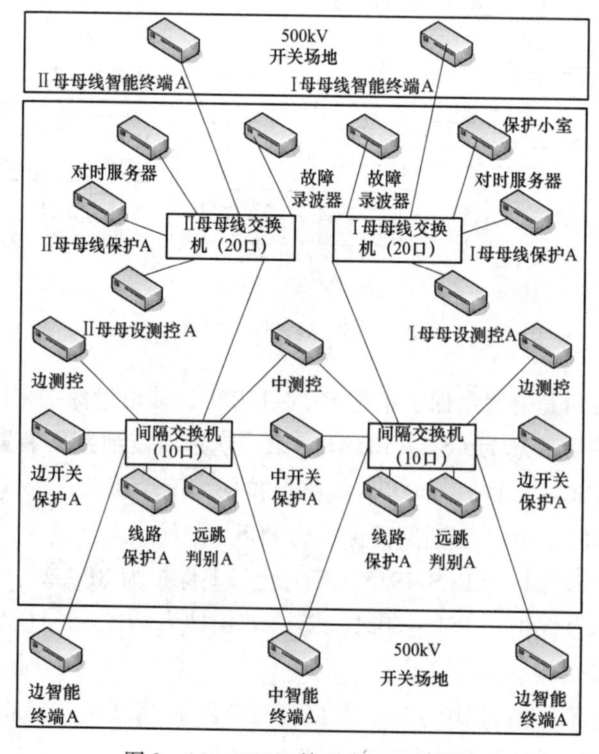

图 8－14　500kV 第 1 套 GOOSE 网

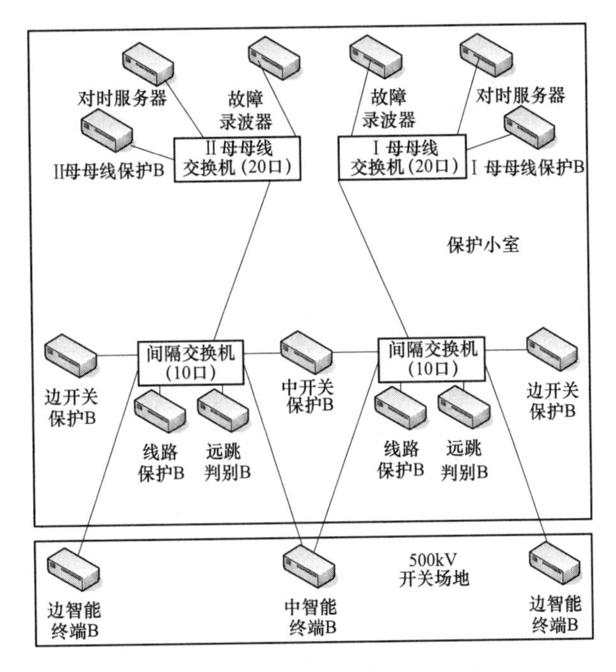

图8－15　500kV第2套GOOSE网

220kV GOOSE交换机按出线、主变压器、母线、母联（分段）等多间隔配置，第1套线路保护装置每4台接入1台交换机，第2套线路保护每6台接入1套交换机。母联（分段）保护单套配置，出2个GOOSE口分别接到2套网络的间隔交换机，利用装置原来的双GOOSE口配置，不再另配GOOSE口，如图8－16、图8－17所示。

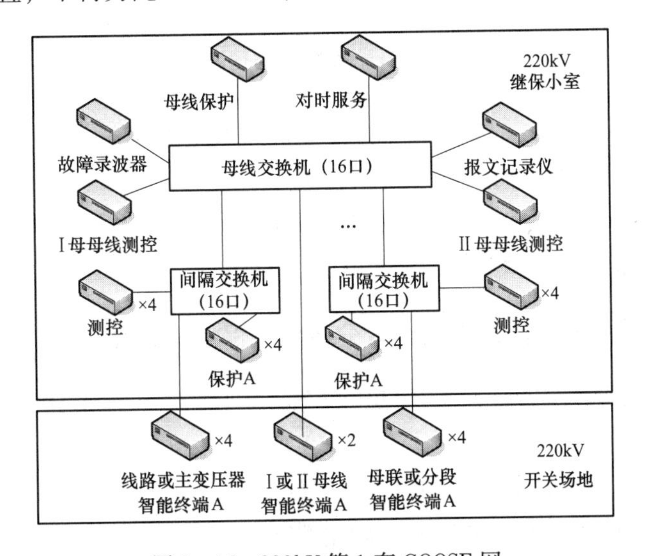

图8－16　220kV第1套GOOSE网

MMS网采用双环网布置，500kV间隔层设备接入一个环网，220kV及35kV间隔层设备接入一个环网，如图8－18所示。

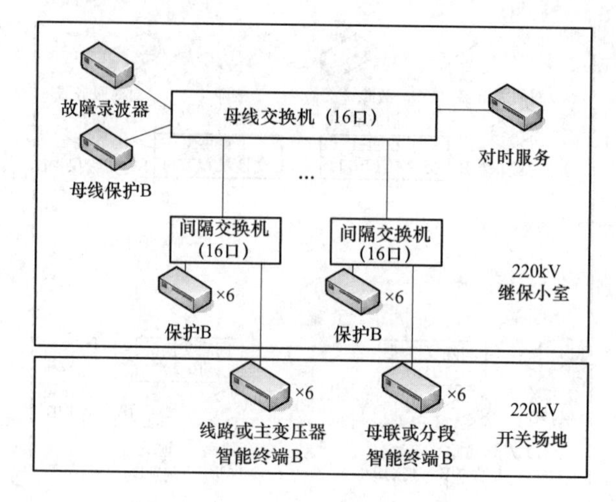

图 8－17　220kV 第 2 套 GOOSE 网

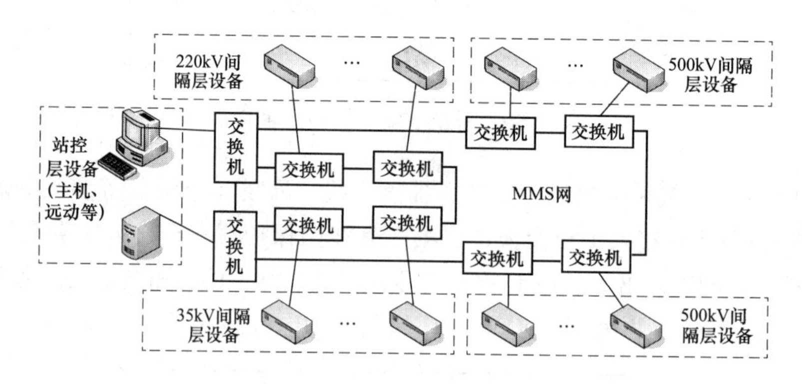

图 8－18　MMS 网络结构图

500kV、220kV 开关测控装置单套配置，分别接入 GOOSE A 网。间隔层、过程层设备及 GOOSE 网络，站控层中的保信子站、录波子站由继电保护专业负责管理。站控层设备（除保信子站、录波子站外）、网络报文记录分析仪及 MMS 网络等由自动化专业负责管理，缺陷协调处理过程中两专业加强沟通联系。

8.3.5　故障录波器、网络报文记录分析仪、保信子站配置

500kV 故障录波器采用 ZH—3D，220kV 故障录波器采用 PCS－996，模拟量采用常规采样，开关量采用 GOOSE 报文采集。故障录波器单独组网，接入录波子站。

网络报文记录分析仪采用 NSAR511，配置网络记录单元 3 台，分析管理单元 1 套。

保信子站采用 PSS3000E，其网络结构如图 8－19 所示。

8.3.6　运行经验与建议

变电站投产以来，保护多次正确动作，如 2010 年 8 月 18 日 15 点 19 分，某线路 C 相单相接地故障，线路保护动作正确，重合成功。

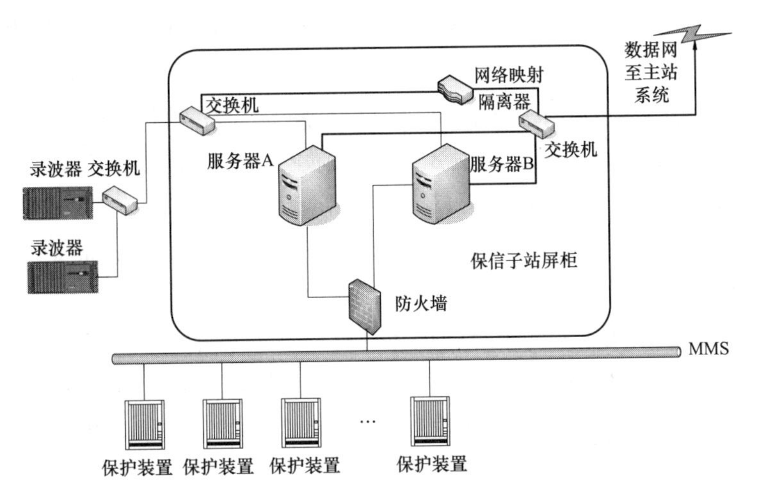

图 8-19 保信子站网络结构图

变电站 500kV 系统、220kV 系统、主变压器保护均为双重化配置，两套保护之间完全独立，不存在任何电气联系。建议下列保护不能同时停役，如需同时停役时，需将相应开关或一次设备陪停：

(1) 500kV 部分：

1) 第一（二）套母差保护与第二（一）套主变压器保护（线路保护）；

2) 第一（二）套母差保护与边断路器第二（一）套智能终端装置；

3) 第一（二）套母差保护与边断路器第二（一）套保护；

4) 同一断路器的两个智能终端装置；

5) 第一（二）套线路保护（主变压器保护）与断路器第二（一）套智能终端装置；

6) 第一（二）套线路保护（主变压器保护）与断路器第二（一）套保护；

7) 第一（二）套断路器保护与相连断路器的第二（一）套智能终端装置。

(2) 220kV 部分：

1) 220kV 第一（二）套母差保护与线路（主变压器）第二（一）套保护；

2) 220kV 第一（二）套母差保护与断路器第二（一）套智能终端装置；

3) 220kV 第一（二）套母差保护与母联（分段）断路器第二（一）套智能终端装置；

4) 第一（二）母差保护同时停役，应调整保护状态。

8.4 750kV 智能变电站工程实例

8.4.1 工程概况

某 750kV 智能变电站工程规模为：

本期共装有750/330/66kV主变压器1组（由3台单相变压器，1台备用相组成），远景安装主变压器2组。

750kV电气主接线采用一个半断路器接线，远期共5串，目前建成1个完整串、3个不完整串，安装9台断路器。远期出线8回，目前出线4回，采用同塔双回，每回进线上装1组并联电抗器（由4台单相电抗器，1台备用相组成）。

330kV电气主接线采用一个半断路器接线，远期共7串，目前建成2个完整串和1个不完整串，安装8台断路器。远期出线12回，目前出线4回。

66kV电气主接线采用单元式单母线接线，每台主变压器低压侧各接一段66kV母线。主变压器66kV侧装设总断路器。远期每台主变压器66kV侧需要安装3组并联电容器，3组并联电抗器，1台站用变压器。目前建成66kV母线1条，并联电抗器3组，站用变压器1台。

主变压器采用ODFPS－700000/750型主变压器，选用户外、单相、自耦、无励磁调压、强迫油循环、油浸式智能变压器。

750kV断路器采用LW55－800型双断口SF_6罐式智能断路器，750kV电压互感器采用电容分压型电子式电压互感器。

330kV断路器采用3AP2FI型SF_6瓷柱式断路器（液压机构），330kV电子式电流互感器采用与隔离开关组合的形式，采用有源、无源两种型式的电子式电流互感器，330kV电压互感器采用电容分压型电子式电压互感器。

66kV断路器采用HPL170B1及LTB170E1型SF_6瓷柱式断路器，66kV电压互感器及电流互感器采用有源电子式互感器。

全站互感器使用电子式互感器，实现了变电站数据源头的数字化。

该变电站330～750kV各线路及主设备采用双重化配置的微机保护，测控按单元单套配置，保护设备就地化布置；66kV采用保护测控一体化装置；故障录波器按电压等级配置，单独组网，接入保信子站；电能计量装置采用数字式电能表；故障测距采用数字式测距装置；自动化系统采用智能变电站一体化监控系统，为分层分布式结构。

8.4.2 过程层设备配置

全站使用电子式电压互感器共37组（台），其中：750kV使用EVTC－765型电压互感器，合并单元为DMU－811，共计20台。330kV使用EVTC－330型电压互感器，合并单元为DMU－811，共计14台。66kV使用FEVT－066ZW，合并单元为FH2004－MU，共计3台。

全站使用电子式电流互感器共97组（台），其中：

750kV使用LDTQQH－750型电子式互感器，合并单元为DMU－813，共计56台，属于罗氏线圈原理的有源式电子互感器，采用套管内附式安装。

330kV使用两种型号不同原理的电子式互感器。一种是PSET6330CTDW型互感器，属于罗氏线圈原理的有源式电子互感器，合并单元为PSMU602，共计18台，采取隔离开关组合式安装；另一种是NAE－GL330Z－W2型互感器，合并单元为NS3261，共计6台，该互感器属于法拉第磁光效应原理的全光纤无源式互感器，独立安装。

66kV 侧使用两种型号的电子式互感器：一种为 FECT－066ZW 型电子式互感器，合并单元为 FH2004－MU，共计 15 台；另一种为 PSET6066CTD 型电子式互感器，合并单元为 PSMU602，共计 3 台。66kV 侧电流互感器均属于罗氏线圈原理的有源式电子互感器，采用独立式结构安装。

过程层设备主要为智能终端，智能终端均采用下放布置方式。750、330kV 智能终端就地布置在断路器汇控柜中，66kV 智能终端就地布置在断路器端子箱中，电抗器、主变压器本体智能终端就地布置在端子箱中。750kV 断路器、母线智能终端使用 DBU－802，采用双套配置；750kV 并联电抗器本体智能终端、主变压器本体智能终端使用 PCS－922B，采用单套配置；330kV 断路器、母线智能终端使用 PCS－922B，双套配置；330kV 断路器、母线智能终端使用 NSR351D，单套配置。

8.4.3　继电保护配置

保护方案主要依据 Q/GDW 441—2010《智能变电站继电保护技术规范》，采用“直采直跳”方式，采样采用 IEC 60044－8 扩展协议接口，出口采用 GOOSE 方式。

（1）750kV 线路保护。750kV 每回线路配置两套完全独立的分相电流差动保护。一套保护为 PCS－931 型保护，另一套为 WXH－803B 型保护。两套保护通道采用复用2M 光纤通道。一套保护采用本线路的 OPGW，另一套采用迂回的光纤通道。

750kV 每回线路配置两套过电压保护，一套为 PCS－925 型保护，另一套为 WGQ－871B 型保护。将两套过电压保护分别布置在两套分相电流差动保护柜中，与光差保护共用通道。

（2）330kV 线路保护。330kV 每回线路配置两套完全独立的分相电流差动保护，一套为 PCS－931 型保护，另一套为 WXH－803B 型保护。两套保护通道采用复用 2M 光纤通道。

330kV 每回线路配置两套过电压保护，一套为 PCS－925 型保护，另一套为 WGQ－871B 型保护。将两套过电压保护分别布置在两套分相电流差动保护柜中，与光差保护共用通道。

（3）断路器保护。断路器保护按断路器双重化配置，750kV 断路器采用 WDLK－862B 型断路器保护，330kV 断路器采用 PCS－921G 断路器保护。

（4）母线保护。750、330kV 每条母线配置两套微机型快速母线保护。750kV 母线保护一套采用 PCS－915，另一套采用 BP－2C－D 型母线保护；330kV 母线保护一套采用 PCS－915G，另一套采用 SGB750 型母线保护。

66kV 母线配置一套 PCS－915－ETB 型母差保护。

（5）主设备保护。主变压器及 750kV 高压并联电抗器的保护均配置双重化的主后一体化的电气量保护和一套非电量保护。保护装置支持采样值和 GOOSE 信息点对点及网络的交换方式。非电量保护由本体智能终端实现，就地下放布置。

1）主变压器保护双重化配置：第一套保护选用 PCS－978 型保护；第二套保护选用

WBH－801B 型保护；非电量保护选用 PCS－974FG 型保护，就地安装在变压器智能汇控柜中。

2）750kV 并联电抗器保护双重化配置：第一套保护选用 PCS－917 型保护；第二套保护选用 WKB－801B 型保护；非电量保护选用 PCS－974FG 型保护，就地安装在高压电抗器智能汇控柜中。

3）66kV 电抗器保护采用 NS3668DD 型保护测控装置。1 号站用变压器保护采用 NS3697DD 型保护测控装置；380V 站用电源备自投功能均由一体化监控系统实现。

750、330kV 电气接线方式均为一个半接线方式，66kV 电气接线方式采用单母线方式，全站不需要电压切换与电压并列。

8.4.4 组网方式

变电站自动化系统采用 NS3000S 型智能变电站自动化系统，为三层结构，包括站控层、间隔层、过程层。按少人值班运行方式设计，并预留实现无人值班的接口和功能配置。配套测控装置采用 NS3560 型测控装置。

站控层和间隔层之间通过站控层（MMS）网络连接，间隔层和过程层之间通过过程层（GOOSE，SV）网络连接，全站站控层（MMS）网络与过程层（GOOSE，SV）网络分离。站控层网络、GOOSE 网络和 SV 网络均采用双星形光纤网络。

对 750、330kV 间隔以及其他保护有双重化要求的间隔，智能终端按间隔双重化配置，就地布置于智能汇控柜内。66kV 除主变压器间隔采用双重化配置外，其余间隔均单套配置。750、330、66kV 母线设备智能终端均单套配置。

对 750、330kV 间隔，合并单元采用双重化配置。合并单元布置于保护柜内。对于 66kV 间隔，除了主变压器进线合并单元采用双重化配置外，其余间隔均单套配置。

750kV GOOSE 网络交换机按串配置，每串冗余配置 24 光口交换机 2 台。330kV 按串配置交换机，每串冗余配置 24 光口交换机 2 台。750、330kV 母线按母线单元冗余配置 24 光口交换机 2 台。

750kV SV 网络交换机按串配置，每串冗余配置 16 光口交换机 2 台。330kV 按串配置交换机，每串冗余配置 16 光口交换机 2 台。750、330kV 各配置 16 光口 SV 中心交换机 2 台。

根据 Q/GDW 441 技术规范中保护应满足直采直跳的要求，全站保护用采样值采用点对点传输方式，通信规约采用 IEC 60044－8 扩展协议；保护跳闸采用 GOOSE 点对点直跳方式，保护信息交互采用 GOOSE 网络传输方式。

GOOSE 按电压等级分成 750kV GOOSE 网、330kV GOOSE 网。双重化配置的保护和智能终端分别接在不同的 GOOSE 网段上。

测控、PMU、计量采样值采用 SV 网络方式，通信规约采用 IEC 61850－9－2。SV 按电压等级分成 750kV SV 网、330kV SV 网。测控、PMU 接在 SV1 网段上，计量接在 SV2 网段上。

断路器智能终端的控制回路和操动机构接口采用强电一对一接线。各间隔智能终端保留主要回路应急手动操作跳、合闸手段，并相互独立、互不影响，功能上不依靠监控系统。

8.4.5 故障录波器、网络报文记录分析仪及保信子站配置

主变压器设置1套故障录波器，采用WDGL－VI/B型变压器微机故障录波器。750、330kV各配置2套故障录波器，采用WDGL－VI/X型线路微机故障录波器。

全站设置1套网络报文记录分析仪，采用NS5000型网络报文记录分析系统。主机柜安装在主通信楼二次室，750kV保护小室安装有1台网络报文分析柜，型号为GNSAR500－7504；330kV小室安装有1台网络报文分析柜，型号为GNSAR500－3303；主变压器及66kV小室安装有一台网络报文分析柜，型号为GNSAR500－0661。

全站设置一套I－POFAS型保护及故障信息管理系统。该系统与保护装置之间不直接进行通信，保护信息通过监控系统采集后共享。故障录波装置独立组网，将信息直接接入保护及故障信息管理系统。

8.4.6 关键技术与难点问题分析

（1）电子式互感器抗干扰能力差，成为变电站的安全隐患。本站使用了4个生产厂家的电子式互感器，在设备安装调试、投运以及日常倒闸操作过程中都出现过异常。2012年4月变电站年度检修工作中对该类问题进行了消缺，但750kV电子式互感器抗干扰能力、66kV电子式互感器的采集器、激光供能元件问题仍需在今后运行中进行考验，目前，电子式互感器运行稳定性给整座变电站的安全稳定运行带来较大风险。

（2）由于本站采用的保护装置多为厂家首次生产，产品不成熟，在调试验收及投运过程中发现问题后需要不断升级。每次保护装置升级后：一是可能造成全站的系统配置文件（SCD文件）发生改变，对设备管理及后期维护造成困难；二是受到现场条件限制，无法对升级后的装置性能进行全面验证；三是造成设备软件版本杂乱，管理困难。对于所有需要升级软件版本的消缺工作，必须严格按照网省公司相关二次设备软件版本管理流程进行，手续完备后方可进行；同时要求软件升级工作必须跟踪记录，建立专门的设备软件版本升级记录，对版本升级设备的运行情况进行详细记录，并要求厂家提供详尽的升级情况说明供留存备案，做到设备升级情况有据可查。经过一年运行考验，各类保护装置版本逐步趋于稳定，但仍需继续进行运行考验。

（3）组态工作全部在集成商，带来工期上的瓶颈。现场为提高调试效率，实行了组态分解，即同一厂家的装置之间的组态由厂家完成，跨厂家组态由集成商完成，最终集成商对SCD文件整合。这样显著提高了调试效率。

（4）设计阶段虚连线还不能完全满足调试初期的系统组态。工程中请设计人员到调试现场，全程配合组态人员完成组态工作。

（5）缺乏必要的调试工具和方法。虽然现有的网络记录分析工具在一定程度上能够解决该问题，但是不能适应工程化的要求。

8.4.7 建设与运行经验

（1）电子式互感器运行经验表明，其运行状态仍不稳定，仍需进行运行考验。运行人员在日常巡视时，应加强对电子互感器合并单元运行状态、采集器电源运行工况等关键点的巡视。在今后检修工作中，加强对电子式互感器准确度、延时等重要参数的测试，确保电子式互感器可靠运行。同时，建议今后智能变电站新建工程中进一步加强电子式互感器型式试验、出厂试验、例行试验以及系统调试期间的抗干扰试验工作。

（2）检修工作中发现过同步时钟系统故障，运行人员在巡视工作中应注重对主时钟及时钟扩展装置的检查。

（3）本站保护装置为各厂家首台产品，各设备厂家在设计硬件回路与软件程序时均存在差异，装置虽都正常运行，但带来一些问题：① 针对某些通用功能，不同设备厂家有不同实现方式，运行人员现场操作复杂；② 不同设备厂家光纤接口收发光功率存在差异，验收、消缺与检修工作无依据可遵循。建议出台相应技术标准，规范二次设备通用逻辑功能的实现方式，规范二次设备光纤接口的技术指标。

（4）在光纤测试过程中发现个别备用光纤弯曲半径过小，造成光纤衰耗增大（但满足设备正常运行的要求）。建议今后设计、施工和建设阶段对二次屏柜进行改进，二次屏柜中增设光纤盘，方便备用光纤的盘放。同时建议各屏柜中配置光纤配线箱，各屏柜、汇控柜间光纤熔接至各屏柜光纤配线箱，再通过光纤跳线接入二次设备，以方便光纤运行维护。

（5）应提高设计自动化水平。通过本站的联调，设备在运行等方面已达到一定自动化程度，但是在前期设计方面还是采用常规站的设计方法来设计智能变电站。智能站设计的主要内容是信息流的对应、连接。设计环节已成为阻碍 IEC 61850 标准应用、智能变电站工程化的瓶颈。建议厂家开发相关产品。

（6）应规范网络的技术原则。在智能变电站实施中，与网络相关的技术规范缺乏，如虚拟网划分规范、网络交换机连接规范等，使得本来初衷在于“增强灵活性”的理念在实施中变成“随意”的事情。建议对工程采用网络的原则作出进一步规范。

（7）关于调试方法与调试工具。在智能变电站系统中，信息的交互基本上通过网络，功能、信息的验证缺乏行之有效的工具，部分信息流的变更需要对全站相关功能进行验证，效率十分低下。建议厂家开发相关产品。

附录A 网络通信技术基础

A.1 计算机通信网络的体系结构与基本概念

A.1.1 计算机通信网络的体系结构

在计算机通信网络中要做到有条不紊地交换数据，就必须遵守一些事先约定好的规则。这些规则明确规定了所交换的数据的格式以及有关的时序问题（时序可理解为通信过程的步骤）。这些为进行网络中的数据交换而建立的规则、标准或约定称为网络协议，简称为协议。

网络协议由语法、语义、时序三个要素组成。语法即数据与控制信息的结构或格式；语义即需要发出何种控制信息、完成何种动作以及做出何种响应；时序即事件实现顺序的详细说明。协议通常有两种不同的形式：一种是便于人类阅读和理解的文字描述；另一种是让计算机能够理解的程序代码。这两种不同形式的协议都必须能够对网络上交换的信息作出精确的解释。

在计算机网络的基本概念中，分层次的体系结构是最基本的。层次结构是指将一个复杂的系统设计问题分成层次分明的一组组容易处理的子问题，然后加以解决，各层分别执行自己所承担的任务。计算机网络的体系结构，即指计算机网络层次结构模型和各层协议的集合。

为了便于读者理解计算机网络的层次式结构，现举一个简单的例子来说明。如图 A.1 所示，假定我们在主机 1 和主机 2 之间通过一个通信网络传送文件。我们可以将要做的工作划分为三类。第一类与传送文件直接相关。例如，发送端的文件发送程序应当确信接收端的文件接收程序已做好接收和存储文件的准备，若两个主机所用的文件格式不一样，则其中至少一个主机应完成文件格式的转换。这两件工作可用一个文件传送模块来完成。这样，两个主机可将文件传送模块作为最高的一层。在这两个模块之间的虚线表示两个主机系统交换文件和一些有关文件交换的命令。

但是，我们并不想让文件传送模块完成全部工作细节，这样会使文件传送模块过于复杂。可以再设一个通信服务模块，用来保证文件和文件传送命令在两个系统之间可靠地交换，即完成第二类工作。也就是说，让位于上面的文件传输模块利用下面的通信服务模块所提供的服务。同样道理，我们再构造一个网络接入模块，让这个模块负责做与网络接口细节有关的工作，即第三类工作，并向上层提供服务，使上面的通信服务模块能完成可靠通信的任务。

由上例可见计算机网络结构采用层次式结构模型具有如下优点：

（1）各层之间相互独立。某一层不需要知道它的下一层是如何实现的，只需要知道该层通过层间接口（即界面）所提供的服务。由于每一层只实现一种相对独立的功能，

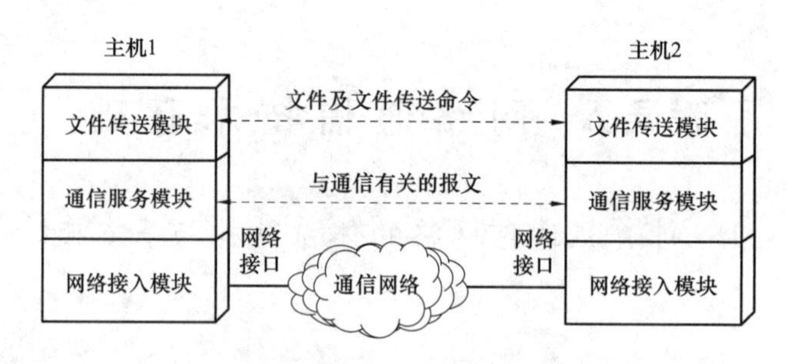

图 A.1　划分层次的举例

因而可将一个难以处理的复杂问题分解为若干个较容易处理的更小一些的子问题，这样整个问题的复杂程度就下降了。

（2）灵活性好。只要层间接口不变，某层就不会因其他层内部的变化而变化。

（3）结构上可分割开。各层可采用最合适的技术实现而不影响其他层。

（4）有利于促进标准化，因为每层的功能和提供的服务都已经有了精确的说明。

为了实现不同厂家生产的计算机系统之间以及不同网络之间的数据通信，就必须遵循相同的网络体系结构模型，否则异种计算机就无法连接成网络。1983 年，国际标准化组织（ISO）发布了最著名的 ISO 7498 标准，即开放系统互连参考模型 OSI/RM（Open System Interconnection / Reference Model），以解决这一问题。OSI/RM 将整个通信功能划分为 7 个层次，如图 A.2 所示。

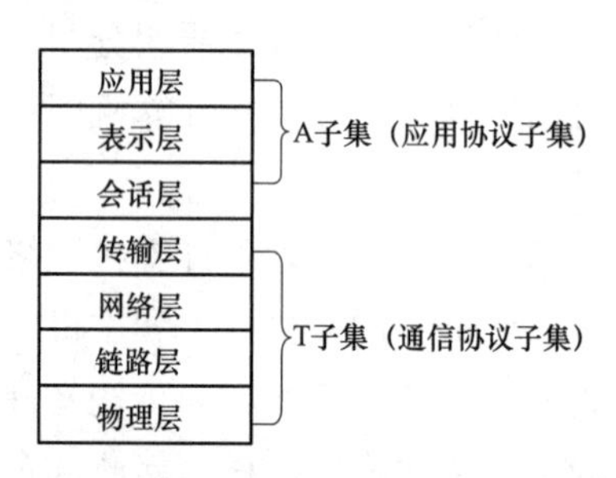

图 A.2　OSI/RM 七层体系结构

OSI/RM 的各层遵守如下原则：网络中各节点都有相同的层次；不同节点的同等层具有相同的功能；同一节点内相邻层之间通过层间接口通信；每一层使用下层提供的服务，并向其上层提供服务；不同节点的同等层按照协议实现对等层之间的通信。

OSI/RM 的最高层为应用层，面向用户提供应用服务；最低层为物理层，连接通信媒体实现数据传输。层与层之间的联系是通过各层之间的接口来进行的，上层通过接口向下层提供服务请求，而下层通过接口向上层提供服务。

在 OSI/RM 中系统间的通信信息流动过程如图 A.3 所示。发送端的各层从上到下逐步加上各层的控制信息，构成比特流。比特流传递到物理信道，然后再传输到接收端的物理层，经过从下到上，逐层去掉相应层的控制信息，得到的数据流最终被传送到应用层的进程。

由于通信信道的双向性，因此数据的流向也是双向的。

OSI/RM 各层功能概述如下：

（1）物理层（Physical Layer）。物理层的任务是“透明”地传输信息的比特流，为它的上一层提供一个物理连接，以及规定它们的机械、电气、功能和规程特性，如规定使用电缆和接头的类型、传送信号的电压等。在这一层，数据还没有被组织，仅作为原始的比特流或电（光）信号处理，单位是比特（bit）。

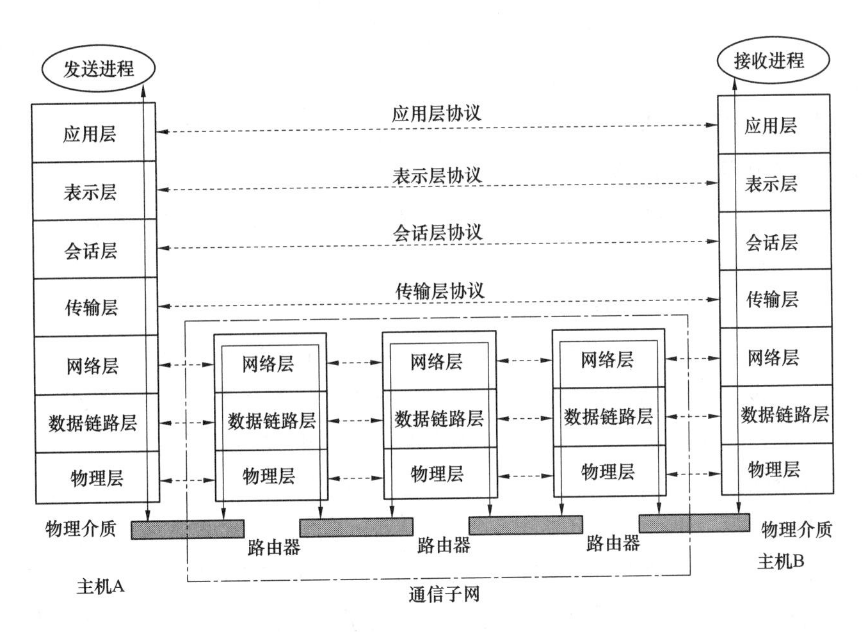

图 A.3 OSI/RM 中数据在各层之间的传递过程

传递信息利用的物理媒体，如双绞线、同轴电缆、光缆等，并不包括在 OSI 的 7 层之内，也有人把物理媒体当做第 0 层。

典型的物理层协议有 RS232、RS485、RS449、V. 24、V. 28、X. 20、X. 21 等。

“透明”（transparent），表示某一个实际存在的事物看起来却好像不存在一样。比特流的透明传输是指比特流经实际电路传送后没有发生变化，因此，对于传送比特流来说，由于这个电路并没有对其产生什么影响，因此比特流就“看不见”这个电路。

（2）数据链路层（Data Link Layer）。数据链路层控制网络层与物理层之间的通信。它的主要功能是在不可靠的物理线路上进行数据的可靠传递，其传送数据的基本单位是“帧（Frame）”。

为了保证传输，从网络层接收到的数据被分割成特定的可被物理层传输的“帧”。帧是用来装载数据的结构包，它不仅包括原始数据，还包括发送方和接收方的物理地址以及检错和控制信息。其中的接收方地址确定了帧将发送到何处，而检错和控制信息供接收方对收到数据的正确性进行判断。

数据链路层协议的代表包括 SDLC（同步数据链路控制协议）、HDLC（高级数据链路控制协议）、PPP（点对点协议）、STP（生成树协议）、帧中继等。

（3）网络层（Network Layer）。网络层实现分别位于不同网络的源节点与目的节点之间的数据包传输，即完成对通信子网正常运行的控制。与之对比，数据链路层只是负责同一个网络中的相邻两节点之间链路管理及帧的传输。

网络层将从高层传送下来的数据打包，再进行必要的路由选择、差错控制、流量控制及顺序检测等处理，使发送站传输层所传下来的数据能够正确无误地按照地址传送到目的站，并交付给目的站传输层。

在发送数据时，网络层将运输层产生的报文段或用户数据报封装成“分组”或“包

(packet)”。在后文介绍的TCP/IP体系中，网络层的“分组”也叫做“IP数据报”，注意不要与运输层的“用户数据报”弄混。

网络层的关键技术是路由选择。路由选择是指根据一定的原则和算法在传输通路中选出一条通向目的节点的最佳路由。

网络层协议的代表包括IP（网际协议）、IPX（互联网络数据包交换协议）、RIP（路由信息协议）等。

（4）传输层（Transport Layer）。传输层下面的三层主要完成有关的通信处理，向传输层提供网络服务；传输层上面的三层完成面向数据处理的功能，为用户与网络之间提供接口。传输层在OSI/RM中起到承上启下的作用，是整个网络体系结构的关键。

传输层负责将上层数据分段并提供端到端的、可靠的或不可靠的传输，此外还要处理端到端的差错控制和流量控制问题。“数据分段”即按照网络能处理的最大尺寸将较长的数据包进行强制分割。例如，以太网无法接收大于1500字节的数据包，发送方节点的传输层将数据分割成较小的数据片，同时对每一数据片安排一序列号，以便数据到达接收方节点的传输层时，能以正确的顺序重组。“流量控制”即基于接收方可接收数据的快慢程度规定适当的发送速率。

在传输层，数据的单位称为“数据段（segment）”或“用户数据报”。

传输层协议的代表包括TCP（传输控制协议）、UDP（用户数据报）、SPX（序列包交换）等。

（5）会话层（Session Layer）。会话层负责在网络中的两节点之间建立、维持和终止通信。会话层的功能包括建立通信链接、保持会话过程通信链接的畅通、同步两个节点之间的对话、决定通信是否被中断以及通信中断时决定从何处重新发送等。

（6）表示层（Presentation Layer）。表示层处理的是OSI系统之间用户信息的表示问题。表示层的作用类似于应用程序和网络之间的翻译官，在表示层，数据将按照网络能理解的方案进行格式化，这种格式化也因所使用网络的类型不同而不同。表示层通过抽象的方法来定义一种数据类型或数据结构，并通过使用这种抽象的数据结构在各端系统之间实现数据类型和编码的转换。其功能包括数据编码、数据压缩、数据加密等。

表示层协议的代表有ASN.1（Abstract Syntax Notation，抽象语法标记）基本编码规则等。

（7）应用层（Application Layer）。应用层是计算机网络与最终用户间的接口，是唯一利用网络资源向应用程序直接提供服务的层。应用程序也常被称为“进程”。进程就是指正在运行的程序。应用层为用户进程提供的服务包括文件传输、文件管理以及电子邮件的信息处理等。

应用层协议有很多，如因特网中支持万维网（www）应用的HTTP协议、支持电子邮件的SMTP协议、支持文件传送的FTP协议等。

OSI的低4层协议，又称作通信协议子集（T－Profile），负责有关通信子网的工作，解决网络中的通信问题；高3层协议，又称作应用协议子集（A－Profile），负责有关资源子网的工作，解决应用进程的通信问题。图A.2中对比做了标示。

在 OSI 参考模型中，在对等层次上传送的数据，其单位都称为该层的“协议数据单元（PDU，Protocol Data Unit）”。这个名词已被许多其他标准采用。

图 A.4 所示的是 OSI 参考模型中数据的传输方式。发送方物理层比特流的形成过程可表述为：用户数据（DATA）→ 应用层（DATA + 报文头 H7，用 L7 表示）→表示层（L7 + 控制信息 H6 = L6）→会话层（L6 + 控制信息 H5 = L5）→传输层（L5 + 控制信息 H4 = L4）→网络层（L4 + 控制信息 H3 = L3）→ 数据链路层（L3 + 控制信息 H2 + 差错检测控制信息 T2 = L2）→物理层（比特流）。

接收方从物理层比特流解析（拆分）出用户数据的过程则与上述过程相反。

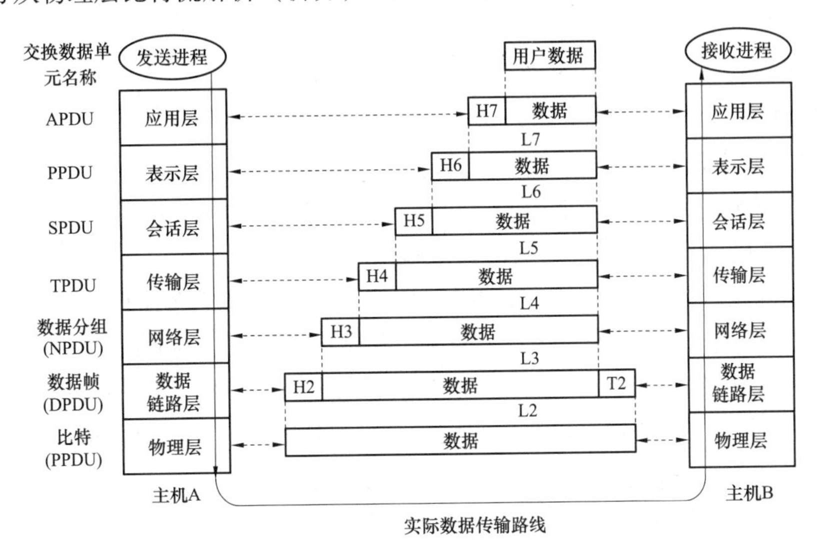

图 A.4 OSI 参考模型中的数据传输

OSI 试图达到一种理想境界，即全世界的计算机网络都遵循这个统一的标准，但在市场化方面则事与愿违地失败了，OSI 只获得了一些理论的研究成果。尽管 OSI 模型的理论意义很大，但由于 OSI 所定义的协议过于复杂，标准制定的过程缓慢，不能满足网络应用快速发展的需求，结果就败给了 TCP/IP 这个网络世界中事实上的标准。

OSI 模型的缺点在于：其层次数量与内容不是最佳的，会话层和表示层这两层几乎是空的，而数据链路层和网络层包含内容太多，有很多的子层插入，每个子层都有不同的功能。OSI 模型以及相应的服务定义和协议极其复杂，它们很难实现。有些功能在多个层次上重复出现，降低了系统的效率。

A.1.2 TCP/IP 体系结构

A.1.2.1 TCP/IP 概述

TCP/IP 并不是单纯的两个协议，而是一个协议族，即一组不同层次上的多个通信协议的组合。TCP/IP 源于美国 ARPANET 网，其主要目的是提供与底层硬件无关的网络之间的互连。单就 TCP 而言，指传输控制协议；单就 IP 而言，指网际协议。TCP/IP 协议是开放的协议标准，与计算机硬件和操作系统无关，同时也独立于特定的网络硬件。TCP/IP

所包含的每个协议都具有特定的功能，完成相应的 OSI 层的任务。

A. 1. 2. 2　TCP/IP 的层次结构

与 OSI/RM 不同，TCP/IP 通常被认为是一个 4 层协议系统，如图 A. 5（b）所示。每一层负责不同的功能：

（1）网络接口层。其对应着 OSI 的物理层和数据链路层，负责通过网络发送和接收 IP 数据报。通常包括操作系统中的设备驱动程序和计算机中对应的网络接口卡，它们一起处理与电缆（或其他任何传输媒介）的物理接口细节。

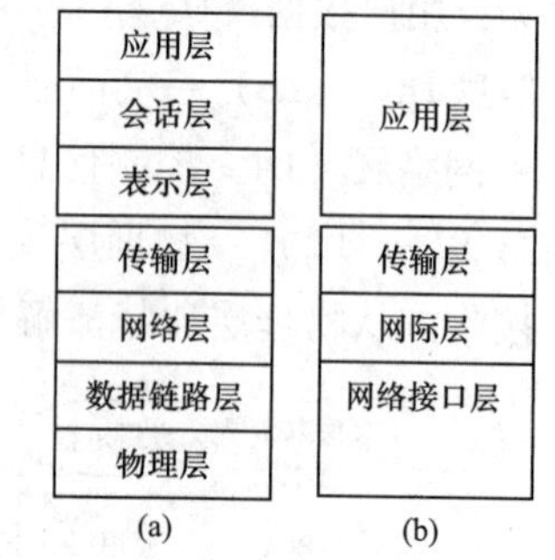

图 A. 5　TCP/IP 协议的 4 层结构
（a）OSI/RM 标准的 7 层结构；
（b）TCP/IP 协议的 4 层结构

（2）网际层，有时也称作网络层、互联网层。其主要功能是处理来自传输层的分组，将分组形成数据包（IP 数据包），并为该数据包进行路径选择，最终将数据包从源主机发送到目的主机。常用的协议是网际协议 IP 协议。在 TCP/IP 协议族中，网络层协议还包括 ICMP 协议（Internet 互联网控制报文协议）和 IGMP 协议（Internet 组管理协议）。

（3）运输层。其主要为两台主机上的应用程序提供端到端的通信。在 TCP/IP 协议族中，有两个互不相同的传输协议，即 TCP（传输控制协议）和 UDP（用户数据报协议）。

1）TCP 为两台主机提供高可靠性的数据通信。它所做的工作包括把应用程序交给它的数据分成合适的小块交给下面的网络层，确认接收到的分组，设置发送最后确认分组的超时时钟等。由于运输层提供了高可靠性的端到端的通信，因此应用层可以忽略所有这些细节。

2）UDP 为应用层提供一种非常简单的服务。它只是把称作数据报的分组从一台主机发送到另一台主机，但并不保证该数据报能到达另一端。任何必需的可靠性必须由应用层来提供。

这两种运输层协议分别在不同的应用程序中有不同的用途。

（4）应用层。与 OSI/RM 模型中的高三层任务相同，用于提供网络服务，负责处理特定的应用程序细节。几乎所有的 TCP/IP 实现都会提供下面这些通用的应用程序：TELNET 远程登录、FTP 文件传输协议、SMTP 简单邮件传送协议、SNMP 简单网络管理协议等。另外还有许多其他应用。

A. 1. 2. 3　TCP/IP 的协议族

（1）应用层协议。TCP/IP 协议集中的应用层协议很丰富，如远程终端协议 TELNET、文件传输协议 FTP、超文本传输协议 HTTP、引导协议 BOOTP、域名服务 DNS、动态主机配置协议 DHCP、网络文件系统 NFS、简单网络管理协议 SNMP、简单邮件传输协议 SMTP、路由信息协议 RIP 等。

（2）传输层协议。TCP 和 UDP 是两种最著名的运输层协议，二者都使用 IP 作为网络层协议。虽然 TCP 使用不可靠的 IP 服务，但它却提供一种可靠的运输层服务。UDP 为应用程序发送和接收数据报。与 TCP 不同的是，UDP 是不可靠的，它不能保证数据报能安全无误地到达最终目的。

1）传输控制协议 TCP。TCP 是一个面向连接、端对端的全双工通信协议，通信双方需要建立由软件实现的虚连接，为数据报提供可靠的数据传送服务。

TCP 的主要功能包括：① 完成对数据报的确认、流量控制和网络拥塞的处理；② 自动检测数据报，并提供错误重发的功能；③ 将多条路由传送的数据报按照原序排列，并对重复数据进行择取；④ 控制超时重发，自动调整超时值；⑤ 提供自动恢复丢失数据的功能。

TCP 的数据传输过程是建立 TCP 连接→传送数据→结束 TCP 连接。传输层将应用层传送的数据存在缓存区中，由 TCP 将它分成若干段，再加上 TCP 报头构成传送协议数据单元 TPDU，发送给 IP 层。目的主机对存入在输入缓存区的 TPDU 进行检验，确定是要求重发还是接收。

2）用户数据报协议 UDP。UDP 是一个无连接协议，主要用于不要求确认或者通常只传少量数据的应用程序中，或者是多个主机之间的一对多或多对多的数据传输，如广播、多播。

UDP 在发送端发送数据时，由 UDP 软件组织一个数据报并将它交给 IP 软件；在接收端，UDP 软件先检查目的端口（表示不同的应用程序）是否匹配，若匹配则放入队列中，否则丢弃。

UDP 与 IP 相比增加了提供协议端口的能力，以保证进程间的通信。其优点是高效率；缺点是没有保证可靠的机制。

（3）网际层协议。

1）网际协议 IP。IP 是网际层上的主要协议，同时被 TCP 和 UDP 使用。TCP 和 UDP 的每组数据都通过端系统和每个中间路由器中的 IP 层在互联网中进行传输。

IP 协议是一个面向无连接的协议，在对数据传输处理上，只提供“尽力传送机制”，也就是尽最大努力完成投递服务，而不管传输正确与否。

IP 协议用于主机与网关、网关与网关、主机与主机之间的通信。其特点有：① 提供无连接的数据报传输机制；② 能完成点对点的通信。

IP 协议的功能包括：① IP 的寻址，体现在能唯一的标识通信媒体；② 面向无连接数据报传送，实现 IP 向 TCP 协议所在的传输层提供统一的 IP 数据报，主要采用的方法是分段、重装、实现物理地址到 IP 地址转化；③ 数据报路由选择（同一网络沿实际物理路由传送的直接路选和跨网络的经由路由器或网关传送的间接路选）和差错处理（是指 ICMP 提供的功能）。

2）网际控制报文协议 ICMP。ICMP 是 IP 协议的附属协议，用来与其他主机或路由器交换错误报文和其他重要信息。

3）网际主机组管理协议 IGMP。IGMP 是 Internet 组管理协议，用来把一个 UDP 数据报多播到多个主机。

4）地址解析协议 ARP 和反向地址解析协议 RARP。ARP 和 RARP 是某些网络接口（如以太网和令牌环网）使用的特殊协议，用来转换 IP 层和网络接口层使用的地址。

在一个物理网络中，网络中的任何两台主机之间进行通信时，都必须获得对方的物理地址。而使用IP地址的作用就在于，它提供了一种逻辑的地址，能够使不同网络之间的主机进行通信。

当IP把数据从一个物理网络传输到另一个物理网络之后，就不能完全依靠IP地址了，而要依靠主机的物理地址。为了完成数据传输，IP必须具有一种确定目标主机物理地址的方法，也就是说要在IP地址与物理地址之间建立一种映射关系，这种映射关系被称为“地址解析”。从IP地址到物理地址的映射由（正向）地址解析协议ARP处理，从物理地址到IP地址的映射由反向地址解析协议RARP处理。

为ARP和RARP协议定位是一件很棘手的事情。这里把ARP放在网际层，是因为它们和IP数据报一样，都有各自的以太网数据帧类型。也有人把它们作为以太网设备驱动程序的一部分，放在IP层的下面，其原因在逻辑上是合理的。

最后指出，TCP/IP协议从实质上讲只有三层，其最下面的网络接口层并没有具体内容。

A.1.2.4 OSI/RM与TCP/IP参考模型的比较

（1）共同点：① 都采用协议分层方法，且各协议层功能类似；② 都解决异构网互连问题；③ 都是国际性标准；④ 都能支持面向连接和无连接的两种通信服务机制。

（2）区别：

1）OSI/RM分7层，而TCP/IP分4层，它们都有网络层（或称互联网层）、传输层和应用层，但其他层并不相同。OSI/RM体系结构的网络功能在各层的分配差异大，链路层和网络层过于繁重，表示层和会话层又太轻，TCP/IP则相对比较简单。

2）OSI/RM模型的网络层同时支持无连接和面向连接的通信，但是传输层上只支持面向连接的通信；TCP/IP模型的网络层只提供无连接的服务，但在传输层上同时支持两种通信模式。

3）OSI/RM有关协议和服务定义太复杂且冗余，很难且没有必要在一个网络中全部实现。如流量控制、差错控制、寻址在很多层重复，TCP/IP则没有重复。

4）OSI/RM的7层协议结构既复杂又不实用，但其概念清楚，体系结构理论较完整。TCP/IP的协议现在得到了广泛的应用，但它开始并没有一个明确的体系结构。从标准的效率和性能上来看，OSI/RM规模大但效率低，TCP/IP则相反。

5）两者最初设计思路存在差别。TCP/IP一开始就考虑到多种异构网的互联问题，并将网际协议IP作为TCP/IP的重要组成部分，但ISO最初只考虑到使用一种标准的公用数据网将各种不同的系统互联在一起。TCP/IP一开始就对面向连接和无连接并重，而ISO在开始时只强调面向连接服务。TCP/IP有较好的网络管理功能，而ISO到后来才开始考虑这个问题。

OSI/RM是国际标准，参考模型一直被人们所看好，但实现起来很困难，并没有进行大规模的应用。相反，TCP/IP虽然有许多不尽如人意的地方，但最终占领了几乎整个网络世界，实践证明是比较成功的。

A.1.3　计算机通信网络的几个基本概念与术语

（1）带宽。带宽是计算机网络最主要的性能指标之一。

“带宽”本来是指信号具有的频带宽度，单位是赫（Hz）、千赫（kHz）、兆赫（MHz）、吉赫（GHz）等。过去很长时间里，通信线路都是用来传送模拟信号的，因此表示通信线路允许通过的信号频带宽度就称为线路的“带宽”（或“通频带”）。当通信线路用来传送数字信号时，“数据率”应当成为数字信道最重要的指标。但习惯上人们愿意将“带宽”作为数字信道的“数据率”的同义词。现在“带宽”是数字信道所能传送的“最高数据率”的同义语，单位是比特每秒（bit/s），而不是频率的单位。更常用的带宽单位是千比特每秒，即 kbit/s（10^3b/s）；兆比特每秒，即 Mbit/s（10^6bit/s）；吉比特每秒，即 Gbit/s（10^9bit/s）；太比特每秒，即 Tbit/s（10^{12}bit/s）。

（2）时延。

时延是计算机网络另外一个主要的性能指标，它是指一个通信报文从一条链路的一端传送到另一端所需要的时间。时延由发送时延、传播时延、处理时延三部分组成，总时延 = 发送时延 + 传播时延 + 处理时延。

1）发送时延：发送数据时，数据块从发送节点进入到传输媒体所需要的时间。其计算公式为

发送时延 = 数据块长度(比特)/ 信道带宽(比特/秒)

信道带宽就是数据在信道上的发送速率，也常称为数据在信道上的传输速率。

2）传播时延：电磁波在信道中需要传播一定的距离而花费的时间。其计算公式为

传播时延 = 信道长度（米）/电磁波在信道上的传播速度（米/秒）

真空中的电磁波速度等于光速，即 3×10^5km/s；铜缆中的电信号速度为 2.3×10^5km/s；光纤的光传播速度为 2×10^5km/s。1000km 的光纤线路产生的传播延时为 5ms。

3）处理时延：交换节点为存储转发而进行一些必要的处理所花费的时间。报文在节点缓存队列中排队所经历的时延是处理时延中的重要组成部分。有时处理时延可用“排队时延”代替。处理时延的长短往往取决于网络中当时的通信量。

三种时延在通信过程中产生的位置如图 A.6 所示。

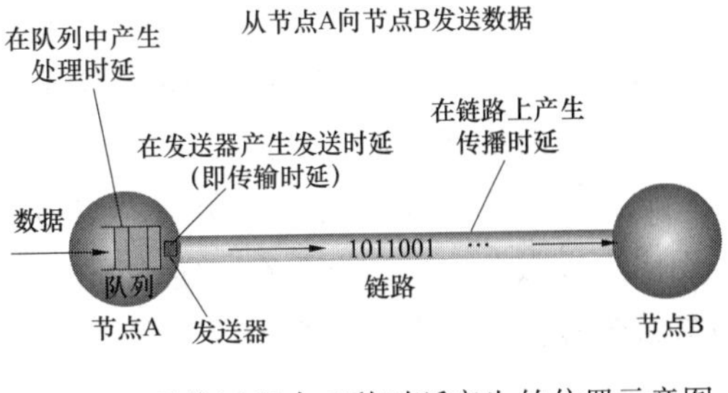

图 A.6　通信过程中三种时延产生的位置示意图

（3）实体、协议、服务。

计算机网络中的实体（Entity）表示通信时能发送和接收信息的任何硬件或软件进程；协议是控制两个对等实体进行通信的规则的集合。协议语法方面的规则定义了所交换的信息的格式；语义方面的规则定义了发送方和接收方所要完成的操作。在协议的控制下，两个对等实体间的通信使得本层能够向上一层提供服务。要实现本层的协议，还需要使用下面一层提供的服务。

协议和服务在概念上是很不一样的。首先，协议的实现保证了能够向上一层提供服

务，使用本层服务的实体（服务用户）只能看见服务而无法看见下面的协议。下面的协议对上面的实体（服务用户）是透明的。其次，协议是“水平的”，即协议是控制对等实体之间通信的规则。但服务是“垂直的”，即服务是由下层向上层通过层间接口提供的。另外，并非在一个层内完成的全部功能都称为服务。只有那些能够被高一层实体看得见的功能才能被称为“服务”。上层使用下层所提供的服务必须通过与下层交换一些命令，这些命令在OSI中称为“服务原语”。

同一系统相邻两层的实体进行交互（即交换信息）的地方，称为服务访问点SAP（service access point）。它实际上就是一个逻辑接口。

OSI把层与层之间交换的数据的单位称为服务数据单元SDU（service data unit），它可以与PDU不一样。例如，可以是多个SDU合成为一个PDU，也可以是一个SDU划分为几个PDU（协议数据单元）。

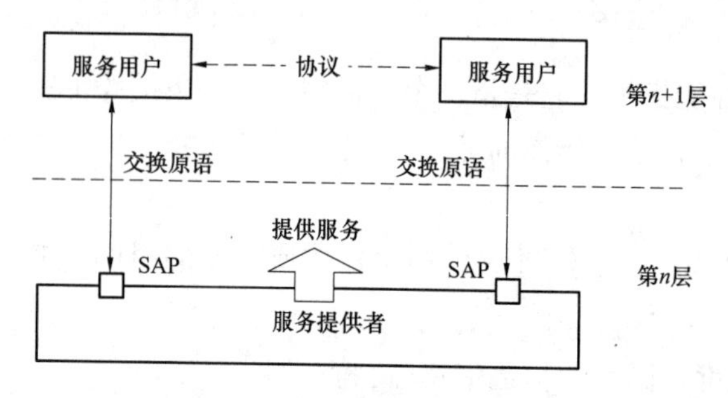

图 A.7　相邻两层之间的关系

这样，在任何相邻两层之间的关系可概括为图A.7所示的那样。需要注意的是，第 n 层的两个“实体（n）”之间通过“协议（n）”进行通信，而第 $n+1$ 层的两个“实体（$n+1$）”之间则通过另外的“协议（$n+1$）”进行通信，每一层都使用不同的协议。第 n 层向上面的第 $n+1$ 层所提供的服务实际上已包括了在它以下各层所提供的服务。第 n 层的实体对第 $n+1$ 层的实体就相当于一个服务提供者。在服务提供者的上一层的实体又称为“服务用户”，因为它使用下层服务提供者所提供的服务。

（4）面向连接的服务和无连接的服务。从通信的角度看，各层所提供的服务可以分成：面向连接的（connection-oriented）服务和无连接（connectionless）服务两大类。所谓连接，就是两个对等实体为进行数据通信而进行的一种组合。

1）面向连接的服务。面向连接的服务具有连接建立、数据传输和连接释放这三个阶段。在数据交换之前必须先建立连接，保留下层的有关资源，交换结束后必须终止这个连接，释放所保留的资源。数据在传送时是按序传送的。

面向连接服务比较适合于在一定时间内要向同一目的地发送许多报文的情况。面向连接服务传输数据较安全，不容易丢失和错序。但连接的建立、维护和释放要耗费一定的资源和时间。

2）无连接服务。两个实体之间的通信不需要先建立好连接，因此其下层的有关资源不需要实现预留。这些资源将在数据传输时动态地进行分配。

无连接服务的优点是灵活方便，比较迅速，适合于传送少量零星的报文。但不能防止报文的丢失、重复或错序。

无连接服务是一种不可靠的服务。这种服务常被描述为“尽最大努力交付”（best effort delivery）或“尽力而为”。

（5）应用层的客户—服务器（C/S）方式。TCP/IP 的应用层协议使用的是客户—服务器方式。客户（client）和服务器（server）都是通信中所涉及的两个应用进程，即计算机软件。客户—服务器方式所描述的是进程之间服务和被服务的关系。客户是服务请求方，服务器是服务提供方。

客户软件的特点是：① 被用户调用并在用户计算机上运行，在打算通信时主动向远地服务器发起通信；② 在进行通信时临时成为客户，但它也可在本地进行其他的计算；③ 可与多个服务器进行通信；④ 不需要特殊的硬件和很复杂的操作系统。

服务器软件的特点是：① 专门用来提供某种服务的程序，可同时处理多个远地或本地客户的请求；② 在共享计算机上运行，当系统启动时即自动调用并一直不断地运行着；③ 被动等待并接收来自多个客户的通信请求；④ 一般需要强大的硬件和高级的操作系统支持。

客户与服务器的通信关系一旦建立，通信就可以是双向的，客户和服务器都可以发送和接收信息。功能较强的计算机可同时运行多个服务器进程。大多数的应用进程都使用 TCP/IP 协议进行通信，如图 A. 8 所示。

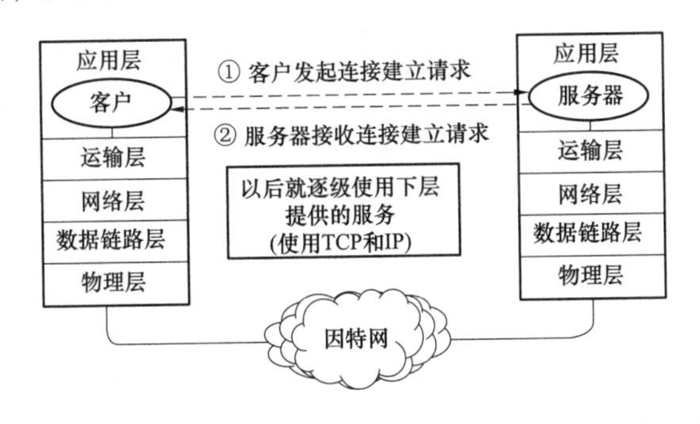

图 A. 8　客户进程和服务器进程使用 TCP/IP 协议进行通信

A. 2　以太网技术

A. 2. 1　概述

智能变电站内保护与自动化系统应用的网络是局域网，更具体来说是以太网。以太网是当前应用最广泛的一种局域网，几乎成了局域网的代名词。

局域网 LAN（local area network）是在一个局部的地理范围内，一般是方圆几千米以内，将各种计算机、外部设备和数据库等互相连接起来组成的计算机通信网。其主要特点是网络为一个单位所拥有，且地理范围和站点数目均有限。局域网可使用多种传输媒体，如双绞线、同轴电缆、光纤等。局域网要着重考虑的一个问题是如何使众多的用户能够合理而方便地共享通信媒体资源。

共享媒体技术大体可分为静态划分信道（即通信通道，信号传输的媒介）和动态媒体接入控制两大类。

静态划分信道有时分复用、频分复用、波分复用等。用户只要得到了信道，就不会和别的用户发生冲突。但这种方法对资源的占用代价较高。动态媒体接入控制又称为多点接入，其特点是信道在用户通信时并不是固定分配给用户。它又可以分成随机接入和受控接入两类。

随机接入的特点是所有的用户可随机地发送信息。但如果恰巧有两个或更多的用户在同一时刻发送信息，那么在共享媒体上就要产生碰撞，即发生了冲突，使得这些用户的发送都失败，因此必须有解决碰撞的网络协议。受控接入的特点是用户不能随机发送信息而必须服从一定的控制。以太网一般使用随机接入。

最早进入市场的是 10Mbit/s 速率以太网，通常被称为传统以太网。传统以太网 10Mbit/s 的传输速率远远超出了当时计算机的需求和性能，所以共享带宽是其本意，网络上的多个站点共享 10Mbit/s 带宽，称为共享式以太网。共享式以太网在任意时刻最多只允许网络上两个站点之间通信，其他站点必须等待。

在传统以太网（10Mbit/s 速率）基础上，后来又发展出快速以太网（100Mbit/s 速率）、千兆以太网（1000Mbit/s = 1Gbit/s 速率）和 10 吉比特以太网（10Gbit/s 速率）。除了速度提高外，以太网还经历了从共享介质到专用介质，从集线器到交换机，从共享信道到专用信道的历程。使用交换机的以太网称为交换式以太网，其与共享式以太网工作原理基本相同，但性能上有很多差异。本节从传统共享式以太网入手讨论以太网的工作原理，随后介绍交换式以太网及其他以太网相关技术。

A. 2. 2 以太网的工作原理

1980 年 9 月，美国施乐（Xerox）公司、数字设备（DEC）公司和英特尔（Intel）公司联合提出了 10Mbit/s 以太网规约的第一个版本 DIX V1（DIX 是这三个公司名称的缩写）。1982 年又修改为第二版规约（也是最后版本），即 DIX Ethernet V2，成为世界上第一个局域网规约。在此基础上，1983 年，IEEE 802 委员会的 802. 3 工作组制定了 IEEE 的第一个以太网标准，其编号为 802. 3，数据率为 10Mbit/s。802. 3 对以太网标准中的帧格式作了很小的一点改动，但允许基于这两种标准的硬件实现在同一个局域网上互操作。以太网的两个标准 DIX Ethernet V2 与 IEEE 的 802. 3 标准只有很小的差别，因此很多人也常将 802. 3 局域网简称为以太网。以太网在 OSI 7 层模型中属于第二层数据链路层。

为了使数据链路层能更好地适应多种局域网标准，802 委员会将局域网的数据链路层拆成两个子层，即逻辑链路控制 LLC（logical link control）子层和媒体介入控制 MAC（medium access control）子层，见图 A. 9。与接入传输媒体有关的内容都放在 MAC 子层，而 LLC 子层则与传输媒体无关，不管采用何种协议的局域网对 LLC 子层来说都是透明的。

由于因特网发展很快而 TCP/IP 体系经常使用的局域网是 DIX Eternet V2 而不是 802. 3 标准中的局域网，DIX Ethernet V2 标准中不包含 LLC，因此现在 802 委员会制定的逻辑链路控制子层 LLC（即 802. 2 标准）的作用已经不大了，很多厂商生产的网卡上仅装有 MAC 协议而没有 LLC 协议。本节在介绍以太网时一般不考虑 LLC 子层。

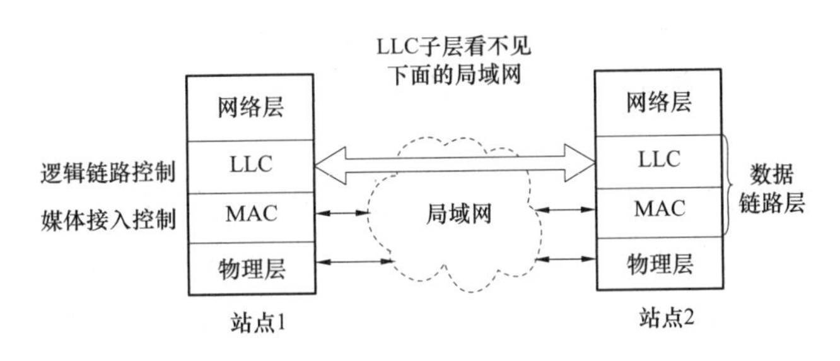

图 A.9 局域网的 LLC 子层和 MAC 子层

A.2.2.1 CSMA/CD 协议

最初的以太网是将许多计算机都连到一根总线上，如图 A.10 所示。总线的特点是当一台计算机发送数据时，总线上的所有计算机都能检测到这个数据，这是一种广播通信方式。但我们并不总是希望使用广播通信。为了在总线上实现一对一的通信，可以使每一台计算机拥有一个与其他计算机都不同的地址。在发送数据帧时，在帧的首部写明接收站的地址，总线上的其他计算机检测总线上的数据帧，仅当数据帧中的目的地址与本机的地址一致时，才接收这个数据帧，否则一律不接收（即丢弃）。

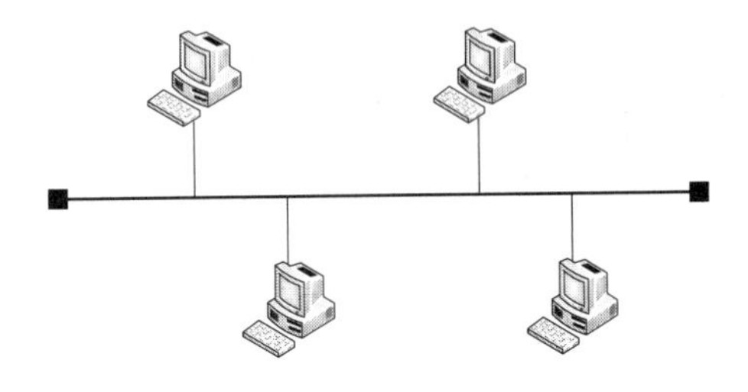

图 A.10 总线型以太网

为了通信的简便，以太网采取了两项重要的措施：

（1）采用较为灵活的无连接工作方式，即不必先建立连接就可以直接发送数据。

（2）以太网对发送的数据帧不进行编号，也不要求对方发回确认。这样做的理由是局域网信道的质量很好，因信道质量产生差错的概率很小。

因此，以太网提供的服务是不可靠的交付，即尽最大努力地交付。

当目的站收到有差错的数据帧时（如用 CRC 查出有差错），就丢弃此帧，其他什么也不做。差错的纠正由高层来决定。例如，如果高层使用 TCP 协议，那么 TCP 就会发现丢失了一些数据。于是经过一定时间后，TCP 就将这些数据重新传递给以太网进行重传。但以太网并不知道这是一个重传的帧，而将其当作一个新的数据帧来发送。

剩下的一个重要问题就是如何协调总线上各计算机的工作。我们知道，总线上只要有一台计算机在发送数据，总线的传输资源就被占用，因此，在同一时间只能允许一台计算机发送信息，否则各计算机之间就会互相干扰，结果都无法正常发送数据。

以太网采用的协调方式是使用一种特殊的协议，即“载波监听多点接入/碰撞检测 CSMA/CD（carrier sense multiple access with collision detection）”。CSMA/CD 的要点如下：

（1）“多点接入”说明是总线型网络，许多计算机以多点接入的方式连接在一根总线上。协议的实质是“载波监听”和“碰撞检测”。

（2）“载波监听”是指每个站在发送数据之前先要检测一下总线上是否有其他计算机在发送数据，如果有，则暂时不要发送数据，以免发生碰撞。

这里要指出，以太网标准规定各计算机发送的数据都使用编码信号，因此总线上并没有什么“载波”。所谓“载波监听”，是指用电子技术检测总线上有没有其他计算机发送的数据信号。

（3）“碰撞检测”就是计算机一边发送数据，一边检测信道上的信号电压大小。当几个站同时在总线上发送数据时，总线上的信号电压互相叠加，摆动值将会增大。当一个站检测到的信号电压摆动值超过一定门限值时，就认为总线上至少有两个站同时在发送数据，表明产生了碰撞。所谓“碰撞”，就是发生了冲突，因此“碰撞检测”也称“冲突检测”。在发生碰撞时，总线上传输的信号产生了严重的失真，无法从中恢复出有用的信息来。因此，每一个正在发送数据的站，一旦发现总线上出现了碰撞，就要立即停止发送，避免继续浪费网络资源，然后等待一段随机时间后再次发送。

既然每个站在发送数据之前已经监听到信道为“空闲”，那么为什么还会出现数据在总线上的碰撞呢？这是因为电磁波在总线上总是以有限的速率传播的，因此当某个站监听到总线是空闲时，也可能总线并非真正是空闲的，只是其他站发送信号的电磁波尚未到达本站。下面用图 A.11 说明这种情况。

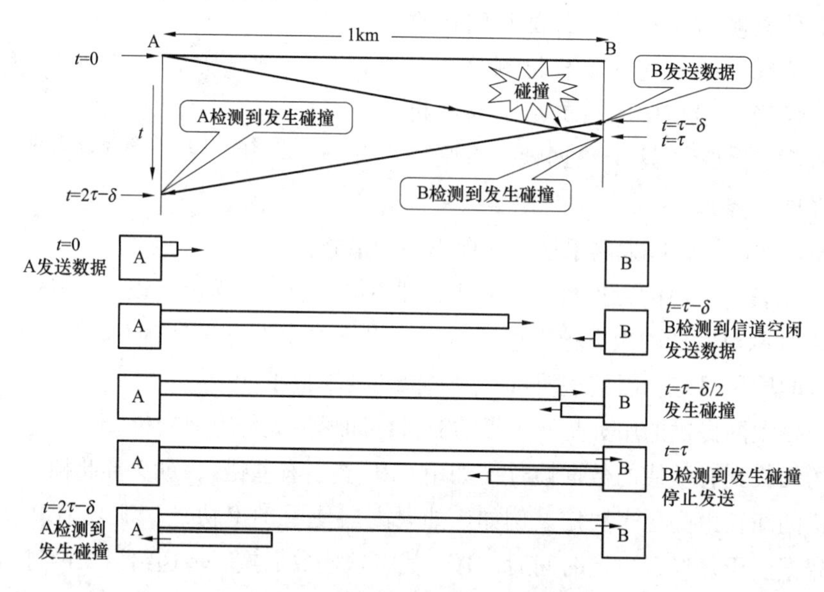

图 A.11　传播时延对载波监听的影响

设图 A.11 中局域网两端的站 A 和站 B 相距 1km，用同轴电缆相连。电磁波在 1km 电缆上的传播时延约为 5μs。因此，A 向 B 发出的信息，在约 5μs 后才能传送到 B。换言之，B 若在 A 发送的信息到达 B 之前发送自己的帧（因为这时 B 的载波监听检测不到 A 所发送的信息），则必然要在某个时间和 A 发送的帧发生碰撞。碰撞的结果是两个帧都变得无用。将总线上的单程端到端传播时延记为 τ。从图 A.11 中不难看出，A 发送数据后，最迟要经过 2 倍的总线端到端的传输时延，即 2τ，才能知道自己发送的数据和其他站发送的数据有没有发生碰撞。

由于局域网上任意两个站之间的传播时延有长有短，局域网按最坏情况设计，取总线最远两端的两个站之间的传播时延为总线的端到端传播时延。2τ 也称为总线的端到端往返传播时延。

下面是图 A. 11 中一些重要的时刻。

在 $t=0$ 时，A 发送数据。B 检测到信道为空闲。

在 $t=\tau-\delta$ 时，A 发送的数据还没到达 B，由于 B 检测到信道是空闲，因此 B 发送数据。

经过时间 $\delta/2$ 后，即在 $t=\tau-\delta/2$ 时，A 发送的数据和 B 发送的数据发生了碰撞。

在 $t=\tau$ 时，B 检测到发生了碰撞，于是停止发送数据。

在 $t=2\tau-\delta$ 时，A 也检测到发生了碰撞，于是停止发送数据。

A 和 B 发送数据均失败，它们都要推迟一段时间再重新发送。

由此可见，每个站在自己发送数据之后的一小段时间内，存在着遭遇碰撞的可能性。这一小段时间是不确定的，它取决于另一个发送数据的站到本站的距离。如果发生了碰撞，发送数据的站就必须推迟一段时间重新发送，因此以太网不能保证一定在某一时间之内能够将自己的数据帧成功发送出去，因为还不知道会不会产生碰撞。以太网的这一特点称为发送的不确定性。如果希望在以太网上发生碰撞的机会很小，必须使整个以太网的平均通信量远小于以太网的最高数据率。

A. 2. 2. 2 争用、退避与强化碰撞

最先发送数据的站，在发送数据帧后至多经过 2τ 就可知道所发送的数据帧是否遭受了碰撞。因此以太网的端到端往返时延 2τ 又称为争用期，它是一个很重要的参数。争用期也称为碰撞窗口。这是因为一个站在发送数据后，只有通过争用期的“考验”，即经过争用期这段时间还没有检测到碰撞，才能肯定这次发送不会发生碰撞。

以太网标准中取 51. 2μs 为争用期的长度。对于 10Mbit/s 以太网，在争用期内可发送 512bit，即 64 字节。因此以太网在发送数据时，如果前 64 字节没有发生冲突，那么后续的数据就不会发生冲突，以太网就认为这个数据帧的发送是成功的。换句话说，如果发生冲突，就一定是在发送的前 64 字节之内。由于一检测到冲突就立即中止发送，这时已经发出去的数据一定小于 64 字节，因此以太网规定了最短有效帧长为 64 字节，凡长度小于 64 字节的帧都是由于冲突而异常中止的无效帧。

现在考虑一种情况。当某个站正在发送数据时，有另外两个站有数据要发送。这两个站进行载波监听，发现总线忙，于是就等待。当它们发现总线变为空闲时，就立即发送自己的数据，但这必然再次产生碰撞。经碰撞检测发现了碰撞，就停止发送。然后再重新发送……这样下去，一直不能发送成功。因此，必须设法解决这个问题。

以太网使用截断二进制指数类型（truncated binary exponential type）的退避算法来解决这一问题。截断二进制指数类型退避算法很简单，就是让发生碰撞的站在停止发送数据后，不是立即再发送数据，而是推迟（即“退避”）一个随机时间。这样做是为了使重传时再次发生冲突的概率减小。具体做法是：

（1）确定基本退避时间，一般取为争用期 2τ。

（2）定义参数 k，它等于重传次数，但 k 不超过 10。因此，k = Min［重传次数，

10]。

（3）从离散的整数集合［0，1］，…，［2^k-1］中随机地取出一个数，记为 r。重传所需的时延就是 r 倍的基本退避时间。

（4）当重传达 16 次仍不能成功时（这表明同时打算发送数据的站太多，以致连续发生冲突），则丢弃该帧，并向高层报告。

使用上述退避算法可以使重传需要推迟的平均时间随重传次数而增大，有利于整个系统的稳定。这也称为动态退避。

需要指出，以太网的端到端时延实际上是小于争用期的一半（即 25.6μs）。争用期被规定为 51.2μs，不仅考虑了以太网的端到端时延，而且还包括其他的许多因素，如可能存在的转发器所增加的时延，以及强化碰撞的干扰信号的持续时间等。

以太网的强化碰撞，是指当发送数据的站一旦发现发生碰撞时，除了立即停止发送数据外，还要再继续发送 32bit 或 48bit 的人为干扰信号（jamming signal），以便让所有的用户都知道现在已经发生了碰撞，对 10Mbit/s 以太网，发送 32（48）bit 需要 3.2μs（4.8μs）。

显然，在使用 CSMA/CD 协议时，一个站不可能同时进行发送和接收。因此使用 CSMA/CD 协议的共享总线式以太网不可能进行全双工通信，而只能进行双向交替通信（半双工通信）。

A.2.2.3 MAC 层的硬件地址

在局域网中，硬件地址又称为物理地址或 MAC 地址（因为这种地址用在 MAC 帧中）。802 标准为局域网规定了一种 48bit（6 字节）的全球地址，局域网上每一台计算机所插入的网卡（或电子装置的以太网接口插件，下同）上都固化一个全球唯一的 MAC 地址。802 标准所说的“地址”是指每一个站的“名字”或标识符，而非其地理地址。

MAC 地址的结构如图 A.12 所示。IEEE 的注册管理委员会 RAC（Registration authority committee）是局域网全球地址的法定管理机构，它负责分配地址字段的 6 个字节中的前 3 个字节（即高位 24bit）。世界上凡是要生产局域网网卡的厂家都必须向 IEEE 购买由这 3 个字节构成的一个号（即地址块），这个号的正式名称是机构唯一标识符 OUI（organizationally unique identifier），通常也叫作公司标识符。例如，3Com 公司生产的网卡的 MAC 地址前 6 个字节是 02-60-8C。应注意，一个公司可能有几个 OUI，也可能几个小公司合起来购买一个 OUI。

地址字段中的后 3 个字节即 24bit 地址则是由厂家自行指派，称为扩展标识符，只要保证生产出的网卡没有重复地址即可。

在生产网卡时 6 字节的 MAC 地址已被固化在网卡的只读存储器（ROM）中，因此 MAC 地址也称作硬件地址或物理地址。当网卡插入某台计算机后，网卡上的 48 位标识符就成为这台计算机的 MAC 地址。

MAC 地址的二进制码流发送有两种顺序：一种是每个字节的最高位先发送，IEEE 802.5 和 802.6 采用此顺序；另一种是每个字节最低位先发送，IEEE 802.3 和 802.4 采用此顺序。无论哪种发送顺序，从左到右数第 1 字节总是先发送。

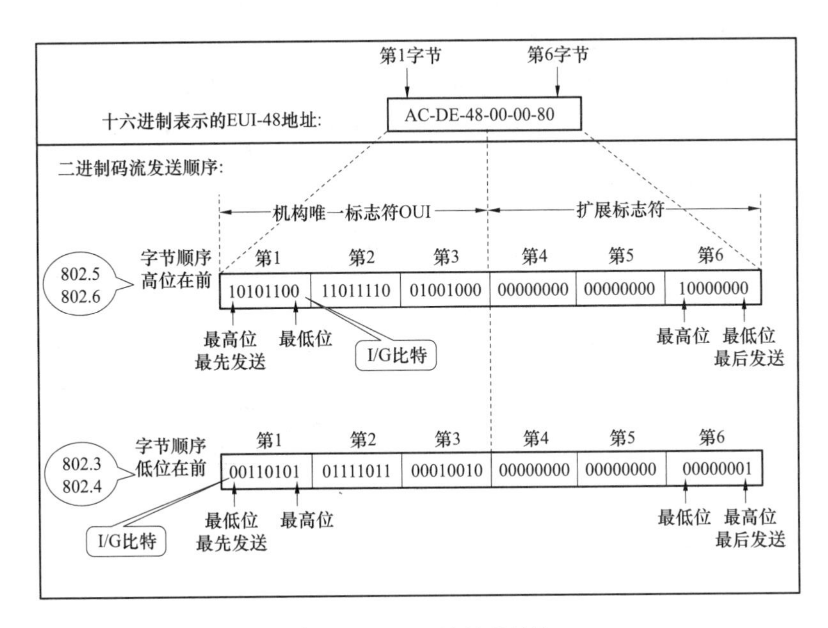

图 A. 12 MAC 地址的结构

IEEE 还规定，地址字段的第一字节的最低位为 I/G 比特，I/G 表示 Individual/Group。当 I/G 比特为 0 时，地址字段表示一个单个站地址；当 I/G 比特为 1 时表示组地址，用来进行多播。因此，IEEE 实际上只分配地址字段前 3 个字节中的 23bit。当 I/G 比特分别为 0 和 1 时，一个地址块可分别生成 2^{24} 个单个站地址和 2^{24} 个组地址。

IEEE 还考虑到可能有人不愿意向 IEEE 的 RAC 购买机构唯一标识符 OUI，为此，IEEE 将地址字段的第一字节的最低第 2 位规定为 G/L 比特，表示 Global/Local。当 G/L 比特为 1 时是全球管理（保证在全球没有相同的地址），厂商向 IEEE 购买的 OUI 都属于全球管理；当地址字段的 G/L 比特为 0 时是本地管理，这时用户可任意分配网络上的地址。采用 2 字节地址字段时全都是本地管理。应当指出，以太网几乎不使用这个 G/L 比特。

这样，在全球管理时，对每一个站的地址可用 46 位的二进制数字来表示（最低位为 0 和最低第二位为 1 时）。剩下的 46 位组成的地址空间可以有超过 70 万亿个地址，可保证世界上的每个网卡都可有一个唯一的地址。

网卡从网络上每收到一个 MAC 帧，首先用硬件检查 MAC 帧中的 MAC 地址，如果是发往本站的则收下，然后再进行其他处理。否则就将此帧丢弃，不再进行其他的处理。这里“发往本站的帧”包括以下三种帧：

（1）单播（unicast）帧（一对一），即收到的帧的 MAC 地址与本站的硬件地址相同。

（2）广播（broadcast）帧（一对全体），即发给所有站点的帧（全 1 地址）。

（3）多播（multicast）帧（一对多），即发送给一部分站点的帧。

所有的网卡都能够识别单播和广播地址，有的网卡可以用编程方法识别多播地址。显然，只有目的地址才能使用广播和多播地址。

A. 2. 2. 4　以太网的 MAC 帧格式

以太网 MAC 帧格式有两种标准，一种是 DIX Ethernet V2 标准，另一种是 IEEE 802. 3 标准。现在 MAC 帧最常用的是 Ethernet V2 格式。图 A. 13 给出了这两种 MAC 帧格式，为了便于理解，图中假定网络层使用的是 IP 协议。

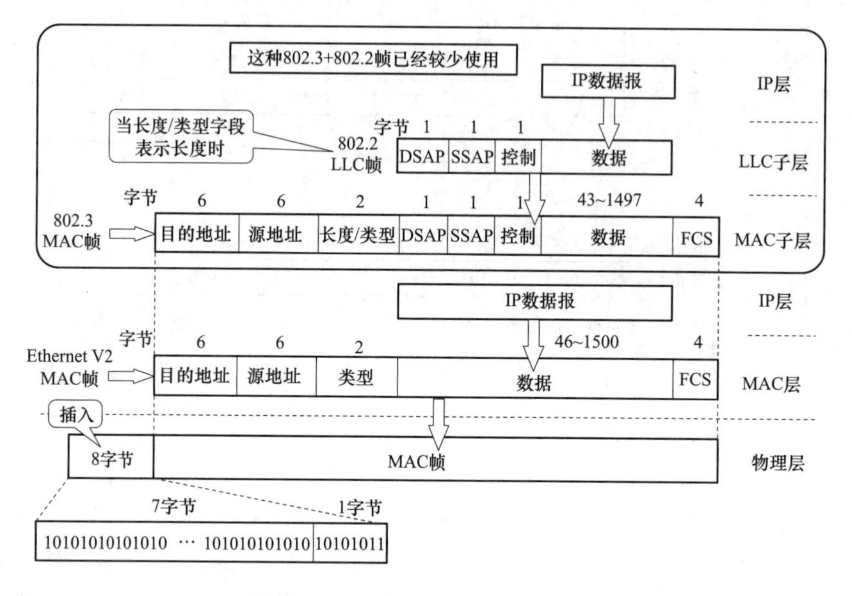

图 A. 13　两种不同的 MAC 帧格式

Ethernet V2 帧格式较为简单，由 5 个字段组成。前 2 个字段分别为 6 字节长的目的地址和源地址字段。第 3 个字段是 2 字节的类型字段，用来标志上一层使用的是什么协议，以便把收到的 MAC 帧的数据上交给上一层的这个协议。施乐公司负责管理这个类型字段的代码分配。例如，当类型字段的值是 0x0800 时，就表示上层使用的是 IP 数据报。第 4 个字段是数据字段，正式名称是 MAC 客户数据字段，其长度在 46 ~ 1500 字节之间。46 字节是这样得出的：最小长度 64 字节减去 18 字节的首部和尾部就得出数据字段的最小长度。最后一个字段是 4 字节的帧检验序列 FCS。

当数据字段的长度小于 46 字节时，MAC 子层就会在数据字段的后面加入一个整数字节的填充字段，使数据字段的长度不小于 46 字节，以保证以太网的 MAC 帧长不小于 64 字节。

在这里指出，在 Ethernet V2 的 MAC 帧格式中，其首部并没有一个帧长度或数据长度字段，那么 MAC 层如何确定一帧数据何时结束呢？因为只有知道一帧数据的结束点才能从以太网帧中剥掉尾部和首部取出数据交付给上层协议。这要从以太网的物理层编码说起。

传统以太网物理层采用同轴电缆或双绞线等，其上发送的数据都是曼彻斯特编码的信号，如图 A. 14 所示。基带数字信号是高低电压交替出现的信号。使用这种信号最大的问题就是当出现一长串的连 1 或连 0 时，接收方就无法从接收到的比特流中提取比特位的同步信号。为此将基带数字信号再次编码。曼彻斯特编码的方法是把每一位（码元）再分成两个相等的间隔。这两个间隔在每一位的正中间有一跳变，从低到高跳变表示“1”，从高到低跳变表示“0”，位中间的跳变既作数据信号，又作时钟信号。从波形图可以看出，曼彻斯特编码所占的频道宽度比原始的基带信号增加了 1 倍，因为每秒中传送的电平脉冲数增加了。

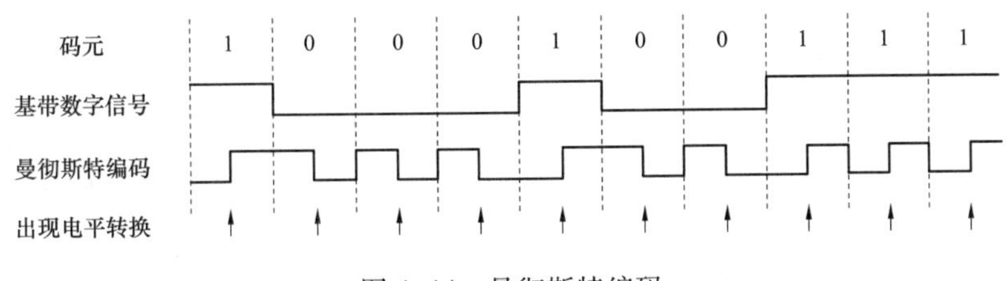

图 A. 14 曼彻斯特编码

这种编码的一个重要特点是：在曼彻斯特编码的每一个码元的正中间一定有一次电压的转换（从高到低或从低到高）。当发送方把一个以太网帧发送完毕后，就不再发送其他码元了，既不发 1，也不发 0，即进入空闲状态。发送方网卡接口上的电压也就不再变化了。这样接收方就可以很容易地确定以太网帧的结束位置。后文还将介绍，两个以太网帧间的空闲状态最少持续 9. 6μs，相当于 96bit（12 个字节）对应时间。

由此可见，在以太网上传送数据时，是以帧为单位传送的，各帧之间还留有一定的空隙。接收方只要找到帧开始定界符，其后连续到达的比特流都同属一个 MAC 帧。因此以太网不需要使用帧结束定界符或数据长度字段。

上面提到，在有填充字段的情况下，接收方的 MAC 子层在剥掉首部和尾部后就将数据字段和填充字段一起交给上层协议。现在的问题是：上层协议如何知道数据字段的长度以便将没有用的填充字段丢弃呢？这就要求上层协议必须具有识别有效的数据字段长度的功能。例如，当上层使用 IP 协议时，其首部就有一个“总长度”的字段，它等于 MAC 帧中数据字段的长度。这样，IP 协议可以很容易地将多余的填充字段丢弃。

从图 A. 13 可看出，在传输媒体上实际传送的比特流要比 MAC 帧还多 8 个字节。这是因为当一个站刚开始接收 MAC 帧时，由于尚未与到达的比特流达成同步，因此 MAC 帧的最前面的若干个比特就无法接收，结果使整个 MAC 成为无用帧。为了达到比特同步，从 MAC 子层向下传到物理层时还要在帧的前面插入 8 字节（由硬件生成），它由两个字段构成。第一个字段共 7 个字节，称为前同步码（1 和 0 交替的码）。前同步码的作用是使接收端在接收 MAC 帧时能够迅速实现比特同步。第二个字段是帧开始定界符，定义为 10101011（二进制），表示在这后面的信息就是 MAC 帧了。在 MAC 子层的 FCS 的检测范围不包括前同步码和帧开始定界符。

IEEE 802. 3 标准规定的 MAC 帧则较为复杂。它与 Ethernet V2 的 MAC 帧的区别是：

（1）第三个字段是长度/类型字段。根据长度/类型字段的数值大小，这个字段可以表示 MAC 帧的数据字段长度（请注意不是整个 MAC 帧的长度），也可以等同于 Ethernet V2 的类型字段。

若长度/类型字段的数值小于 MAC 帧的数据字段的最大值 1500（字节），这个字段就表示 MAC 帧的数据字段长度。

若长度/类型字段的数值大于0x0600（相当于十进制的1536），那么这个数值就不可能表示以太网有效的数据字段长度，因而这个字段就表示类型。

（2）当长度/类型字段表示类型时，802.3 的 MAC 帧和 Ethernet V2 的 MAC 帧一样；当长度/类型字段表示长度时，MAC 帧就必须装入 802.2 标准定义的 LLC 子层的 LLC 帧。LLC 帧包括首部和数据字段。首部有 3 个字段，即目的服务访问点 DSAP（1 字节）、源服务访问点 SSAP（1 字节）和控制字段（1 或 2 字节）。DSAP 指出 LLC 帧的数据应上交给哪一个协议；SSAP 指出数据是从哪一个协议发送过来的；控制字段则指出 LLC 帧的类型。LLC 帧首部的作用和 Ethernet V2 帧的类型字段的功能类似。LLC 帧的数据字段装入的就是上面 IP 层的 IP 数据报。

802.3 标准规定，凡出现下列情况之一的即为无效的 MAC 帧：

1）客户数据字段的实际长度与长度字段的值不一致；

2）帧的长度不是整数个字节；

3）用收到帧检验序列 FCS 查出有差错；

4）客户数据字段的长度不在 46 ~ 1500 字节之间。考虑到 MAC 帧首部的长度是 18 字节，可以得出有效的 MAC 帧长度为 64 ~ 1518 字节之间。

对于检查出的无效 MAC 帧就简单地丢弃。以太网不负责重传丢弃的帧。

当 MAC 客户数据字段的长度小于 46 字节时，则应加以填充（内容不限）。这样，整个 MAC 帧（包含 14 字节首部和 4 字节尾部）的最小长度是 64 字节，或 512bit。

MAC 子层的标准还规定了帧间最小间隔为 9.6μs，相当于 96bit（12 个字节）的发送时间。这就是说，一个站在检测到总线开始空闲后，还要等待 9.6μs 才能发送数据。这样做是为了使刚刚收到数据帧的站的接收缓存来得及清理，做好接收下一帧的准备。

A.2.3 交换式以太网

A.2.3.1 从共享式以太网到交换式以太网

最早的以太网使用粗同轴电缆作为底层的物理传输介质（10BASE5 标准），后来为了减少成本及安装复杂性，使用细同轴电缆（10BASE2 标准）。这两种以太网都是总线型结构，网络上的各站点通过 BNC 插头连接到同轴电缆，共享介质，共享带宽，如图 A.15（a）所示。

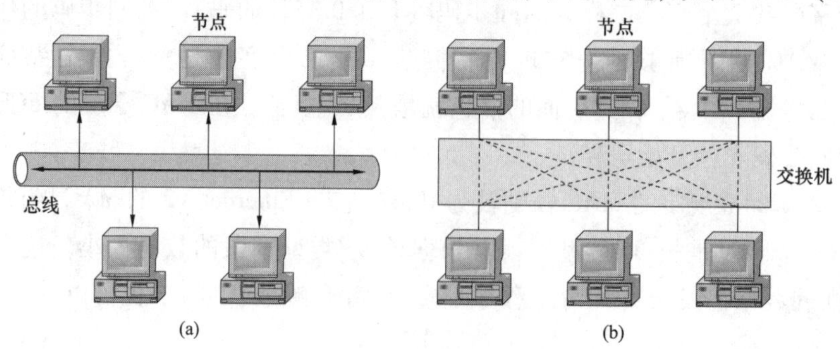

图 A.15 共享式以太网与交换式以太网

（a）总线型共享式以太网；（b）交换式以太网

20世纪90年代，由于接入以太网的计算机数量的增加及计算能力的增强，对通信信道要求提高了，10Mbit/s信道变成了制约系统性能的主要因素。传统的提升这类共享型网络带宽的方法是采用网桥进行网段分割，从而隔离通信流量并改善网络性能。网桥是一种存储—转发部件，工作在OSI/RM的底两层协议。网桥还可以用于延伸网络距离，增加设备。

后来，应用先进的专用集成电路、处理器和存储技术可以容易地建造高性能网桥。这种网桥可以在所有端口同时以全容量转发帧，各端口成为一个专用信道，并且网桥内部带宽要大得多。典型的无阻塞网桥内部带宽是所有端口带宽的总和。这种高性能网桥称为以太网交换机或第二层交换机（表明这种计算机工作在数据链路层），其本质仍是一个多端口网桥。以太网交换机的应用突破了传统以太网的限制，出现了交换式以太网，如图A.15（b）所示。

在交换式以太网中，每台计算机可以拥有自己的专用信道、专用带宽，而不像原来所有计算机必须共享信道。从交换机的角度来看，交换式以太网一定是星型结构，不可能是总线型结构。当然，以太网交换机的某个端口接入的可能不是一台计算机，而是一个传统的共享式以太网段（交换机的本质是网桥，网桥最初就用于网段分割），该网段上的计算机共享带宽。交换机在这里起到了隔离冲突域的功能。同一个冲突域中的站竞争信道，不同冲突域中的站不会竞争公共信道。现在的交换机基本上每个端口都直接与主机相连。

交换式以太网中接于交换机上的各站仍用CSMA/CD协议，但站之间没有冲突。在端口之间的数据帧的输入输出不再受CSMA/CD机制的约束。交换机可实现全双工，端口间的两对双绞线或两根光纤可以同时接收和发送报文帧。

后来，由于对带宽需求变得越来越大，100Mbit/s的以太网诞生了，人们称其为快速以太网。快速以太网是在原有的以太网基础上发展的，并且要与原有的以太网兼容，所以仍采用传统以太网的基本技术。当前智能变电站中采用的以太网主要是100Mbit/s快速交换式以太网。

A.2.3.2 交换机的工作原理

以太网交换机内部包含一个端口与MAC地址的映射表（也称转发表），如图A.11所示。交换机从各端口接收MAC帧，存放于缓冲区中，记下源MAC地址和相应的端口，然后做以下处理：先从地址映射表中查找目的MAC地址，若存在，且对应端口号不等于源端口号，则发送到目的端口，否则丢弃该帧；若表中无目的MAC地址，则向除源端口以外的其他端口扩散。

当一个交换机刚刚连接到局域网上时，其映射表显然是空的。这时若收到一个帧，交换机将按照以下“自学习”算法处理该帧和建立自己的映射表，并且按照映射表把帧转发出去。这种自学习算法的原理并不复杂，因为若从某个站A发出的帧是从端口x进入交换机，那么从这个端口出发沿相反的方向一定可以把一个帧传送到A。所以，交换机只要每收到一个帧，就记下其源地址和进入交换机的端口，作为映射表的一个项目。请注意，映射表中并没有“源地址”这一栏，而只有“地址”这一栏。在建立映射表时是把帧首部的源地址写在“地址”这一栏的下面。在转发帧时则是根据收到的帧首部中的目的地

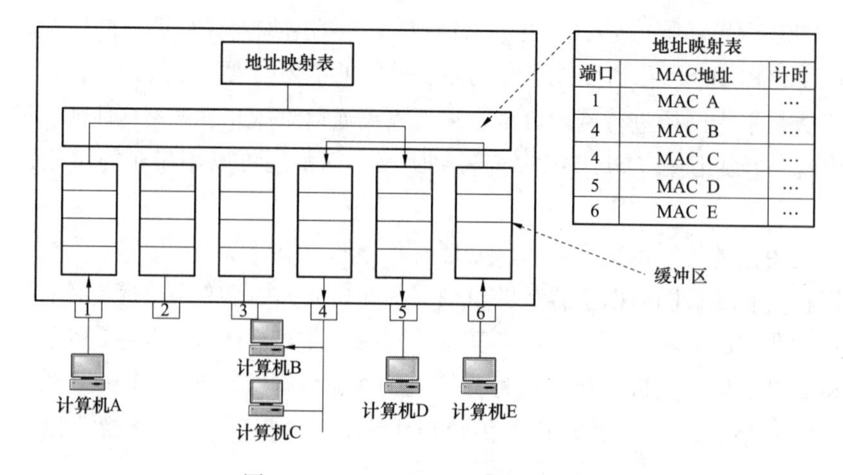

图 A.16　以太网交换机的工作原理

址来转发。也就是把“地址”栏下的已经记下的源地址当做目的地址，而把记下的进入接口当做转发接口。

交换机在这样的转发过程中就可逐渐将其映射表建立起来。这里特别要注意的是，映射表中的 MAC 地址是根据源 MAC 地址写入的，但在进行转发时是将此 MAC 地址当目的地址。

局域网的拓扑经常会发生变化。局域网上的工作站和交换机可能时而接通电源，时而关掉电源。为了使映射表能反映出整个网络的最新拓扑，还要将每个帧到达的时间登记下来，以便在映射表中保留网络拓扑的最新状态信息。具体的方法是，交换机中的端口管理软件周期性地扫描映射表中的项目，只要是在一定时间（例如几分钟）以前登记的都要删除。这样就使得交换机中的映射表能反映当前网络拓扑状态。

A.2.3.3　三种交换方式

存储转发是目前主流的交换方式。此外还有直通交换和碎片隔离两种交换方式。

（1）存储转发方式（store-and-forward）。存储转发是计算机网络领域使用得最广泛的技术之一，以太网交换机的控制器先将输入端口到来的数据包缓存起来，再检查数据包是否正确，并过滤掉冲突包错误。确定包正确后，取出目的地址，通过查找映射表找到想要发送的输出端口地址，然后将该包发送出去。正因如此，存储转发方式在数据处理时延时大，这是它的不足，但是它可以对进入交换机的数据包进行错误检测。它的另一优点是支持不同速度端口间的转换，保持高速端口和低速端口间协同工作。实现的办法是将 10Mbit/s 低速包存储起来，再通过 100Mbit/s 速率转发到端口上。

（2）直通交换方式（cut-through）。采用直通交换方式的以太网交换机可以理解为在各端口间连接着纵横交叉的线路矩阵的电话交换机。它在输入端口检测到一个数据包时，检查该包的包头，获取包的目的地址，启动内部的映射表转换成相应的输出端口，在输入与输出交叉处接通，把数据包直通到相应的端口，实现交换功能。由于它只检查数据包的包头（通常只检查 14 个字节），不需要存储，所以具有延迟小、交换速度快的优点。这里所说的延迟，是指数据包进入一个交换机到离开该交换机所花的时间。

它的缺点主要有三点：① 因为数据包内容并没有被交换机保存下来，所以无法检查所传送的数据包是否有误，不能提供错误检测能力；② 由于没有缓存，不能将具有不同速率的输入/输出端口直接接通；③ 当以太网交换机的端口增加时，交换矩阵变得越来越复杂，实现起来会越来越困难。

（3）碎片隔离式（fragment free）。这是介于直通式和存储转发式之间的一种解决方案。它在转发前先检查数据包的长度是否小于64个字节（512bit）：如果小于64字节，说明是假包（或称残帧），则丢弃该包；如果大于64字节，则发送该包。该方式的数据处理速度比存储转发方式快，但比直通式慢，但由于能够避免残帧的转发，所以被广泛应用于低档交换机中。

使用这类交换技术的交换机一般是使用了一种特殊的缓存。这种缓存是一种先进先出的管状结构FIFO（first in first out），比特从一端进入然后再以同样的顺序从另一端出来。当帧被接收时，它被保存在FIFO中。如果帧以小于512bit的长度结束，那么FIFO中的内容（残帧）就会被丢弃。因此，不存在直通式交换机存在的残帧转发问题，是一个非常好的解决方案。数据包在转发之前被缓存下来，从而确保碰撞碎片不通过网络传播，能够在很大程度上提高网络传输效率。

智能变电站继电保护采样值传送要求延时稳定，采用存储转发式交换机难以满足要求。若采用直通式或碎片隔离式交换方式，交换机延时的稳定度有可能做到满足保护采样要求。

A. 2. 3. 4　100BASE－T以太网

100BASE－T是在双绞线上传送100Mbit/s基带信号的星型拓扑以太网，仍使用IEEE 802. 3的CSMA/CD协议，它又称为快速以太网（fast ethernet）。用户只要更换一张网卡，再配上一个100Mbit/s的集线器，就可以很方便地由10BASE－T以太网直接升级到100Mbit/s，而不必改变网络的拓扑结构。所有在10BASE－T上的应用软件和网络软件都可保持不变。100BASE－T的适配器有很强的自适应性，能够自动识别10Mbit/s和100Mbit/s。

1995年IEEE已把100BASE－T的快速以太网定为正式标准，其代号为IEEE 802. 3u，是对现行的IEEE 802. 3标准的补充。快速以太网的标准得到了所有的主流网络厂商的支持。

100BASE－T容易掌握，可使用交换机提供很好的服务质量，可在全双工方式下工作而无冲突发生。因此，CSMA/CD协议对全双工方式工作的快速以太网是不起作用的（但在半双工方式工作时一定要使用CSMA/CD协议）。

快速以太网使用的MAC帧格式仍然是IEEE 802. 3标准规定的帧格式。但IEEE 802. 3u的标准未包括对同轴电缆的支持。

100Mbit/s以太网保持最短帧长64字节不变，但把一个网段的最大电缆长度减小到100m。帧间时间间隔从原来的9. 6μs缩短为0. 96μs。

IEEE 802. 3u规定了以下三种不同的物理层标准：

（1）100BASE－T。使用2对UTP5类线或屏蔽双绞线，其中一对用于发送，另一对用于接收。信号的编码采用“多电平传输3（MLT-3）”的编码方法，使信号的主要能量集中在30MHz以下，以便减少辐射的影响。

（2）100BASE-FX。使用两根光纤，其中一根用于发送，另一根用于接收。信号的编码采用4B/5B-NRZI编码。

在标准中把上述的100BASE-TX和100BASE-FX合在一起称为100BASE-X。

（3）100BASE-T4。使用4对UTP 3类线或5类线，这是为已使用UTP 3类线的大量用户而设计的。信号的编码采用8B6T-NRZ（不归零）编码方法。

A.2.4 虚拟局域网（VLAN）

A.2.4.1 虚拟局域网的概念

虚拟局域网是局域网给用户提供的一种服务，并不是一种新型局域网。在IEEE 802.1Q标准中对虚拟局域网VLAN（Virtual LAN）是这样定义的：虚拟局域网VLAN是由一些局域网网段构成的与物理位置无关的逻辑组，这些网段具有某些共同的需求。每一个VLAN的帧都有一个明确的标识符，指明发送这个帧的工作站是属于哪一个VLAN。利用以太网交换机可以很方便地实现虚拟局域网VLAN。

图A.17给出使用了3个交换机的网络拓扑。有6个工作站分配在两座楼中，构成了2个局域网。这6个用户划分为3个工作组，也即说划分为3个虚拟局域网VLAN1、VLAN2、VLAN3。

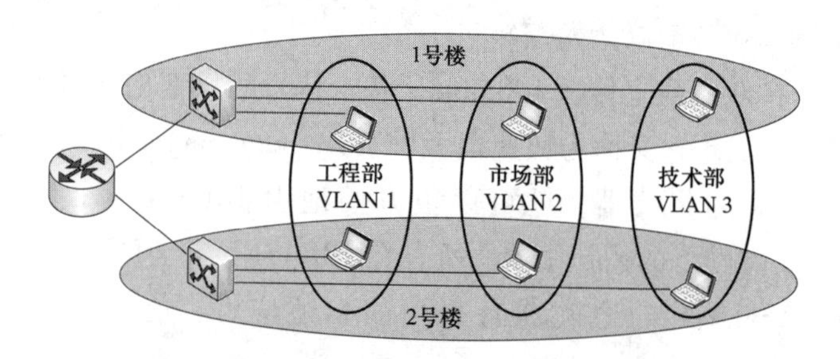

图A.17　3个虚拟局域网VLAN1、VLAN2、VLAN3

从图A.17可看出，每一个VLAN的工作站可处在不同的局域网中，也可以不在同一座楼中。利用交换机可以很方便地将这6个工作站划分为3个虚拟局域网。在虚拟局域网上的每一个站都可以收到同一个虚拟局域网上的其他成员所发出的广播，但收不到其他虚拟局域网成员发出的广播。一个虚拟局域网上的成员发出的广播也不会传到其他虚拟局域网上。这样，虚拟局域网限制了接收广播信息的工作站数，使得网络不会因传播过多的广播信息而引起性能恶化。在共享传输媒体的局域网中，网络总带宽的绝大部分都是由广播帧消耗的。

由于虚拟局域网是用户和网络资源的逻辑组合，因此可按照需要将有关设备和资源非常方便地重新组合，使用户从不同的服务器或数据库中存取所需的资源。

A.2.4.2 虚拟局域网使用的以太网帧格式

1988年IEEE批准了802.3ac标准，这个标准定义了以太网的帧格式的扩展，以便支持虚拟局域网。虚拟局域网协议允许在以太网的帧格式中插入一个 4 字节的标识符（见图 A. 18），称为 VLAN 标记，用来指明发送该帧的工作站属于哪一个虚拟局域网。如果还使用原来的以太网帧格式，则无法划分虚拟局域网。

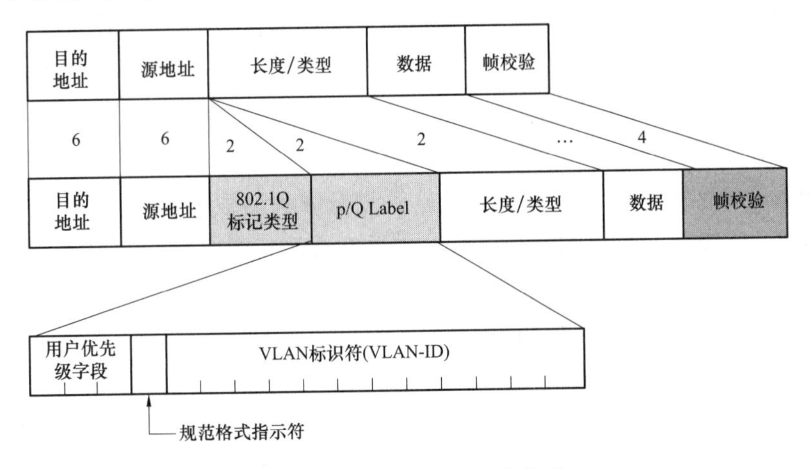

图 A. 18 以太网 VLAN 帧格式

VLAN 标记字段的长度是 4 字节，插入在以太网 MAC 帧的源地址字段和长度/类型字段之间。VLAN 标记的前 2 个字节与原来的长度/类型字段的作用一样，但它总是设置为 0x8100（这个数值大于 0x0600，因此不是代表长度），称为 IEEE 802. 1Q 标记类型。当数据链路层检测到 MAC 帧的源地址字段后面的字段值是 0x8100 时，就知道现在插入了 4 字节的 VLAN 标记，于是接着检查后面 2 个字节的内容。在后面的 2 个字节中，前 3 位是用户优先级字段，接着的 1 位是规范格式指示符 CFI（Canonical Format Indicator），最后的 12bit 是该虚拟局域网 VLAN 标识符 VID（VLAN ID），它唯一地标志了这个以太网帧是属于哪一个 VLAN。

由于用于 VLAN 的以太网帧的首部增加了 4 个字节，因此以太网的最大长度从原来的 1518 字节（1500 字节的数据加上 18 字节的首部及 FCS）变为 1522 字节。

A. 2. 4. 3 VLAN 的划分方法

VLAN 的划分方法就是 VLAN 成员的定义方法，可以分为 4 种，即基于端口划分、基于 MAC 地址划分、基于协议划分和基于 IP 子网划分。

（1）基于端口划分 VLAN。这种划分 VLAN 的方法是根据以太网交换机的端口来划分，如交换机的 1 ~4 端口为 VLAN A，5 ~17 为 VLAN B，18 ~24 为 VLAN C，当然，这些属于同一 VLAN 的端口也可以不连续。如果有多个交换机的话，可以指定交换机 1 的 1 ~6 端口和交换机 2 的 1 ~4 端口为同一 VLAN，即同一 VLAN 可以跨越数个以太网交换机。根据端口划分是目前定义 VLAN 的最常用的方法，IEEE 802. 1Q 协议规定的就是如何根据交换机的端口来划分 VLAN。这种划分方法的优点是定义 VLAN 成员时非常简单，只要将所有的端口都指定一下就可以了。它的缺点是如果某一 VLAN 的用户离开了原来的端口，到一个新的交换机的某个端口，那么就必须重新定义。

（2）基于 MAC 地址划分 VLAN。这种划分 VLAN 的方法是根据每个主机的 MAC 地址来划分，即对每个 MAC 地址的主机都配置它属于哪个组。这种方法的最大优点就是当用户物理位置移动时，即从一个交换机换到其他的交换机时，VLAN 不用重新配置，所以也可以认为这是基于用户的 VLAN。这种方法的缺点是：① 初始化时所有的用户都必须进行配置，如果有几百个甚至上千个用户的话，配置工作非常大；② 交换机执行效率降低，因为在每一个交换机的端口都可能存在很多个 VLAN 组的成员，这样就无法限制广播包；③ 有些计算机的网卡可能经常更换，这样，VLAN 就必须不停地配置。

（3）基于协议划分 VLAN。这种划分 VLAN 的方法是根据每个主机的网络层地址或协议类型（如果支持多协议）划分的。虽然这种划分方法的根据是网络地址，如 IP 地址，但它不是路由，不要与网络层的路由混淆。它虽然查看每个数据包的 IP 地址，但由于不是路由，所以没有 RIP（路由信息协议）、OSPF（开放最短路径优先）等路由协议。

这种方法的优点是用户的物理位置改变时，不需要重新配置其所属的 VLAN，而且可以根据协议类型来划分 VLAN，这对网络管理者来说很重要。另外，这种方法不需要附加的帧标签来识别 VLAN，这样可以减少网络的通信量。

基于协议划分 VLAN 的缺点是效率低，因为检查每一个数据包的网络层地址很费时（相对于前面两种方法）。一般的交换机芯片都可以自动检查网络上数据包的以太网帧头，但要让芯片能检查 IP 帧头，需要更高的技术，同时也更费时。当然，这也与各个厂商的实现方法有关。

（4）基于 IP 子网划分（IP 组播作为 VLAN）。IP 组播实际上也是一种 VLAN 的定义，即认为一个组播组就是一个 VLAN，这种划分的方法将 VLAN 扩大到了广域网，因此这种方法具有更大的灵活性，而且也很容易通过路由器进行扩展。当然这种方法不适合局域网，主要是效率不高。对于局域网的组播，有二层组播协议 GMRP（组播注册协议和通用属性注册协议）。

由上可知，各种不同的 VLAN 定义方法有各自的优缺点，所以，很多厂商的交换机都实现了不只一种方法，网络管理者可以根据自己的实际需要进行选择。另外，许多厂商在实现 VLAN 的时候，考虑到 VLAN 配置的复杂性，还提供了相对方便和自动化的网络管理工具。

A. 2. 5　其他以太网相关技术

A. 2. 5. 1　网络风暴抑制与快速生成树协议（RSTP）

当网络中存在物理环路，就会造成每一帧都在网络中重复广播，引起广播风暴。要消除这种网络循环连接带来的网络广播风暴，可以使用生成树协议（STP）。以网络中一台交换机为节点生成一棵转发树，所有的数据都只在这棵树所指示的路径上传输，这样就不会产生广播风暴，因为树没有环路。

关于网络环路形成广播风暴，可以看图 A. 19 所示的简单例子。这里用两个交换机将两个局域网 LAN1、LAN2 互连起来。设站 A 发送一个帧 F，它经过这两个交换机（见箭头①和②）。假定帧 F 的目的地址均不在这两个交换机的映射表中，因此两个交换机都转发帧 F（见箭头③和④）。我们把经交换机 B1 和交换机 B2 转发的帧 F 在到达局域网 2 以后，分别记为F1和F2。接着F1传到交换机B2（见箭头⑤）而F2传到了交换机B1（见箭头⑥）。交换机B2和交换机B1分别收到F1和F2后，又将其转发到局域网LAN1。结果引起一个帧在网络中不停地兜圈子，从而使网络资源不断地白白消耗了。

生成树（spanning tree）算法，即互连在一起的交换机在进行彼此通信后，找出原来的网络拓扑的一个子集，在这个子集里整个连通的网络中不存在回路，即在任何两个站之间只有一条路径。一旦生成树确定了，交换机就会将某些接口断开，以确保从原本的拓扑得出一个支撑树。

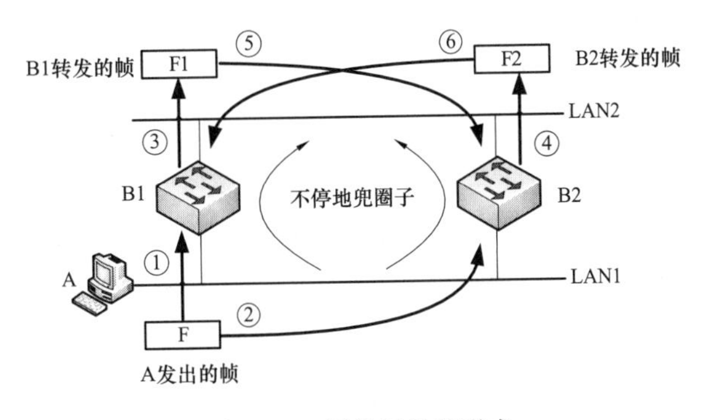

图A.19　网络风暴的形成

为了得出能够反映网络拓扑发生变化时的生成树，每隔几秒钟每个交换机要广播其标识号（由生产交换机的厂商设定的一个唯一的序号）和它所知道的其他所有在网上的交换机。生成树算法选择一个交换机作为生成树的根（例如，选择一个最小序号的交换机），然后以最短路径为依据，找到树上的每一个节点。但这样并不能充分利用全部的可用资源（因为某些路径未被利用，为的是消除兜圈子现象），同时也不一定将每个帧沿最佳的路由传送，因此可能导致稍大些的时延。当互连局域网的数目非常大时，生成树的算法可能要花费很多的时间。

生成树协议STP（Spanning Tree Protocol），由IEEE 802.1d标准规定。快速生成树协议RSTP（Rapid Spanning Tree Protocol）由IEEE 802.1d发展而成，标准为IEEE 802.1w。RSTP协议与STP协议类似，但在网络结构发生变化时，生成树能更快地收敛。

因为生成树算法开销较大，一般的交换机默认都不启用该协议。

A.2.5.2　第三层交换机

如前文A.2.3所述，局域网交换机工作在OSI第二层，可以理解为一个多端口网桥，因此传统上称为第二层交换。目前，交换技术已经延伸到OSI第三层的部分功能，即所谓第三层交换。第三层交换可以不将广播风暴扩散，直接利用动态建立的MAC地址来通信，似乎可以看懂第三层的信息，如IP地址、ARP地址解析协议等，具有多路广播和虚拟网间基于IP、IPX等协议的路由功能。这方面功能的顺利实现得益于专用集成电路（ASIC）的加入，它把传统的由软件处理的指令改为ASIC芯片的嵌入式指令，从而加速了对包的转发和过滤，使得高速下的线性路由和服务质量都有了可靠的保证。

（1）三层路由器。在计算机异构子网间，需要有工作在第三层的路由器进行第二层协议的转换与第三层协议的处理；计算机同构子网的范围受到广播风暴的限制，需将广播域分割成若干部分，并采用路由器将多个同构子网连成一个大网。网间互连主要在OSI的第三层完成，通常统一采用IP协议。IP面向无连接，每个IP包都附有目的IP地址，路由器需要对每个IP包独立选择路由。

路由器的主要功能首先是实现路由选择与网络互连，即通过一定途径获知子网的拓扑信息与各物理线路的网络特性，并通过一定的路由算法获得达到各子网的最佳路径，建立相应路由表，从而将每个IP包跳到跳（hop to hop）传到目的地。其次，它必须处理不同的链路协议。

IP包途经每个路由器时，需经过排队、协议处理、寻址选路等软件处理环节，造成延时加大。同时路由器采用共享总线方式，总的吞吐量受限，当用户数量增加时，每个用户的接入速率降低。

（2）三层交换机。传统的路由器基于软件，协议复杂，与局域网速度相比，其数据传输的效率较低。但同时它又作为网段（子网、虚拟网）互连的枢纽，这就使传统的路由器技术面临严峻的挑战。随着Internet的迅猛发展和B/S（浏览器/服务器）计算模式的广泛应用，跨地域、跨网络的业务急剧增长，改进传统的路由技术迫在眉睫。在这种情况下，一种新的路由技术应运而生，这就是第三层交换技术。说它是路由器，是因为它可操作在网络协议的第三层，是一种路由理解设备并可起到路由决定的作用；说它是交换器，是因为它的速度极快，几乎达到第二层交换的速度。它是二者的有机结合，并不是简单地把路由器设备的硬件及软件叠加在局域网交换机上。

利用三层交换机连接不同的以太网子网，实际的操作比较简单。假设两个使用IP协议的站点通过第三层交换机进行通信，发送站点A在开始发送时，已知目的站的IP地址，但尚不知道在局域网上发送所需要的MAC地址。要采用地址解析（ARP）来确定目的站的MAC地址。发送站把自己的IP地址与目的站的IP地址比较，采用其软件中配置的子网掩码提取出网络地址，确定目的站是否与自己在同一子网内。若目的站B与发送站A在同一子网内，A广播一个ARP请求，B返回其MAC地址，A得到目的站点B的MAC地址后将这一地址缓存起来，并用此MAC地址封包转发数据，第二层交换模块查找MAC地址表确定将数据包发向目的端口。

若两个站点不在同一子网内，如发送站A要与目的站C通信，发送站A要向“缺省网关”发出ARP（地址解析）封包，而“缺省网关”的IP地址已经在系统软件中设置。这个IP地址实际上对应第三层交换机的第三层交换模块。所以当发送站A对“缺省网关”的IP地址广播出一个ARP请求时，若第三层交换模块在以往的通信过程中已得到目的站B的MAC地址，则向发送站A回复B的MAC地址；否则第三层交换模块根据路由信息向目的站广播一个ARP请求，目的站C得到此ARP请求后向第三层交换模块回复其MAC地址，第三层交换模块保存此地址并回复给发送站A。以后，当再进行A与C之间数据包转发时，将用最终的目的站点的MAC地址封包，数据转发过程全部交给第二层交换处理，信息得以高速交换。其指导思想为：一次路由，随后交换。而传统的路由器对每一个数据包都进行拆包、打包的操作，限制了系统的带宽。

在此，第三层交换机具有以下突出特点：① 有机的硬件结合，使得数据交换加速；② 优化的路由软件，使得路由过程效率提高；③ 除了必要的路由决定过程外，大部分数据转发过程由第二层交换处理；④ 多个子网互连时只是与第三层交换模块的逻辑连接，不像传统的外接路由器那样需增加端口。

当第三层交换机用于异构子网之间的连接时，操作就要复杂得多，主要涉及不同链路层协议的转换。在此，第三层均使用IP协议，交换机对于接收到的任何一个数据包（包括广播包在内），都要将该数据包第二层（数据链路层）的信息去掉，得到一个 IP 的数据包，再根据 IP 地址进行从源端到目的端的交换，到达目的端后，再根据目的端的链路层协议打包。比较耗费资源的链路层拆包、打包工作可以由 ASIC 电路完成。

第三层交换机的主要用途是代替传统路由器作为网络的核心。因此，在没有广域网连接需求同时又需要路由器的地方，都可以用第三层交换机来代替。

注意，当前智能变电站采用的交换机主要还是第二层交换机。

A. 2. 5. 3 吉比特以太网

吉比特以太网又称千兆网（1000Mbit/s = 1Gbit/s 以太网，GE）。吉比特以太网的标准是 IEEE 802. 3z，1998 年成为正式标准。吉比特以太网仍使用 CSMA/CD 协议并与现有的以太网兼容，还能继续升级为 10 吉比特以太网。IEEE 802. 3z 考虑了以下要点：

1）允许在 1Gbit/s 下全双工和半双工两种方式工作。

2）使用 IEEE 802. 3 协议规定的帧格式。

3）在半双工方式下使用 CSMA/CD 协议，全双工方式不需要使用 CSMA/CD 协议。

4）与 10BASE – T 和 100BASE – T 技术向后兼容。

吉比特以太网的物理层使用两种成熟的技术：一种来自现有的以太网，另一种则是 ANSI 制定的光纤通道 FC（Fibre Channel）。吉比特以太网的物理层共有以下两个标准：

（1）1000BASE – X（IEEE 802. 3z 标准）。1000BASE – X 标准是基于光纤通道的物理层，即 FC – 0 和 FC – 1。使用的媒体有以下三种：

1）1000BASE – SX。SX 表示短波长，使用 850mm 波长激光器。采用纤芯直径为 62. 5μm 和 50μm 的多模光纤时，传输距离分别为 275m 和 550m。

2）1000BASE – LX。LX 表示长波长，使用 1300 nm 波长激光器。采用纤芯直径为 62. 5μm 和 50μm 的多模光纤时，传输距离为 550m。使用纤芯直径为 10μm 的单模光纤时，传输距离为 5km。

3）1000BASE – CX。CX 表示铜线。使用两对短距离的屏蔽双绞线电缆，传输距离为 25m。

（2）1000BASE – T（802. 3ab 标准）。1000BASE – T 使用 4 对 5 类线 UTP，传送距离为 100m。

吉比特以太网仍然保持一个网段的最大长度为 100m，但采用了“载波延伸”（carrier extension）的办法，使最短帧长仍为 64 字节，同时将争用期增大为 512 字节。发送的 MAC 帧长不足 512 字节时，就用一些特殊字符填充在帧的后面，使 MAC 帧的发送长度增大到 512 字节，这对有效载荷并无影响。接收方在收到以太网的 MAC 帧后，要把所填充的特殊字符删除后才向高层交付。当原来仅 64 字节长的短帧填充到 512 字节时，所填充的 448 字节就造成了很大的开销。

为此，吉比特以太网还增加一种称为分组突发（packet bursting）的功能。当很多短帧要发送时，第一个短帧要采用上面所说的载波延伸的方法进行填充。但随后的一些短帧则可一个接一个地发送，它们之间只需留有必要的帧间最小间隔即可。这样就形成一串分组的突发，直到达到 1500 字节或稍多一些为止。

当吉比特以太网工作在全双工方式时（即通信双方可同时进行发送和接收数据），不使用载波延伸和分组突发。

A. 2. 5. 4　10 吉比特以太网

10 吉比特以太网（10Gbit/s 以太网，10GE）也称万兆以太网，标准由 IEEE802. 3ae 委员会制定，正式标准在 2002 年 6 月完成。10 吉比特以太网并非将吉比特以太网的速率简单地提高 10 倍，而有许多技术上的问题要解决。下面是 10 吉比特以太网的主要特点。

（1）10 吉比特以太网的帧格式与 10Mbit/s、100Mbit/s 和 1Gbit/s 以太网的帧格式完全相同。

（2）10 吉比特以太网保留了 802. 3 标准规定的以太网最小和最大帧长。用户将其已有的以太网升级时，仍能很方便地与较低速率的以太网通信。

（3）10 吉比特以太网只工作在全双工方式，因此不存在争用问题，也不使用 CSMA/CD 协议，传输距离不再受进行碰撞检测的限制而大大提高。

（4）10 吉比特以太网只使用光纤作为传输媒体。它使用长距离（超过 40km）的光收发器与单模光纤接口，以便能够工作在广域网和城域网的范围。10 吉比特以太网也可使用较便宜的多模光纤，但传输距离为 65 ~ 300m。

（5）10 吉比特以太网有两种不同的物理层：

1）局域网物理层（LAN PHY）。局域网物理层的数据率是 10. 000Gbit/s（这表示是精确的 10Gbit/s），因此一个 10 吉比特以太网交换机可以支持正好 10 个吉比特以太网接口。

2）可选的广域网物理层（WAN PHY）。广域网物理层具有另一种数据率，这是为了和所谓的“Gbit/s”的 SONET/SDH 相连接。为了使 10 吉比特以太网的帧能够插入到 OC－192/STM－64 帧的有效载荷中，就要使用可选的广域网物理层，其数据率为 9. 953 28Gbit/s。

由于 10 吉比特以太网的出现，以太网的工作范围已经从局域网扩大到城域网和广域网。

参 考 文 献

[1] 杨奇逊．微型机继电保护基础．北京：中国电力出版社，2005.

[2] 陈德树．计算机继电保护原理与技术．北京：水利电力出版社，1995.

[3] 唐涛等．发电厂变电站自动化技术与应用．北京：中国电力出版社，2005.

[4] 高翔．数字化变电站应用技术．北京：中国电力出版社，2008.

[5] 高翔．智能变电站技术．北京：中国电力出版社，2012.

[6] 任雁铭，秦立军，杨奇逊．IEC 61850 通信协议体系介绍和分析．电力系统自动化，2000，24（8）：62－64.

[7] 谭文恕．变电站通信网络和系统协议 IEC 61850 介绍．电网技术，2001，25（9）：8－11，15.

[8] 殷志良，刘万顺，杨奇逊，秦应力．基于 IEC 61850 标准的过程总线通信研究与实现．中国电机工程学报，2005，25（8）：84－89.

[9] 朱炳铨，王松，李慧，等．基于 IEC 61850 GOOSE 技术的继电保护工程应用．电力系统自动化，2009，33（8）：104－107.

[10] 肖耀荣，高祖绵．互感器原理与设计基础．沈阳：辽宁科学技术出版社．2003.

[11] 罗苏南，叶妙元．电子式互感器的研究进展．江苏电机工程，2003，22（3）：51－54.

[12] 李红斌，刘延冰，张明明．电子式电流互感器中的关键技术．高电压技术，2004，30（10）：4－6.

[13] 吴士普，刘沛，徐雁，等．光电电流互感器中的光供电技术应用研究．高电压技术，2004，30（4）：52－53，55.

[14] 段雄英．电子式电力互感器的相关理论与实验研究．武汉：华中科技大学，2001.

[15] 李九虎 ，郑玉平 ，古世东，等．电子式互感器在数字化变电站的应用．电力系统自动化，2007，31（7）：94－98.

[16] 田朝勃，索南加乐，罗苏南，等．应用于 GIS 保护及监测的罗氏线圈电子式电流互感器．中国电力，2003，36（10）：53－56.

[17] 胡国，唐成虹，徐子安，等．数字化变电站新型合并单元的研制．电力系统自动化，2010，34（24）：51－56.

[18] 杨雄彬，张晓霞．电压切换回路设计缺陷及改进方法．电力建设，2008，29（12）：55－57.

[19] 张耀洪，袁锋，岑林，等．考虑 PT 二次电压及刀闸辅助触点的电压并列判据．电力系统保护与控制，2011，39（15）：137－140.

[20] 何磊，占伟，郜向军．GOOSE 技术在变电站中应用的问题分析．河北电力技术，2010，29（4）：11－12，23.

[21] 周华良，姜雷，夏雨，等．数据硬实时交换技术在数字化保护装置中的实现．电力系统自动化，2011，35（23）：112－115.

[22] 胡国，姚德泉，张宏波，等．数字化保护采样值接口模块设计与实现．江苏电机工程，2012，31（1）：42－45.

[23] 甘云华，周华良，夏雨，等．高速信号完整性分析及设计在继电保护装置开发中的应用．江苏电机工程，2012，31（1）：34－38.

[24] 高厚磊，江世芳，贺家李．数字电流差动保护中的几种采样同步方法．电力系统自动化，1996，20

(9)：12－15.

[25] 曹团结，尹项根，张哲，等．通过插值实现光纤差动保护数据同步的研究．继电器，2006，34(18)：4－8.

[26] 曹团结，徐建松，尹项根，等．光纤差动保护插值法数据同步的实现．继电器，2007，35（S1)：134－137.

[27] 谢黎，黄国方，沈健．数字化变电站中高精度同步采样时钟的设计．电力系统自动化，2009，33(1)：61－65.

[28] 曹团结，尹项根，张哲，等．电子式互感器数据同步的研究．电力系统及其自动化学报，2007，19(2)：108－113.

[29] 曹团结，代长振，韦芬卿，等．数字化保护装置的采样数据信箱式传送机制．电网与清洁能源，2009，25（11)：30－32.

[30] 曹团结，俞拙非，吴崇昊．电子式互感器接入的光纤差动保护数据同步方法．电力系统自动化．2009，33（23)：65－68.

[31] 曹团结，陈建玉，黄国方．基于IEC61850－9的光纤差动保护数据同步方法．电力系统自动化．2009，33（24)：58－60，103.

[32] 曹小拐，曹团结，张青杰，等．数字化光纤差动保护改进插值法与时钟接力法数据同步．电网与清洁能源，2011，27（6)：25－29.

[33] 刘浩，苏理，丁敏．IRIG－B码对时在保护测控装置中的实现．江苏电机工程，2007，26（1)：48－50.

[34] 张武洋，张文楷，李伟．智能化变电站时钟同步方案应用研究．东北电力技术,2011,(9):15－16,39.

[35] 王相周，陈华婵．IEEE 1588精确时间协议的研究与应用．计算机工程与设计，2009，30（8)：1846－1849.

[36] 赵上林，胡敏强，窦晓波，杜炎森．基于IEEE1588的数字化变电站时钟同步技术研究．电网技术，2008，32（21)：97－102.

[37] 王文龙，杨贵，刘明慧．智能变电站过程层用交换机的研制．电力系统自动化，2011，35（18)：72－76.

[38] 杨贵，王兆强，王文龙，等．智能变电站过程层交换机关键技术探讨．电气技术，2012，1：51－56.

[39] 汪强．基于IEC 61850的光纤工业以太网交换机的设计及应用．电力系统保护与控制，2010，38(7)：113－115.

[40] 高媛，常弘，汪俊峰，等．基于IEC61850的IED配置工具的研究与实现．电工电能新技术，2012，31（1)：84－87.

[41] 王凤祥，方春恩，李伟．基于IEC61850的SCL配置研究与工具开发．电力系统保护与控制，2010，38（10)：106－109.

[42] 祁忠，笃竣，张志学，等．IEC61850 SCL配置工具的研究与实现．电力系统保护与控制，2009，37（7)：76－81.

[43] 吴永超，王增平，吕燕石，等．变电站配置语言的应用及解析．电力系统保护与控制，2009，37(15)：38－41.

[44] 王风光，张祖丽，张艳．分布式母线保护在智能变电站中的应用．江苏电机工程，2012，31（2)：37－39.

[45] W. Richard Stevens. TCP/IP详解卷1：协议．1版．北京：机械工业出版社，2000.

[46] 谢希仁．计算机网络．5版．北京：电子工业出版社，2008.